Mathematik

Erster Band

Mathematik

Vorlesungen für Ingenieurschulen

Von

Oberbaurat Gert Böhme

Dozent für Mathematik
an der Staatl. Ingenieurschule Furtwangen

Erster Band

Elementar-mathematische Grundlagen

Mit 209 Abbildungen

Springer-Verlag
Berlin Heidelberg GmbH 1964

ISBN 978-3-662-23311-5   ISBN 978-3-662-25350-2 (eBook)
DOI 10.1007/978-3-662-25350-2

Ursprünglich erschienen bei Springer Verlag OHG., Berlin/Göttingen/Heidelberg 1964
Softcover reprint of the hardcover 1st edition 1964

Library of Congress Catalog Card Number 63–23 216

Vorwort

Zur Veröffentlichung meiner Mathematik-Vorlesungen habe ich mich in erster Linie entschlossen, um den Studierenden die lästige Arbeit des Mitschreibens weitgehend zu ersparen und die Anfertigung der häuslichen Übungsaufgaben zu erleichtern. Darüber hinaus scheint es mir ein pädagogisches Erfordernis, den Ingenieur-Studenten weit mehr als bisher zu einem wissenschaftlichen Arbeiten mit einer eigens für ihn geschriebenen Fachliteratur zu erziehen.

Bei der Abgrenzung des Stoffes für den ersten Band habe ich mich von dem Gedanken leiten lassen, zunächst eine solide Grundlage zu schaffen. Der Anfänger kommt an die Ingenieurschule mit einem mathematischen Wissen, das bestenfalls die Buchstabenrechnung und die Planimetrie umfaßt. Erfahrungsgemäß sind indes die Kenntnisse in der Algebra recht unvollständig. Ich habe deshalb bewußt einen Abschnitt über Arithmetik an den Anfang gestellt. Er ist jedoch nicht nur eine Wiederholung für den Anfänger, sondern vervollständigt zugleich die landläufige Schulalgebra durch einige mir sehr wesentlich erscheinende Kapitel (Polynome, Grundlagen der Mengenlehre, Iterative Wurzelbestimmung) und erzieht zu einer präzisen und exakten Formulierung von Definitionen und Sätzen.

Um nicht mit allen Traditionen zu brechen, habe ich noch die praktische Anwendung der Logarithmentafel aufgenommen. Ich möchte jedoch mit Nachdruck darauf hinweisen, daß in Vorlesungen und Übungen sämtliche numerischen Aufgaben mit dem Rechenstab oder, falls seine Genauigkeit nicht ausreicht, mit der Rechenmaschine ausgeführt werden. Wenn beide Rechengeräte in diesem Buche nicht besprochen werden, so deshalb, um den Umfang und damit den Preis des Buches niedrig zu halten. Im übrigen liegen den modernen Rechenstäben und -maschinen recht gute Gebrauchsanweisungen bei, in denen der Studierende gegebenenfalls nachlesen kann, was in den praktischen Übungen besprochen wurde.

Entsprechend ihrer überragenden Bedeutung habe ich die Funktionen einer unabhängigen Veränderlichen in den Mittelpunkt des ersten Bandes gestellt und ihnen den meisten Raum gewidmet. Bei der Erläuterung der verschiedenen Darstellungsformen werden bereits Elemente der analytischen Geometrie und Nomographie, später bei der Behandlung gebrochen-rationaler Funktionen auch Grenzprozesse eingeführt. Auf diese

Weise kann man recht vorteilhaft die Grundlagen der Differentialrechnung, deren begriffliche Schwierigkeiten man nicht unterschätzen soll, vorbereiten. Nach einer ausführlichen Besprechung der wichtigsten Typen von Funktionen habe ich die Verwendung logarithmischer Papiere sowie einen Abschnitt über die Linearisierung von Funktionen hinzugefügt. Letzterer führt ein in das Rechnen mit kleinen Größen, wie es etwa in der Meßtechnik benötigt wird. Nach einer Einführung in die Arithmetik komplexer Zahlen habe ich auch etwas über komplexwertige Funktionen gebracht. Ihre Bedeutung liegt vor allem in der Elektro- und Regelungstechnik, wo Ortskurven zur Beschreibung funktionaler Zusammenhänge unentbehrlich geworden sind.

In der Methodik habe ich bewußt einen Weg zwischen Gymnasium und Hochschule eingeschlagen. An der Ingenieurschule kommt es darauf an, dem Studierenden bis zur Vorprüfung diejenigen mathematischen Kenntnisse zu vermitteln, die zum Verständnis der technischen Vorlesungen benötigt werden und welche unsere moderne Industrie von ihm erwartet. Dabei waren für mich folgende drei Gesichtspunkte maßgebend:

1. Durch präzises Formulieren von Definitionen und Sätzen der Darstellung ein gewisses Maß von Exaktheit zu verleihen.
2. Durch Betonung numerischer Verfahren den Studierenden zum praktischen Rechnen zu erziehen.
3. Durch eine große Anzahl von Beispielen in jedem Abschnitt das Verständnis des theoretischen Stoffes zu erleichtern und auf Anwendungen Bezug zu nehmen.

Die Kursvorlesung Mathematik an der Ingenieurschule ist keine Angewandte Mathematik. In den technischen Fächern sowie den Praktika lernt der Studierende in reichlichem Maße Anwendungen der Mathematik auf praktische Probleme kennen. Darüber hinaus gibt es heute an den meisten Ingenieurschulen spezielle Vorlesungen und Übungen in Angewandter Mathematik, wie etwa Ausgleichs- und Fehlerrechnung, Statistische Methoden, Programmieren digitaler Rechenanlagen und so fort.

Für eine gründliche Durchsicht des Manuskriptes und manche wertvolle Anregung bin ich Herrn Dr.-Ing. R. Zurmühl zu großem Dank verpflichtet. Herr Oberbaurat Dipl.-Ing. Simon hat mich bei der Vorbereitung des Manuskriptes unermüdlich unterstützt und in technischen Fragen beraten. Ihm gebührt mein besonderer Dank. Für die Anfertigung der Zeichnungen habe ich unserem Assistenten, Herrn Ing. Wagenmann, zu danken. Schließlich bin ich dem Springer-Verlag für sein Entgegenkommen und die gute Ausstattung des Buches verbunden.

Berlin, im September 1963

                                        Gert Böhme

Inhaltsverzeichnis

3 Funktionen einer reellen Veränderlichen

Formelzeichen

$\binom{n}{k}$	Binomialkoeffizient
$\sum\limits_{i=1}^{n} a_i$	Summe aller a_i von $i = 1$ bis $i = n$
a_n	a mit Index n
$|a|$	Betrag von a
$\sqrt[n]{a}$	n-te Wurzel aus a
$^a\log b$	a-ter Logarithmus von b
a^n	a hoch n
j	imaginäre Einheit
e	$e = 2{,}71828\ldots$
π	$\pi = 3{,}14159\ldots$
Re (z)	Realteil von z
Im (z)	Imaginärteil von z
$|z|$	Betrag der komplexen Zahl z
$\overline{AB}$	Strecke AB
$\overset{\frown}{AB}$	Bogen AB
$\overrightarrow{AB}$	Vektor AB
$a < b$	a „kleiner als" b
$a \leqq b$	a „kleiner oder gleich" b
$a > b$	a „größer als" b
$a \geqq b$	a „größer oder gleich" b
$a = b$	a „gleich" b
$a \neq b$	a „ungleich" b
sgn a	signum a (Vorzeichen von a)
arg z	Argument z (Winkel von z)
$a \approx b$	a „angenähert gleich" b
arc α	Arcus α (α im Bogenmaß)
$\sin x$	Sinus von x
$\cos x$	Kosinus von x
$\tan x$	Tangens von x
$\cot x$	Kotangens von x

Kreisfunktionen

$\sinh x$	Hyperbelsinus von x
$\cosh x$	Hyperbelkosinus von x
$\tanh x$	Hyperbeltangens von x
$\coth x$	Hyperbelkotangens von x

Hyperbelfunktionen

Arc sin x	Arkussinus von x	
Arc cos x	Arkuskosinus von x	
Arc tan x	Arkustangens von x	Hauptwerte der Bogenfunktionen
Arc cot x	Arkuskotangens von x	
arc sin x	Arkussinus von x	
arc cos x	Arkuskosinus von x	
arc tan x	Arkustangens von x	Nebenwerte der Bogenfunktionen
arc cot x	Arkuskotangens von x	
ar sinh x	Area sinus hyperbolicus x	
ar cosh x	Area cosinus hyperbolicus x	
ar tanh x	Area tangens hyperbolicus x	Areafunktionen
ar coth x	Area cotangens hyperbolicus x	

lg x — Zehnerlogarithmus von x

ln x — Natürlicher Logarithmus von x

$m \in \mathfrak{M}$ — m ist „Element von" $\mathfrak{M}$

$m \notin \mathfrak{M}$ — m ist „nicht Element von" $\mathfrak{M}$

$\mathfrak{T} \subseteq \mathfrak{M}$ — $\mathfrak{T}$ ist „Teilmenge von" $\mathfrak{M}$

$\mathfrak{T} \subset \mathfrak{M}$ — $\mathfrak{T}$ ist „echte Teilmenge von" $\mathfrak{M}$

$\{x|B...\}$: — Menge aller x mit der Bedingung $B...$

∞ — unendlich

$x \to a$ — x „strebt gegen" a

$x \to a+$ — x „strebt von oben gegen" a ($+$ ist Nachzeichen)

$x \to a-$ — x „strebt von unten gegen" a ($-$ ist Nachzeichen)

$x \to f(x)$ — x „wird eindeutig zugeordnet" $f(x)$

$x \leftrightarrow f(x)$ — x „wird eineindeutig zugeordnet" $f(x)$

$A \Rightarrow B$ — Implikation: „aus A folgt B"

$A \Leftrightarrow B$ — Implikation als Äquivalenz: „aus A folgt B und umgekehrt"

$P(x, y)$ — Punkt P mit den Koordinaten x und y

1 Arithmetik reeller Zahlen

1.1 Binome

1.1.1 Faktorenzerlegung

Definition: *Unter einem Binom versteht man einen beliebigen zweigliedrigen Ausdruck, also einen Ausdruck der grundsätzlichen Form $a + b$.*
Als bekannt darf die Zerlegungsformel

$$a^2 - b^2 = (a + b)(a - b)$$

angesehen werden. Sie besagt, daß sich die Differenz zweier Quadrate als Produkt zweier binomischer Faktoren darstellen läßt. Entsprechend gilt

$$a^4 - b^4 = (a^2 + b^2)(a^2 - b^2)$$

und allgemein für jedes ganzzahlige n

$$\boxed{a^{2n} - b^{2n} = (a^n + b^n)(a^n - b^n)\,.}$$

Dagegen läßt sich ein Binom, das aus einer Summe zweier Potenzen mit gleichen geradzahligen Exponenten besteht, nicht in Faktoren zerlegen

$$\boxed{a^{2n} + b^{2n} \quad \text{unzerlegbar!}}$$

Für ungerade Exponenten erhält man zunächst

$$a^3 - b^3 = (a - b)(a^2 + ab + b^2)$$
$$a^5 - b^5 = (a - b)(a^4 + a^3 b + a^2 b^2 + a b^3 + b^4)$$

und allgemein für jedes ganze positive n

$$\boxed{a^{2n+1} - b^{2n+1} = (a - b)(a^{2n} + a^{2n-1} b + a^{2n-2} b^2 + \cdots + a b^{2n-1} + b^{2n})\,.}$$

Bei gleichen ungeraden Exponenten läßt sich auch die Summe zweier Potenzen zerlegen:

$$a^3 + b^3 = (a + b)(a^2 - ab + b^2)\,,$$
$$a^5 + b^5 = (a + b)(a^4 - a^3 b + a^2 b^2 - a b^3 + b^4)$$

allgemein für jedes ganze positive n

$$a^{2n+1} + b^{2n+1} = (a+b)(a^{2n} - a^{2n-1}b + a^{2n-2}b^2 - + \cdots - ab^{2n-1} + b^{2n}).$$

Die Differenz zweier Potenzen mit gleichen (ganzen positiven) Exponenten läßt sich also stets zerlegen. Gegebenenfalls kann man die Zerlegung mit den Faktoren fortsetzen. So läßt sich etwa der zweite Faktor in

$$a^{2n} - b^{2n} = (a^n + b^n)(a^n - b^n)$$

sicher weiterzerlegen, indem man bei geradem n nach derselben Formel so lange weiterzerlegt, bis der Exponent ungerade wird; ist aber der Exponent ungerade, so kann man stets $a - b$ als Faktor abspalten. Demnach gilt für jedes ganze positive n

$$a^n - b^n = (a - b)(a^{n-1} + a^{n-2}b + a^{n-3}b^2 + \cdots + ab^{n-2} + b^{n-1}).$$

Dividiert man beiderseits durch $a - b$, so wird

$$\frac{a^n - b^n}{a - b} = a^{n-1} + a^{n-2}b + a^{n-3}b^2 + \cdots + ab^{n-2} + b^{n-1}.$$

Liest man die Gleichung von links nach rechts, so besagt sie, daß die Division $(a^n - b^n):(a - b)$ ohne Rest aufgeht, also $a - b$ ein Teiler von $a^n - b^n$ ist.

Von rechts nach links gelesen stellt die Gleichung die Formel zur Berechnung einer Summe dar, bei der jeder Summand aus seinem Vorgänger durch Multiplikation mit demselben Faktor, nämlich $\frac{b}{a}$, hervorgeht:

$$a^{n-1} + a^{n-2}b + a^{n-3}b^2 + \cdots + ab^{n-2} + b^{n-1}$$
$$= a^{n-1} + a^{n-1}\left(\frac{b}{a}\right) + a^{n-1}\left(\frac{b}{a}\right)^2 + \cdots + a^{n-1}\left(\frac{b}{a}\right)^{n-2} + a^{n-1}\left(\frac{b}{a}\right)^{n-1}.$$

Schreiben wir ferner für

$$\frac{a^n - b^n}{a - b} = \frac{a^n\left[1 - \left(\frac{b}{a}\right)^n\right]}{a\left[1 - \left(\frac{b}{a}\right)\right]} = a^{n-1}\frac{1 - \left(\frac{b}{a}\right)^n}{1 - \left(\frac{b}{a}\right)}$$

und setzen für das ,,Anfangsglied''

$$a^{n-1} = a_1$$

und für den Quotienten

$$\frac{b}{a} = q,$$

so lautet die Summenformel nunmehr

$$a_1 + a_1\,q + a_1\,q^2 + \cdots + a_1\,q^{n-2} + a_1\,q^{n-1} = a_1\,\frac{1-q^n}{1-q} \qquad (q \neq 1)\,.$$

Man nennt die linke Seite eine *geometrische Summe* oder eine *endliche geometrische Reihe*, da in einer solchen Summe jeder Summand (ausgenommen der erste und letzte) das *geometrische Mittel* seiner beiden Nachbarglieder ist:

$$a_1\,q^i = \sqrt{(a_1\,q^{i-1}) \cdot (a_1\,q^{i+1})}\,.$$

Geometrisch gestufte Größen spielen in der Technik, etwa bei der Festlegung von Normzahlen, eine große Rolle.

Beispiele

1. $a^6 - b^6 = (a^3 + b^3)\,(a^3 - b^3)$
$$= (a + b)\,(a^2 - a\,b + b^2)\,(a - b)\,(a^2 + a\,b + b^2)$$
$$= (a - b)\,(a^5 + a^4\,b + a^3\,b^2 + a^2\,b^3 + a\,b^4 + b^5)\,.$$

2. $1 - x^n = 1^n - x^n$
$$= (1 - x)\,(1 + x + x^2 + x^3 + \cdots + x^{n-2} + x^{n-1})\,.$$

3. $p^{-4} - q^{-4} = (p^{-2} + q^{-2})\,(p^{-2} - q^{-2})$
$$= (p^{-2} + q^{-2})\,(p^{-1} + q^{-1})\,(p^{-1} - q^{-1})$$
$$\frac{1}{p^4} - \frac{1}{q^4} = \left(\frac{1}{p^2} + \frac{1}{q^2}\right)\left(\frac{1}{p} + \frac{1}{q}\right)\left(\frac{1}{p} - \frac{1}{q}\right)\,.$$

4. Für die Summe der Zweierpotenzen
$$1 + 2 + 4 + 8 + \cdots + 1024$$
   erhält man mit
$$a_1 = 1, \quad q = 2, \quad n = 11$$
   nach der Summenformel
$$a_1\,\frac{1-q^n}{1-q} = -(1 - 2^{11}) = 2048 - 1 = 2047\,.$$

5. Man schalte zwischen x und y genau k Zahlen so ein, daß ihre Summe eine geometrische Reihe wird (sog. *geometrische Interpolation*)
   Lösung: Es ist
$$a_1 = x\,, \quad n = k + 2$$
   und damit das Endglied
$$y = x\,q^{n-1} = x\,q^{k+1}\,.$$
   Daraus folgt für den Quotienten
$$q = \sqrt[k+1]{\frac{y}{x}}$$
   und also für die geometrische Reihe
$$x + x\left(\sqrt[k+1]{\frac{y}{x}}\right) + x\left(\sqrt[k+1]{\frac{y}{x}}\right)^2 + \cdots + x\left(\sqrt[k+1]{\frac{y}{x}}\right)^k + y\,.$$

1.1.2 Binomischer Satz

Wir wollen jetzt Potenzen von Binomen betrachten. Unser Ziel ist die Entwicklung der allgemeinen Binompotenz $(a + b)^n$ für ein ganzes positives n.

An den Spezialfällen

$$(a + b)^2 = a^2 + 2\,a\,b + b^2\,,$$

$$(a + b)^3 = (a + b)\,(a + b)^2 = a^3 + 3\,a^2\,b + 3\,a\,b^2 + b^3\,,$$

$$(a + b)^4 = (a + b)\,(a + b)^3 = a^4 + 4\,a^3\,b + 6\,a^2\,b^2 + 4\,a\,b^3 + b^4\,.$$

$$(a + b)^5 = (a + b)\,(a + b)^4 = a^5 + 5\,a^4\,b + 10\,a^3\,b^2 + 10\,a^2\,b^3$$
$$+ 5\,a\,b^4 + b^5$$

erkennen wir folgende Gesetzmäßigkeiten:

1. Jedes Glied besteht aus einem speziellen ganzzahligen Koeffizienten und einem Potenzprodukt der Form $a^i\,b^k$, worin die Exponentensumme $i + k$ stets gleich dem höchsten Exponenten ist.

2. Die Exponenten von a nehmen stets um 1 ab, diejenigen von b um 1 zu; Anfangs- und Endglied haben den Koeffizienten 1.

Demnach hat die Binompotenz $(a + b)^n$ offenbar folgende grundsätzliche Struktur

$$(a + b)^n = a^n + k_1\,a^{n-1}\,b + k_2\,a^{n-2}\,b^2 + \cdots + k_{n-1}\,a\,b^{n-1} + b^n\,;$$

und es bedarf jetzt nur noch der Bestimmung der ganzzahligen Koeffizienten $k_1, k_2, \ldots, k_{n-1}$.

Erster Weg: Pascalsches Dreieck

Man schreibe die Koeffizienten in Form eines Dreieckschemas auf

$(a + b)^0$:						1						
$(a + b)^1$:					1		1					
$(a + b)^2$:				1		2		1				
$(a + b)^3$:			1		3		3		1			
$(a + b)^4$:		1		4		6		4		1		
$(a + b)^5$:	1		5		10		10		5		1	
$(a + b)^6$:	1	6		15		20		15		6		1

Dieses Zahlenschema wird PASCALsches[1]) Dreieck genannt. Man erkennt an ihm

a) die Zahlen sind symmetrisch zum Mittellot angeordnet,
b) die seitlichen Randzahlen sind gleich 1,
c) ein im Innern des Schemas stehender Koeffizient ergibt sich als Summe der beiden rechts und links über ihm stehenden Koeffizienten.

---

[1]) BLAISE PASCAL (1623 ··· 1662), französischer Philosoph und Mathematiker.

Auf Grund der letzten Eigenschaft ist es möglich, die Koeffizienten nacheinander für jede Binompotenz anzuschreiben, ohne die Potenz selbst ausrechnen zu müssen. Dieses Verfahren führt bei nicht allzu hohen Exponenten rasch zum Ziel; bei größeren Exponenten wird es jedoch recht aufwendig, da man stets erst sämtliche vorangehenden Koeffizienten berechnen muß. Außerdem gelangt man über das PASCAL-sche Dreieck zu keiner allgemeinen Darstellung von $(a + b)^n$.

Zweiter Weg: Eulersche Binomialkoeffizienten

Was man wünscht, ist eine von den übrigen Koeffizienten unabhängige Berechnung und eine allgemeine Koeffizientendarstellung. Wir betrachten zunächst noch einmal die spezielle Binompotenz $(a + b)^6$. Für ihre Koeffizienten

$$1 \quad 6 \quad 15 \quad 20 \quad 15 \quad 6 \quad 1$$

kann man folgendermaßen schreiben

$$1 = 1 \qquad\qquad\qquad = k_0 ,$$

$$6 = \frac{6}{1} \qquad\qquad\qquad = k_1 ,$$

$$15 = \frac{6 \cdot 5}{1 \cdot 2} \qquad\qquad = k_2 ,$$

$$20 = \frac{6 \cdot 5 \cdot 4}{1 \cdot 2 \cdot 3} \qquad\qquad = k_3 ,$$

$$15 = \frac{6 \cdot 5 \cdot 4 \cdot 3}{1 \cdot 2 \cdot 3 \cdot 4} \qquad\quad = k_4 ,$$

$$6 = \frac{6 \cdot 5 \cdot 4 \cdot 3 \cdot 2}{1 \cdot 2 \cdot 3 \cdot 4 \cdot 5} \qquad = k_5 ,$$

$$1 = \frac{6 \cdot 5 \cdot 4 \cdot 3 \cdot 2 \cdot 1}{1 \cdot 2 \cdot 3 \cdot 4 \cdot 5 \cdot 6} = k_6 .$$

Jeder Koeffizient (mit Ausnahme von k_0) läßt sich als ein Bruch darstellen: Im Nenner steht das Produkt aller ganzen Zahlen von 1 bis i, wenn i der Index des Koeffizienten ist; im Zähler steht ein Produkt aus gleich vielen Faktoren wie im Nenner, dabei ist der erste Faktor gleich dem höchsten Exponenten und jeder folgende Faktor ist um 1 kleiner. Ohne Beweis verallgemeinern wir diese Gesetzmäßigkeit auf die allgemeine Binompotenz

$$(a + b)^n = k_0 \, a^n + k_1 \, a^{n-1} \, b + k_2 \, a^{n-2} \, b^2 + \cdots + k_{n-1} \, a \, b^{n-1} + k_n \, b^n$$

$$k_0 = 1 \, ,$$

$$k_1 = \frac{n}{1} \, ,$$

$$k_2 = \frac{n \, (n-1)}{1 \cdot 2} \, ,$$

$$k_3 = \frac{n \, (n-1) \, (n-2)}{1 \cdot 2 \cdot 3} \, ,$$

$$\vdots$$

$$k_{n-1} = \frac{n \cdot (n-1) \cdot (n-2) \cdot \ldots \cdot 3 \cdot 2}{1 \cdot 2 \cdot 3 \cdot \ldots \cdot (n-2) \, (n-1)} \, ,$$

$$k_n = \frac{n \cdot (n-1) \cdot (n-2) \cdot \ldots \cdot 3 \cdot 2 \cdot 1}{1 \cdot 2 \cdot 3 \cdot \ldots \cdot (n-2) \cdot (n-1) \cdot n} = 1 \, .$$

Man nennt diese Zahlen $k_0, k_1, \ldots, k_n$, da sie in der Entwicklung der Binompotenz $(a + b)^n$ auftreten, *Binomialkoeffizienten*, und führt für sie nach EULER[1]) folgende symbolische Schreibweise ein

$$\frac{n}{1} = \binom{n}{1} \, , \quad \frac{n \, (n-1)}{1 \cdot 2} = \binom{n}{2} \, , \quad \frac{n \, (n-1) \, (n-2)}{1 \cdot 2 \cdot 3} = \binom{n}{3}$$

und allgemein

$$\binom{n}{i} = \frac{n \, (n-1) \, (n-2) \cdot \ldots \cdot (n-i+1)}{1 \cdot 2 \cdot 3 \cdot \ldots \cdot i}$$

lies „n über i".

Hierbei sind n und i ganze positive Zahlen. Eine Verallgemeinerung wird später vorgenommen werden. Wir definieren noch

$$\binom{n}{0} = 1 \, , \qquad \binom{n}{i} = 0 \text{ für } i > n \, .$$

Damit schreibt sich jetzt jeder Koeffizient k_i als

$$k_i = \binom{n}{i} \quad (i = 0, 1, 2, \ldots, n)$$

und unsere Entwicklung von $(a + b)^n$ lautet

$$(a + b)^n = \binom{n}{0} a^n + \binom{n}{1} a^{n-1} \, b + \binom{n}{2} a^{n-2} \, b^2 + \cdots$$
$$+ \binom{n}{n-1} a \, b^{n-1} + \binom{n}{n} b^n$$

---

[1]) LEONHARD EULER (1707···1783), schweizer Mathematiker.

oder mit dem Summenkalkül geschrieben

$$(a + b)^n = \sum_{i=0}^{n} \binom{n}{i} a^{n-i} b^i.$$

Diese Formel heißt der *binomische Satz*.

Nennen wir k_0 den „nullten", k_1 den ersten Binomialkoeffizienten usw. (beginnen also bei Null zu zählen), so stellt $\binom{n}{i} = k_i$ den i-ten Koeffizienten in der Entwicklung von $(a + b)^n$ dar. Das vollständige i-te Glied lautet $k_i\, a^{n-i}\, b^i$.

Beispiele

1. $\binom{4}{3} = \dfrac{4 \cdot 3 \cdot 2}{1 \cdot 2 \cdot 3} = 4;$

2. $\binom{7}{2} = \dfrac{7 \cdot 6}{1 \cdot 2} = 21;$

3. $\binom{10}{4} = \dfrac{10 \cdot 9 \cdot 8 \cdot 7}{1 \cdot 2 \cdot 3 \cdot 4} = 210;$

4. $\binom{6}{9} = 0$ (nach Definition);

5. $\binom{8}{0} = 1$ (nach Definition);

6. $\binom{12}{12} = 1;$

7. Wie lautet der 5. Koeffizient in der Entwicklung von $(a + b)^{12}$?

$$k_5 = \binom{12}{5} = \frac{12 \cdot 11 \cdot 10 \cdot 9 \cdot 8}{1 \cdot 2 \cdot 3 \cdot 4 \cdot 5} = 11 \cdot 9 \cdot 8 = 792;$$

8. Gib das 8. Glied in der Entwicklung von $(a + b)^{10}$ an!

$$k_8\, a^{10-8}\, b^8 = k_8\, a^2\, b^8, \quad k_8 = \binom{10}{8} = 45.$$

Das achte Glied lautet also $45\, a^2\, b^8$.

Ersetzt man im binomischen Satz b durch $-b$, so erhalten alle Glieder, die b mit ungeradem Exponenten besitzen, ein negatives Vorzeichen

$$(a - b)^n = \binom{n}{0} a^n + \binom{n}{1} a^{n-1}\, (-b) + \binom{n}{2} a^{n-2}\, (-b)^2 + \cdots + \binom{n}{n}\, (-b)^n$$

$$= \binom{n}{0} a^n - \binom{n}{1} a^{n-1}\, b + \binom{n}{2} a^{n-2}\, b^2 - + \cdots + (-1)^n \binom{n}{n} b^n;$$

$$(a - b)^n = \sum_{i=0}^{n} (-1)^i \binom{n}{i} a^{n-i} b^i.$$

Man merke sich, daß in der Entwicklung von $(a - b)^n$ die Vorzeichen der Glieder alternieren, d. h. ständig wechseln.

Setzt man in $(a + b)^n$ für $a = 1$ und für $b = x$, so nimmt der binomische Satz die für die Praxis besonders wichtige Form

$$(1 + x)^n = 1 + \binom{n}{1} x + \binom{n}{2} x^2 + \cdots + \binom{n}{n-1} x^{n-1} + x^n$$

an. Bedeutet hierin x eine dem Betrage nach „kleine"[1]) Zahl, so kann man ihre zweite und höheren Potenzen vernachlässigen und mit der *linearen Näherungsformel*

$$(1 + x)^n \approx 1 + n\,x.$$

arbeiten[2]). Da praktisch sehr häufig mit Näherungswerten gerechnet wird, kommt solchen Formeln eine große Bedeutung zu.

Beispiele

1. Man berechne $1{,}0157^4$ auf zwei Dezimalen genau!
Lösung: Mit $x = 0{,}0157$ liefert die Näherungsformel
$$1{,}0157^4 \approx 1 + 4 \cdot 0{,}0157 = 1{,}0628$$
$$1{,}0157^4 = 1{,}06 \text{ (auf zwei Dezimalen)}$$

Der Rechenstab gibt $1{,}0643$ an. d. h. unser Ergebnis ist auf zwei Dezimalen richtig geworden.

2. Bestimme $0{,}94^5$ auf eine Dezimale genau!
Lösung: $1 + x = 0{,}94, \quad x = -0{,}06$
$$0{,}94^5 \approx 1 - 5 \cdot 0{,}06 = 0{,}7$$

Vergleich mit dem Rechenstab: $0{,}94^5 = 0{,}734$, d. h. die Näherungsformel hat ein auf eine Dezimale richtiges Ergebnis geliefert.

1.1.3 Fakultätsdarstellung der Binomialkoeffizienten

Definition: *Das Produkt der positiven ganzen Zahlen $1, 2, 3, \ldots, n$ heißt n Fakultät und wird geschrieben*

$$1 \cdot 2 \cdot 3 \cdot \ldots \cdot n = n!$$

---

[1]) „Kleine" $|x|$-Werte sind in diesem Zusammenhang solche, die bei Einsetzen in die Näherungsformel ein der vorgeschriebenen Genauigkeit genügendes Ergebnis liefern.
[2]) Das Zeichen $\approx$ wird „näherungsgleich" oder „angenähert gleich" gelesen. Bei numerischen Näherungsgleichheiten schreiben wir verabredungsgemäß das Gleichheitszeichen, also etwa $\sqrt{2} = 1{,}41$ oder $\pi = 3{,}1416$ usw.; die letzte angeschriebene Dezimale ist dabei mittels der darauffolgenden Dezimale gerundet, so daß der Näherungswert auf die angeschriebene Dezimalenzahl richtig ist.

Es ist also

$$2! = 1 \cdot 2 = 2,$$
$$3! = 1 \cdot 2 \cdot 3 = 6,$$
$$4! = 1 \cdot 2 \cdot 3 \cdot 4 = 3! \cdot 4 = 24,$$
$$5! = 1 \cdot 2 \cdot 3 \cdot 4 \cdot 5 = 4! \cdot 5 = 120 \text{ usw.}$$

Allgemein gilt die *Rekursionsformel*

$$\boxed{n! = (n-1)!\, n}$$

mit der man die Berechnung von $n!$ auf diejenige von $(n-1)!$ zurückführen kann. Ferner werde gesetzt

$$1! = 1 \quad \text{und} \quad 0! = 1.$$

Mit dem Fakultätsbegriff lassen sich die Binomialkoeffizienten folgendermaßen schreiben

$$\binom{n}{i} = \frac{n(n-1)(n-2)\cdot\ldots\cdot(n-i+1)}{1\cdot 2\cdot 3\cdot\ldots\cdot i} \cdot \frac{(n-i)(n-i-1)\cdot\ldots\cdot 3\cdot 2\cdot 1}{(n-i)(n-i-1)\cdot\ldots\cdot 3\cdot 2\cdot 1}$$

$$= \frac{n(n-1)(n-2)\cdot\ldots\cdot 3\cdot 2\cdot 1}{1\cdot 2\cdot 3\cdot\ldots\cdot i\cdot(n-i)(n-i-1)\cdot\ldots\cdot 3\cdot 2\cdot 1}.$$

Im Zähler steht das Produkt aller ganzen Zahlen von 1 bis n, also $n!$, im Nenner das Produkt aller ganzen Zahlen von 1 bis i, also $i!$, multipliziert mit dem Produkt aller ganzen Zahlen von 1 bis $n-i$, also $(n-i)!$:

$$\boxed{\binom{n}{i} = \frac{n!}{i!\,(n-i)!}.}$$

Fakultätsdarstellung des Binomialkoeffizienten

Ersetzt man in dieser Formel auf beiden Seiten i durch $n-i$, so erhält man

$$\binom{n}{n-i} = \frac{n!}{(n-i)!\,(n-(n-i))!} = \frac{n!}{(n-i)!\,i!},$$

d. h. es gilt

$$\boxed{\binom{n}{i} = \binom{n}{n-i}}$$

das sogenannte *Symmetriegesetz* der Binomialkoeffizienten. Danach ist beispielsweise

$$\binom{10}{8} = \binom{10}{10-8} = \binom{10}{2} = \frac{10 \cdot 9}{1 \cdot 2} = 45,$$

$$\binom{7}{6} = \binom{7}{7-6} = \binom{7}{1} = \frac{7}{1} = 7,$$

$$\binom{15}{12} = \binom{15}{15-12} = \binom{15}{3} = \frac{15 \cdot 14 \cdot 13}{1 \cdot 2 \cdot 3} = 455.$$

Man kann sich also auf diese Weise unter Umständen viel Rechnung ersparen. Das Symmetriegesetz bringt denselben Sachverhalt zum Ausdruck, den wir bereits beim PASCALschen Dreieck bemerkten. In der Entwicklung von $(a + b)^n$ sind also diejenigen Koeffizienten gleich, die vom ersten und letzten Glied gleichweit entfernt stehen. Auch die aus dem PASCALschen Dreieck abgelesene Eigenschaft, daß jede Zahl gleich der Summe der beiden rechts und links über ihr stehenden Zahlen ist, läßt sich mit Binomialkoeffizienten anschreiben:

$$\boxed{\binom{n+1}{i+1} = \binom{n}{i} + \binom{n}{i+1}}$$

Additionsgesetz im PASCAL-Dreieck

Beim Beweis kann man entweder auf die ursprüngliche Definition des Binomialkoeffizienten oder auf seine Fakultätsdarstellung zurückgreifen. Dem Leser wird die Durchführung des Beweises als Übung empfohlen.

1.2 Polynome

1.2.1 Der Polynombegriff

Definition: *Ein Ausdruck der Form*

$$\boxed{P(x) = a_n x^n + a_{n-1} x^{n-1} + \cdots + a_2 x^2 + a_1 x + a_0 = \sum_{i=0}^{n} a_i x^i}$$

heißt die Normalform eines Polynoms in x. Der Exponent der höchsten auftretenden x-Potenz heißt der Grad des Polynoms; man schreibt

$$\boxed{\text{Grad } P(x) = n,}$$

falls $a_n \neq 0$ ist.

Die beliebigen reellen Zahlen $a_0, a_1, a_2, \ldots, a_n$ heißen die Koeffizienten des Polynoms, x die Unbestimmte oder Veränderliche. $P(x)$ wird „P von x" gelesen.

Beispiele

1. $P(x) = 7\,x^5 - 3\,x^4 + 2\,x^2 - x - 4$. Es ist
Grad $P(x) = 5;\ a_5 = 7,\ a_4 = -3,\ a_3 = 0,\ a_2 = 2,\ a_1 = -1,\ a_0 = -4$.

2. $P(x) = a_0 \neq 0$ (Konstante!) $\qquad$: Polynom nullten Grades
$P(x) = a_1\,x + a_0\ (a_1 \neq 0)$ $\qquad$: lineares Polynom
$P(x) = a_2\,x^2 + a_1\,x + a_0\ (a_2 \neq 0)$ $\qquad$: quadratisches Polynom
$P(x) = a_3\,x^3 + a_2\,x^2 + a_1\,x + a_0\ (a_3 \neq 0)$: kubisches Polynom.

Definition: *Zwei Polynome*

$$P(x) = \sum_{i=0}^{n} a_i\,x^i, \qquad Q(x) = \sum_{i=0}^{m} b_i\,x^i$$

sollen identisch heißen, wenn sie

1. *vom gleichen Grade sind*
2. *in allen entsprechenden (d. h. zu gleichen x-Potenzen gehörenden) Koeffizienten übereinstimmen*

$$P(x) \equiv Q(x),$$
$$\text{wenn}$$
1. Grad $P(x) = $ Grad $Q(x)$
2. $a_0 = b_0, a_1 = b_1, \ldots, a_n = b_n$.

Beispiele

1. Es bestehe die Identität
$$a_3\,x^3 + a_2\,x^2 + a_1\,x + a_0 \equiv 5\,x^3 - 7\,x + 4.$$
Man bestimme die Koeffizienten $a_0, \ldots, a_3$!

Lösung: Durch „Koeffizientenvergleich" erhält man sofort
$$a_3 = 5,\ a_2 = 0,\ a_1 = -7,\ a_0 = 4.$$

2. Wie lauten die Koeffizienten des Polynoms
$$P(x) = a_5\,x^5 + a_4\,x^4 + a_3\,x^3 + a_2\,x^2 + a_1\,x + a_0.$$
wenn die Identität
$$P(x) \equiv x^4 - 1$$
gilt?

Lösung: $a_5 = 0,\ a_4 = 1,\ a_3 = a_2 = a_1 = 0,\ a_0 = -1$.

3. Das quadratische Polynom
$$P(x) = x^2 - 3\,x + 5$$
soll nach Potenzen von $(x-1)$ identisch umgeordnet werden:
$$P(x) = x^2 - 3\,x + 5 \equiv a_2\,(x-1)^2 + a_1\,(x-1) + a_0.$$

Wie lauten die neuen Koeffizienten a_2, a_1, a_0 ?

Lösung: Ausquadrieren ergibt

$$x^2 - 3x + 5 \equiv a_2 x^2 + (-2a_2 + a_1) x + (a_2 - a_1 + a_0) \, .$$

woraus folgt

$$\left.\begin{array}{rcl} a_2 & = & 1 \\ -2a_2 + a_1 & = & -3 \\ a_2 - a_1 + a_0 & = & 5 \end{array}\right\} \ a_2 = 1. \ a_1 = -1. \ a_0 = 3 \, .$$

1.2.2 Rechnen mit Polynomen

Wir wollen die vier Grundrechenoperationen mit Polynomen ausführen. Was ergibt sich dabei?

Satz: *Summe und Differenz zweier Polynome ergeben jeweils wieder ein Polynom.*

Beweis: Wir schreiben zwei Polynome bis zur gleichen x-Potenz an[1]

$$P(x) = a_n x^n + a_{n-1} x^{n-1} + \cdots + a_2 x^2 + a_1 x + a_0$$

$$Q(x) = b_n x^n + b_{n-1} x^{n-1} + \cdots + b_2 x^2 + b_1 x + b_0$$

und erhalten durch gliedweise Addition bzw. Subtraktion

$$P(x) + Q(x) = (a_n + b_n) x^n + (a_{n-1} + b_{n-1}) x^{n-1} + \cdots + (a_2 + b_2) x^2$$
$$+ (a_1 + b_1) x + (a_0 + b_0)$$

$$P(x) - Q(x) = (a_n - b_n) x^n + (a_{n-1} - b_{n-1}) x^{n-1} + \cdots + (a_2 - b_2) x^2$$
$$+ (a_1 - b_1) x + (a_0 - b_0) \, ,$$

also in beiden Fällen wieder ein Polynom. Der Grad des Summen- oder Differenzenpolynoms ist dabei höchstens gleich dem Grad des höhergradigen Polynoms.

Satz: *Das Produkt zweier Polynome ist wieder ein Polynom.*

Beweis: Mit demselben Ansatz für $P(x)$ und $Q(x)$ wie oben erhält man jetzt für das Produkt

$$P(x)\, Q(x) = a_n b_n x^{2n} + (a_n b_{n-1} + a_{n-1} b_n) x^{2n-1} + \cdots$$
$$+ (a_1 b_0 + a_0 b_1) x + a_0 b_0 \, ,$$

d. h. wieder ein Polynom; der Grad des Produktpolynoms ist dabei stets gleich der Summe der Grade von jedem Faktorpolynom.

Beispiel: Gegeben seien die Polynome

$$P(x) = 2x^4 - x^3 + x - 4, \quad Q(x) = 5x^3 - 1 \, .$$

---

[1] Das bedeutet nicht notwendig, daß sie vom gleichen Grade sind!

Dann bekommt man

$$P(x) + Q(x) = 2\,x^4 + 4\,x^3 + x - 5\,,$$
$$P(x) - Q(x) = 2\,x^4 - 6\,x^3 + x - 3\,,$$
$$P(x) \cdot Q(x) = 10\,x^7 + 5\,x^6 + 3\,x^4 - 19\,x^3 - x + 4$$

und es ist hier

$$\text{Grad}\,[P(x) \pm Q(x)] = 4\,,$$
$$\text{Grad}\,[P(x) \cdot Q(x)] = 4 + 3 = 7\,.$$

Satz: *Der Quotient zweier Polynome ist im allgemeinen nicht wieder ein Polynom.*

Beweis: Die Annahme, daß der Quotient zweier Polynome stets wieder ein Polynom ist, wird sofort durch folgendes Beispiel widerlegt:

$$P(x) = 3\,x^3 - 2\,x^2 + 4\,x - 5\,, \qquad Q(x) = x^2 + 1$$

$$(3\,x^3 - 2\,x^2 + 4\,x - 5) : (x^2 + 1) = 3\,x - 2 + \frac{3\,x - 5}{x^2 + 1}$$

$$\begin{array}{l} \underline{3\,x^3 \qquad\quad + 3\,x} \\ \quad -2\,x^2 + \;\; x \;\; - 5 \\ \underline{\quad -2\,x^2 - 2\,x} \\ \qquad\qquad 3\,x \;\; - 5 \end{array}$$

Es ergibt sich zunächst wieder ein Polynom, dessen Grad gleich der Differenz der Grade von Zähler- und Nennerpolynom ist, plus ein Quotient zweier Polynome, dessen Zähler gleich dem „Restpolynom" und dessen Nenner gleich dem vorgegebenen Nennerpolynom ist. Allgemein ergibt sich für den Quotienten zweier Polynome $P(x)$ und $Q(x)$, falls Grad $P(x) \geqq$ Grad $Q(x)$ ist

$$\boxed{\begin{array}{c} \dfrac{P(x)}{Q(x)} = S(x) + \dfrac{R(x)}{Q(x)} \\ \text{Grad}\,S(x) = \text{Grad}\,P(x) - \text{Grad}\,Q(x) \\ \text{Grad}\,R(x) < \text{Grad}\,Q(x)\,. \end{array}}$$

Im obigen Beispiel ist also

$$S(x) = 3\,x - 2\,, \qquad R(x) = 3\,x - 5\,.$$

Definition: *Sind $P(x)$ und $Q(x) \not\equiv 0$ Polynome, so heiße*

$$\frac{P(x)}{Q(x)}$$

ein Polynombruch. Ist Grad $P(x) \geqq$ Grad $Q(x)$, so spricht man von einem unechten, andernfalls von einem echten Polynombruch.

Beispiele solcher Polynombrüche sind

$$\frac{x^3 - 2\,x^2 + 7\,x - 1}{x^2 - 4\,x + 5} \qquad \text{(unecht)}$$

$$\frac{x^2 - 4}{x^4 - 3\,x^2 + 10\,x + 5} \qquad \text{(echt)}$$

$$\frac{2\,x - 5}{x + 3} \qquad \text{(unecht)}.$$

Die eingerahmte Zerlegung führt damit zu dem

Satz: *Jeder unechte Polynombruch läßt sich in die Summe aus einem Polynom und einem echten Polynombruch aufspalten.*

Ist speziell das Restpolynom $R(x) \equiv 0$, so geht die Division auf und der Polynombruch

$$\frac{P(x)}{Q(x)} = S(x)$$

stellt dann ein Polynom dar ($Q(x)$ ist „Teiler'' von $P(x)$).

Man beachte, daß die Polynome bezüglich ihrer Verknüpfungseigenschaften in den vier Grundrechenoperationen das gleiche Verhalten wie die ganzen Zahlen aufweisen: Summe, Differenz und Produkt zweier ganzen Zahlen ist wieder eine ganze Zahl, ein unechter Bruch läßt sich als Summe aus einer ganzen Zahl und einem echten Bruch schreiben. Ersetzt man in diesem Satz „ganze Zahl'' durch „Polynom'', so bleibt er in derselben Form bestehen.

1.2.3 Polynomwerte. Horner-Schema

Definition: *Wählt man in einem Polynom*

$$P(x) = \sum_{i=0}^{n} a_i\, x^i$$

für x einen speziellen Zahlenwert x_1, so stellt

$$\boxed{P(x_1) = \sum_{i=0}^{n} a_i\, x_1^i}$$

den „Wert des Polynoms an der Stelle x_1'' oder kurz den „Polynomwert für $x = x_1$'' dar.

Beispiele

1. $P(x) = x^2 - x + 1;$ $P(1) \ = 1 - 1 + 1 = 1$
$P(-3) = 9 + 3 + 1 = 13$
$P(0) \ = 1$

2. $P(x) = 2\,x^3 - x^2 + 3\,x - 5;$ $P(2) \ = 16 - 4 + 6 - 5 = 13$

3. $P(x) = x^6 + 2\,x^5 - x^4 - x^2 - 2\,x + 1;$ $P(1) \ = 0$
$P(2) \ = 64 + 64 - 16 - 4 - 4$
           $+\ 1 = 105\,.$

Für die Berechnung von Polynomwerten wollen wir jetzt einen praktischeren Weg einschlagen. Wir schreiben zu diesem Zwecke das Polynom $P(x)$ für $x = x_1$

$$P(x_1) = a_n x_1^n + a_{n-1} x_1^{n-1} + a_{n-2} x_1^{n-2} + \cdots + a_1 x_1 + a_0$$

in der Form

$$P(x_1) = (\ldots \{ [(a_n x_1 + a_{n-1}) x_1 + a_{n-2}] x_1 + a_{n-3} \} x_1 + \cdots + a_1) x_1 + a_0$$

und rollen die Rechnung von innen heraus auf, indem wir mit der Berechnung der innersten, runden Klammer beginnen, dann mit ihrem Inhalt die eckige Klammer berechnen, mit deren Inhalt die geschweifte Klammer und so fort, bis wir mit der äußersten Klammer fertig sind. Damit läuft die ganze Berechnung auf einfaches Multiplizieren und Addieren hinaus, nämlich

$$a_n x_1 + a_{n-1} = a'_{n-1} \qquad \text{(gesetzt!)}$$

$$a'_{n-1} x_1 + a_{n-2} = a'_{n-2} \qquad \text{(gesetzt!)}$$

$$a'_{n-2} x_1 + a_{n-3} = a'_{n-3} \qquad \text{(gesetzt!)}$$

$$\vdots$$

$$a'_1 x_1 + a_0 = P(x_1).$$

Die erste Zeile ist dabei der Inhalt der innersten, runden Klammer, die nächste der Inhalt der eckigen Klammer usw. Dieser Rechnungsgang kann nun in dem folgendem Rechenschema dargestellt werden

	a_n	a_{n-1}	a_{n-2}	$a_{n-3} \cdots$	a_1	a_0
x_1		$x_1 a_n$	$x_1 a'_{n-1}$	$x_1 a'_{n-2} \cdots x_1 a'_2$	$x_1 a'_1$	
	a_n	a'_{n-1}	a'_{n-2}	$a'_{n-3} \cdots$	a'_1	$P(x_1)$

Man nennt dies das HORNER[1])-Schema zur Berechnung von Polynomwerten. Es enthält die

Anweisung: *In der ersten Zeile stehen die Koeffizienten des Polynoms. Jede in der untersten Zeile des HORNER-Schemas stehende Zahl ist nacheinander mit dem betreffenden x-Wert zu multiplizieren und das Produkt zum nächsten Koeffizienten zu addieren. Das Schlußelement der untersten Zeile stellt den gesuchten Polynomwert dar.*

---

[1]) W. G. HORNER (1774 ··· 1834), englischer Mathematiker.

Beispiele

1. Gegeben sei das Polynom $P(x) = 2\,x^3 - x^2 + 2\,x + 5$; gesucht sind die Polynomwerte $P(2)$, $P(-3)$, $P(5)$.

Lösung:

$$
\begin{array}{c|cccc}
  & 2 & -1 & 2 & 5 \\
2 &   & 4 & 6 & 16 \\
\hline
  & 2 & 3 & 8 & \lfloor 21
\end{array}
\qquad P(2) = 21
$$

$$
\begin{array}{c|cccc}
   & 2 & -1 & 2 & 5 \\
-3 &   & -6 & 21 & -69 \\
\hline
   & 2 & -7 & 23 & \lfloor -64
\end{array}
\qquad P(-3) = -64
$$

$$
\begin{array}{c|cccc}
  & 2 & -1 & 2 & 5 \\
5 &   & 10 & 45 & 235 \\
\hline
  & 2 & 9 & 47 & \lfloor 240
\end{array}
\qquad P(5) = 240 .
$$

2. Berechne den Wert des Polynoms $P(x) = x^5 - 2\,x^3 + x^2 - 4\,x + 10$ an der Stelle $x_1 = -4$.

Lösung: Da die vierte Potenz fehlt, ist der Koeffizient $a_4 = 0$ und als solcher in die erste Zeile des HORNER-Schemas einzutragen:

$$
\begin{array}{c|cccccc}
   & 1 & 0 & -2 & 1 & -4 & 10 \\
-4 &   & -4 & 16 & -56 & 220 & -864 \\
\hline
   & 1 & -4 & 14 & -55 & 216 & \lfloor -854
\end{array}
$$

Der gesuchte Polynomwert beträgt also $P(-4) = -854$.

3. Von dem Polynom $P(x) = 1{,}01\,x^6 - 2{,}07\,x^4 - 0{,}305\,x^2 - 14{,}7\,x + 8{,}07$ soll der Wert für $x_1 = 0{,}395$ unter Zuhilfenahme des Rechenstabes bestimmt werden.

Lösung: Man stellt den gegebenen x-Wert auf der Grundskala (bei modernen Rechenstäben auf der versetzten Grundskala) ein und führt mit *einer* Zungeneinstellung sämtliche Multiplikationen aus:

$$
\begin{array}{c|ccccccc}
            & 1{,}01 & 0 & -2{,}07 & 0 & -0{,}305 & -14{,}7 & 8{,}07 \\
x_1 = 0{,}395 &   & 0{,}399 & 0{,}1576 & -0{,}755 & -0{,}2982 & -0{,}2382 & -5{,}90 \\
\hline
            & 1{,}01 & 0{,}399 & -1{,}9124 & -0{,}755 & -0{,}6032 & -14{,}9382 & \lfloor 2{,}17
\end{array}
$$

$$\lfloor \ P(0{,}395) = 2{,}17 .$$

Benutzt man beim HORNER-Schema eine Tisch-Rechenmaschine, so nimmt man den gegebenen x-Wert ins Einstellwerk und kurbelt das Umdrehungszählwerk jeweils auf den nächsten Faktor um. Beim Einsatz programmgesteuerter elektronischer Digitalrechner fertigt man sich das HORNER-Schema als Unterprogramm an, stanzt es auf Lochstreifen oder Lochkarten und nimmt es in die Programmbibliothek auf. Die zentrale Stellung des HORNER-Schemas in der numerischen Mathematik beruht auf der Tatsache, daß in der Praxis sämtliche Funktionen mit Hilfe von Polynomen berechnet werden.

Division eines Polynoms durch $x - x_1$ mit dem Horner-Schema. Für die Polynomdivision hatten wir in 1.2.2 gefunden

$$\frac{P(x)}{Q(x)} = S(x) + \frac{R(x)}{Q(x)}.$$

Wählen wir für das Nennerpolynom

$$Q(x) = x - x_1,$$

also ein lineares Polynom, so wird wegen

$$\text{Grad } R(x) < \text{Grad } (x - x_1) = 1$$

der Grad des Restpolynoms gleich Null und damit $R(x)$ selbst eine Konstante

$$R(x) = R.$$

Die Bedeutung dieser Konstanten ergibt sich, wenn man

$$\frac{P(x)}{x - x_1} = S(x) + \frac{R}{x - x_1}$$

mit $x - x_1$ durchmultipliziert

$$P(x) = (x - x_1) S(x) + R.$$

Setzt man hierin $x = x_1$, so wird nämlich

$$\boxed{P(x_1) = R,}$$

d. h. *der Polynomwert an der Stelle x_1 ist der bei Division durch $x - x_1$ verbleibende Rest.*

Wir fragen nun noch nach den Koeffizienten von $S(x)$. Der Einfachheit halber nehmen wir für $P(x)$ ein kubisches Polynom

$$P(x) = a_3 x^3 + a_2 x^2 + a_1 x + a_0 \qquad (a_3 \neq 0)$$

an und führen die Division durch $x - x_1$ elementar aus:

$$(a_3 x^3 + a_2 x^2 + a_1 x + a_0) : (x - x_1) = a_3 x^2 + a_2' x + a_1' + \frac{R}{x - x_1}$$

$$
\begin{aligned}
& \underline{a_3 x^3 - x_1 a_3 x^2} \\
& \quad\; a_2' x^2 + a_1 x \\
& \quad\; \underline{a_2' x^2 - x_1 a_2' x} \\
& \qquad\qquad a_1' x + a_0 \qquad\qquad \text{mit } \begin{cases} a_2' = a_2 + x_1 a_3 \\ a_1' = a_1 + x_1 a_2' \\ R = a_0 + x_1 a_1'. \end{cases} \\
& \qquad\qquad \underline{a_1' x - x_1 a_1'} \\
& \qquad\qquad\qquad\quad R
\end{aligned}
$$

Schreibt man andererseits das HORNER-Schema für das kubische Polynom $P(x)$ an,

$$
\begin{array}{c|cccc}
 & a_3 & a_2 & a_1 & a_0 \\
x_1 & & x_1\,a_3 & x_1\,a_2' & x_1\,a_1' \\
\hline
 & a_3 & a_2' & a_1' & \underline{R = P(x_1)} \,,
\end{array}
$$

so sieht man, daß die Elemente der untersten Zeile (mit Ausnahme des letzten) genau die Koeffizienten des Polynoms $S(x)$ sind. Allgemein gilt der

Satz: *Die Division eines Polynoms durch $x - x_1$ kann mit dem HORNER-Schema für $x = x_1$ ausgeführt werden: In der Schlußzeile stehen nacheinander die Koeffizienten des abgespaltenen Polynoms und zuletzt der Divisionsrest.*

Beispiele

1. Man führe die Division $(4\,x^3 - 2\,x^2 + 7\,x - 19) : (x - 2)$ aus!

Lösung:

$$
\begin{array}{c|cccc}
 & 4 & -2 & 7 & -19 \\
2 & & 8 & 12 & 38 \\
\hline
 & 4 & 6 & 19 & \underline{19} \,,
\end{array}
$$

d. h. es ist

$$
\frac{4\,x^3 - 2\,x^2 + 7\,x - 19}{x - 2} = 4\,x^2 + 6\,x + 19 + \frac{19}{x - 2} \,.
$$

2. Was ergibt die Ausführung der Division $(x^5 + 1) : (x + 1)$?

Lösung:

$$
\begin{array}{c|cccccc}
 & 1 & 0 & 0 & 0 & 0 & +1 \\
-1 & & -1 & +1 & -1 & +1 & -1 \\
\hline
 & 1 & -1 & +1 & -1 & +1 & \underline{0} \,,
\end{array}
$$

d. h. es ist

$$
\frac{x^5 + 1}{x + 1} = x^4 - x^3 + x^2 - x + 1
$$

und der Rest ist Null, d. h. die Division geht auf. Dieses Ergebnis ist uns bereits vom Abschnitt 1.1.1 her bekannt.

1.2.4 Polynomumordnung. Vollständiges Horner-Schema

Vorgelegt sei die Aufgabe, ein gegebenes Polynom

$$
P(x) = a_n\,x^n + a_{n-1}\,x^{n-1} + \cdots + a_2\,x^2 + a_1\,x + a_0
$$

umzuordnen in ein Polynom gleichen Grades nach Potenzen von $x - x_1$:

$$
\boxed{
\begin{aligned}
P(x) \equiv Q\,(x - x_1) = b_n\,(x - x_1)^n &+ b_{n-1}\,(x - x_1)^{n-1} + \cdots \\
&+ b_2\,(x - x_1)^2 + b_1\,(x - x_1) + b_0 \,.
\end{aligned}
}
$$

Diese Aufgabe ist gelöst, wenn man die Koeffizienten $b_0, b_1, \ldots, b_n$ bestimmt hat. Es wird sich zeigen, daß dazu das HORNER-Schema in einer erweiterten Form herangezogen werden kann. Die Herleitung möge wieder am allgemeinen kubischen Polynom

$$P(x) = a_3 x^3 + a_2 x^2 + a_1 x + a_0 \qquad (a_3 \neq 0)$$

vorgenommen werden. Zunächst ergab sich in 1.2.3

$$\frac{P(x)}{x - x_1} = S(x) + \frac{R}{x - x_1}, \qquad \text{(I)}$$

wobei die Koeffizienten von

$$S(x) = a_3 x^2 + a_2' x + a_1'$$

sowie R in der Schlußzeile des HORNER-Schemas

$$
\begin{array}{c|cccc}
 & a_3 & a_2 & a_1 & a_0 \\
x_1 & & x_1 a_3 & x_1 a_2' & x_1 a_1' \\
\hline
 & a_3 & a_2' & a_1' & R
\end{array}
$$

standen. Jetzt dividieren wir $S(x)$ durch $x - x_1$ und erhalten

$$\frac{S(x)}{x - x_1} = S_1(x) + \frac{R_1}{x - x_1}, \qquad \text{(II)}$$

wobei die Koeffizienten von

$$S_1(x) = a_3 x + a_2''$$

sowie der Rest R_1 in der Schlußzeile des HORNER-Schemas

$$
\begin{array}{c|ccc}
 & a_3 & a_2' & a_1' \\
x_1 & & x_1 a_3 & x_1 a_2'' \\
\hline
 & a_3 & a_2'' & R_1
\end{array}
$$

stehen müssen. Dividiert man schließlich noch $S_1(x)$ durch $x - x_1$, so erhält man

$$\frac{S_1(x)}{x - x_1} = S_2(x) + \frac{R_2}{x - x_1}, \qquad \text{(III)}$$

wobei wieder aus dem HORNER-Schema

$$
\begin{array}{c|cc}
 & a_3 & a_2'' \\
x_1 & & x_1 a_3 \\
\hline
 & a_3 & R_2
\end{array}
$$

folgt

$$S_3(x) = S_3 = a_3 .$$

Schreiben wir die mit I, II, III bezeichneten Gleichungen, nachdem wir sie mit $x - x_1$ durchmultipliziert haben, nochmal zusammen

$$\text{I} \qquad P(x) = (x - x_1)\, S(x) + R$$
$$\text{II} \qquad S(x) = (x - x_1)\, S_1(x) + R_1$$
$$\text{III} \qquad S_1(x) = (x - x_1)\, S_2 \quad + R_2$$

und setzen nun $S_1(x)$ aus III in II und danach $S(x)$ aus II in I ein, so erhalten wir

$$S(x) = (x - x_1)\, [(x - x_1) \cdot S_2 + R_2] + R_1$$
$$= (x - x_1)^2 \cdot S_2 + (x - x_1) \cdot R_2 + R_1$$
$$P(x) = (x - x_1)\, [(x - x_1)^2 \cdot S_2 + (x - x_1) \cdot R_2 + R_1] + R$$
$$P(x) = (x - x_1)^3 \cdot S_2 + (x - x_1)^2 \cdot R_2 + (x - x_1) \cdot R_1 + R \,.$$

Dies ist aber die gesuchte Darstellung unseres Polynoms nach Potenzen von $(x - x_1)$

$$P(x) \equiv Q\,(x - x_1) = b_3\,(x - x_1)^3 + b_2\,(x - x_1)^2 + b_1\,(x - x_1) + b_0$$

mit

$$b_3 = S_2, \quad b_2 = R_2, \quad b_1 = R_1, \quad b_0 = R \,.$$

Sehen wir uns jetzt noch die einzelnen HORNER-Schemata an, mit denen R, R_1, R_2 und S_2 berechnet wurden! Jedes Schema hat als letzte Zeile die gleiche Zahlenfolge wie das nächste Schema als erste Zeile, ausgenommen das ganz rechts stehende Element. Dieses ist jeweils einer der gesuchten Koeffizienten. Man kann also die Schemata zusammenfassen zu einem einzigen, dem sogenannten Vollständigen HORNER-Schema. Es lautet für ein kubisches Polynom $P(x) = a_3\, x^3 + a_2\, x^2 + a_1\, x + a_0$

Anweisung: *Soll das Polynom $P(x)$ nach Potenzen von $x - x_1$ umgeordnet werden, so erhält man die neuen Koeffizienten als ,,Schlußelemente'' eines Vollständigen HORNER-Schemas, entwickelt an der Stelle x_1.*

Ganz entsprechend kann man das Vollständige HORNER-Schema für Polynome beliebigen Grades anschreiben und daraus die Koeffizienten b_i $(i = 0, 1, 2, \ldots)$ gewinnen. In der Differentialrechnung werden die b_i noch eine andere Bedeutung erhalten.

Beispiele

1. Das Polynom $P(x) = 2\,x^4 - 3\,x^3 + 5\,x^2 - 10\,x + 12$ soll auf Potenzen von $x - 2$ umgeschrieben werden.

Lösung: Wir schreiben das Vollständige HORNER-Schema an und lesen daraus die neuen Koeffizienten $b_0, b_1, \ldots, b_4$ ab:

	2	-3	5	-10	12
$x_1 = 2$		4	2	14	8
	2	1	7	4	$20 = b_0$
$x_1 = 2$		4	10	34	
	2	5	17	$38 = b_1$	
$x_1 = 2$		4	18		
	2	9	$35 = b_2$		
$x_1 = 2$		4			
	2	$13 = b_3$			
$x_1 = 2$					
	$2 = b_4$				

Damit lautet unser Polynom

$$P(x) = Q(x - 2) = b_4\,(x - 2)^4 + \cdots + b_1\,(x - 2) + b_0$$
$$P(x) = Q(x - 2) = 2\,(x - 2)^4 + 13\,(x - 2)^3 + 35\,(x - 2)^2 + 38\,(x - 2) + 20 \,.$$

Will man sich noch auf anderem Wege von der Richtigkeit dieser Darstellung überzeugen, so braucht man lediglich die rechte Seite auszurechnen und nach Potenzen von x zu ordnen; man muß dann das Polynom $P(x)$ erhalten.

2. Man ordne das Polynom

$$P(x + 3) = 4\,(x + 3)^3 - 28\,(x + 3)^2 + 19\,(x + 3) - 120$$

nach Potenzen von $x - 4$!

Lösung: Da $x - 4 = (x + 3) - 7$ ist, muß das Vollständige HORNER-Schema für $x_1 = 7$ berechnet werden:

	4	-28	19	-120
7		28	0	133
	4	0	19	$13 = b_0$
7		28	196	
	4	28	$215 = b_1$	
7		28		
	4	$56 = b_2$		
7				
	$4 = b_3$			

Damit bekommt man

$$P(x + 3) = 4 (x + 3)^3 - 28 (x + 3)^2 + 19 (x + 3) - 120$$
$$= Q(x - 4) = 4 (x - 4)^3 + 56 (x - 4)^2 + 215 (x - 4) + 13 .$$

1.2.5 Nullstellen von Polynomen

Definition : *Ein Wert x_0, für den der Polynomwert*

$$P(x_0) = 0$$

ist, heißt eine Nullstelle des Polynoms $P(x)$.

Beispiel: Das Polynom vierten Grades

$$P(x) = x^4 - 7 x^3 + 14 x^2 - 13 x + 20$$

besitzt für $x = 4$ eine Nullstelle. Berechnet man nämlich das HORNER-Schema für $x = 4$, so folgt

4	1	-7	14	-13	20
		4	-12	8	-20
	1	-3	2	-5	$0 = P(4)$.

Im vorigen Abschnitt haben wir gesehen, daß der Polynomwert an der Stelle x_0 gleich dem bei der Division durch $x - x_0$ verbleibenden Rest ist. Ist also x_0 eine Nullstelle, so ist auch der genannte Rest gleich Null und es folgt aus

$$\frac{P(x)}{x - x_0} = Q(x) + \frac{R}{x - x_0}$$

für $R = 0$:

$$\boxed{P(x) = (x - x_0) Q(x) .}$$

Demnach gilt der

Satz: *Ist x_0 eine Nullstelle des Polynoms $P(x)$, so besitzt das Polynom eine Faktorzerlegung mit dem Linearfaktor $x - x_0$; $x - x_0$ ist dann ein Teiler von $P(x)$.*

Falls das vorgelegte Polynom $P(x)$ außer x_0 noch andere Nullstellen hat, so sind diese stets auch Nullstellen des Polynoms $Q(x)$. Denn ist für $x = x_1$

$$P(x_1) = 0 ,$$

so folgt damit

$$(x_1 - x_0) \cdot Q(x_1) = 0$$

und daraus wegen $x_1 \neq x_0$ sofort

$$Q(x_1) = 0 .$$

Man ermittelt praktisch die weiteren Nullstellen aus $Q(x)$, da dessen Grad um 1 kleiner ist als der von $P(x)$. Ist demnach x_1 eine weitere Nullstelle von $Q(x)$, so gilt

$$Q(x) = (x - x_1)\, Q_1(x)\,,$$

woraus folgt

$$P(x) = (x - x_0)\, (x - x_1)\, Q_1(x)\,.$$

Dies kann man so lange fortsetzen, als man weitere Nullstellen findet. Da man für jede Nullstelle einen Linearfaktor abspalten kann, kann es nicht mehr Nullstellen geben als der Grad des Polynoms ausmacht, andernfalls erhielte man beim Ausmultiplizieren der Linearfaktoren rechterseits ein höhergradiges Polynom als links steht, was der Identität beider widerspräche. Die Nullstellen selbst müssen nicht notwendig reell sein, im Bereich der reellen Zahlen[1]) wird also ein Polynom n-ten Grades $k \leqq n$ Nullstellen besitzen. Auf eine methodische Bestimmung der Nullstellen kommen wir im 6. Abschnitt zu sprechen.

Wir fassen das eben Gesagte zusammen in dem

Satz: *1. Ein Polynom n-ten Grades hat höchstens n reelle Nullstellen.*

2. Hat das Polynom $P(x) = \sum\limits_{i=0}^{n} a_i\, x^i$ mit $a_n \neq 0$ (also vom n-ten Grade) die $k(\leqq n)$ reellen Nullstellen

$$x_1, x_2, \ldots, x_k\,,$$

so hat es eine Darstellung der Art

$$\boxed{P(x) = (x - x_1)\, (x - x_2) \ldots (x - x_k)\, S(x)}$$

mit Grad $S(x) = n - k$ (Produktdarstellung des Polynoms $P(x)$).

3. Hat das n-gradige Polynom $P(x)$ speziell lauter reelle Nullstellen $x_1, x_2, \ldots, x_n$, so gilt die Produktdarstellung

$$\boxed{P(x) = a_n\, (x - x_1)\, (x - x_2) \ldots (x - x_n)\,.}$$

Beispiele

1. Das Polynom $P(x) = x^4 + x^3 - 11\, x^2 - 9\, x + 18$ besitzt die Nullstellen $x_1 = 1$, $x_2 = 3$, $x_3 = -2$, $x_4 = -3$. Wie lautet seine Produktdarstellung?

Lösung: $P(x) = (x - 1)\, (x - 3)\, (x + 2)\, (x + 3)$.

2. Wie heißt die Normalform desjenigen Polynoms dritten Grades mit $a_3 = 1$, das die Nullstellen $1; 2$ und -4 besitzt?

Lösung:
$$P(x) = a_3\, (x - x_1)\, (x - x_2)\, (x - x_3) = 1 \cdot (x - 1)\, (x - 2)\, (x + 4)$$
$$= x^3 + x^2 - 10\, x + 8\,.$$

---

[1]) Die reellen Zahlen sind Zehnerbrüche (s. S. **43, 44**).

3. Das Polynom fünften Grades $P(x) = x^5 - 2\,x^4 + x - 2$ besitzt $x_1 = 2$ als einzige reelle Nullstelle. Wie lautet seine Faktorzerlegung?

Lösung: $P(x) = x^5 - 2\,x^4 + x - 2 = (x - 2) \cdot S(x)$; $S(x)$ muß sich ergeben, wenn man $P(x)$ durch $x - 2$ dividiert:

	1	-2	0	0	1	-2
2		2	0	0	0	2
	1	0	0	0	1	$0 = P(2)$.

Die ersten fünf Zahlen der Schlußzeile geben nach 1.2.3 die Koeffizienten des Polynoms $S(x)$ an:

$$S(x) = x^4 + 1 .$$

Die gesuchte Faktorzerlegung lautet also

$$P(x) = x^5 - 2\,x^4 + x - 2 = (x - 2)\,(x^4 + 1) .$$

Gleichzeitig sieht man, daß $S(x)$ und damit auch $P(x)$ keine weiteren reellen Nullstellen besitzt, denn es gibt keine re e Zahl, deren vierte Potenz gleich -1 ist.

Definition: *Ein Polynom habe für $x = x_0$ eine k-fache Nullstelle, wenn in seiner Produktdarstellung der Faktor $(x - x_0)^k$ auftritt.*

So hat etwa das quadratische Polynom

$$2\,x^2 - 12\,x + 18 = 2\,(x^2 - 6\,x + 9) = 2\,(x - 3)^2$$

die zweifache oder doppelte Nullstelle $x_0 = 3$. Besitzt ein Polynom $P(x)$ vom Grade n die Produktdarstellung

$$\boxed{\begin{aligned} P(x) &= (x - x_1)^{k_1}\,(x - x_2)^{k_2} \ldots (x - x_r)^{k_r} \cdot S(x) \\ k_1 + k_2 &+ \cdots + k_r = k \leqq n \\ \operatorname{Grad} S(x) &= n - k , \end{aligned}}$$

so hat es

die Nullstelle x_1 genau k_1-fach
die Nullstelle x_2 genau k_2-fach
$\vdots$
die Nullstelle x_r genau k_r-fach,

vorausgesetzt natürlich, daß $S(x)$ keine dieser Nullstellen enthält und $x_1, x_2, \ldots, x_r$ paarweise voneinander verschieden sind.

Beispiel: Wie lautet die Normalform eines Polynoms $P(x)$ vom sechsten Grade mit $a_6 = 2$, das die Nullstelle $x_1 = 1$ dreifach, die Nullstelle $x_2 = -1$ zweifach und die Nullstelle $x_3 = 2$ einfach besitzt?

Lösung: Es gilt

$$\begin{aligned} P(x) &= 2\,(x - 1)^3\,(x + 1)^2\,(x - 2) \\ &= 2\,(x^6 - 3\,x^5 + 6\,x^3 - 3\,x^2 - 3\,x + 2) \\ &= 2\,x^6 - 6\,x^5 + 12\,x^3 - 6\,x^2 - 6\,x + 4 . \end{aligned}$$

Zwischen den Nullstellen und Koeffizienten eines Polynoms besteht ein bemerkenswerter Zusammenhang. Er ergibt sich, sobald man die

Normalform gleich der Produktform setzt und dann Koeffizientenvergleich macht. So erhält man für ein quadratisches Polynom $(a_2 \neq 0)$ mit den Nullstellen x_1 und x_2 aus

$$a_2 x^2 + a_1 x + a_0 \equiv a_2 (x - x_1)(x - x_2)$$
$$\equiv a_2 x^2 + a_2 (- x_1 - x_2) x + a_2 x_1 x_2$$

sofort

$$a_2 = a_2$$
$$a_1 = a_2 (- x_1 - x_2)$$
$$a_0 = a_2 x_1 x_2$$

$$\boxed{\begin{aligned} x_1 + x_2 &= -\frac{a_1}{a_2} \\[2mm] x_1 x_2 &= \frac{a_0}{a_2} \end{aligned}}$$

und in gleicher Weise für ein kubisches Polynom $(a_3 \neq 0)$ mit den Nullstellen x_1, x_2, x_3 aus

$$a_3 x^3 + a_2 x^2 + a_1 x + a_0 \equiv a_3 (x - x_1)(x - x_2)(x - x_3)$$
$$\equiv a_3 x^3 + a_3 (- x_1 - x_2 - x_3) x^2$$
$$+ a_3 (x_1 x_2 + x_2 x_3 + x_3 x_1) x - a_3 x_1 x_2 x_3$$

sofort

$$a_3 = a_3$$
$$a_2 = a_3 (- x_1 - x_2 - x_3)$$
$$a_1 = a_3 (x_1 x_2 + x_2 x_3 + x_3 x_1)$$
$$a_0 = - a_3 x_1 x_2 x_3$$

$$\boxed{\begin{aligned} x_1 + x_2 + x_3 &= -\frac{a_2}{a_3} \\[2mm] x_1 x_2 + x_2 x_3 + x_3 x_1 &= \frac{a_1}{a_3} \\[2mm] x_1 x_2 x_3 &= -\frac{a_0}{a_3} \end{aligned}}$$

Allgemein gilt für ein Polynom n-ten Grades der

Satz von VIETA[1]). *Sind $x_1, x_2, \ldots, x_n$ die (nicht notwendig reellen) Nullstellen des Polynoms*

$$P(x) = a_n x^n + a_{n-1} x^{n-1} + \cdots + a_2 x^2 + a_1 x + a_0, \quad a_n \neq 0,$$

so gelten die Beziehungen

$$\boxed{\begin{aligned} x_1 + x_2 + x_3 + \cdots + x_n &= -\frac{a_{n-1}}{a_n} \\[2mm] x_1 x_2 + x_2 x_3 + x_3 x_4 + \cdots + x_{n-1} x_n &= +\frac{a_{n-2}}{a_n} \\[2mm] x_1 x_2 x_3 + x_2 x_3 x_4 + \cdots + x_{n-2} x_{n-1} x_n &= -\frac{a_{n-3}}{a_n} \\ &\vdots \\ x_1 x_2 x_3 \cdot \ldots \cdot x_n &= (-1)^n \frac{a_0}{a_n}. \end{aligned}}$$

---

[1]) FRANCOIS VIÉTE (VIETA) (1540$\cdots$1603), französischer Mathematiker.

Links steht in der ersten Zeile die Summe aller Nullstellen, in der zweiten Zeile die Summe aller Produkte von je zwei Nullstellen, in der dritten Zeile die Summe aller Produkte von je drei Nullstellen usw. bis in der letzten Zeile das Produkt sämtlicher Nullstellen steht. Die Vorzeichen der rechts stehenden Brüche wechseln ab, sie beginnen stets mit dem Minuszeichen.

1.2.6 Partialbruchzerlegung von Polynombrüchen

Vorgelegt sei ein echter Polynombruch, also ein Ausdruck der Form

$$\frac{P(x)}{Q(x)} \quad \text{mit Grad } P(x) < \text{Grad } Q(x) .$$

Ist ein unechter Polynombruch gegeben, so spalte man diesen zunächst in ein Polynom und einen echten Polynombruch auf.

Satz: *Vom Nennerpolynom werde vorausgesetzt, daß es lauter reelle und paarweise voneinander verschiedene Nullstellen hat:*

$$Q(x) = a_n (x - x_1) (x - x_2) \ldots (x - x_n)$$
$$(Grad\ Q(x) = n) .$$

Dann existiert für den Polynombruch die folgende „Partialbruchdarstellung"

$$\boxed{\frac{P(x)}{Q(x)} = \frac{A_1}{x - x_1} + \frac{A_2}{x - x_2} + \cdots + \frac{A_n}{x - x_n} ,}$$

worin die Zähler A_1, A_2, $\ldots$, A_n *der Partialbrüche wohlbestimmte reelle Zahlen sind. Die Darstellung ist eindeutig.*

Anstelle eines allgemeinen Beweises betrachten wir einige Beispiele zur Erläuterung.

Beispiele

1. Man gebe für den Polynombruch $\dfrac{6\,x^2 - 26\,x + 8}{x^3 - 3\,x^2 - x + 3}$ die Partialbruchdarstellung an!

Lösung: Es ist zuerst die Produktform des Nennerpolynoms herzustellen, man muß also dessen Nullstellen bestimmen. Im vorliegenden Beispiel kann man diese erraten, sie lauten 1, -1 und 3 (wir werden später konkrete Methoden kennenlernen, um solche Nullstellen in jedem Falle berechnen zu können). Es ist also

$$x^3 - 3\,x^2 - x + 3 = (x - 1)\,(x + 1)\,(x - 3) .$$

und wir setzen an

$$\frac{6\,x^2 - 26\,x + 8}{(x - 1)\,(x + 1)\,(x - 3)} \equiv \frac{A_1}{x - 1} + \frac{A_2}{x + 1} + \frac{A_3}{x - 3} .$$

Der Deutlichkeit halber schreiben wir das Identitätszeichen, denn die Partialbruchzerlegung ist nichts anderes als eine identische Umformung des Polynombruches in Teilbrüche. Multipliziert man mit dem Hauptnenner durch, so ergibt sich

$$6\,x^2 - 26\,x + 8 \equiv A_1\,(x+1)\,(x-3) + A_2\,(x-1)\,(x-3) + A_3\,(x-1)\,(x+1)\,.$$

Zur Bestimmung der A_i können wir zwei Wege einschlagen.

Erster Weg: Die Identität gilt für alle x. Wir setzen nacheinander $x = 1$, $x = -1$, $x = 3$ (also gleich den drei Nullstellen!) und bekommen

für $x = 1$:	$-12 = A_1 \cdot 2 \cdot (-2)$	$\Rightarrow A_1 = 3$ [1)]
für $x = -1$:	$40 = A_2 \cdot (-2)\,(-4)$	$\Rightarrow A_2 = 5$
für $x = 3$:	$-16 = A_3 \cdot 2 \cdot 4$	$\Rightarrow A_3 = -2\,.$

Ergebnis:

$$\frac{6\,x^2 - 26\,x + 8}{x^3 - 3\,x^2 - x + 3} = \frac{3}{x-1} + \frac{5}{x+1} - \frac{2}{x-3}\,.$$

Zweiter Weg: Man multipliziere die Identität

$$6\,x^2 - 26\,x + 8 \equiv A_1\,(x+1)\,(x-3) + A_2\,(x-1)\,(x-3) + A_3\,(x-1)\,(x+1)$$

rechterseits aus und ordne nach Potenzen von x:

$$6\,x^2 - 26\,x + 8 \equiv (A_1 + A_2 + A_3)\,x^2 + (-2\,A_1 - 4\,A_2)\,x + (-3\,A_1 + 3\,A_2 - A_3)\,.$$

Auf Grund der Identität der Polynome müssen die Faktoren gleicher x-Potenzen rechts und links übereinstimmen, dies liefert

$$\begin{aligned} A_1 + A_2 + A_3 &= 6 \\ -2\,A_1 - 4\,A_2 \phantom{{}+A_3} &= -26 \\ -3\,A_1 + 3\,A_2 - A_3 &= 8\,, \end{aligned}$$

also ein lineares System von 3 Gleichungen für die 3 gesuchten Koeffizienten. Man erhält auch hier

$$A_1 = 3\,, \qquad A_2 = 5\,, \qquad A_3 = -2\,.$$

Dieser Weg ist etwas beschwerlicher, hat aber den Vorteil, daß er bei jeder Partialbruchzerlegung, d. h. bei jedem beliebigen Nennerpolynom zum Ziele führt.

2. Man führe für den Polynombruch

$$\frac{5\,x - 7}{x^4 - 13\,x^2 + 36}$$

die Partialbruchzerlegung durch!

Lösung: Das Nennerpolynom zerlegt man wie folgt

$$x^4 - 13\,x^2 + 36 = (x^2 - 9)\,(x^2 - 4) = (x+3)\,(x-3)\,(x+2)\,(x-2)\,,$$

man kann also ansetzen

$$\frac{5\,x - 7}{(x+3)\,(x-3)\,(x+2)\,(x-2)} \equiv \frac{A_1}{x+3} + \frac{A_2}{x-3} + \frac{A_3}{x+2} + \frac{A_4}{x-2}\,.$$

Die Multiplikation mit dem Hauptnenner ergibt

$$\begin{aligned} 5\,x - 7 \equiv{}& A_1\,(x-3)\,(x+2)\,(x-2) + A_2\,(x+3)\,(x+2)\,(x-2) \\ &+ A_3\,(x+3)\,(x-3)\,(x-2) + A_4\,(x+3)\,(x-3)\,(x+2)\,. \end{aligned}$$

[1)] Den Implikationspfeil $\Rightarrow$ lese man „daraus folgt".

Daraus erhält man

für $x = -3$:　　$-22 = A_1 (-6) (-1) (-5)$　　$\Rightarrow A_1 = \dfrac{11}{15}$

für $x = 3$:　　　$8 = A_2 \cdot 6 \cdot 5 \cdot 1$　　　　$\Rightarrow A_2 = \dfrac{4}{15}$

für $x = -2$:　　$-17 = A_3 \cdot 1 (-5) (-4)$　　$\Rightarrow A_3 = -\dfrac{17}{20}$

für $x = 2$:　　　$3 = A_4 \cdot 5 (-1) \cdot 4$　　　$\Rightarrow A_4 = -\dfrac{3}{20}$

und die Partialbruchzerlegung lautet

$$\frac{5x - 7}{x^4 - 13x^2 + 36} = \frac{11}{15(x+3)} + \frac{4}{15(x-3)} - \frac{17}{20(x+2)} - \frac{3}{20(x-2)}$$

Man merke sich: Hat das Nennerpolynom lauter reelle und verschiedene Null-stellen, so führt der erste Weg durchweg und am schnellsten zum Ziel.

Satz: *Das Nennerpolynom $Q(x)$ besitze lauter reelle Nullstellen, die nicht alle einfach sind:*

$$Q(x) = a_n (x - x_1)^{k_1} (x - x_2)^{k_2} \ldots (x - x_r)^{k_r}$$

$$(k_1 + k_2 + \cdots + k_r = Grad\, Q(x) = n)\,.$$

Dann existiert für den Polynombruch $\dfrac{P(x)}{Q(x)}$ eindeutig eine Partialbruch-darstellung der Art

$$
\begin{aligned}
\frac{P(x)}{Q(x)} &= \frac{A_{11}}{x - x_1} + \frac{A_{12}}{(x - x_1)^2} + \cdots + \frac{A_{1k_1}}{(x - x_1)^{k_1}} \\
&+ \frac{A_{21}}{x - x_2} + \frac{A_{22}}{(x - x_2)^2} + \cdots + \frac{A_{2k_2}}{(x - x_2)^{k_2}} \\
&\qquad\qquad\qquad\vdots \\
&+ \frac{A_{r1}}{x - x_r} + \frac{A_{r2}}{(x - x_r)^2} + \cdots + \frac{A_{rk_r}}{(x - x_r)^{k_r}}\,.
\end{aligned}
$$

Wir erläutern dies an einem Beispiel.

Beispiel

Wie lautet die Partialbruchdarstellung für den Polynombruch

$$\frac{x^2 - 6x + 3}{x^3 - 15x^2 + 75x - 125}\,?$$

Lösung: Das Nennerpolynom schreibt man als dritte Potenz

$$x^3 - 15x^2 + 75x - 125 = (x - 5)^3\,.$$

Man setzt also an

$$\frac{x^2 - 6x + 3}{(x - 5)^3} \equiv \frac{A_{11}}{x - 5} + \frac{A_{12}}{(x - 5)^2} + \frac{A_{13}}{(x - 5)^3}\,.$$

Multiplikation mit dem Hauptnenner ergibt

$$x^2 - 6\,x + 3 \equiv A_{11}\,(x - 5)^2 + A_{12}\,(x - 5) + A_{13}\,.$$

Zur Bestimmung der Zähler A_{ik} können wir auch in diesem Falle die beiden Wege, wenn auch den ersten in leicht veränderter Form, einschlagen.

Erster Weg: Wir setzen wieder spezielle x-Werte ein:

$$\text{für } x = 5: \quad -2 = A_{13}\,.$$

Die übrigen x-Werte wird man zweckmäßigerweise so wählen, daß die Faktoren rechterseits klein bleiben:

$$\text{für } x = 6: \quad 3 = A_{11} + A_{12} - 2$$

$$\text{für } x = 4: \quad -5 = A_{11} - A_{12} - 2\,.$$

Man bekommt also für die beiden übrigen Zähler ein lineares Gleichungssystem der Art

$$A_{11} + A_{12} = 5$$

$$A_{11} - A_{12} = -3$$

mit den Lösungen

$$A_{11} = 1\,, \qquad A_{12} = 4\,.$$

Das Ergebnis lautet also

$$\frac{x^2 - 6\,x + 3}{x^3 - 15\,x^2 + 75\,x - 125} = \frac{1}{x - 5} + \frac{4}{(x - 5)^2} - \frac{2}{(x - 5)^3}\,.$$

Zweiter Weg: Man ordnet in der Identität

$$x^2 - 6\,x + 3 \equiv A_{11}\,(x - 5)^2 + A_{12}\,(x - 5) + A_{13}$$

rechts ebenfalls nach Potenzen von x und macht anschließend „Koeffizientenvergleich":

$$x^2 - 6\,x + 3 \equiv A_{11}\,x^2 + (-10\,A_{11} + A_{12})\,x + (25\,A_{11} - 5\,A_{12} + A_{13})$$

$$A_{11} \phantom{-10 A_{11} + A_{12} + A_{13}} = 1$$

$$-10\,A_{11} + A_{12} \phantom{+ A_{13}} = -6$$

$$25\,A_{11} - 5\,A_{12} + A_{13} = 3\,.$$

Dieses „gestaffelte" Gleichungssystem läßt sich besonders leicht lösen, da man, mit der ersten Gleichung beginnend, die Lösungen nacheinander sofort bekommt

$$A_{11} = 1$$

$$-10 + A_{12} = -6 \Rightarrow A_{12} = 4$$

$$25 - 20 + A_{13} = 3 \Rightarrow A_{13} = -2\,.$$

Resultat wie oben. Beide Wege führen also ungefähr gleich schnell zum Ziel.

1.3 Der rationale Zahlenkörper

1.3.1 Grundlagen der Mengenlehre

Für die gesamte moderne Mathematik ist der Begriff der Menge grundlegend geworden. Er geht auf den deutschen Mathematiker GEORG CANTOR (1845···1918) zurück, der als Begründer der Mengenlehre anzusehen ist.

Definition: *Eine Menge ist eine Zusammenfassung irgendwelcher wohlunterschiedener Dinge zu einer neuen Einheit.*

Die Bestandteile einer Menge heißen ihre Elemente (Zahlen, Punkte etc.); je nachdem ob ihre Anzahl endlich oder unendlich ist, spricht man von endlichen oder unendlichen Mengen. Aufgrund der geforderten Unterscheidbarkeit der Elemente kann man von einem beliebigen Element stets feststellen, ob es einer Menge angehört oder nicht, in Zeichen

$$m \in \mathfrak{M} : m \text{ ist Element der Menge } \mathfrak{M}$$
$$n \notin \mathfrak{M} : n \text{ ist nicht Element der Menge } \mathfrak{M} .$$

Sind alle Elemente einer Menge $\mathfrak{T}$ zugleich auch Elemente einer Menge $\mathfrak{M}$, so heißt $\mathfrak{T}$ eine „Teilmenge" von $\mathfrak{M}$ und man schreibt

$$\mathfrak{T} \subseteq \mathfrak{M} .$$

Zwei endliche Mengen heißen gleichmächtig oder äquivalent, wenn sie gleich viel Elemente besitzen. Zwei unendliche Mengen werden äquivalent genannt, wenn man ihre Elemente umkehrbar eindeutig einander zuordnen kann.

Beispiele

1. Die Menge aller (positiven) Teiler von 12 ist

$$\{1, 2, 3, 4, 6, 12\} .$$

2. Die Menge aller Punkte der Ebene, die von einem gegebenen Punkt M sämtlich den Abstand r haben, ist der Kreis um M mit Radius r!

3. Die Menge aller Punkte des Raumes, die von einer gegebenen Geraden $\mathfrak{g}$ sämtlich den Abstand a haben, ist der Kreiszylinder mit $\mathfrak{g}$ als Achse und a als Grundkreisradius.

4. Die Menge aller natürlichen Zahlen:

$$\mathfrak{N} = \{1, 2, 3, 4, \ldots\} .$$

5. Die Menge aller ganzen Zahlen:

$$\mathfrak{G} = \{0, \pm 1, \pm 2, \pm 3, \ldots\} .$$

Es ist $\mathfrak{N}$ eine (echte) Teilmenge von $\mathfrak{G}$, also $\mathfrak{N} \subset \mathfrak{G}$, aber beide Mengen sind äquivalent!

Besonders wichtig sind solche Mengen, für deren Elemente man bestimmte Verknüpfungen festsetzen kann. Das Ergebnis einer Verknüpfung muß dabei stets wieder ein Element der Menge sein. Diese Mengen heißen *algebraische Strukturen* (Gruppen, Ringe, Körper etc.) und spielen in der modernen Algebra eine entscheidende Rolle. So kann man mit den natürlichen Zahlen addieren und multiplizieren

$$a \in \mathfrak{N}, \quad b \in \mathfrak{N} \Rightarrow a + b \in \mathfrak{N}, \quad a \cdot b \in \mathfrak{N},$$

jedoch nicht uneingeschränkt subtrahieren oder dividieren. Auf der Menge $\mathfrak{G}$ der ganzen Zahlen kann man Addition, Subtraktion und Multiplikation erklären

$$a \in \mathfrak{G}, \quad b \in \mathfrak{G} \Rightarrow a + b \in \mathfrak{G}, \quad a - b \in \mathfrak{G}, \quad a \cdot b \in \mathfrak{G},$$

während die Division zweier ganzer Zahlen nicht notwendig wieder eine ganze Zahl und damit ein Element von $\mathfrak{G}$ ergibt.

1.3.2 Darstellungsformen ganzer Zahlen

Dekadische oder Dezimalzahldarstellung. Die geläufigste Schreibweise einer ganzen Zahl, überall im täglichen Leben und der beruflichen Praxis angewandt, ist die als Dezimalzahl:

$$42; \quad -7631; \quad 102; \quad 670021 .$$

Dabei hat jede der zehn Ziffern $0, 1, 2, \ldots, 9$ einen *Ziffernwert* und einen *Stellenwert*. So bedeutet beispielsweise

$$415\,607 = 4 \cdot 100\,000 + 1 \cdot 10\,000 + 5 \cdot 1000 + 6 \cdot 100 + 0 \cdot 10 + 7 \cdot 1$$
$$= 4 \cdot 10^5 + 1 \cdot 10^4 + 5 \cdot 10^3 + 6 \cdot 10^2 + 0 \cdot 10^1 + 7 \cdot 10^0 .$$

Rechterseits ist ein Polynom entstanden, dessen Veränderliche x den Wert 10 hat; man nennt sie in diesem Zusammenhang die Basis oder Grundzahl des Systems und bekommt damit den

Satz: *Jede positive ganze Zahl im Dezimalsystem stellt ein Polynom mit der Grundzahl 10 dar, dessen Koeffizienten die Ziffern der Zahl sind. Der Grad des Polynoms ist um 1 kleiner als die Anzahl der Ziffern*

$$a_n\,a_{n-1} \ldots a_2\,a_1\,a_0 = \sum_{i=0}^{n} a_i\,10^i$$
$$a_0, a_1, \ldots, a_n \in \{0, 1, 2, \ldots, 9\} .$$

Dyadische oder Binärdarstellung. Die Schreibweise einer Dezimalzahl als Polynom in der Grundzahl 10 läßt erkennen, wie eine ganze Zahl in einem Stellensystem mit der beliebigen ganzen Grundzahl $g > 1$ aufgebaut ist. Im g-adischen System oder „g-er System" gibt es die Ziffernmenge

$$\{0, 1, 2, \ldots, g - 1\}$$

und eine ganze positive Zahl schreibt sich

$$c_m\, c_{m-1} \cdots c_2\, c_1\, c_0 = \sum_{i=0}^{m} c_i\, g^i$$
$$c_0, c_1, c_2, \ldots, c_m \in \{0, 1, 2, \ldots, g - 1\}.$$

Besondere Bedeutung hat das *Zweier (dyadische[1]), Binär-)System* mit der Grundzahl 2 erlangt. Seine Ziffernmenge besteht lediglich aus den Elementen 0 und 1. Diese Eigenschaft macht man sich bei den programmgesteuerten elektronischen Ziffernrechenanlagen (Digitalrechnern) zunutze, indem man die Binärziffern 0 und 1 den beiden stabilen Zuständen einer elektromagnetischen Einheit, etwa den beiden Remanenzzuständen bei Ferritkernen, zuordnet. Auf diese Weise ist eine maschinelle Realisierung der Ziffern 0 und 1 möglich.

Beispiele

1. Die Zahl 197 des Zehnersystems soll binär verschlüsselt werden!

Lösung: Es ist 197 in eine Summe von Zweierpotenzen zu zerlegen:

$197 = 128 + 69$ (128 = 2^7: höchste in 197 enthaltene Zweierpotenz)

$\quad\ = 1 \cdot 2^7 + 1 \cdot 64 + 5$ (64 = 2^6: höchste in 69 enthaltene Zweierpotenz)

$\quad\ = 1 \cdot 2^7 + 1 \cdot 2^6 + 0 \cdot 2^5 + 0 \cdot 2^4 + 0 \cdot 2^3 + 1 \cdot 2^2 + 0 \cdot 2^1 + 1 \cdot 2^0$

$197|_{10} = 11000101|_2$.

2. Die Binärzahl 100011100 soll ins Dezimalsystem übersetzt werden.

Lösung: Man schreibt die Binärzahl als Polynom achten Grades in 2 und rechnet die Potenzen aus:

$100011100 = 1 \cdot 2^8 + 0 \cdot 2^7 + 0 \cdot 2^6 + 0 \cdot 2^5 + 1 \cdot 2^4 + 1 \cdot 2^3 + 1 \cdot 2^2 + 0 \cdot 2^1$
$\quad\quad\quad\quad + 0 \cdot 2^0 = 256 + 16 + 8 + 4$

$100011100|_2 = 284|_{10}$.

Geometrische Darstellung. Auf der Zahlengeraden wird eine Folge äquidistanter, d. h. im gleichen Abstand befindlicher Punkte markiert. Jedem Punkt läßt sich dann umkehrbar eindeutig eine ganze Zahl zuordnen. Man sagt auch, jede ganze Zahl bestimmt einen Punkt auf der

---

[1]) dyadisch (gr.), binär (lat.): zweiteilig.

Zahlengeraden (Abb. 1) und nennt den Punkt das geometrische Bild oder die geometrische Darstellung der zugehörigen ganzen Zahl

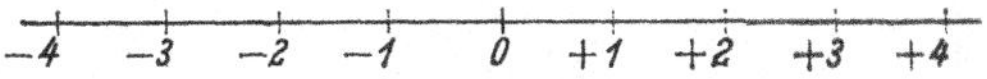

$$-4 \quad -3 \quad -2 \quad -1 \quad 0 \quad +1 \quad +2 \quad +3 \quad +4$$

Abb. 1

1.3.3 Darstellungsformen rationaler Zahlen

Addition, Subtraktion und Multiplikation von ganzen Zahlen führten stets wieder auf eine ganze Zahl, nicht hingegen die Division. Um nun auch die Division (ausgenommen die Division durch Null) uneingeschränkt ausführen zu können, führt man für das Ergebnis der Divisionsaufgabe $a:b$ (a, b ganze Zahlen, $b \neq 0$) eine neue Zahlenart ein, nämlich die rationalen[1]) Zahlen. Sie sind dem Leser als „gemeine Brüche" bereits in dieser Darstellungsform geläufig.

Definition: *Unter einer rationalen Zahl versteht man den Quotienten zweier ganzen Zahlen, falls der Divisor nicht die Null ist*

$$a:b = \frac{a}{b}, \quad b \neq 0.$$

Für die Menge $\mathfrak{R}$ aller rationalen Zahlen schreiben wir

$$\mathfrak{R} = \left\{ \frac{a}{b} \,\middle|\, a, b \text{ ganz}, \quad b \neq 0 \right\}$$

lies: Menge aller Zahlen $\frac{a}{b}$ mit der Bedingung, daß a und b ganze Zahlen sind und b ungleich Null ist. Die Menge $\mathfrak{G}$ aller ganzen Zahlen ist eine echte Teilmenge von $\mathfrak{R}$, denn die ganzen Zahlen sind solche rationalen Zahlen, deren Nenner ein Teiler des Zählers ist:

$$\mathfrak{G} \subset \mathfrak{R}.$$

Darstellung rationaler Zahlen als gemeine Brüche. Der gemeine Bruch ist die für das formale und exakte Rechnen bequemste Darstellungsform rationaler Zahlen. Der Bruchstrich steht dabei an Stelle des Divisionsdoppelpunktes. Die vier Grundrechenoperationen werden für rationale Zahlen so erklärt, daß sie im Sonderfall der ganzen Zahlen in die für diese bereits bestehenden Rechenregeln übergehen (Permanenzprinzip).

---

[1]) ratio (lat.): Vernunft.

Es sind die dem Leser bereits bekannten Bruchrechenregeln:

$$\frac{a_1}{b_1} \in \Re, \quad \frac{a_2}{b_2} \in \Re; \ b_1 \neq 0, \ b_2 \neq 0$$

$$1. \quad \frac{a_1}{b_1} + \frac{a_2}{b_2} = \frac{a_1 b_2 + a_2 b_1}{b_1 b_2} \in \Re$$

$$2. \quad \frac{a_1}{b_1} - \frac{a_2}{b_2} = \frac{a_1 b_2 - a_2 b_1}{b_1 b_2} \in \Re$$

$$3. \quad \frac{a_1}{b_1} \cdot \frac{a_2}{b_2} = \frac{a_1 \cdot a_2}{b_1 \cdot b_2} \in \Re$$

$$4. \quad \frac{a_1}{b_1} : \frac{a_2}{b_2} = \frac{a_1 \cdot b_2}{b_1 \cdot a_2} \in \Re$$

$$\text{falls } a_2 \neq 0 \ .$$

Mengentheoretisch besagen diese Gesetze den

Satz: *Summe, Differenz, Produkt und Quotient zweier rationalen Zahlen ergeben stets wieder eine rationale Zahl.*

Die Menge $\Re$ aller rationalen Zahlen, genannt der rationale Zahlenkörper, ist bezüglich der vier Grundrechenoperationen abgeschlossen.

Rechnen mit der Zahl Null. Erfahrungsgemäß bereitet dem Anfänger die Zahl Null Schwierigkeiten. In der Tat nimmt sie unter allen rationalen Zahlen eine gewisse Sonderstellung ein. Zunächst gilt für die Addition und Subtraktion

$$a + 0 = a$$
$$a - 0 = a \ .$$

Steht die Null als Faktor, so ist das betreffende Produkt ebenfalls Null: $a \cdot 0 = 0$. Umgekehrt ist ein Produkt nur dann gleich Null, wenn mindestens einer seiner Faktoren gleich Null ist. Beide Aussagen faßt man zusammen in dem folgenden

Satz: *Ein Produkt ist gleich Null dann und nur dann, wenn mindestens ein Faktor gleich Null ist:*

$$a \cdot b = 0 \Longleftrightarrow a = 0 \text{ oder } b = 0 \ . \ ^{1)}$$

---

[1] Der zweiseitige Implikationspfeil symbolisiert stets einen umkehrbaren Schluß.

Besonders klar mache sich der Leser den folgenden Sachverhalt:

Satz : *Die Division durch Null muß in jedem Fall ausgeschlossen werden, da sich andernfalls Widersprüche ergeben:*

$$\frac{a}{0} \text{ existiert nicht!} \quad \frac{0}{0} \text{ existiert nicht!}$$

Beweis: Angenommen, $\frac{a}{0}$ $(a \neq 0)$ wäre eine Zahl z, also $\frac{a}{0} = z$. Dann folgte $a = 0 \cdot z = 0$, was ein Widerspruch zu $a \neq 0$ ist. Also ist $\frac{a}{0}$ keine Zahl. Angenommen, $\frac{0}{0}$ wäre eine Zahl z, also $\frac{0}{0} = z$. Dies erscheint richtig, da $0 = 0 \cdot z$ richtig ist. Aber auch der Ansatz $\frac{0}{0} = w$ mit $w \neq z$ führt auf die richtige Beziehung $0 = 0 \cdot w$. Aus $\frac{0}{0} = z$ und $\frac{0}{0} = w$ folgt aber $z = w$, was im Widerspruch zu $z \neq w$ steht. Also führt auch die Annahme, $\frac{0}{0}$ sei eine Zahl, zu einem Widerspruch und muß daher verworfen werden. Zusammengefaßt stellen wir also nochmals fest:

Es gibt keine Division durch Null; ein gemeiner Bruch mit dem Nenner Null ist sinnlos.

Im folgenden sei bei jedem Bruch $\frac{a}{b}$ stets stillschweigend vorausgesetzt, daß der Nenner $b \neq 0$ ist.

Bemerkung: In älteren Lehrbüchern findet man oft (für $a \neq 0$)

$$\frac{a}{0} = \infty,$$

in Worten: Ein Bruch, dessen Nenner gleich Null ist, ist unendlich groß. Das ist nicht korrekt! Weder $\frac{a}{0}$ noch ∞ sind Zahlen. Gemeint sein mag das Verhalten von gewissen Funktionen für eine bestimmte Bewegung ihres stetig veränderlichen Arguments. Dieser Sachverhalt sollte aber niemals so angeschrieben werden, da dies irreführend ist und eine falsche Vorstellung vom Begriffe des Unendlichen vermittelt wird[1]).

Dezimalbruchdarstellung. Jeden gemeinen Bruch kann man bekanntlich durch Ausdividieren in einen Dezimalbruch verwandeln. Dabei sind zwei Fälle möglich

a) *die Division geht auf,* man erhält einen endlichen (abbrechenden) Dezimalbruch. Dies tritt ein, wenn der Nenner des gemeinen Bruches nur die Faktoren 2 oder 5 enthält:

$$\frac{1}{8} = 0{,}125; \quad \frac{7}{20} = 0{,}35; \quad \frac{307}{125} = 2{,}456;$$

---

[1]) Siehe dazu etwa S. 147 (Beispiele).

b) *die Division geht nicht auf,* man erhält einen unendlichen periodischen Dezimalbruch. Dieser Fall tritt ein, wenn der Divisor nicht nur die Faktoren 2 oder 5 enthält:

$$\frac{1}{3} = 0{,}333 \ldots = 0{,}\overline{3}; \quad \frac{31}{7} = 4{,}428571428571 \ldots = 4{,}\overline{428571} \;.$$

Die Periodizität ist bedingt durch die Tatsache, daß beim Ausdividieren $p:q$, falls $p < q$ ist, nur die $q - 1$ verschiedenen Reste $1, 2, \ldots, q - 1$ auftreten können, diese sich also nach spätestens $q - 1$ Divisionsschritten wiederholen müssen. Ist $p \geqq q$, so erhält man zunächst eine ganze Zahl und dann einen Dividenden, der dem Betrage nach kleiner ist als der Betrag des Divisors. Da man auch einen endlichen Dezimalbruch als unendlich — etwa mit der Periode 0 — auffassen kann, gilt zusammenfassend der

Satz: *Jede rationale Zahl läßt sich als periodischer Dezimalbruch darstellen.*

Zunächst ohne Beweis vermerken wir auch die wichtige Umkehrung:

Satz: *Auch jeder periodische Dezimalbruch stellt eine rationale Zahl dar.*

Die Umwandlung eines periodischen Dezimalbruches in einen gemeinsamen Bruch lernt man meistens bereits in der Unterstufe mittels einer bestimmten Rechenregel, die zwar stets zum Ziele führt, von dorther jedoch nicht fundiert ist. Aus letzterem Grunde verschieben wir die Behandlung dieser Aufgabe bis zu den „Unendlichen Reihen".

Geometrische Darstellung. Jede rationale Zahl läßt sich als Punkt auf der Zahlengeraden darstellen, indem man der Zahl $\frac{a}{b}$ den Endpunkt der vom Nullpunkt — falls $\frac{a}{b} > 0$, nach rechts, falls $\frac{a}{b} < 0$, nach links — abgetragenen Strecke von der Länge $\left|\frac{a}{b}\right|$ zuordnet. Man erhält auf diese Weise eine unendliche Punktmenge mit der Eigenschaft, daß die Punkte „überall dicht" liegen. Das soll besagen, daß zwischen irgend zwei Punkten stets noch ein weiterer Punkt und damit bereits unendlich viele Punkte liegen. Wird nämlich der rationalen Zahl $\frac{a_1}{b_1}$ der Punkt P_1 und der rationalen Zahl $\frac{a_2}{b_2}$ der Punkt P_2 zugeordnet, so liegt der dem arithmetischen Mittel

$$\frac{\dfrac{a_1}{b_1} + \dfrac{a_2}{b_2}}{2}$$

zugeordnete Punkt P zwischen P_1 und P_2. Da man das Verfahren mit P und P_1 fortsetzen kann, folgt sofort die obige Aussage.

1.4 Irrationale Zahlen

1.4.1 Radizieren als Umkehrung des Potenzierens

Definition: *Es sei b eine positive und n eine ganze positive Zahl. Dann versteht man unter der n-ten Wurzel aus b diejenige (eindeutig existierende!) positive Zahl a, deren n-te Potenz gleich b ist*

$$a = \sqrt[n]{b} \Longleftrightarrow a^n = b.$$

Dazu noch folgende Erläuterungen:

1. Löst man die erste Gleichung nach b auf, so folgt die zweite; löst man die Potenzgleichung nach a auf, so folgt die Wurzelgleichung. Beide Gleichungen gehen also durch identische Umformung auseinander hervor und sind demnach gleichwertig, d. h. jedes eine Gleichung erfüllende Wertetripel (a, b, n) erfüllt auch die andere Gleichung und umgekehrt.

2. In der Wurzelgleichung heißen b der *Radikand*, n der *Wurzelexponent* und a der *Wurzelwert*. Bei $n = 2$ läßt man den Wurzelexponenten für gewöhnlich weg, schreibt also $\sqrt[2]{a} = \sqrt{a}$. Die Rechenoperation heißt *Wurzelziehen* oder *Radizieren*.

3. Jede Wurzel aus Null sei wieder Null, $\sqrt[n]{0} = 0$, denn $0^n = 0$.

4. Man beachte, daß nach der Definition Radikand und Wurzelwert stets *positive* Zahlen sein müssen; beispielsweise ist

$$\sqrt[3]{125} = 5, \quad \sqrt{4} = 2, \quad \sqrt[4]{81} = 3, \quad \sqrt{p^2} = |p|,$$

dagegen sind Ausdrücke wie $\sqrt{-4}$ oder $\sqrt[3]{-8}$ durch diese Definition nicht erklärt.

5. Faßt man die Potenzgleichung $a^n = b$ als Bestimmungsgleichung für die Basis auf, schreibt also $x^n = b$, so stellt die mit $x_1 = \sqrt[n]{b}$ bezeichnete Lösung nach der Definition lediglich die im Bereich der positiven reellen Zahlen liegende Lösung dar. Fragt man nach *sämtlichen* reellen Lösungen der Gleichung $x^n = b$, so erhält man für gerades (positives) n $x_1 = \sqrt[n]{b}$ und $x_2 = -\sqrt[n]{b}$, während es für ungerades (positives) n bei $x_1 = \sqrt[n]{b}$ bleibt. Im Bereich der komplexen Zahlen ergeben sich, wie wir später sehen werden, genau n Lösungen für diese Gleichung (siehe Abschnitt 4).

Um dem praktischen Rechnen entgegenzukommen, nehmen wir noch eine Erweiterung der gegebenen Definition auf ungerade Wurzeln (d. s. Wurzeln mit ungeraden positiven Wurzelexponenten) aus negativen Radikanden vor:

Definition: *Ist* $-c$ *eine negative und* $2\,n + 1$ *eine positive ungerade Zahl, dann soll*

$$\sqrt[2\,n+1]{-c} = -\sqrt[2\,n+1]{c}$$

gelten.

Dazu sei bemerkt, daß man diese Umwandlung in einen positiven Radikanden durch formales Heraussetzen des Minuszeichens vor die Wurzel stets vornehmen muß, *bevor* man irgendeine weitere Rechnung (insbesondere mit den Wurzelgesetzen) unternimmt. Ungerade Wurzeln aus negativen Radikanden sind also stets negativ.

Zwei Rechenoperationen nennt man in bezug aufeinander ihre *Umkehrungen*, wenn sie, nacheinander auf eine bestimmte Zahl angewandt, im Endergebnis wieder die Ausgangszahl liefern. So sind Addition und Subtraktion wechselseitig ihre Umkehrungen, denn

$$(a + b) - b \equiv a + b - b \equiv a$$
$$(a - b) + b \equiv a - b + b \equiv a$$

und ebenso Multiplikation und Division

$$(a\,b) : b \equiv \frac{a\,b}{b} \equiv a$$

$$(a : b) \cdot b \equiv \frac{a}{b} \cdot b \equiv a \,.$$

Ein ganz entsprechender Zusammenhang besteht zwischen Potenzieren und Radizieren. Um dies zu zeigen, gehen wir von den äquivalenten Gleichungen

$$a = \sqrt[n]{b} \quad \text{und} \quad a^n = b$$

aus. Setzt man b aus der Potenzgleichung in die Wurzelgleichung ein, so folgt die *erste Wurzelidentität*

$$\sqrt[n]{a^n} \equiv a \,.$$

Sie besagt: Erhebt man eine Zahl a zuerst in die n-te Potenz und zieht anschließend aus dem Ergebnis die n-te Wurzel, so erhält man wieder die Ausgangszahl a. Potenzieren und darauffolgendes Radizieren zum gleichen Exponenten heben sich also auf.

Setzt man andererseits a aus der Wurzelgleichung in die Potenzgleichung ein, so ergibt sich die *zweite Wurzelidentität*

$$\left(\sqrt[n]{b}\right)^n \equiv b \,.$$

In Worten: Zieht man aus einer Zahl b zuerst die n-te Wurzel und erhebt anschließend das Ergebnis in die n-te Potenz, so kommt man wieder zur Ausgangszahl b zurück. Radizieren und darauffolgendes Potenzieren zum gleichen Exponenten heben sich also ebenfalls auf. Zusammengefaßt gilt demnach der

Satz: *Potenzieren und Radizieren zum gleichen Exponenten sind umgekehrte Rechenoperationen.*

Eine unmittelbare Folge der Wurzelidentitäten, von denen übrigens auch jede als Definition des Wurzelbegriffes genommen werden kann, sind die bekannten *Wurzelgesetze*

$$\text{I} \qquad \sqrt[n]{a} \cdot \sqrt[n]{b} = \sqrt[n]{a\,b}$$

$$\text{II} \qquad \frac{\sqrt[n]{a}}{\sqrt[n]{b}} = \sqrt[n]{\frac{a}{b}}$$

$$\text{III} \qquad \sqrt[n]{a^m} = \sqrt[n\,k]{a^{m\,k}}$$

$$\text{IV} \qquad \sqrt[n]{\sqrt[m]{a}} = \sqrt[m]{\sqrt[n]{a}} = \sqrt[n\,\cdot\,m]{a}\,.$$

Beweis für I: $a = \left(\sqrt[n]{a}\right)^n, \quad b = \left(\sqrt[n]{b}\right)^n$

$$a \cdot b = \left(\sqrt[n]{a}\right)^n \cdot \left(\sqrt[n]{b}\right)^n = \left(\sqrt[n]{a} \cdot \sqrt[n]{b}\right)^n$$

$$\sqrt[n]{a} \cdot \sqrt[n]{b} = \sqrt[n]{a\,b}\,.$$

Beweis für IV: $a = \left(\sqrt[m]{a}\right)^m = \left(\sqrt[n]{\left(\sqrt[m]{a}\right)^m}\right)^{n} = \left(\sqrt[n]{\sqrt[m]{a}}\right)^{n\,\cdot\,m}$

$$a = \left(\sqrt[n]{a}\right)^n = \left(\sqrt[m]{\left(\sqrt[n]{a}\right)^n}\right)^m = \left(\sqrt[m]{\sqrt[n]{a}}\right)^{m\,\cdot\,n}$$

$$\sqrt[n]{\sqrt[m]{a}} = \sqrt[m]{\sqrt[n]{a}} = \sqrt[m\,\cdot\,n]{a}\,.$$

Der Beweis der Formeln II und III sei dem Studierenden zur Übung empfohlen!

1.4.2 Potenzen mit rationalen Exponenten

Der Potenzbegriff wird zunächst nur für ganze positive Exponenten definiert und später auf beliebige ganze Exponenten erweitert. Nachdem uns jetzt der Wurzelbegriff zur Verfügung steht, können wir eine weitere Verallgemeinerung vornehmen, nämlich auf gebrochene Hochzahlen.

Definition: *Ist $a > 0$; p, q ganz $(q \neq 0)$, so sei*

$$a^{\frac{p}{q}} = \sqrt[q]{a^p}\,.$$

Jede Potenz mit rationalem Exponenten stellt eine Wurzel dar, deren Wurzelexponent gleich dem Nenner und deren Radikandexponent gleich dem Zähler des rationalen Exponenten ist.

Speziell ist

$$a^{\frac{1}{n}} = \sqrt[n]{a}$$

und

$$a^{-\frac{p}{q}} = \frac{1}{a^{\frac{p}{q}}} = \frac{1}{\sqrt[q]{a^p}}.$$

Negative Wurzelexponenten lassen sich also stets vermeiden.

Die Definition ist unter Berücksichtigung des Permanenzprinzips so getroffen worden, daß alle bereits bestehenden Potenzgesetze gültig bleiben:

1. Potenzgesetz

$$a^{\frac{p}{q}} \cdot a^{\frac{r}{s}} = \sqrt[q]{a^p} \cdot \sqrt[s]{a^r} = \sqrt[qs]{a^{ps}} \cdot \sqrt[qs]{a^{rq}} = \sqrt[qs]{a^{ps+rq}}$$
$$= a^{\frac{ps+rq}{qs}} = a^{\frac{p}{q}+\frac{r}{s}}.$$

2. Potenzgesetz

$$a^{\frac{p}{q}} : a^{\frac{r}{s}} = \sqrt[q]{a^p} : \sqrt[s]{a^r} = \sqrt[qs]{a^{ps}} : \sqrt[qs]{a^{rq}} = \sqrt[qs]{a^{ps-rq}}$$
$$= a^{\frac{ps-rq}{qs}} = a^{\frac{p}{q}-\frac{r}{s}}.$$

3. Potenzgesetz

$$a^{\frac{p}{q}} \cdot b^{\frac{p}{q}} = \sqrt[q]{a^p} \cdot \sqrt[q]{b^p} = \sqrt[q]{a^p b^p} = \sqrt[q]{(a\,b)^p} = (a\,b)^{\frac{p}{q}}.$$

4. Potenzgesetz

$$a^{\frac{p}{q}} : b^{\frac{p}{q}} = \sqrt[q]{a^p} : \sqrt[q]{b^p} = \sqrt[q]{a^p : b^p} = \sqrt[q]{(a:b)^p} = (a:b)^{\frac{p}{q}}.$$

5. Potenzgesetz

$$\left(a^{\frac{p}{q}}\right)^{\frac{r}{s}} = \left(\sqrt[q]{a^p}\right)^{\frac{r}{s}} = \left(\sqrt[s]{\sqrt[q]{a^p}}\right)^r = \left(\sqrt[sq]{a^p}\right)^r = \sqrt[sq]{a^{pr}} = a^{\frac{pr}{sq}}.$$

Beispiele

Man schreibe als Wurzel:

1. $a^{\frac{1}{4}} = \sqrt[4]{a}$

2. $b^{-\frac{3}{5}} = \dfrac{1}{b^{\frac{3}{5}}} = \dfrac{1}{\sqrt[5]{b^3}}$

3. $x^{1,2} = x^{\frac{6}{5}} = \sqrt[5]{x^6} = x\sqrt[5]{x}$

4. $(a^3 - b^3)^{-\frac{3}{4}} = \dfrac{1}{(a^3 - b^3)^{\frac{3}{4}}} = \dfrac{1}{\sqrt[4]{(a^3 - b^3)^3}}$

Man schreibe als Potenz:

5. $\sqrt[n]{n^2} = n^{\frac{2}{n}}$

6. $\sqrt[3]{a\,b^2} = (a\,b^2)^{\frac{1}{3}} = a^{\frac{1}{3}} \cdot b^{\frac{2}{3}}$

7. $\dfrac{x}{\sqrt[5]{y^4}} = x\,y^{\frac{4}{5}}$

8. $\sqrt{\sqrt[3]{a\,b^2}} = \sqrt[6]{a\,b^2} = (a\,b^2)^{\frac{1}{6}} = a^{\frac{1}{6}}\,b^{\frac{1}{3}}$.

Beim formalen Rechnen mit Wurzelausdrücken geht man gern zur Bruchpotenzschreibweise über, da sich die Potenzgesetze — auch bei rationalen Exponenten — einfacher handhaben lassen als Wurzeln:

9. $\sqrt[5]{a^2 b} \cdot \sqrt[3]{a\,b^4} \cdot \sqrt[10]{a\,b^2} = a^{\frac{2}{5}} b^{\frac{1}{5}} a^{\frac{1}{3}} b^{\frac{4}{3}} a^{\frac{1}{10}} b^{\frac{1}{5}} = a^{\frac{2}{5}+\frac{1}{3}+\frac{1}{10}} b^{\frac{1}{5}+\frac{4}{3}+\frac{1}{5}}$

$= a^{\frac{25}{30}} b^{\frac{26}{15}} = a^{\frac{25}{30}} b^{\frac{52}{30}} = \sqrt[30]{a^{25}\,b^{52}}$

10. $\sqrt[3]{3\sqrt[3]{3\sqrt[3]{3}}} = \left[3\left(3 \cdot 3^{\frac{1}{3}}\right)^{\frac{1}{3}}\right]^{\frac{1}{3}} = \left(3 \cdot 3^{\frac{4}{9}}\right)^{\frac{1}{3}} = \left(3^{\frac{13}{9}}\right)^{\frac{1}{3}} = 3^{\frac{13}{27}} = \sqrt[27]{3^{13}}$

11. $\dfrac{\sqrt[6]{a^5} \cdot \sqrt[4]{x^3}}{\sqrt{x} \cdot \sqrt[3]{a^2}} = \dfrac{a^{\frac{5}{6}} \cdot x^{\frac{3}{4}}}{a^{\frac{2}{3}} \cdot x^{\frac{1}{2}}} = a^{\frac{1}{6}} \cdot x^{\frac{1}{4}} = a^{\frac{2}{12}} \cdot x^{\frac{3}{12}} = \sqrt[12]{a^2\,x^3}$.

Zum Schluß noch eine Bemerkung über negative Radikanden. Alle Wurzelgesetze und damit auch alle Potenzgesetze bei rationalen Exponenten gelten nur für positive Radikanden! Ist der Nenner im Exponenten einer Bruchpotenz ungerade und der Radikand negativ, so darf man nach der Erweiterungsdefinition das Minuszeichen vor die Potenz bzw. Wurzel ziehen und anschließend — *da jetzt der Radikand positiv ist* — die Gesetze anwenden. Beachtet man dies nicht, so ergeben sich Widersprüche, wie das folgende Beispiel zeigt:

12. $(-32)^{\frac{1}{5}} = (-32)^{\frac{2}{10}} = [(-32)^2]^{\frac{1}{10}} = [(+32)^2]^{\frac{1}{10}} = \sqrt[10]{(2^5)^2} = \sqrt[10]{2^{10}} = 2$

oder

$$(-32)^{\frac{1}{5}} = -1 \cdot (32)^{\frac{1}{5}} = -1 \cdot \sqrt[5]{32} = -1 \cdot 2 = -2 \, .$$

Der Leser überlege selbst, welche der beiden Rechnungen richtig ist und begründe seine Entscheidung.

1.4.3 Begriff der Irrationalzahl. Darstellbarkeit

Die vier Grundrechenoperationen und das Potenzieren mit ganzen Exponenten führen aus der Menge der rationalen Zahlen nicht heraus. Auch Wurzeln, die „aufgehen", sind noch rational. Im allgemeinen können die Wurzeln jedoch nicht durch rationale Zahlen dargestellt werden und zwingen uns dadurch wieder zur Einführung einer neuen Zahlenart. Wir betrachten hierzu das Musterbeispiel $\sqrt{2}$.

Satz: $\sqrt{2}$ *ist keine rationale Zahl.*

Beweis: Er wird „indirekt" geführt, d. h. man nimmt das Gegenteil der Behauptung an und zeigt, daß dieses falsch ist, indem man auf einen Widerspruch schließt. Wir machen also die Annahme: $\sqrt{2} = \dfrac{p}{q}$ (d. h. rational) und p, q seien teilerfremd. Dann folgt durch Quadrieren:

$$p^2 = 2\,q^2 \Rightarrow p^2 \text{ gerade} \Rightarrow p \text{ gerade}: p = 2\,n \ (n \text{ ganz}) \, .$$

Damit wird

$$4\,n^2 = 2\,q^2 \Rightarrow q^2 = 2\,n^2 \Rightarrow q^2 \text{ gerade} \Rightarrow q \text{ gerade}: q = 2\,m \ (m \text{ ganz}) \, .$$

Also haben p und q mindestens den gemeinsamen Faktor 2, was ein Widerspruch zur oben angenommenen Teilerfremdheit ist. Damit muß die Annahme verworfen werden, $\sqrt{2}$ ist also *keine* rationale Zahl.

Definition: *Nicht-rationale Zahlen heißen Irrationalzahlen.* Dabei unterscheidet man
1. *Irrationalzahlen, die sich in geschlossener Form durch Wurzelausdrücke aus ganzen Zahlen darstellen lassen: algebraische Irrationalzahlen,*
2. *Irrationalzahlen, die nicht algebraisch sind: transzendente Irrationalzahlen.*

Beispiele

1. Algebraisch-irrational sind

$$\sqrt{3} \, ; \ \sqrt[3]{11} \, ; \ \sqrt[4]{5{,}701} \, ; \ \sqrt[3]{\sqrt[3]{21{,}4} - \sqrt[4]{9{,}08}} \, ; \ \sqrt[3]{\dfrac{1}{-17}} \, .$$

2. Transzendent-irrational sind

$$\pi; \ ^5\!\log 7; \ \sin 21°; \ \cot 2{,}04; \ \dfrac{1}{2}\Big(e + \dfrac{1}{e}\Big) \, .$$

Die Bedeutung dieser Ausdrücke wird in den folgenden Abschnitten erklärt werden.

Satz: *Irrationalzahlen lassen sich durch unendliche nicht-periodische Dezimalbrüche darstellen.*

Beweis: Angenommen, eine Irrationalzahl könnte mit einem periodischen Dezimalbruch beschrieben werden, dann folgt nach 1.3.3, daß die Irrationalzahl rational ist, was offensichtlich ein Widerspruch ist. Also ist der Satz richtig.

Bemerkung: Eine Unterscheidung zwischen algebraischen und transzendenten Irrationalzahlen kann an der Dezimalbruchdarstellung nicht vorgenommen werden. Zu diesem Zweck muß eine andere Darstellungsart verwendet werden, auf die wir hier nicht eingehen wollen.

Geometrische Darstellung. Die den rationalen Zahlen zugeordneten Punkte liegen zwar überall dicht, indem zwischen je zweien bereits unendlich viele weitere Punkte liegen, doch trügt die Vorstellung, daß damit die Zahlengerade vollständig ausgefüllt sei.

Satz: *Die Zahlengerade besitzt noch Lücken. Diese werden von sämtlichen Irrationalzahlen ausgefüllt.*

Beweis: Wir geben eine dieser Lücken konstruktiv an! Man zeichne über der Einheitsstrecke $\overline{01}$ ein Quadrat und trage dessen Diagonale auf der Zahlengeraden vom Nullpunkt aus ab. Der Endpunkt dieser Strecke, die nach dem Satz des PYTHAGORAS[1]) eine Länge von der Maßzahl $\sqrt{2}$ hat, muß auf eine Lücke zu liegen kommen, da $\sqrt{2}$ keine rationale Zahl ist

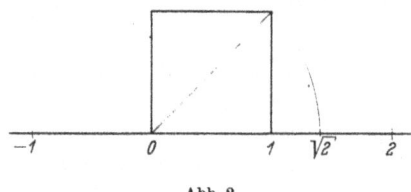

Abb. 2

(Abb. 2). Ähnlich kann man beliebig viele andere Lücken konstruktiv bestimmen.

Ohne Beweis sei erwähnt, daß die allen rationalen und algebraischen wie transzendenten irrationalen Zahlen zugeordneten Punkte die Zahlengerade nunmehr lückenlos (kontinuierlich) ausfüllen. Man nennt diese Punktmenge deshalb auch das *Kontinuum*.

Definition: *Die Gesamtheit aller rationalen und irrationalen Zahlen bildet die Menge der reellen Zahlen. Sie ist identisch mit der Menge aller Dezimalbrüche.*

---

[1]) PYTHAGORAS von Samos (580 ? ··· 500 ?), griechischer Philosoph.

Die einzelnen Zahlenarten seien noch einmal zusammengestellt (Abb. 3):

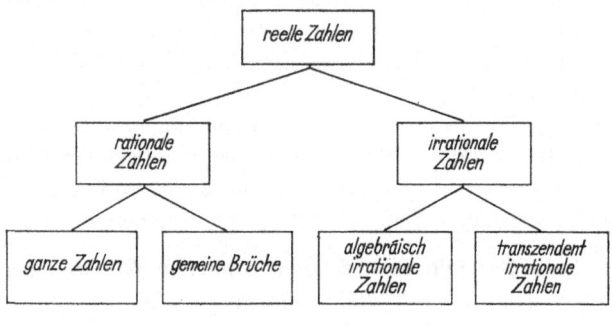

Abb. 3

1.4.4 Numerische Bestimmung von Wurzeln

Die Bedeutung rationaler Näherungswerte

Die Darstellung einer Wurzel mit Hilfe des Wurzelsymbols ist überall dort angebracht, wo er sich um formales und exaktes Rechnen mit Wurzeln handelt. Sobald es jedoch um die Anwendung der Wurzelrechnung in der Praxis geht, muß man zur Dezimalbruchschreibweise übergehen. Aber der eine Irrationalzahl darstellende Dezimalbruch ist unendlich und nicht periodisch, kann also niemals vollständig angeschrieben werden, sondern ist nach endlich vielen Stellen hinter dem Komma abzubrechen. Das heißt, man arbeitet in der Praxis mit *rationalen Näherungswerten* an Stelle des exakten Wurzelwertes. Der Anfänger ist oft geneigt, Näherungswerten eine geringschätzige Bedeutung beizumessen, da sie gegenüber den exakten Werten stets mit einem Fehler behaftet sind. Eine solche Auffassung bedarf einer grundlegenden Revidierung. Alles praktische Rechnen und Messen wird mit Näherungswerten durchgeführt und zwar nicht, weil dies bequemer wäre, sondern weil es gar nicht anders möglich ist.

Die Approximation einer irrationalen Zahl durch einen rationalen Näherungswert hat die Eigenschaft, daß der entstehende Fehler unter jeder vorgeschriebenen Schranke gehalten werden kann, das heißt, *eine Irrationalzahl kann mit beliebiger Genauigkeit durch eine rationale Zahl angenähert werden.* In dieser Tatsache liegt die große Bedeutung der rationalen Zahlen für die praktische Mathematik begründet.

Uns stellt sich jetzt die Aufgabe, nach Methoden zu suchen, mit denen man vom formalen Wurzelausdruck zur Dezimalbruchentwicklung kommt, oder kurz, mit denen man eine Wurzel numerisch berechnen kann. Es ist interessant, die einzelnen Verfahren einmal zusammenzustellen

1. handschriftlich
2. tabellarisch
3. logarithmisch
4. graphisch und nomographisch
5. mechanisch analog (Rechenstab)
6. mechanisch digital (Tischrechenmaschine)
7. elektronisch analog (elektronischer Analogrechner)
8. elektronisch digital (elektronischer Digitalrechner).

Diese Verfahren sind dem Charakter nach ganz verschieden voneinander, hängen indes mathematisch zum Teil sehr eng miteinander zusammen. In ihrer Gesamtheit bieten sie einen guten Überblick über die Mannigfaltigkeit mathematischer Hilfsmittel, die in der Praxis zur Verfügung stehen.

Das Newtonsche Iterationsverfahren. Im allgemeinen wird der Ingenieur einen Wurzelwert auf dem Rechenstab ablesen oder in einer geeigneten Zahlentafel aufschlagen. Darüber hinaus wird ihn ein Verfahren interessieren, daß ihm eine *Verbesserung des Näherungswertes* liefert. Ein solches Verfahren, das sehr schnell weitere Stellen ergibt und zugleich für Wurzeln mit beliebigen ganzen positiven Wurzelexponenten gilt, ist das folgende Iterationsverfahren von NEWTON[1]). Hierbei wird eine Formel aufgestellt, die bei Eingabe eines bestimmten Näherungswertes x_1 einen besseren Näherungswert x_2 liefert, dann wird x_2 eingegeben und der Rechnungsgang wiederholt (iteriert), wobei man einen wiederum besseren Näherungswert x_3 erhält usw. Bezüglich der Verbesserung der einzelnen Näherungswerte gilt dabei folgende

Regel: *Jeder neue Näherungswert ist im allgemeinen auf doppelt so viele Stellen richtig als der eingegebene Wert bereits richtig war.*

Entnimmt man beispielsweise einer Tafel einen vierstelligen Näherungswert für eine Quadratwurzel, so liefert die Iterationsformel nach einem Rechnungsgang 8 und nach einem weiteren bereits 16 richtige Stellen für den Wurzelwert.

Herleitung der Iterationsformel. Es soll $x = \sqrt[n]{a}$ mit $a > 0$ bestimmt werden. Ist x_1 ein erster Näherungswert, so setzen wir

$$\sqrt[n]{a} = x_1 + f_1, \qquad (*)$$

wobei f_1 der Fehler von x_1 gegenüber dem exakten Wert ist. Erhebt man beide Seiten in die n-te Potenz, so ergibt sich nach dem binomischen Satz

$$\left(\sqrt[n]{a}\right)^n = a = x_1^n + n\,x_1^{n-1}\,f_1 + \binom{n}{2} x_1^{n-2}\,f_1^2 + \cdots + f_1^n.$$

---

[1]) ISAAC NEWTON (1643···1727), englischer Naturforscher und Mathematiker.

Schreiben wir

$$a = x_1^n + n\, x_1^{n-1} f_1 - f_2$$

mit

$$-f_2 = \binom{n}{2} x_1^{n-2} f_1^2 + \cdots + f_1^n$$

so ergibt sich

$$f_1 = \frac{a - x_1^n}{n\, x_1^{n-1}} + f_2$$

und bei Einsetzen in (*)

$$\sqrt[n]{a} = x_1 + \frac{a - x_1^n}{n\, x_1^{n-1}} + f_2\,.$$

Setzt man jetzt

$$\sqrt[n]{a} = x_2 + f_2\,, \qquad\qquad (**)$$

so ist

$$\boxed{\; x_2 = x_1 + \frac{a - x_1^n}{n\, x_1^{n-1}} \;}$$

ein zweiter Näherungswert und f_2 seine Abweichung vom exakten Wert. Jetzt erheben wir (**) in die n-te Potenz und bekommen

$$\left(\sqrt[n]{a}\right)^n = a = x_2^n + n\, x_2^{n-1} f_2 + \binom{n}{2} x_2^{n-2} f_2^2 + \cdots + f_2^n\,,$$

woraus mit

$$-f_3 = \binom{n}{2} x_2^{n-2} f_2^2 + \cdots + f_2^n$$

$$a = x_2^n + n\, x_2^{n-1} f_2 - f_3$$

und daraus

$$f_2 = \frac{a - x_2^n}{n\, x_2^{n-1}} + f_3$$

folgt. Setzt man diesen Ausdruck für f_2 in (**) ein, so erhält man

$$\sqrt[n]{a} = x_2 + \frac{a - x_2^n}{n\, x_2^{n-1}} + f_3\,.$$

Schreibt man jetzt

$$\sqrt[n]{a} = x_3 + f_3\,,$$

so ist

$$\boxed{\; x_3 = x_2 + \frac{a - x_2^n}{n\, x_2^{n-1}} \;}$$

ein dritter Näherungswert und f_3 sein absoluter Fehler gegenüber dem exakten Wert. So kann man fortfahren. Nun sind aber die eingerahmten

Beziehungen in ihrer Struktur völlig gleich, d. h. x_2 ergibt sich rechentechnisch aus x_1 in der gleichen Weise wie x_3 aus x_2. Ist demnach x_i ein beliebiger Näherungswert und x_{i+1} der nächstfolgende, so gilt ganz allgemein

$$x_{i+1} = x_i + \frac{a - x_i^n}{n\, x_i^{n-1}}$$

$$i = 1, 2, 3, \ldots$$

Dies ist die *Newtonsche Iterationsformel für* $\sqrt[n]{a}$.
Speziell gilt für Quadratwurzeln ($n = 2$)

$$x_{i+1} = \frac{1}{2}\left(x_i + \frac{a}{x_i}\right); \quad i = 1, 2, 3, \ldots$$

und für Kubikwurzeln ($n = 3$)

$$x_{i+1} = \frac{1}{3}\left(2\,x_i + \frac{a}{x_i^2}\right); \quad i = 1, 2, 3, \ldots$$

was der Leser durch Einsetzen von $n = 2$ bzw. $n = 3$ in die allgemeine Formel sofort bestätigen kann.

Der in der allgemeinen Iterationsformel stehende Bruch

$$\frac{a - x_i^n}{n\, x_i^{n-1}}$$

wird die „Newtonsche Korrektur" genannt. Fügt man sie zu einem Näherungswert x_i hinzu, so „korrigiert" sie diesen auf den nächsten Näherungswert x_{i+1}.

Beispiele

1. Man berechne $\sqrt{44{,}7}$ auf 4 Stellen genau, wenn vom Rechenstab der erste Näherungswert $x_1 = 6{,}7$ abgelesen wurde!

Lösung: Es genügt ein Rechnungsgang:

$$x_2 = \frac{1}{2}\left(x_1 + \frac{a}{x_1}\right) = \frac{1}{2}\left(6{,}7 + \frac{44{,}7}{6{,}7}\right).$$

Die Division $44{,}7 : 6{,}7$ muß auf 4 richtige Stellen ausgeführt werden:

$$x_2 = \frac{1}{2}\,(6{,}7 + 6{,}672) = \frac{1}{2}\,(13{,}372) = 6{,}686$$

$$|\ \sqrt{44{,}7} = 6{,}686^{1}).$$

---

[1]) Bezüglich des hier stehenden Gleichheitszeichens, das wohlbemerkt eine Näherungsgleichheit bezeichnet, sei nochmals auf die Fußnote auf Seite 8 verwiesen.

2. Für $\sqrt{10}$ liege der Näherungswert (entnommen einer Quadratwurzeltafel) 3,162 vor. Man verbessere diesen auf 16 Stellen (15 Dezimalen)! Lösung: Man bekommt zunächst für x_2

$$x_2 = \frac{1}{2}\left(3,162 + \frac{10}{3,162}\right).$$

Die Division 10:3,162 ist auf 8 Stellen genau auszuführen[1])

$$x_2 = \frac{1}{2}\,(3,162 + 3,1625553)$$

$$x_2 = \frac{1}{2}\,(6,3245553)$$

$$x_2 = 3,1622777\;.$$

Nun folgt für den Näherungswert x_3

$$x_3 = \frac{1}{2}\left(3,1622777 + \frac{10}{3,1622777}\right).$$

Die Division 10:3,1622777 ist auf 16 Stellen genau auszuführen:

$$x_3 = \frac{1}{2}\,(3,1622777 + 3,162277620336759)$$

$$x_3 = \frac{1}{2}\,(6,324555320336759)$$

$$x_3 = 3,162277660168379$$

$$\mid \sqrt{10} = 3,162277660168379\;.$$

3. Für $\sqrt[3]{12}$ liege der auf 2 Dezimalen richtige Näherungswert 2,29 vor. Man verbessere auf 5 Dezimalen!

Lösung: Die Iterationsformel lautet jetzt für x_2

$$x_2 = \frac{1}{3}\left(2\,x_1 + \frac{a}{x_1^2}\right)$$

$$x_2 = \frac{1}{3}\left(4,58 + \frac{12}{2,29^2}\right)$$

$$x_2 = \frac{1}{3}\left(4,58 + \frac{12}{5,2441}\right).$$

Die Division 12:5,2441 ist auf 6 richtige Stellen auszuführen!

$$x_2 = \frac{1}{3}\,(4,58 + 2,28829)$$

$$x_2 = \frac{1}{3}\,(6,86829)$$

$$x_2 = 2,28943\;,$$

also ist

$$\mid \sqrt[3]{12} = 2,28943\;.$$

---

[1]) Solche Divisionen führt man am zweckmäßigsten mit einer Rechenmaschine aus.

4. Aus einer Tafel für Kubikwurzeln liest man für $\sqrt[3]{6741}$ den auf 4 Stellen richtigen Näherungswert $x_1 = 18{,}89$ ab. Man gebe den Wurzelwert auf 8 richtige Stellen (6 richtige Dezimalen) an!

Lösung: Es ist

$$x_2 = \frac{1}{3}\left(2 \cdot 18{,}89 + \frac{6741}{18{,}89^2}\right)$$

$$x_2 = \frac{1}{3}\left(37{,}78 + \frac{6741}{356{,}8321}\right)$$

$$x_2 = \frac{1}{3}(37{,}78 + 18{,}891237)$$

$$x_2 = \frac{1}{3}(56{,}671237)$$

$$x_2 = 18{,}890412 \,,$$

also ist

$$\left|\;\sqrt[3]{6741} = 18{,}890412 \,.\right.$$

Tabellarische Wurzelbestimmung. Quadratzahlen und Quadratwurzeln sind in allen einschlägigen Tafelwerken zu finden. Das unmittelbare Ablesen tabulierter Werte bereitet dabei keine Schwierigkeiten. Voll ausgenutzt sind die Tafeln jedoch erst dann, wenn man interpoliert, d. h. Zwischenwerte einschaltet. Dabei handelt es sich stets um eine *lineare Interpolation*; arithmetisch gesprochen werden die Zwischenwerte mit der Dreisatzrechnung ermittelt, geometrisch gesehen wird der Kurvenzug zwischen zwei tabulierten Werten durch eine Gerade ersetzt und die Zwischenwerte von dieser Geraden abgenommen.
– Es seien x_1, x_2 zwei benachbarte, meist am Tafelrand verzeichnete Eingangs- oder Argumentwerte, y_1, y_2 die zugehörigen Tafelwerte; ferner x_z $(x_1 \leqq x_z \leqq x_2)$ und y_z $(y_1 \leqq y_z \leqq y_2)$ zwei zugehörige Zwischenwerte, von denen stets einer gegeben und der andere gesucht ist. Weiter bezeichnen wir mit

$\Delta x = x_2 - x_1$ die Argumentedifferenz

$\Delta y = y_2 - y_1$ die Tafeldifferenz

$d = x_z - x_1$ die eigene Argumente-
        differenz

$D = y_z - y_1$ die eigene Tafeldifferenz.

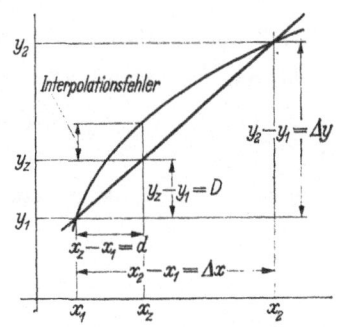

Abb. 4

Nimmt man diese Differenzen in Einheiten der letzten zu berechnenden Stelle, so ist $\Delta x = 10$ und es gilt die Dreisatzproportion

$$d : D = \Delta x : \Delta y \,,$$

die man auch geometrisch aus Abb. 4

ablesen kann. Aus ihr folgen

$$D = \frac{d \cdot \Delta y}{10}$$ $$d = \frac{D \cdot 10}{\Delta y}.$$

Die gesuchten Zwischenwerte ergeben sich dann zu

$$y_z = y_1 + D$$ $$x_z = x_1 + d \,.$$

Die links stehenden Formeln sind zur linearen Interpolation bei der Quadratzahlbestimmung, die rechten bei der Quadratwurzelermittlung zu verwenden.

Eine große Erleichterung stellen die sogenannten *Proportionaltäfelchen* P. P.[1]) dar. Sie nehmen dem Leser die lästige Berechnung von D bzw. d ab, indem sie zu den Differenzen d die entsprechenden Werte von D angeben. Geordnet sind diese Hilfstafeln nach Tafeldifferenzen Δy, die jeweils über der betr. Hilfstafel stehen. Auf diese Weise kann man den jeweiligen Zwischenwert im Kopfe ausrechnen und auch bei der Rückinterpolation das Zwischenargument sofort ablesen.

Beispiele

1. Man ermittle $6{,}8347^2$ aus der Tafel!
   Lösung:

$$6{,}8340^2 = 46{,}7036$$
$$6{,}8350^2 = 46{,}7172$$

$\Delta y = 136$; in der zugehörigen Hilfstafel steht für $d = 7$

$$
\begin{array}{c|c}
\multicolumn{2}{c}{136} \\
\hline
\vdots & \vdots \\
7 & 95{,}2
\end{array}
$$

d. h. $D = 95{,}2$; also ergibt sich

$$6{,}8347^2 = 46{,}7131 \,.$$

2. Bestimme tabellarisch $\sqrt{7{,}5894}$!

Lösung: Als Nachbarwerte liest man ab

$$\sqrt{7{,}5845} = 2{,}7540$$
$$\sqrt{7{,}5900} = 2{,}7550$$

$\Delta y = 55$, $D = 49$; in der Hilfstafel findet man

$$
\begin{array}{c|c}
\multicolumn{2}{c}{55} \\
\hline
\vdots & \vdots \\
9 & 49{,}5
\end{array}
$$

---

[1]) P. P. = partes proportionales (lat.): verhältnisgleiche Teile.

d. h. $d = 9$ und man erhält

$$\boxed{\;\sqrt{7,5894} = 2,7549\;}$$

3. Bestimme tabellarisch $\sqrt{357,83}$!

Lösung: Man zerlegt zunächst den Radikanden gemäß

$$\sqrt{357,83} = \sqrt{3,5783 \cdot 10^2} = 10\sqrt{3,5783}$$

und liest dann aus der Tafel ab

$$\sqrt{3,5759} = 1,8910$$

$$\sqrt{3,5797} = 1,8920$$

$\varDelta y = 38$, $D = 24$; damit folgt aus

$$
\begin{array}{c}
38 \\
\vdots \;\big|\; \vdots \\
6 \;\big|\; 22{,}8
\end{array}
$$

$d = 6$ und somit

$$\sqrt{3,5783} = 1,8916$$

$$\boxed{\;\sqrt{357,83} = 18,916\;}$$

4. Berechne tabellarisch $\sqrt{0,00587462}$!

Lösung: Nach der Zerlegung

$$\sqrt{0,00587462} = \sqrt{58,7462 \cdot 10^{-4}} = 10^{-2} \cdot \sqrt{58,7462}$$

erhält man

$$\sqrt{58,7369} = 7,6640$$

$$\sqrt{58,7522} = 7,6650$$

$\varDelta y = 153$, $D = 93$. Die Hilfstafel liefert

$$
\begin{array}{c}
153 \\
\vdots \;\big|\; \vdots \\
6 \;\big|\; 91{,}8
\end{array}
$$

$d = 6$ und es wird

$$\sqrt{58,7462} = 7,6646$$

$$\boxed{\;\sqrt{0,00587462} = 0,076646\;}$$

1.5 Logarithmen

1.5.1 Logarithmieren als Umkehrung des Potenzierens

Definition: *Es seien $a \neq 1$ und c positive Zahlen. Dann versteht man unter dem Logarithmus von c zur Basis a diejenige (eindeutig existierende) reelle Zahl b, mit der man a potenzieren muß, um c zu erhalten:*

$$\boxed{\;b = {}^a\!\log c \iff a^b = c\;.}$$

Dazu folgende Erläuterungen:

1. Die Potenzgleichung geht bei Auflösung nach dem Exponenten b in die Logarithmusgleichung über, diese wiederum geht in die Potenzgleichung über, falls man sie nach c auflöst. Beide Gleichungen sind also gleichwertig (äquivalent), denn sie gehen durch identische Umformung auseinander hervor.

2. In der Logarithmusgleichung heißt a die *Basis*, b der *Logarithmus* und c der *Numerus*. Die Rechenoperation heißt *Logarithmieren*.

3. Die Logarithmen zu nicht-positiven Basen oder von nicht-positiven Numeri sind im Reellen nicht vorhanden.

4. Faßt man die Potenzgleichung als Bestimmungsgleichung für den Exponenten auf, schreibt also $a^x = c$, so stellt nach der Definition die mit $x = {}^a\log c$ bezeichnete Lösung die im reellen Zahlenbereich liegende Lösung dar. Im Komplexen hat dieselbe Gleichung unendlich viele Lösungen (siehe Abschnitt 4).

5. Man merke sich

Wurzeln sind Basen
Logarithmen sind Exponenten

der jeweils äquivalenten Potenzgleichung.

Beispiele

1. ${}^2\log 8 = x \Longleftrightarrow 2^x = 8 \Rightarrow x = 3$

2. ${}^3\log 81 = x \Longleftrightarrow 3^x = 81 \Rightarrow x = 4$

3. ${}^5\log 1 = x \Longleftrightarrow 5^x = 1 \Rightarrow x = 0$

4. ${}^7\log 7 = x \Longleftrightarrow 7^x = 7 \Rightarrow x = 1$

5. ${}^4\log \dfrac{1}{16} = x \Longleftrightarrow 4^x = \dfrac{1}{16} \Rightarrow x = -2$

6. ${}^{\frac{1}{5}}\log 625 = x \Longleftrightarrow \left(\dfrac{1}{5}\right)^x = 625 \Rightarrow x = -4$

7. ${}^9\log 3 = x \Longleftrightarrow 9^x = 3 \Rightarrow x = \dfrac{1}{2}$

8. ${}^{\frac{1}{4}}\log 32 = x \Longleftrightarrow \left(\dfrac{1}{4}\right)^x = 32 \Rightarrow x = -\dfrac{5}{2}$.

Die Beispiele 3 und 4 erlauben eine allgemeine Formulierung:

$$\boxed{{}^a\log 1 = 0,}$$

d. h. *der Logarithmus von 1 ist bei jeder Basis gleich Null.*

Beweis:

$$^a\log 1 = 0 \Rightarrow a^0 = 1$$

und diese Potenzgleichung ist für jedes $a \neq 0$ richtig.

Ferner gilt allgemein

$$^a\log a = 1 \,,$$

d. h. *ist die Basis gleich dem Numerus, so ist der Logarithmus gleich 1.*

Beweis:

$$^a\log a = 1 \;\Rightarrow\; a^1 = a \,,$$

was sicher richtig ist.

Sei $a > 1$ vorausgesetzt. Dann liest man aus der Potenzgleichung $a^b = c$ folgende Zusammenhänge zwischen b und c ab, die also auch für die Logarithmusgleichung $b = {}^a\log c$ gelten:

$$
\begin{aligned}
b = 0 &\iff c = 1 \\
b > 0 &\iff c > 1 \\
b < 0 &\iff 0 < c < 1 \,.
\end{aligned}
$$

Nimmt man andererseits die Basis a als positiven echten Bruch an, also $0 < a < 1$, so gilt

$$
\begin{aligned}
b = 0 &\iff c = 1 \\
b > 0 &\iff 0 < c < 1 \\
b < 0 &\iff c > 1 \,.
\end{aligned}
$$

Setzt man c aus der Potenzgleichung in die Logarithmusgleichung ein, so folgt die *erste logarithmische Identität*

$$^a\log a^b \equiv b \,.$$

Sie besagt: Potenziert man eine Zahl b zuerst zur Basis a und logarithmiert anschließend das Ergebnis zur Basis a, so erhält man wieder die Ausgangszahl b. Potenzieren und darauffolgendes Logarithmieren zur gleichen Basis heben sich also auf.

Setzt man andererseits b aus der Logarithmusgleichung in die Potenzgleichung ein, so ergibt sich die *zweite logarithmische Identität*

$$a^{{}^a\log c} \equiv c \,.$$

Nach ihr ändert sich nichts an der Zahl c, wenn man sie zuerst zur Basis a logarithmiert und anschließend das Ergebnis zur Basis a potenziert. Logarithmieren und anschließendes Potenzieren zur gleichen Basis heben sich also ebenfalls auf. Demnach können wir zusammenfassend formulieren

Satz: *Potenzieren und Logarithmieren zur gleichen Basis sind umgekehrte Rechenoperationen.*

Die oben angeführten acht Beispiele zur Erläuterung des Logarithmusbegriffes konnten vermuten lassen, daß die Logarithmen rationale Zahlen sind. Das ist jedoch nicht der Fall. Wir zeigen dies wieder an einem Musterbeispiel.

Satz: $^3\log 2$ *ist keine rationale Zahl.*

Beweis (indirekt). Annahme: $^3\log 2$ ist rational.
Dann kann man àlso

$$^3\log 2 = \frac{p}{q} \qquad (p, q \text{ ganz, positiv})$$

setzen. Es folgt bei Übergang zur Potenzgleichung

$$3^{\frac{p}{q}} = 2$$

oder

$$3^p = 2^q \,.$$

Links steht eine ganzzahlige positive Potenz von 3, rechts eine ganzzahlige positive Potenz von 2. Jede solche Potenz von 3 ist aber ungerade, von 2 jedoch gerade. Es ist also für *jedes* solches Wertepaar p, q

$$3^p \neq 2^q \,.$$

Mit diesem Widerspruch ist der Satz bewiesen.

Wir vermerken noch, daß die Irrationalität der Logarithmen eine andere ist als die der Wurzeln. Letztere nannten wir algebraisch-irrational, Logarithmen sind dagegen transzendent-irrational, denn sie lassen sich nicht durch Wurzelausdrücke darstellen. Von den rationalen Sonderfällen abgesehen sind also auch die Logarithmen unendliche nichtperiodische Dezimalbrüche.

1.5.2 Die Logarithmengesetze

Die Bedeutung der Logarithmen für das praktische Rechnen beruht auf den folgenden vier Gesetzen, die sich durch Umkehrung entsprechender Potenzgesetze ergeben.

1. Logarithmengesetz

$$^b\log (a_1 \cdot a_2) = {^b\log a_1} + {^b\log a_2} \,.$$

Der Logarithmus eines Produktes ist gleich der Summe der Logarithmen der Faktoren.

2. Logarithmengesetz

$$^{b}\log \frac{a_1}{a_2} = {}^{b}\log a_1 - {}^{b}\log a_2 \, .$$

Der Logarithmus eines Quotienten (gemeines Bruches) ist gleich der Diffe-
renz der Logarithmen von Dividend (Zähler) und Divisor (Nenner).

3. Logarithmengesetz

$$^{b}\log a^n = n \cdot {}^{b}\log a \, .$$

Der Logarithmus einer Potenz (mit rationalem Exponenten) ist gleich dem
Produkt aus dem Exponenten und dem Logarithmus der Basis.

4. Logarithmengesetz

$$^{b}\log \sqrt[m]{a} = \frac{1}{m} \cdot {}^{b}\log a \, .$$

Der Logarithmus einer Wurzel ist gleich dem Quotienten aus dem Logarith-
mus des Radikanden und dem Wurzelexponenten.

Beweis für (1): Setzt man

$$^{b}\log a_1 = u_1 \, , \qquad {}^{b}\log a_2 = u_2 \, ,$$

so folgt

$$b^{u_1} = a_1 \, , \qquad b^{u_2} = a_2$$

$$b^{u_1} b^{u_2} = b^{u_1+u_2} = a_1 \cdot a_2 \Rightarrow u_1 + u_2 = {}^{b}\log (a_1 \cdot a_2)$$

$$\Rightarrow {}^{b}\log (a_1 \cdot a_2) = {}^{b}\log a_1 + {}^{b}\log a_2 \, .$$

Beweis für (3): Setzt man

$$^{b}\log a = u \, ,$$

so folgt

$$b^u = a \Rightarrow (b^u)^n = b^{u\,n} = a^n \Rightarrow u\,n = {}^{b}\log a^n$$

$$\Rightarrow n \, {}^{b}\log a = {}^{b}\log a^n$$

Beweis für (2) folgt aus (1) und (3):

$$^{b}\log \frac{a_1}{a_2} = {}^{b}\log (a_1 \cdot a_2^{-1}) = {}^{b}\log a_1 + {}^{b}\log a_2^{-1} = {}^{b}\log a_1 - {}^{b}\log a_2 \, .$$

Beweis für (4) folgt aus (3) für $n = \frac{1}{m}$:

$$^{b}\log \sqrt[m]{a} = {}^{b}\log a^{\frac{1}{m}} = \frac{1}{m} \cdot {}^{b}\log a \, .$$

Zusammengefaßt gilt also:

Jede Rechenoperation wird durch Logarithmieren um eine Stufe herab-
gesetzt.

Addition und Subtraktion können natürlich nicht weiter vereinfacht
werden.

Beispiele: Man vereinfache die folgenden Ausdrücke durch Anwenden der
vier Logarithmengesetze!

1. $^b\log \dfrac{3\,u\,v^2}{5\,w} = {}^b\log 3 + {}^b\log u + 2\,{}^b\log v - {}^b\log 5 - {}^b\log w$

2. $^a\log \dfrac{1}{x} = {}^a\log 1 - {}^a\log x = -{}^a\log x$

3. $^c\log \sqrt[3]{a^2\,x^4\,\sqrt{y}} = \dfrac{1}{3}\left({}^c\log a^2 + {}^c\log x^4 + {}^c\log \sqrt{y}\right)$

$\qquad\qquad = \dfrac{2}{3}\,{}^c\log a + \dfrac{4}{3}\,{}^c\log x + \dfrac{1}{6}\,{}^c\log y$

4. $^{10}\log \dfrac{\sqrt[3]{14}\cdot\sqrt{3{,}27}}{2{,}59^2\cdot\sqrt[4]{9{,}8}} = \dfrac{1}{3}\cdot{}^{10}\log 14 + \dfrac{1}{2}\cdot{}^{10}\log 3{,}27 - 2\cdot{}^{10}\log 2{,}59$

$\qquad\qquad\qquad - \dfrac{1}{4}\cdot{}^{10}\log 9{,}8$

5. $^a\log \dfrac{\sqrt{x}}{\sqrt[3]{\sqrt{y}-\sqrt{z}}} = \dfrac{1}{2}\,{}^a\log x - \dfrac{1}{3}\,{}^a\log\left(\sqrt{y}-\sqrt{z}\right)$

6. $^k\log \left(\dfrac{u^2+v^2}{u^2-v^2}\right)^2 = 2\left[{}^k\log(u^2+v^2) - {}^k\log(u^2-v^2)\right]$

$\qquad\qquad\qquad = 2\cdot{}^k\log(u^2+v^2) - 2\cdot{}^k\log(u+v) - 2\cdot{}^k\log(u-v)\,.$

1.5.3 Praktische Anwendung der Logarithmen

Will man praktische Logarithmenrechnung betreiben, d. h. komplizierte Zahlenausdrücke logarithmisch verarbeiten und berechnen, so ist
zunächst die Kenntnis der Logarithmen einer verhältnismäßig großen
Menge von Zahlen erforderlich. Selbstverständlich muß man sich — wie
bei den Wurzeln — mit endlichen Dezimalbrüchen, also rationalen
Näherungswerten, begnügen. Wie man zur Zehnerbruchdarstellung der
Logarithmen gelangt, wollen wir bis zur Differentialrechnung aufschie-
ben, da eine elementare Berechnung der Logarithmen sehr umständlich
ist und heute nicht mehr vorgenommen wird. Als Basis wird man 10
wählen; diese Wahl bewährt sich praktisch besonders gut, wie wir sogleich sehen werden. Die Menge aller Logarithmen zu einer bestimmten
Basis nennt man ein *Logarithmensystem*.

Definition: *Das Logarithmensystem mit der Basis 10 heißt Dekadisches, Zehner- oder BRIGGSsches[1]) System und man schreibt für seine Logarithmen*

$$^{10}\log x = \lg x.$$

Der Grund für die Wahl der Basis 10 hängt natürlich unmittelbar mit unserem Dezimalsystem zusammen. Betrachtet man die dekadischen Logarithmen der Zehnerpotenzen, so findet man

$$\lg 1 \quad = 0$$
$$\lg 10 \quad = 1$$
$$\lg 100 \quad = \lg 10^2 = 2 \cdot \lg 10 = 2$$
$$\lg 1000 = \lg 10^3 = 3 \cdot \lg 10 = 3 \text{ usw.}$$

$$\lg \frac{1}{10} \quad = \lg 10^{-1} = -1 \cdot \lg 10 = -1$$

$$\lg \frac{1}{100} \quad = \lg 10^{-2} = -2 \cdot \lg 10 = -2$$

$$\lg \frac{1}{1000} \quad = \lg 10^{-3} = -3 \cdot \lg 10 = -3 \text{ usw.},$$

zusammengefaßt:

$$\lg 10^n = n,$$

denn die äquivalente Potenzgleichung

$$10^n = 10^n$$

gilt offenbar für jeden reellen Exponenten. Somit haben wir den

Satz: *Der Zehnerlogarithmus einer Zehnerpotenz ist gleich dem Exponenten.*

Was wir bereits in 1.5.1 allgemein festgestellt hatten, gilt speziell auch für Zehnerlogarithmen: Für Numeri größer als 1 ist der Logarithmus positiv, für Numeri kleiner als 1 ist der Logarithmus negativ[2]). Ferner gilt der wichtige

Satz: *Die Logarithmen aller Zahlen, die sich nur durch verschiedene Kommastellung unterscheiden, sind bis auf ganze Zahlen gleich.*

Beweis: Sei

$$\lg a = b,$$

dann sind für ganzes n die Zahlen $10^n a$ lediglich durch die Stellung des Kommas von a verschieden. Also wird

$$\lg 10^n a = \lg 10^n + \lg a = n + b.$$

---

[1]) HENRY BRIGGS (1561···1630), englischer Mathematiker u. Astronom, gab 1617 die erste Tafel für Zehnerlogarithmen heraus.
[2]) Statt Zehnerlogarithmus wird in diesem Abschnitt einfach Logarithmus geschrieben.

Beispiel

Der Logarithmus der Zahl 17,564 sei auf 5 Dezimalen bekannt:

$$\lg 17,564 = 1.24462 \,^{1}).$$

Damit ist es möglich, auch sofort folgende Logarithmen anzugeben

$$\lg 175,64 \quad = \lg (17,564 \cdot 10) \quad = \lg 17,564 + \lg 10 \quad = 2.24462$$
$$\lg 1756,4 \quad = \lg (17,564 \cdot 10^2) = \lg 17,564 + \lg 10^2 = 3.24462$$
$$\lg 17564 \quad = \lg (17,564 \cdot 10^3) = \lg 17,564 + \lg 10^3 = 4.24462$$
$$\lg 1,7564 \quad = \lg (17,564 \cdot 10^{-1}) = \lg 17,564 + \lg 10^{-1} = 0.24462$$
$$\lg 0,17564 \quad = \lg (17,564 \cdot 10^{-2}) = \lg 17,564 + \lg 10^{-2} = 0.24462 - 1$$
$$\lg 0,017564 = \lg (17,564 \cdot 10^{-3}) = \lg 17,564 + \lg 10^{-3} = 0.24462 - 2$$

usw.

Die Differenz der letzten Logarithmen rechnet man *nicht* aus, damit sich an der Ziffernfolge hinter dem Komma auch bei negativen Logarithmen nichts ändert. Das legt nahe, bei jedem Logarithmus folgende zwei Teile zu unterscheiden

1. Eine ganze Zahl, falls positiv oder Null, vor dem Punkt, falls negativ, hinten anstehend: die sogenannte *Kennziffer*
2. Die Ziffernfolge nach dem Punkt: die sogenannte *Mantisse*[2]).

Regel: *Ist der Numerus größer als 1, so ist die Kennziffer um 1 kleiner als die Stellenzahl vor dem Komma; ist der Numerus kleiner als 1, so ist die Kennziffer negativ und gleich der Anzahl der Nullen vor der ersten von Null verschiedenen Ziffer.*

Die Mantissen sind mit einer bestimmten Stellenzahl tabuliert. Für die folgenden Beispiele wurde eine fünfstellige Mantissentafel benutzt, die zur Erleichterung der Interpolationen noch Proportionaltäfelchen (P.P.) enthielt. Die Interpolation der Mantissentafeln erfolgt ganz ebenso wie bei den Quadratzahltafeln und kann als bekannt vorausgesetzt werden.

Beispiele

1. Berechne logarithmisch $x = 7,4327 \cdot 0,98106$

Num.	lg
7,4327	0.87115
0.98106	0.99169 −1
	1.86284 −1
	0.86284
$x = 7,2918$	

---

[1]) Bei Logarithmen pflegt man an Stelle des Kommas einen Punkt zu schreiben.

[2]) mantissa (lat.) Anhängsel, Zugabe.

2. Berechne logarithmisch $x = 49{,}743 \cdot 0{,}0061604 \cdot 1{,}0735 \cdot 9{,}8992$

Num.	lg	
49,743	1.69673	
0,0061604	0.78961	-3
1,0735	0.03080	
9,8992	0.99560	
	3.51274	-3
$x = 3{,}2564$	0.51274	

3. Berechne logarithmisch $x = 427{,}98 : 3{,}1101$

Num.	lg
427,98	2.63142
3,1101	0.49277
$x = 137{,}61$	2.13865

4. Berechne logarithmisch $x = 12{,}937 : 70{,}485$

Num.	lg	
	2	-1
12,937	1.11183	
70,485	1.84810	
$x = 0{,}18354$	0.26373	-1

5. Berechne logarithmisch $x = 0{,}0047453 : 0{,}67683$

Num.	lg	
	1	-4
0,0047453	0.67627	-3
0,67683	0.83048	-1
$x = 0{,}0070112$	0.84579	-3

6. Berechne logarithmisch $x = 37{,}215^4$

Num.	lg
37,215	1.57072
$x = 1918100$	6.28288

7. Berechne logarithmisch $x = 0{,}97145^3$

Num.	lg	
0,97145	0.98742	-1
	2.96226	-3
$x = 0{,}91677$	0.	-1

8. Berechne logarithmisch $x = \sqrt[4]{24{,}879}$

Num.	lg
24,879	1.39583
$x = 2{,}2334$	0.34896

9. Berechne logarithmisch $x = \sqrt[5]{0,00007641}$

Num.	lg	
0,00007641	0.88315	−5
$x = 0,15019$	0.17663	−1

10. Berechne logarithmisch $x = \sqrt[6]{0,87426}$

Num.	lg	
0,87426	0.94164	−1
	5.94164	−6
$x = 0,97785$	0.99027	−1

11. Berechne logarithmisch $x = \sqrt[3]{\dfrac{4,7213^2 \cdot 0,91701}{67,531 \cdot \sqrt{1,2743}}}$

Num.	lg	
4,7213	0.67406	
4,7213²	1.34812	
0,91701	0.96238 −1	$\Big]\,+$
Zähler	1.31050	
67,531	1.82951	
1,2743	0.10527	$\Big]\,+$
$\sqrt{1,2743}$	0.05264	
Nenner	1.88215	
Radikand	0.42835 −1	
	2.42835 −3	
$x = 0,64483$	0.80945 −1	

12. Berechne logarithmisch $x = \sqrt[4]{\dfrac{2,1321^2 + 1,0174^2}{\sqrt[3]{7,3251 \cdot 57,6}}}$

Num.	lg	
2,1321	0.32881	
4,5459	0.65762	
1,0174	0.00749	
1,0351	0.01498	
5,5810	0.74671	
7,3251	0.86482	$\big]\,+$
57,6	1.76042	
Radikand $\sqrt[3]{\ }$	2.62524	
Nenner	0.87508	
Radikand $\sqrt[4]{\ }$	0.87163 −1	
	3.87163 −4	
$x = 0,92878$	0.96791 −1 .	

Enthält der logarithmisch zu berechnende Ausdruck auch Additionen oder Subtraktionen, so muß also die logarithmische Rechnung unterbrochen werden, indem man die Numeri aufsucht und diese addiert bzw. subtrahiert.

Logarithmentafeln kamen zu Anfang des 17. Jahrhunderts auf und bildeten bis in unser Jahrhundert hinein die einzige Möglichkeit, numerische Rechnungen zu vereinfachen. Heute haben die Logarithmen ihre Bedeutung für das praktische Rechnen weitgehend verloren und Rechenmaschinen sind an ihre Stelle getreten. Für sämtliche groben Rechnungen benutzt man heute ausschließlich den Rechenstab; reicht seine Genauigkeit nicht aus, so arbeitet man mit Tischrechenmaschinen. Die Beherrschung dieser beiden Grundtypen von analogen bzw. digitalen Rechengeräten ist für den zukünftigen Ingenieur eine Selbstverständlichkeit. Für Rechnungen im großen Umfange werden programmgesteuerte elektronische Rechenautomaten eingesetzt, deren Programmierung ebenfalls zur modernen Ingenieurausbildung gehört.

1.5.4 Natürliche Logarithmen

Definition: *Die Logarithmen des Systems mit der Basis $e = 2,71828\ldots$ heißen Natürliche oder NEPERsche[1] Logarithmen und man schreibt*

$$\boxed{{}^e\!\log x = \ln x\,.}$$

Hierbei ist ln eine Abkürzung des lateinischen logarithmus naturalis. Die Basis e ist eine transzendent-irrationale Zahl, deren Wahl als Basis eines Logarithmensystems erst in der Differentialrechnung verständlich werden wird.

Die Natürlichen Logarithmen sind ähnlich wie die Zehnerlogarithmen — wenn auch nicht in so großem Umfang — tabuliert, bestimmen sich jedoch am schnellsten auf den doppelt-logarithmischen Skalen eines modernen Rechenstabes. Verwendet werden sie fast ausschließlich in der Höheren Mathematik.

Um den Zusammenhang zwischen Natürlichen und Zehnerlogarithmen zu erläutern, wollen wir ihre Umrechnungsformeln aufstellen. Zu diesem Zwecke setzen wir

$$u = \lg x$$
$$v = \ln x$$

und erhalten beim Übergang zur Potenzgleichung

$$\left.\begin{array}{l} 10^u = x \\ e^v = x \end{array}\right\} \Rightarrow 10^u = e^v$$

---

[1] JOHN NEPER (1550$\cdots$1617): englischer Mathematiker.

und durch Auflösen nach u bzw. v

$$u = \lg e^v = v \cdot \lg e \; ; \quad \lg e = 0{,}4343$$
$$v = \ln 10^u = u \cdot \ln 10; \quad \ln 10 = 2{,}3026$$

$$\boxed{\begin{aligned} \lg x &= 0{,}4343 \ln x \\ \ln x &= 2{,}3026 \lg x \, . \end{aligned}}$$

Man nennt $\lg e = 0{,}4343 = M_{10}$ den „Modul[1]) des Dekadischen Logarithmensystems" (bezogen auf das Natürliche Logarithmensystem). Umgekehrt heißt $\ln 10 = 2{,}3026 = M_e$ der „Modul des Natürlichen Logarithmensystems" (bezogen auf das Dekadische Logarithmensystem). Beide Zahlen sind selbstverständlich Näherungswerte.

Die eingerahmten Umrechnungsformeln bedeuten den

Satz: *Bei gegebenem Natürlichen Logarithmus erhält man den Zehnerlogarithmus (zum gleichen Numerus) durch Multiplikation mit dem Modul $M_{10} = 0{,}4343$.*

Sämtliche Natürliche Logarithmen erhält man aus den Zehnerlogarithmen durch Multiplikation mit dem Modul $M_e = 2{,}3026$.

2 Ebene Trigonometrie

2.1 Kreisfunktionen

2.1.1 Definition der Kreisfunktionen

Wir betrachten einen beliebigen Kreis vom Radius r, auf dem sich ein Punkt P bewegen soll. Durch den Mittelpunkt M des Kreises möge eine senkrechte und eine waagrechte Gerade gelegt werden. Man verbinde P mit dem Mittelpunkt M und fälle das Lot $\overline{PQ}$ auf die waagrechte Achse (Abb. 5). Die Strecke $\overline{MQ}$ heißt die Projektion des Radius $r = \overline{MP}$ (auf die waagrechte Achse).

Sodann wollen wir folgende *Vereinbarungen* treffen:

1. Bezeichnet φ den Winkel zwischen dem „beweglichen Radius" $\overline{MP}$ und dem „festen Radius" $\overline{MA}$, so soll φ von $\overline{MA}$ aus im Gegen-

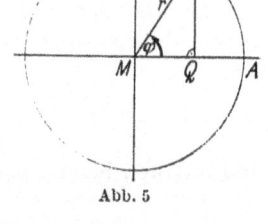

Abb. 5

uhrzeigersinn (d. i. im mathematisch positiven Sinn) gemessen werden: $0° \leqq \varphi < 360°$.

---

[1]) modulus (lat.): Maß, Maßstab.

2. Das Achsenkreuz teile den Kreis in 4 *Quadranten* auf:

Quadrant I   : $0° < \varphi < \;\; 90°$
Quadrant II : $90° < \varphi < 180°$
Quadrant III : $180° < \varphi < 270°$
Quadrant IV : $270° < \varphi < 360°.$

3. Das Lot $\overline{PQ}$ werde positiv gerechnet, wenn es nach oben verläuft (P im I. oder II. Quadranten), negativ, wenn es nach unten verläuft (P im III. oder IV. Quadranten).

4. Die Projektion $\overline{MQ}$ werde positiv gerechnet, wenn sie nach rechts verläuft (P im I. oder IV. Quadranten), negativ, wenn sie nach links verläuft (P im II. oder III. Quadranten).

Offenbar kann man mit diesen *Vereinbarungen* jedem Wert des Winkels φ zwischen 0° und 360° bestimmte Streckenverhältnisse am Kreise eindeutig zuordnen. Ohne an dieser Stelle schon näher auf den Funktionsbegriff einzugehen, wollen wir vermerken, daß man auf Grund einer solchen eindeutigen Zuordnung jedes Streckenverhältnis eine *Funktion* des Winkels φ nennt.

Definition:

Das Streckenverhältnis „Lot zu Radius" heißt der Sinus von φ:

$$\boxed{\dfrac{\overline{PQ}}{\overline{MP}} = \sin \varphi \,.}$$

Das Streckenverhältnis „Projektion zu Radius" heißt der Kosinus von φ:

$$\boxed{\dfrac{\overline{MQ}}{\overline{MP}} = \cos \varphi \,.}$$

Das Streckenverhältnis „Lot zu Projektion" heißt der Tangens von φ:

$$\boxed{\dfrac{\overline{PQ}}{\overline{MQ}} = \tan \varphi \,.}$$

Das Streckenverhältnis „Projektion zu Lot" heißt der Kotangens von φ:

$$\boxed{\dfrac{\overline{MQ}}{\overline{PQ}} = \cot \varphi \,.}$$

Die Funktionen sin φ, cos φ, tan φ und cot φ heißen Kreisfunktionen oder trigonometrische Funktionen.

Bemerkungen:

1. Jede Kreisfunktion stellt ein bestimmtes Strecken*verhältnis* dar, ist also eine unbenannte Zahl.

2. Der Wert einer Kreisfunktion hängt nur ab vom Winkel φ, nicht von der Größe des Kreises. In Abb. 6 sind zwei verschiedene konzentrische Kreise mit den entsprechenden Strecken gezeichnet. Man sieht, daß auf Grund der Ähnlichkeit der Dreiecke MPQ und $MP'Q'$ gilt

$$\frac{\overline{PQ}}{\overline{MP}} = \frac{\overline{P'Q'}}{\overline{MP'}} = \sin\varphi\,, \quad \text{also unabhängig vom Radius!}$$

$$\frac{\overline{MQ}}{\overline{MP}} = \frac{\overline{MQ'}}{\overline{MP'}} = \cos\varphi\,, \quad \text{also unabhängig vom Radius!}$$

$$\frac{\overline{PQ}}{\overline{MQ}} = \frac{\overline{P'Q'}}{\overline{MQ'}} = \tan\varphi\,, \quad \text{also unabhängig vom Radius!}$$

$$\frac{\overline{MQ}}{\overline{PQ}} = \frac{\overline{MQ'}}{\overline{P'Q'}} = \cot\varphi\,, \quad \text{also unabhängig vom Radius!}$$

3. Spezialisiert man die Definition auf den I. Quadranten, so erscheinen die Strecken $\overline{PQ}$, $\overline{MQ}$, $\overline{MP}$ als Seiten eines rechtwinkligen Dreiecks mit dem spitzen Winkel φ, und die Kreisfunktionen bedeuten dann

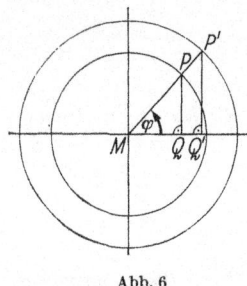

Abb. 6

$$\sin\varphi = \frac{\overline{PQ}}{\overline{MP}} = \frac{\text{Gegenkathete}}{\text{Hypotenuse}}$$

$$\cos\varphi = \frac{\overline{MQ}}{\overline{MP}} = \frac{\text{Ankathete}}{\text{Hypotenuse}}$$

$$\tan\varphi = \frac{\overline{PQ}}{\overline{MQ}} = \frac{\text{Gegenkathete}}{\text{Ankathete}}$$

$$\cot\varphi = \frac{\overline{MQ}}{\overline{PQ}} = \frac{\text{Ankathete}}{\text{Gegenkathete}}\,.\quad^{1)}$$

Dem Studierenden wird empfohlen, neben der allgemeinen Definition sich auch diesen wichtigen Sonderfall einzuprägen, da er bei der Dreiecksberechnung ausführlich zur Anwendung kommt.

Darstellung am Einheitskreis: Wählt man die Maßzahl des Radius gleich 1, so vereinfachen sich die Definitionsgleichungen für $\sin\varphi$ und $\cos\varphi$ zu

$$\sin\varphi = \overline{PQ}$$

$$\cos\varphi = \overline{MQ}\,,$$

---

[1] Die Begriffe Gegenkathete und Ankathete beziehen sich selbstverständlich auf den Winkel φ.

doch muß ausdrücklich vermerkt werden, daß es sich um eine *Maßzahl-gleichheit* handelt. Um indes für viele trigonometrische Beziehungen ein einfaches Modell zu bekommen, merkt man sich die nebenstehende Abb. 7. Grob gesprochen: $\sin \varphi$ und $\cos \varphi$ erscheinen am Einheitskreis als Lot und Projektion des Radius $\overline{MP}$.

Auch $\tan \varphi$ und $\cot \varphi$ kann man am Einheitskreis darstellen (Abb. 8). Auf Grund der Ähnlichkeit der Dreiecke MPQ und MRS ist nämlich $\tan \varphi = \overline{PQ} : \overline{MQ} = \overline{RS} : \overline{MS} = \overline{RS}$, und wegen der Ähnlichkeit der Dreiecke MPQ und MTU $\cot \varphi = \overline{MQ} : \overline{PQ} = \overline{UT} : \overline{UM} = \overline{UT}$, was

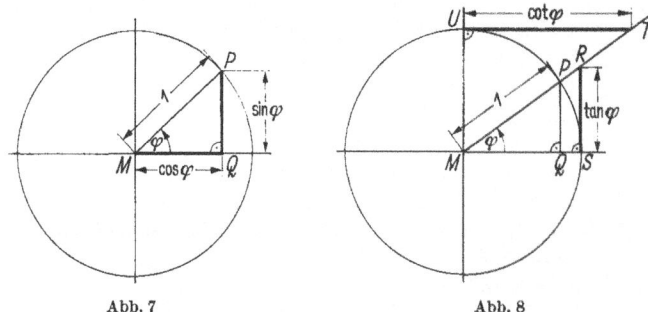

Abb. 7 Abb. 8

gleichzeitig die Namen dieser beiden Funktionen rechtfertigt. Auch hier handelt es sich wohlbemerkt nur um eine Maßzahlgleichheit. Nach Bemerkung 2 ist die Wahl des Einheitskreises keine Einschränkung der Allgemeinheit, vielmehr ermöglicht er eine besonders anschauliche und einfache Darstellung der vier Kreisfunktionen. Auf die Darstellung von $\tan \varphi$ und $\cot \varphi$, wenn P sich nicht im I. Quadranten befindet, soll hier nicht eingegangen werden. Es reicht aus, die anschauliche Bedeutung von $\sin \varphi$ und $\cos \varphi$ als (Maßzahlen von) Lot und Projektion zu kennen, die ja für alle Quadranten gültig ist.

Die fundamentalen Formeln: Gleichgültig, in welchem Quadranten sich der Punkt P auf dem Einheitskreis befindet, stets bilden Radius, Lot und Projektion die Hypotenuse und die beiden Katheten eines recht-winkligen Dreiecks. Demnach gilt mit dem Satz von PYTHAGORAS

$$\sin^2 \varphi + \cos^2 \varphi = 1 \,.$$

„Trigonometrischer Pythagoras"

Das Verhältnis „Lot zu Projektion" war nach Definition $\tan \varphi$, also hat man

$$\tan \varphi = \frac{\sin \varphi}{\cos \varphi} \,.$$

Das umgekehrte Verhältnis „Projektion zu Lot" war nach Definition cot φ, mithin ist

$$\cot \varphi = \frac{1}{\tan \varphi} .$$

Diese drei Formeln sind die wichtigsten der Trigonometrie und als solche zu merken.

Beispiele

(betrachte dabei stets den Einheitskreis!)

1. Bestimme $\sin \varphi$ und $\cos \varphi$ für $\varphi = 0°, 90°, 180°, 270°$!

a) $\varphi = 0°$: Lot gleich 0, Projektion gleich 1,
also $\sin 0° = 0$, $\cos 0° = 1$

b) $\varphi = 90°$: Lot gleich 1, Projektion gleich 0,
also $\sin 90° = 1$, $\cos 90° = 0$

c) $\varphi = 180°$: Lot gleich 0, Projektion gleich -1 (da nach links!),
also $\sin 180° = 0$, $\cos 180° = -1$

d) $\varphi = 270°$: Lot gleich -1 (da nach unten!), Projektion gleich 0,
also $\sin 270° = -1$, $\cos 270° = 0$.

2. Bestimme $\sin \varphi$ und $\cos \varphi$ für $\varphi = 30°, 45°, 60°$!

Wir zeichnen uns das charakteristische Dreieck MPQ für die drei Winkel heraus (Abb. 9 a, b, c).

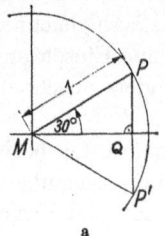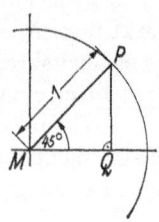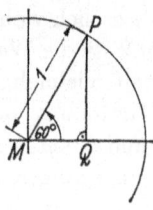

a　　　　　　　　b　　　　　　　　c

Abb. 9a, b u. c

a) Dreieck $MP'P$ (Abb. 9a) ist gleichseitig, also $\overline{PP'} = 1$, $\overline{PQ} = \frac{1}{2}$, $\sin 30° = \frac{1}{2}$. $\overline{MQ}$ ist die Höhe im gleichseitigen Dreieck, also $\overline{MQ} = \frac{1}{2} \sqrt{3}$, somit $\cos 30° = \frac{1}{2} \sqrt{3}$.

b) Dreieck MQP (Abb. 9b) ist gleichschenklig rechtwinklig, $\overline{MQ} = \overline{PQ}$, $\sin 45° = \cos 45°$, nach dem „Pythagoras" also $\sin^2 45° + \cos^2 45° = 2 \sin^2 45°$ $= 1$, $\sin^2 45° = \frac{1}{2}$, $\sin 45° = \cos 45° = \sqrt{\frac{1}{2}} = \frac{1}{2} \sqrt{2}$.[1]

---

[1] Statt $(\sin \varphi)^2$ schreibt man $\sin^2 \varphi$, entsprechend ist $\cos^2 \varphi = (\cos \varphi)^2$, $\tan^2 \varphi = (\tan \varphi)^2$, $\cot^2 \varphi = (\cot \varphi)^2$. Die Schreibweise ist vom funktionalen Standpunkt aus gesehen nicht glücklich gewählt.

c) Dreieck MQP (Abb. 9c) ist kongruent dem Dreieck MQP aus Abb. 9a. Also ist $\sin 60° = \cos 30° = \frac{1}{2}\sqrt{3}$, $\cos 60° = \sin 30° = \frac{1}{2}$.

3. Man berechne $\tan \varphi$ und $\cot \varphi$ für die Winkel $\varphi = 0°$, $30°$, $45°$, $60°$ und $90°$!

Da für diese Winkel die Funktionswerte von $\sin \varphi$ und $\cos \varphi$ bereits vorliegen, berechnet man $\tan \varphi$ und anschließend $\cot \varphi$ gemäß

$$\tan \varphi = \frac{\sin \varphi}{\cos \varphi}, \quad \cot \varphi = \frac{1}{\tan \varphi}$$

$\tan 0° = 0:1 = 0$, $\qquad\qquad\qquad$ $\cot 0° = 1:0$ existiert nicht!

$\tan 30° = \frac{1}{2} : \frac{1}{2}\sqrt{3} = \frac{1}{3}\sqrt{3}$, $\qquad\qquad$ $\cot 30° = \sqrt{3}$

$\tan 45° = \frac{1}{2}\sqrt{2} : \frac{1}{2}\sqrt{2} = 1$, $\qquad\qquad$ $\cot 45° = 1$

$\tan 60° = \frac{1}{2}\sqrt{3} : \frac{1}{2} = \sqrt{3}$, $\qquad\qquad$ $\cot 60° = \frac{1}{\sqrt{3}} = \frac{1}{3}\sqrt{3}$

$\tan 90° = 1:0$ existiert nicht! $\qquad\qquad$ $\cot 90° = 0:1 = 0$.

Zusammenfassung:

	$\sin \varphi$	$\cos \varphi$	$\tan \varphi$	$\cot \varphi$
$\varphi = 0°$	0	1	0	—
$\varphi = 30°$	$\frac{1}{2}$	$\frac{1}{2}\sqrt{3}$	$\frac{1}{3}\sqrt{3}$	$\sqrt{3}$
$\varphi = 45°$	$\frac{1}{2}\sqrt{2}$	$\frac{1}{2}\sqrt{2}$	1	1
$\varphi = 60°$	$\frac{1}{2}\sqrt{3}$	$\frac{1}{2}$	$\sqrt{3}$	$\frac{1}{3}\sqrt{3}$
$\varphi = 90°$	1	0	—	0

4. Es sind die Vorzeichen der Kreisfunktionen in den vier Quadranten zu untersuchen!

Unter Beachtung unserer 3. und 4. Vereinbarung erhält man

$\sin \varphi > 0$ im I. und II. Quadranten
$\sin \varphi < 0$ im III. und IV. Quadranten
$\cos \varphi > 0$ im I. und IV. Quadranten
$\cos \varphi < 0$ im II. und III. Quadranten.

Man stellt dies anschaulich durch die Abb. 10 dar. Für $\tan\varphi$ erhält man die Vorzeichen aus $\tan\varphi = \dfrac{\sin\varphi}{\cos\varphi}$, und die Vorzeichen von $\cot\varphi$ sind wegen $\cot\varphi = \dfrac{1}{\tan\varphi}$ stets gleich denen von $\tan\varphi$ (Abb. 11).

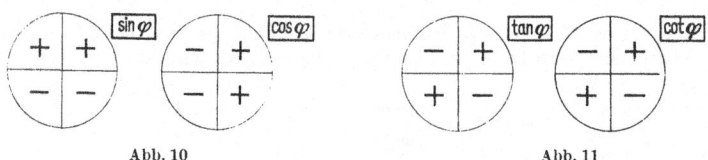

Abb. 10   Abb. 11

5. Läuft der Punkt P auf dem Einheitskreis, so sieht man, daß Lot und Projektion nur zwischen $+1$ und -1, jeweils einschließlich, schwanken können. Also gilt

$$-1 \leqq \sin\varphi \leqq +1$$
$$-1 \leqq \cos\varphi \leqq +1,$$

d. h. Sinus- und Kosinusfunktion sind dem Betrag nach höchstens gleich 1. Anders ist es mit der Tangens- und Kotangensfunktion. Beide können jeden reellen Wert annehmen. Man sieht dies wieder an der Beziehung

$$\tan\varphi = \frac{\sin\varphi}{\cos\varphi}.$$

Läßt man den Punkt P im I. Quadranten von $\varphi = 0°$ nach $\varphi = 90°$ laufen, so durchläuft $\sin\varphi$ alle reellen Zahlen von 0 bis 1, $\cos\varphi$ dieselbe Zahlenfolge aber entgegengesetzt, nämlich abnehmend von 1 bis 0. Das hat zur Folge, daß der Quotient aus $\sin\varphi$ und $\cos\varphi$ bei 0 beginnend, alle positiven reellen Zahlen überhaupt durchläuft. Im II. Quadranten nimmt $\sin\varphi$ von 1 auf 0 ab, während $\cos\varphi$ die Werte zwischen 0 und -1 durchläuft. Der Quotient $\tan\varphi$ durchläuft im II. Quadranten demnach alle negativen reellen Zahlen.

2.1.2 Grad- und Bogenmaß

Die Messung eines Winkels im Gradmaß geht vom Vollwinkel aus und ordnet diesem 360° zu. Als Unterteilung benutzt man

$$1° = 60' \quad \text{(Minuten)}$$
$$1' = 60'' \quad \text{(Sekunden)}.$$

Diese von den Babyloniern stammende *Sexagesimalteilung*[1]) des Winkels ist auch heute noch in der Elementarmathematik[2]) im Gebrauch, doch kommt sie für viele Zwecke der Trigonometrie[3]) und besonders in der

---

[1]) Sexagesimus (lat.) der Sechzigste.

[2]) Auch Astronomie und Nautik verwenden dieses Winkelmaß, da die Umrechnung des Stundenwinkels (24 Stunden $\triangleq$ 360 Grad) besonders bequem ist.

[3]) In der Vermessungskunde (Geodäsie) bevorzugt man „Neugrade“, der Vollwinkel wird dabei in 400 Neugrade, 1 Neugrad in 100 Neuminuten, 1 Neuminute in 100 Neusekunden eingeteilt. Tabellen ermöglichen eine rasche Umrechnung zwischen den Neugraden und „Altgraden“ (Vollwinkel $\triangleq$ 360 Grad usw.).

Differential- und Integralrechnung nicht in Frage. In der Höheren Mathematik benötigt man ein *dimensionsloses* Winkelmaß. Dieses erhält man wie folgt (Abb. 12):

Gehört bei einem Kreis vom Radius r zum Bogen b der Mittelpunktswinkel α, so gilt bekanntlich die Verhältnisgleichung

$$b : 2\,r\,\pi = \alpha : 360° \quad (\alpha \text{ im Gradmaß!}),$$

aus der

$$b = \frac{r\,\pi\,\alpha}{180°}$$

folgt. Das Verhältnis Bogen zu Radius

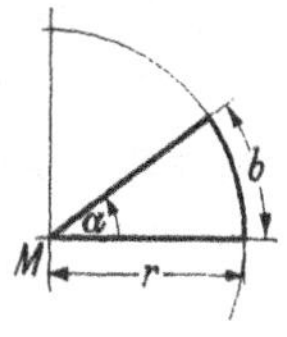

$$\frac{b}{r} = \frac{\pi\,\alpha}{180°}$$

Abb. 12

ist offenbar eine dimensionslose Zahl und nur vom Winkel α abhängig. Deshalb gibt man die folgende

Definition: *Unter dem Bogenmaß des Winkels α versteht man das Verhältnis von Bogen zu zugehörigem Kreisradius*

$$\boxed{\text{arc } \alpha = \frac{b}{r} = \frac{\pi\,\alpha}{180°}\,.}$$

Man schreibt für α im Bogenmaß

a) in der Elementarmathematik: arc α,
b) in der Höheren Mathematik durchweg α.

Besonders anschaulich wird die Definition, wenn man sie auf den Einheitskreis ($r = 1$) spezialisiert:

Unter dem Bogenmaß des Winkels α versteht man die Maßzahl des zugehörigen Bogens im Einheitskreis.

Demnach kann man die Umrechnung vom Grad- ins Bogenmaß und umgekehrt nach folgenden Formeln vornehmen

$$\boxed{\text{arc } \alpha = \frac{\pi}{180°} \cdot \alpha}$$
Gradmaß → Bogenmaß

$$\boxed{\alpha = \frac{180°}{\pi} \cdot \text{arc } \alpha}$$
Bogenmaß → Gradmaß.

Grad- und Bogenmaß sind also direkt proportional zueinander und gehen durch Multiplikation mit einem festen Faktor auseinander hervor. Dieser *Proportionalitätsfaktor* ist bei der Umrechnung vom Gradmaß ins Bogenmaß $\frac{\pi}{180°}$, im umgekehrten Falle der Kehrwert $\frac{180°}{\pi}$. Auf dem Rechenstab ist deshalb die arc-Skala identisch der Grundskala und lediglich um den Proportionalitätsfaktor $\frac{\pi}{180°}$ gegen dieselbe versetzt. Für

genauere Umrechnungen kann man Umrechnungstafeln benutzen. Es
empfiehlt sich zu merken

$$\text{arc } 1° = \frac{\pi}{180°} = 0{,}01745 \ .$$

Der lineare Zusammenhang von Grad- und Bogenmaß hat zur Folge

$$\text{arc } (m\,\alpha + n\,\beta) = m\,\text{arc } \alpha + n\,\text{arc } \beta$$

$$m,\, n \text{ beliebig reell },$$

denn es ist

$$\text{arc } (m\,\alpha + n\,\beta) = \frac{\pi}{180°}(m\,\alpha + n\,\beta) = m\frac{\pi}{180°}\alpha + n\frac{\pi}{180°}\beta$$

$$= m\,\text{arc } \alpha + n\,\text{arc } \beta \ .$$

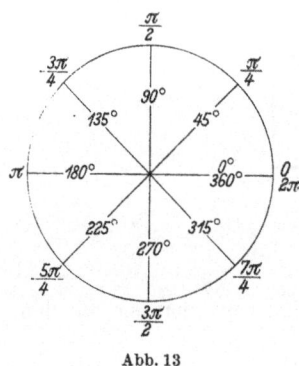

Abb. 13

Speziell ist etwa

$$\text{arc } (90° - \alpha) = \frac{\pi}{2} - \text{arc } \alpha \ ,$$

$$\text{arc } (180° + \alpha) = \pi + \text{arc } \alpha \ .$$

Beispiel: Berechne das Bogenmaß der
Winkel $\alpha = 0°, 45°, 90°, \ldots, 360°$!

Man erhält bei Einsetzen in die erste
Umrechnungsformel folgende Werte, die wir
am Einheitskreis anschreiben (Abb. 13). Diese
wichtigen Beziehungen mag sich der Studierende einprägen, da sie immer wieder benötigt werden.

2.1.3 Näherungsformeln

Wir betrachten den Einheitskreis in Abb. 8. Strebt der Winkel φ
gegen Null, so wird der Unterschied zwischen zugehöriger Lotlänge $\overline{PQ}$,
zugehörigem Bogen $\overset{\frown}{PS}$ und zugehörigem Tangentenabschnitt $\overline{RS}$ ständig
geringer. Es besteht also für kleine Werte von φ die *Näherungsgleichheit:*[1])

$$\sin \varphi \approx \text{arc } \varphi \approx \tan \varphi$$
$$\text{für kleine } \varphi \ .$$

Die Näherung ist um so besser, je kleiner φ wird, für $\varphi = 0$ ist
die Beziehung exakt richtig.

Strebt andererseits φ im I. Quadranten gegen 90°, so sind die zugehörige Projektion $\overline{MQ}$, der zugehörige Komplementbogen $\overset{\frown}{UP}$ und

---

[1]) φ ist als positiver Winkel zu verstehen.

der Kotangensabschnitt $\overline{UT}$ annähernd gleich

$$\cos\varphi \approx \frac{\pi}{2} - \text{arc}\,\varphi \approx \cot\varphi$$

$$\text{für kleine } \varphi' = 90° - \varphi \ .$$

Um eine zahlenmäßige Vorstellung von diesen Näherungsformeln zu bekommen, betrachten wir einige Beispiele.

Beispiele

1. Für $\varphi = 10°$ liest man aus der Tafel ab

$$\sin 10° = 0{,}1736$$
$$\text{arc } 10° = 0{,}1745$$
$$\tan 10° = 0{,}1763 \ ,$$

d. h. Übereinstimmung besteht bis zur ersten Dezimalen![1])

2. Für $\varphi = 3°$ erhält man

$$\sin 3° = 0{,}0523$$
$$\text{arc } 3° = 0{,}0524$$
$$\tan 3° = 0{,}0524 \ ,$$

d. h. eine Übereinstimmung auf drei Dezimalen.

3. Für $\varphi = 86°$ liest man aus der Tafel ab

$$\cos 86° \ = 0{,}0698$$
$$\frac{\pi}{2} - \text{arc } 86° \ = 0{,}0698$$
$$\cot 86° \ = 0{,}0699$$

und erhält eine Übereinstimmung bis auf drei Dezimalen.

4. Für $\varphi = 78°$ bekommt man

$$\cos 78° \ = 0{,}2079$$
$$\frac{\pi}{2} - \text{arc } 78° = 0{,}2094$$
$$\cot 78° \ = 0{,}2126 \ ,$$

also eine Übereinstimmung bis zur zweiten Dezimalen.

2.1.4 Quadrantenrelationen

Die Werte der Kreisfunktionen sind auf dem Rechenschieber und in Tabellen im allgemeinen nur für Winkel des I. Quadranten abzulesen. Für Winkel über 90° oder negative Winkel benötigt man Formeln, die eine Rückführung auf den I. Quadranten ermöglichen. Solche Beziehungen zwischen den Kreisfunktionen von Winkeln im I. Quadranten und von Winkeln, die nicht im I. Quadranten liegen, nennt man Quadrantenrelationen[2]).

---

[1]) Bei Berücksichtigung der Rundung durch die nächstfolgende Dezimale.

[2]) relare (lat.) beziehen; Relation: Beziehung.

Wir erläutern alle Zusammenhänge am Einheitskreis und zwar für
die Sinus- und Kosinusfunktion. Die Beziehungen für die Tangens- und
Kotangensfunktion erhält man durch Quotienten- bzw. Kehrwertbildung.

Rückführung vom II. in den I. Quadranten

Erster Weg: Liegt α im I. Quadranten, so ist $180° - \alpha$ sicher im
II. Quadranten gelegen. In Abb. 14 sind bei Vernachlässigung der Vorzeichen die Dreiecke MPQ und $MP'Q'$ kongruent. Man liest ab:

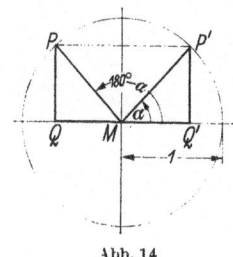

$$\overline{PQ} = \sin(180° - \alpha)$$
$$\overline{P'Q'} = \sin \alpha$$
$$\overline{PQ} = \overline{P'Q'} \Rightarrow \sin(180° - \alpha) = \sin \alpha . \qquad (1)$$

$$\overline{MQ} = \cos(180° - \alpha)$$
$$\overline{MQ'} = \cos \alpha$$

Abb. 14

$$\overline{MQ} = - \overline{MQ'} \Rightarrow \cos(180° - \alpha) = - \cos \alpha . \quad (2)$$

$$\tan(180° - \alpha) = \frac{\sin(180° - \alpha)}{\cos(180° - \alpha)} = \frac{\sin \alpha}{- \cos \alpha} = - \tan \alpha . \qquad (3)$$

$$\cot(180° - \alpha) = \frac{1}{\tan(180° - \alpha)} = - \frac{1}{\tan \alpha} = - \cot \alpha . \qquad (4)$$

Zweiter Weg: Ist α im I. Quadranten gelegen, so befindet sich $90° + \alpha$
sicher im II. Quadranten. In Abb. 15 sind die Dreiecke MPQ und
$MP'Q'$ — ohne Vorzeichenberücksichtigung — deckungsgleich, somit
ergibt sich

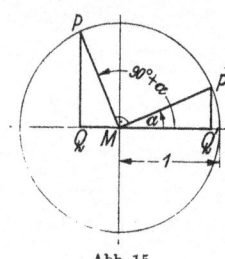

$$\overline{PQ} = \sin(90° + \alpha)$$
$$\overline{MQ'} = \cos \alpha$$
$$\overline{PQ} = \overline{MQ'} \Rightarrow \sin(90° + \alpha) = \cos \alpha . \qquad (1')$$

$$\overline{MQ} = \cos(90° + \alpha)$$
$$\overline{P'Q'} = \sin \alpha$$

Abb. 15

$$\overline{MQ} = - \overline{P'Q'} \Rightarrow \cos(90° + \alpha) = - \sin \alpha . \qquad (2')$$

$$\tan(90° + \alpha) = \frac{\sin(90° + \alpha)}{\cos(90° + \alpha)} = \frac{\cos \alpha}{- \sin \alpha} = - \cot \alpha . \qquad (3')$$

$$\cot(90° + \alpha) = \frac{1}{\tan(90° + \alpha)} = \frac{1}{- \cot \alpha} = - \tan \alpha . \qquad (4')$$

Rückführung vom III. in den I. Quadranten

Erster Weg: Wir nehmen α wieder im I. Quadranten an und betrachten den sicher im III. Quadranten liegenden Winkel $180° + \alpha$. Aus

Abb. 16 liest man dann ab:

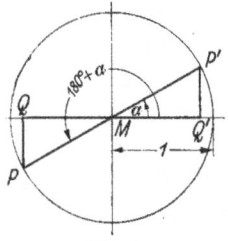

$$\overline{PQ} = \sin(180° + \alpha)$$

$$\overline{P'Q'} = \sin\alpha$$

$$\overline{PQ} = -\overline{P'Q'} \Rightarrow \sin(180° + \alpha) = -\sin\alpha . \quad (5)$$

$$\overline{MQ} = \cos(180° + \alpha)$$

$$\overline{MQ'} = \cos\alpha$$

$$\overline{MQ} = -\overline{MQ'} \Rightarrow \cos(180° + \alpha) = -\cos\alpha . \quad (6)$$

Abb. 16

$$\tan(180° + \alpha) = \frac{\sin(180° + \alpha)}{\cos(180° + \alpha)} = \frac{-\sin\alpha}{-\cos\alpha} = +\tan\alpha . \quad (7)$$

$$\cot(180° + \alpha) = \frac{1}{\tan(180° + \alpha)} = \frac{1}{\tan\alpha} = \cot\alpha . \quad (8)$$

Zweiter Weg: Der Winkel $270° - \alpha$ liegt sicher ebenfalls im III. Quadranten, wenn α im I. Quadranten liegt. Danach erhält man folgende weitere Rückführungsformeln (Abb. 17):

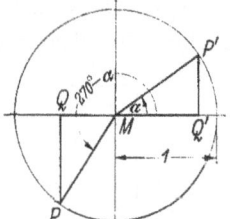

$$\overline{PQ} = \sin(270° - \alpha)$$

$$\overline{MQ'} = \cos\alpha$$

$$\overline{PQ} = -\overline{MQ'} \Rightarrow \sin(270° - \alpha) = -\cos\alpha . \quad (5')$$

$$\overline{MQ} = \cos(270° - \alpha)$$

$$\overline{P'Q'} = \sin\alpha$$

$$\overline{MQ} = -\overline{P'Q'} \Rightarrow \cos(270° - \alpha) = -\sin\alpha . \quad (6')$$

Abb. 17

$$\tan(270° - \alpha) = \frac{\sin(270° - \alpha)}{\cos(270° - \alpha)} = \frac{-\cos\alpha}{-\sin\alpha} = \cot\alpha . \quad (7')$$

$$\cot(270° - \alpha) = \frac{1}{\tan(270° - \alpha)} = \frac{1}{\cot\alpha} = \tan\alpha . \quad (8')$$

Rückführung vom IV. in den I. Quadranten

Erster Weg: α liege im I. Quadranten, $360° - \alpha$ also im IV. Quadranten. Nach Abb. 18 ist dann

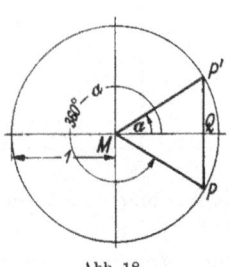

$$\overline{PQ} = \sin(360° - \alpha)$$

$$\overline{P'Q} = \sin\alpha$$

$$\overline{PQ} = -\overline{P'Q} \Rightarrow \sin(360° - \alpha) = -\sin\alpha . \quad (9)$$

$$\overline{MQ} = \cos(360° - \alpha) = \cos\alpha . \quad (10)$$

Abb. 18

$$\tan(360° - \alpha) = \frac{\sin(360° - \alpha)}{\cos(360° - \alpha)} = \frac{-\sin\alpha}{\cos\alpha} = -\tan\alpha . \quad (11)$$

$$\cot(360° - \alpha) = \frac{1}{\tan(360° - \alpha)} = \frac{1}{-\tan\alpha} = -\cot\alpha . \quad (12)$$

Zweiter Weg: Liegt α im I. Quadranten, so liegt auch $270° + \alpha$ im IV. Quadranten. Damit ergibt sich nach Abb. 19:

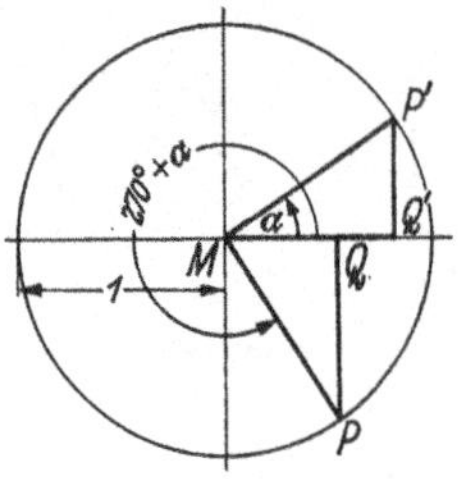

Abb. 19

$$\overline{PQ} = \sin(270° + \alpha)$$
$$\overline{MQ'} = \cos\alpha$$
$$\overline{PQ} = -\overline{MQ'} \Rightarrow \sin(270° + \alpha) = -\cos\alpha . \quad (9')$$

$$\overline{MQ} = \cos(270° + \alpha)$$
$$\overline{P'Q'} = \sin\alpha$$
$$\overline{MQ} = \overline{P'Q'} \Rightarrow \cos(270° + \alpha) = \sin\alpha . \quad (10')$$

$$\tan(270° + \alpha) = \frac{\sin(270° + \alpha)}{\cos(270° + \alpha)} = \frac{-\cos\alpha}{\sin\alpha} = -\cot\alpha . \quad (11')$$

$$\cot(270° + \alpha) = \frac{1}{\tan(270° + \alpha)} = \frac{1}{-\cot\alpha} = -\tan\alpha . \quad (12')$$

Wir stellen sämtliche Beziehungen — geordnet nach beiden Wegen — in einer Übersicht zusammen

	II $180° - \alpha$	III $180° + \alpha$	IV $360° - \alpha$	
sin	$\sin\alpha$	$-\sin\alpha$	$-\sin\alpha$	
cos	$-\cos\alpha$	$-\cos\alpha$	$\cos\alpha$	(1. Weg)
tan	$-\tan\alpha$	$\tan\alpha$	$-\tan\alpha$	
cot	$-\cot\alpha$	$\cot\alpha$	$-\cot\alpha$	

	II $90° + \alpha$	III $270° - \alpha$	IV $270° + \alpha$	
sin	$\cos\alpha$	$-\cos\alpha$	$-\cos\alpha$	
cos	$-\sin\alpha$	$-\sin\alpha$	$\sin\alpha$	(2. Weg)
tan	$-\cot\alpha$	$\cot\alpha$	$-\cot\alpha$	
cot	$-\tan\alpha$	$\tan\alpha$	$-\tan\alpha$	

Nennt man $\cos\alpha$ die Kofunktion zu $\sin\alpha$ und umgekehrt, $\cot\alpha$ die Kofunktion zu $\tan\alpha$ und umgekehrt, so lassen sich sämtliche Reduktionsformeln durch folgende Eigenschaften charakterisieren und im Gedächtnis behalten:

Satz: *1. Spiegelt man an 180° oder 360°, so bleibt die Kreisfunktion bestehen und erhält das Vorzeichen, das ihr in dem betreffenden Quadranten zukommt.*

2. *Spiegelt man an 90° oder 270°, so hat man zur Kofunktion über-*
zugehen und dieser das Vorzeichen der Ausgangsfunktion in dem betreffen-
den Quadranten zu geben.

Einfacher zu handhaben sind also die Formeln der ersten Gruppe;
man wird sich deshalb besonders ihre Anwendung einprägen.

Beispiele

1. Bestimme $\sin 135°$!

Nach (1) ist $\sin 135° = \sin(180° - 45°) = \sin 45° = \frac{1}{2}\sqrt{2}$ (denn $\sin \alpha$ ist
im II. Quadranten positiv!)

2. Bestimme $\cos 300°$!

Nach (10) ist $\cos 300° = \cos(360° - 60°) = \cos 60° = \frac{1}{2}$ (denn $\cos \alpha$ ist
im IV. Quadranten positiv!)

3. Bestimme $\sin 225°$!

Nach (5) ist $\sin 225° = \sin(180° + 45°) = -\sin 45° = -\frac{1}{2}\sqrt{2}$ (denn $\sin \alpha$
ist im III. Quadranten negativ!)

4. Bestimme $\cot 330°$!

Nach (12) ist $\cot 330° = \cot(360° - 30°) = -\cot 30° = -\frac{1}{3}\sqrt{3}$ (denn
$\cot \alpha$ ist im IV. Quadranten negativ!)

Oder nach (12') ist $\cot 330° = \cot(270° + 60°) = -\tan 60° = -\frac{1}{3}\sqrt{3}$

5. Bestimme $\tan 161°$!

Es ist $\tan 161° = \tan(180° - 19°) = -\tan 19° = -0{,}3443$*) (denn der
Tangens ist im II. Quadranten negativ!)

6. Bestimme $\cos 253°$!

Es ist $\cos 253° = \cos(180° + 73°) = -\cos 73° = -0{,}2924$*) (denn der
Kosinus ist im III. Quadranten negativ!)

7. Bestimme $\cot 203°$!

Es ist $\cot 203° = \cot(180° + 23°) = \cot 23° = 2{,}3559$*) (denn der Kotangens ist im III. Quadranten positiv!)

Kreisfunktionen negativer Winkel: Zählt man einen Winkel im Uhrzeigersinn, also mathematisch negativ, so bekommt er vereinbarungs-
gemäß das negative Vorzeichen (Abb. 20). Die
Kreisfunktionen des negativen Winkels $-\alpha$ sind
dabei offenbar die gleichen wie die des Winkels $360° - \alpha$, so daß man erhält

$\sin(-\alpha) = \sin(360° - \alpha) = -\sin \alpha$
$\cos(-\alpha) = \cos(360° - \alpha) = +\cos \alpha$
$\tan(-\alpha) = \tan(360° - \alpha) = -\tan \alpha$
$\cot(-\alpha) = \cot(360° - \alpha) = -\cot \alpha$.

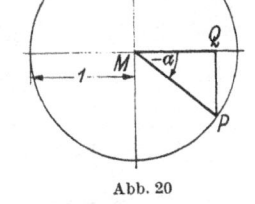

Abb. 20

*) Aus einer Tafel für die trigonometrischen Funktionen entnommen.

Bei Sinus-, Tangens- und Kotangensfunktion kann man also das negative Vorzeichen des Winkels „vor die Funktion ziehen". Dagegen ist die Kosinusfunktion eines negativen Winkels gleich der des positiven Winkels. Diese Eigenschaft der Kreisfunktionen wird später noch von Interesse sein.

Komplementärbeziehungen: Wir betrachten die Beziehungen zwischen den Kreisfunktionen eines spitzen Winkels α und seines (ebenfalls spitzen) Komplementärwinkels $90° - \alpha$ (Abb. 21). Nach Bemerkung 3 (s. S. 64) ist

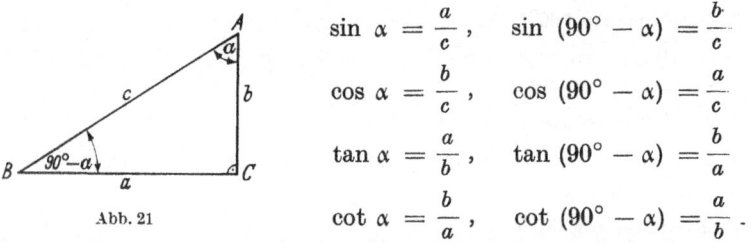

$$\sin \alpha = \frac{a}{c}, \qquad \sin (90° - \alpha) = \frac{b}{c}$$

$$\cos \alpha = \frac{b}{c}, \qquad \cos (90° - \alpha) = \frac{a}{c}$$

$$\tan \alpha = \frac{a}{b}, \qquad \tan (90° - \alpha) = \frac{b}{a}$$

Abb. 21

$$\cot \alpha = \frac{b}{a}, \qquad \cot (90° - \alpha) = \frac{a}{b}.$$

Hieraus folgen die *Komplementärbeziehungen*

$$\sin (90° - \alpha) = \cos \alpha$$
$$\cos (90° - \alpha) = \sin \alpha$$
$$\tan (90° - \alpha) = \cot \alpha$$
$$\cot (90° - \alpha) = \tan \alpha.$$

In Worten: *Die (Kreis-) Funktion eines Winkels ist gleich der „Kofunktion" des Komplementärwinkels.* Dieser Sachverhalt erklärt die Namen cosinus (sinus complementi) und cotangens (tangens complementi).

Beispiele

1. Man betrachte die Komplementärbeziehungen in der Übersicht (s. S. 67).
2. Die Kreisfunktionswerte von Winkeln zwischen 45° und 90° kann man als Kofunktionswerte der Winkel zwischen 0° und 45° bestimmen. Die meisten Tafeln für Kreisfunktionen oder deren Logarithmen sind demgemäß eingerichtet und sparen damit die Hälfte an Platz ein, so etwa

$$\sin 62° \quad = \cos 28° \quad = 0{,}8829$$
$$\tan 51° \, 40' = \cot 38° \, 20' = 1{,}2647$$
$$\cot 75° \, 10' = \tan 14° \, 50' = 0{,}2648$$
$$\cos 84° \, 30' = \sin \; 5° \, 30' = 0{,}0958$$

2.1.5 Beziehungen zwischen den Kreisfunktionen desselben Winkels

Es ist möglich, jede der vier Kreisfunktionen durch jede der drei übrigen auszudrücken. Wir ermitteln diesen Zusammenhang zunächst nur für Winkel α im I. Quadranten. Dabei gehen wir von den drei fundamentalen Formeln

$$\sin^2\alpha + \cos^2\alpha = 1\,, \quad \tan\alpha = \frac{\sin\alpha}{\cos\alpha}\,, \quad \cot\alpha = \frac{1}{\tan\alpha}$$

aus. Die erste liefert

$$\sin\alpha = \sqrt{1-\cos^2\alpha}$$

$$\cos\alpha = \sqrt{1-\sin^2\alpha}$$

und damit die zweite und dritte

$$\tan\alpha = \frac{\sin\alpha}{\cos\alpha} = \frac{\sin\alpha}{\sqrt{1-\sin^2\alpha}} = \frac{\sqrt{1-\cos^2\alpha}}{\cos\alpha}\,,$$

$$\cot\alpha = \frac{1}{\tan\alpha} = \frac{\sqrt{1-\sin^2\alpha}}{\sin\alpha} = \frac{\cos\alpha}{\sqrt{1-\cos^2\alpha}}\,.$$

Will man $\sin\alpha$ durch $\tan\alpha$ ausdrücken, so geht man aus von

$$\tan\alpha = \frac{\sin\alpha}{\sqrt{1-\sin^2\alpha}}\,,$$

quadriert

$$\tan^2\alpha = \frac{\sin^2\alpha}{1-\sin^2\alpha}$$

und löst nach $\sin\alpha$ auf:

$$(1-\sin^2\alpha)\cdot\tan^2\alpha = \sin^2\alpha$$

$$\sin^2\alpha\,(1+\tan^2\alpha) = \tan^2\alpha$$

$$\sin^2\alpha = \frac{\tan^2\alpha}{1+\tan^2\alpha}$$

$$\sin\alpha = \frac{\tan\alpha}{\sqrt{1+\tan^2\alpha}}\,.$$

Löst man die Gleichung

$$\cot\alpha = \frac{\cos\alpha}{\sqrt{1-\cos^2\alpha}}$$

nach $\cos\alpha$ auf, so erhält man wie oben

$$\cos\alpha = \frac{\cot\alpha}{\sqrt{1+\cot^2\alpha}}\,.$$

Entsprechend bekommt man $\sin\alpha$ ausgedrückt durch $\cot\alpha$

$$\sin\alpha = \frac{1}{\sqrt{1+\cot^2\alpha}}$$

und $\cos\alpha$ ausgedrückt durch $\tan\alpha$

$$\cos\alpha = \frac{1}{\sqrt{1+\tan^2\alpha}}\,.$$

Der Leser bestätige die beiden letzten Gleichungen zur Übung selbst. Wir stellen sämtliche Formeln in einer **Übersicht** zusammen

	$\sin\alpha$	$\cos\alpha$	$\tan\alpha$	$\cot\alpha$
$\sin\alpha$	$=$	$\sqrt{1-\cos^2\alpha}$	$\dfrac{\tan\alpha}{\sqrt{1+\tan^2\alpha}}\cdot$	$\dfrac{1}{\sqrt{1+\cot^2\alpha}}$
$\cos\alpha$	$\sqrt{1-\sin^2\alpha}$	$=$	$\dfrac{1}{\sqrt{1+\tan^2\alpha}}$	$\dfrac{\cot\alpha}{\sqrt{1+\cot^2\alpha}}$
$\tan\alpha$	$\dfrac{\sin\alpha}{\sqrt{1-\sin^2\alpha}}$	$\dfrac{\sqrt{1-\cos^2\alpha}}{\cos\alpha}$	$=$	$\dfrac{1}{\cot\alpha}$
$\cot\alpha$	$\dfrac{\sqrt{1-\sin^2\alpha}}{\sin\alpha}$	$\dfrac{\cos\alpha}{\sqrt{1-\cos^2\alpha}}$	$\dfrac{1}{\tan\alpha}$	$=$

Die Übersicht gilt, wie gesagt, nur für Winkel α, die im ersten Quadranten liegen. Soll α einen beliebigen Winkel zwischen $0°$ und $360°$ bedeuten, so bleiben die Formeln der Struktur nach bestehen, doch hat man von sich aus dafür Sorge zu tragen, daß die Funktion das *richtige Vorzeichen* erhält. Betrachten wir die erste Zeile der Übersicht! Der Sinus ist im I. und II. Quadranten positiv, sonst negativ. Wurzelausdrücke sind nach Definition positiv, also muß es heißen

$$\sin\alpha = \sqrt{1-\cos^2\alpha} \qquad \text{für } \alpha \text{ im I. oder II. Quadranten}$$

$$\sin\alpha = -\sqrt{1-\cos^2\alpha} \qquad \text{für } \alpha \text{ im III. oder IV. Quadranten,}$$

ferner

$$\sin\alpha = \frac{\tan\alpha}{\sqrt{1+\tan^2\alpha}} \qquad \text{für } \alpha \text{ im I. oder IV. Quadranten}$$

$$\sin\alpha = \frac{-\tan\alpha}{\sqrt{1+\tan^2\alpha}} \qquad \text{für } \alpha \text{ im II. oder III. Quadranten,}$$

denn $\sin\alpha$ und $\tan\alpha$ haben im I. und IV. Quadranten das gleiche, im II. und III. Quadranten entgegengesetzte Vorzeichen. Schließlich

$$\sin\alpha = \frac{1}{\sqrt{1+\cot^2\alpha}} \qquad \text{für } \alpha \text{ im I. oder II. Quadranten}$$

$$\sin\alpha = -\frac{1}{\sqrt{1+\cot^2\alpha}} \qquad \text{für } \alpha \text{ im III. oder IV. Quadranten.}$$

Es ist eine nützliche Übung, diese Überlegungen für die übrigen Formeln selbst durchzuführen. Die Tangens- und Kotangensfunktion haben übrigens *stets* dasselbe Vorzeichen (siehe dritte Fundamentalformel!)

Beispiele

1. Gegeben sei $\sin \alpha = \dfrac{2}{3} \sqrt{2}$, α im I. Quadranten.

Man bestimme $\cos \alpha$, $\tan \alpha$ und $\cot \alpha$!
Die erste Spalte der Übersicht liefert

$$\cos \alpha = \sqrt{1 - \sin^2 \alpha} = \sqrt{1 - \frac{8}{9}} = \frac{1}{3} \,,$$

$$\tan \alpha = \frac{\sin \alpha}{\sqrt{1 - \sin^2 \alpha}} = \frac{2}{3} \sqrt{2} : \frac{1}{3} = 2 \sqrt{2} \,,$$

$$\cot \alpha = \frac{1}{\tan \alpha} = \frac{1}{2 \sqrt{2}} = \frac{1}{4} \sqrt{2} \,.$$

2. Gegeben sei $\tan \alpha = - \sqrt{3}$, und α möge im II. Quadranten liegen. Man berechne daraus die Werte der übrigen Kreisfunktionen.

Die dritte Spalte der Übersicht, versehen mit den richtigen Vorzeichen, ergibt folgende Werte

$$\sin \alpha = \frac{- \tan \alpha}{\sqrt{1 + \tan^2 \alpha}} = \frac{\sqrt{3}}{\sqrt{1 + 3}} = \frac{1}{2} \sqrt{3} \,,$$

$$\cos \alpha = \frac{- 1}{\sqrt{1 + \tan^2 \alpha}} = - \frac{1}{2} \,,$$

$$\cot \alpha = \frac{1}{\tan \alpha} = \frac{1}{- \sqrt{3}} = - \frac{1}{3} \sqrt{3} \,.$$

3. Vereinfache folgende Ausdrücke

a) $\cos^3 \alpha + \sin^2 \alpha \cdot \cos \alpha$,

b) $\dfrac{1}{1 - \cos \alpha} + \dfrac{1}{1 + \cos \alpha}$,

c) $(1 + \tan^2 \alpha) \cdot \cos^2 \alpha$!

Lösung:

a) $\cos^3 \alpha + \sin^2 \alpha \cdot \cos \alpha = \cos \alpha \, (\cos^2 \alpha + \sin^2 \alpha) = \cos \alpha$

b) $\dfrac{1}{1 - \cos \alpha} + \dfrac{1}{1 + \cos \alpha} = \dfrac{1 + \cos \alpha + 1 - \cos \alpha}{1 - \cos^2 \alpha} = \dfrac{2}{\sin^2 \alpha}$

c) $(1 + \tan^2 \alpha) \cdot \cos^2 \alpha = \left(1 + \dfrac{\sin^2 \alpha}{\cos^2 \alpha}\right) \cdot \cos^2 \alpha = \cos^2 \alpha + \sin^2 \alpha = 1$.

2.1.6 Tabellarische Bestimmung der Kreisfunktionen

Vorbemerkungen

1. Im Abschnitt 2.1.1 (s. S. 67 ff) waren die Kreisfunktionen für einige spezielle Winkel elementar bestimmt worden; die aufgestellte Übersicht zeigte ganze, rationale oder algebraisch-irrationale Werte.

Im allgemeinen sind die Werte der Kreisfunktionen jedoch *transzendent-irrationale Zahlen*, also nicht-periodische (unendliche) Dezimalbrüche, die sich nicht durch Wurzelausdrücke aus ganzen Zahlen darstellen lassen. Ihre numerische Berechnung erfolgt mit den Hilfsmitteln der Höheren Mathematik, so daß wir also an dieser Stelle noch nicht darauf eingehen können.

2. Auf Grund der Quadrantenrelationen genügt die Tabellarisierung der Kreisfunktionen für Winkel des I. Quadranten. Neben den Funktionswerten werden deren Logarithmen tabuliert, da sich besonders im Bau- und Vermessungswesen, aber auch schon bei einfachen Dreiecksaufgaben, eine logarithmische Rechnung empfiehlt. Selbstverständlich wird man, falls keine so große Genauigkeit verlangt wird, die Werte der Kreisfunktionen auf dem Rechenschieber ablesen.

3. Ein Wort noch zum Wertevorrat der Kreisfunktionen im I. Quadranten. Betrachten wir zu diesem Zwecke wieder den Einheitskreis

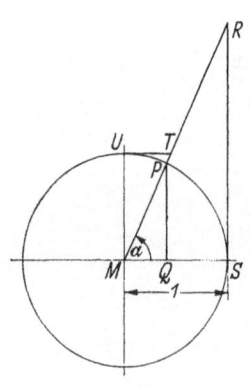

(Abb. 22)! Läuft P von S nach U, also α von $0°$ bis $90°$, so durchläuft $\sin \alpha$ alle Werte von 0 bis 1, $\cos \alpha$ ebenfalls alle reellen Zahlen von 1 bis 0. Die Tangensfunktion, deren Werte durch die Maßzahlen des Tangentenabschnittes $\overline{SR}$ gegeben sind, beginnt ebenfalls bei 0, wächst aber unbegrenzt. Man bringt diesen wichtigen Sachverhalt durch folgende Redeweise zum Ausdruck:

„Strebt α vom I. Quadranten her gegen $90°$, so geht $\tan \alpha$ gegen unendlich":

Abb. 22

$$\tan \alpha \to \infty \text{ für } \alpha \to 90° - .$$

Das negative „Nachzeichen" hinter $90°$ soll zum Ausdruck bringen, daß die Annäherung von *unten* her, d. h. von Werten kleiner als $90°$ her erfolgte. Falsch ist es zu schreiben „$\tan 90° = \infty$", da der Tangens an dieser Stelle keinen Funktionswert besitzt. Bei der Kotangensfunktion liegen die Verhältnisse ähnlich: Der Tangentenabschnitt $\overline{UT}$, dessen Maßzahl den jeweiligen Kotangenswert angibt, ist für $\alpha = 90°$ gleich Null und wächst für den von *oben* (positives Nachzeichen) gegen Null strebenden Winkel α über alle Grenzen:

$$\cot \alpha \to \infty \text{ für } \alpha \to 0° + .$$

Falsch ist wieder „$\cot 0° = \infty$", denn die Kotangensfunktion ist an dieser Stelle überhaupt nicht erklärt. Wo immer man diese Schreibweise noch findet, ist sie allenfalls als Abkürzung für den oben beschriebenen Sachverhalt und nicht anders zu verstehen. Der Leser überlege sich als Übung, wie die Verhältnisse im II. Quadranten aussehen; insbesondere mag er sich die Aussagen

$$\tan \alpha \to -\infty \text{ für } \alpha \to 90°+$$
$$\cot \alpha \to -\infty \text{ für } \alpha \to 0°-$$

klarmachen. Statt der Betrachtung am Einheitskreis kann hierzu auch die Formel

$$\tan \alpha = \frac{\sin \alpha}{\cos \alpha}$$

herangezogen werden. Entsprechende Überlegungen kann man für das Verhalten von Tangens- bzw. Kotangensfunktion bei 180° und 270° anstellen, wobei man wieder zu unterscheiden hat zwischen einer Annäherung „von unten" ($\to 180°-, \to 270°-$) und „von oben" ($\to 180°+, \to 270°+$).

Benutzung von Funktionstafeln: Zum Verständnis der folgenden Ausführungen muß eine Tafel für die numerischen (natürlichen) Werte der Kreisfunktionen sowie eine Tafel der Logarithmen derselben vorliegen.

a) **Tafel der Funktionswerte:** Die Winkel können im Bogenmaß oder Gradmaß notiert sein, im letzten Fall können sie Minuten von 10′ zu 10′, 6′ zu 6′ oder noch anders fortschreiten. Für die Interpolation ist wichtig zu wissen, daß mit wachsendem Winkel Sinus- und Tangensfunktionswerte ebenfalls steigen, Kosinus- und Kotangenswerte dagegen fallen.

Beispiele

Diesen ist eine Tafel der numerischen Werte der trigonometrischen Funktionen zugrunde gelegt, in der die Minuten von 10′ zu 10′ fortschreiten. Hilfstäfelchen für die Proportionsteile sind bis zu einer Tafeldifferenz $\Delta y = 58$ vorhanden.

1. Man bestimme $\sin 31° 27'$!

$$\sin 31° 20' = 0{,}5200$$
$$\sin 31° 30' = 0{,}5225$$

Tafeldifferenz:	$\Delta y = 25$	25
Eigene Argumentedifferenz:	$d = 7$	7 | 17,5
	$\sin 31° 27' = 0{,}5218$.	

2. Berechne aus der Tafel $\cos 51° 12'$!

$$\cos 51° 10' = 0{,}6271$$
$$\cos 51° 20' = 0{,}6248$$

Tafeldifferenz:	$\Delta y = 23$	23
Eigene Argumentedifferenz:	$d = 2$	2 | 4,6

Diese $4{,}6 \approx 5$ müssen jetzt vom größeren Tafelwert *subtrahiert* werden, da die Kosinuswerte im I. Quadranten mit steigendem Winkel *abnehmen*:

$$\mid \cos 51° \, 12' = 0{,}6266 \; .$$

3. Bestimme tabellarisch $\cot 13° \, 24'$!

$$\cot 13° \, 20' = 4{,}2193$$
$$\cot 13° \, 30' = 4{,}1653$$

Tafeldifferenz: $\qquad\qquad \Delta y = 540$
Eigene Argumentedifferenz: $\quad d = 4$.

Ist ein Hilfstäfelchen für diese Differenz nicht vorhanden, so berechnet man nach der Formel der linearen Interpolation (s. S. 50) die gesuchte Differenz D zu

$$D = \frac{\Delta y \cdot d}{10} = 54 \cdot 4 = 216 \; .$$

Da die Kotangenswerte mit wachsendem Winkel im I. Quadranten *abnehmen*, muß 216 vom größeren Tafelwert *subtrahiert* werden:

$$\mid \cot 13° \, 24' = 4{,}1977 \; .$$

4. Welcher Winkel α gehört zu $\tan \alpha = 0{,}3927$? $(0° < \alpha < 90°)$

$$\tan 21° \, 20' = 0{,}3906$$
$$\tan 21° \, 30' = 0{,}3939$$

Tafeldifferenz: $\qquad\qquad \Delta y = 33 \qquad\qquad\quad 33$
Eigene Tafeldifferenz: $\qquad D = 21 \qquad\qquad 6 \mid 19{,}8$

$$\tan 21° \, 26' \quad = 0{,}3927$$

$$\mid \alpha = 21° \, 26' \; .$$

b) Fünfstellige Logarithmentafel der Kreisfunktionen: Statt der numerischen Werte der Kreisfunktionen werden häufig deren Logarithmen benötigt. Einerseits reicht die Genauigkeit der numerischen Werte für viele Aufgaben nicht aus, andererseits erscheinen die Kreisfunktionen in den Endresultaten meistens durch Multiplikationen oder Divisionen verknüpft, so daß sich eine logarithmische Rechnung ohne Unterbrechung ermöglicht.

Wir benutzen eine fünfstellige Logarithmentafel, in der die Winkel von $1'$ zu $1'$ notiert sind. Dabei ist auf folgendes zu achten:

1. Sinus und Kosinus sind im I. Quadranten (positive) echte Brüche, ihre Logarithmen also negativ. Statt irgendeiner negativen Kennziffer schreibt man stets $- 10$ und läßt diese in der Tabelle zwecks Raumersparnis weg:

$$\lg \sin 37°17' \; = 0.78230 \; {-}1$$
$$= 9.78230 \; {-}10$$
$$\text{notiert ist:} \qquad 9.78230$$

2. Tangens und Kotangens durchlaufen im I. Quadranten *alle* positiven reellen Zahlen. Für sie gilt dennoch dieselbe Vereinbarung

$$\text{lg tan } 18°25' = 0.52242 \;-1$$
$$= 9.52242 \;-10$$
notiert ist: $\quad 9.52242$

$$\text{lg tan } 57°44' = 0.19972$$
$$= 10.19972 \;-10$$
notiert ist: $\quad 10.19972$

$$\text{lg cot } 4°39' = 1.08971$$
$$= 11.08971 \;-10$$
notiert ist: $\quad 11.08971$

$$\text{lg tan } 2°7' = 0.56773 \;-2$$
$$= 8.56773 \;-10$$
notiert ist: $\quad 8.56773 \;.$

3. Für die Interpolation sind zwischen 1° und 89° Hilfstäfelchen tabuliert, die eine Bestimmung bis auf Sekunden gestatten. Auch hier wachsen lg sin α und lg tan α mit wachsendem α, während lg cos α und lg cot α mit wachsendem α fallen. Im letzteren Falle sind also die berechneten Einheiten von dem höheren Tafelwert zu *subtrahieren*. Anwendungsbeispiele finden sich in den nächsten Abschnitten.

2.2 Dreiecksberechnungen

2.2.1 Berechnung des rechtwinkligen Dreiecks

Sämtliche Aufgaben über rechtwinklige Dreiecke lassen sich auf die folgenden vier Grundaufgaben zurückführen. Man beachte im folgenden die spezielle Form der Definition in 2.1.1 und präge sich diese vor dem Weiterlesen noch einmal genau ein.

1. Grundaufgabe: *Man berechne ein rechtwinkliges Dreieck aus den beiden Katheten* (Abb. 23).

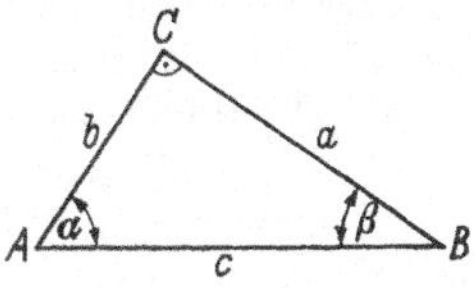

Gegeben: $\gamma = 90°$, a, b.

Gesucht: α, β, c.

Abb. 23

Lösung:

$$1. \; \tan \alpha = \frac{a}{b} \Rightarrow \boxed{\tan \alpha = \frac{a}{b}}$$

$$2. \; \alpha + \beta = 90° \Rightarrow \boxed{\beta = 90° - \alpha}$$

$$3. \; \sin \alpha = \frac{a}{c} \Rightarrow \boxed{c = \frac{a}{\sin \alpha}.}$$

6*

2. Grundaufgabe: *Man berechne ein rechtwinkliges Dreieck aus einer Kathete und einem spitzen Winkel.*

Gegeben: $\gamma = 90°$, a, α.

Gesucht: b, c, β.

Lösung: 1. $\cot \alpha = \dfrac{b}{a} \Rightarrow$ $\boxed{b = a \cdot \cot \alpha}$

2. $\sin \alpha = \dfrac{a}{c} \Rightarrow$ $\boxed{c = \dfrac{a}{\sin \alpha}}$

3. $\alpha + \beta = 90° \Rightarrow$ $\boxed{\beta = 90° - \alpha\,.}$

3. Grundaufgabe: *Ein rechtwinkliges Dreieck aus der Hypotenuse und einem spitzen Winkel zu berechnen.*

Gegeben: $\gamma = 90°$, c, α.

Gesucht: a, b, β.

Lösung: 1. $\sin \alpha = \dfrac{a}{c} \Rightarrow$ $\boxed{a = c \cdot \sin \alpha}$

2. $\cos \alpha = \dfrac{b}{c} \Rightarrow$ $\boxed{b = c \cdot \cos \alpha}$

3. $\alpha + \beta = 90° \Rightarrow$ $\boxed{\beta = 90° - \alpha\,.}$

4. Grundaufgabe: *Ein rechtwinkliges Dreieck aus der Hypotenuse und einer Kathete zu berechnen.*

Gegeben: $\gamma = 90°$, c, a.

Gesucht: b, α, β.

Lösung: 1. $b^2 = c^2 - a^2 \Rightarrow$ $\boxed{b = \sqrt{(c + a)(c - a)}}$

2. $\sin \alpha = \dfrac{a}{c} \Rightarrow$ $\sin \alpha = \dfrac{a}{c}$

3. $\alpha + \beta = 90° \Rightarrow$ $\beta = 90° - \alpha$

Beispiele

1. Von einem rechtwinkligen Dreieck seien die Hypotenuse $c = 243,70$ m und der Winkel $\alpha = 52° 34' 17''$ gegeben. Man berechne a, b, β, den Flächeninhalt F und den Inkreisradius ϱ (Abb. 24).

Man bestimme zunächst die allgemeine Lösung

$\sin \alpha = \dfrac{a}{c} \Rightarrow a = c \cdot \sin \alpha$

$\cos \alpha = \dfrac{b}{c} \Rightarrow b = c \cdot \cos \alpha$

$\alpha + \beta = 90° \Rightarrow \beta = 90° - \alpha$

$F = \dfrac{1}{2} a\,b = \dfrac{1}{2} c^2 \cdot \sin \alpha \cdot \cos \alpha$

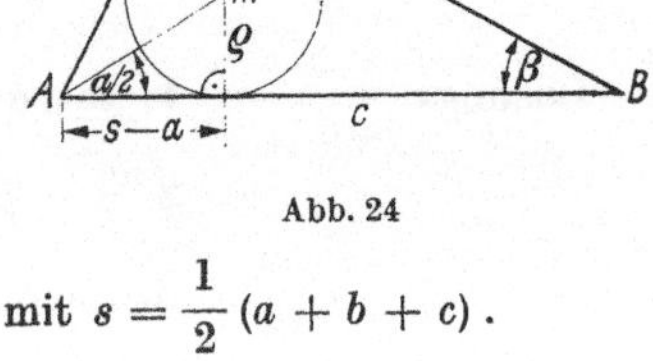

Abb. 24

$\tan \dfrac{\alpha}{2} = \dfrac{\varrho}{s - a} \Rightarrow \varrho = (s - a) \tan \dfrac{\alpha}{2}$ mit $s = \dfrac{1}{2}(a + b + c)\,.$

Logarithmische Rechnung:

	Num	lg
$a\quad = 193{,}53$ m	$\dfrac{c}{\sin\alpha}$	2.38686 9.89988 -10
$b\quad = 148{,}11$ m		
$s\quad = 292{,}67$ m	$\dfrac{a}{\cos\alpha}$	2.28674 9.78374 -10
$s-a = \ \ 99{,}14$ m		
$\dfrac{\alpha}{2}\ \ = \ 26°\,17'\,9''$	$\dfrac{b}{0{,}5}$	2.17060 0.69897 -1
$F\quad = 14332$ m²	F	4.15631
$\varrho\quad = 48{,}97$ m	$s-a$	1.99625
$\beta\quad = 37°\,25'\,43''$	$\tan\dfrac{\alpha}{2}$	9.69366 -10
	ϱ	1.68991

2. Von einer Anhöhe A aus, deren Höhe a bekannt ist, erblickt man die Spitze S eines Turmes unter dem Höhenwinkel ε, seinen Fußpunkt F unter dem Tiefenwinkel δ. Wie weit ist der Turm vom Beobachter entfernt und wie hoch ist er? (Abb. 25).

Zahlenbeispiel: $a = 3{,}475$ m; $\varepsilon = 30°\,25'\,10''$, $\delta = 25°\,10'\,42''$.

Allgemeine Lösung:

$$\cot\delta = \frac{e}{a} \Rightarrow e = a\cot\delta$$

$$\tan\varepsilon = \frac{h-a}{e} \Rightarrow h-a = e\tan\varepsilon$$

$$h = a + e\tan\varepsilon$$

$$h = a + a\cot\delta \cdot \tan\varepsilon$$

$$h = a\,(1 + \cot\delta \cdot \tan\varepsilon)\,.$$

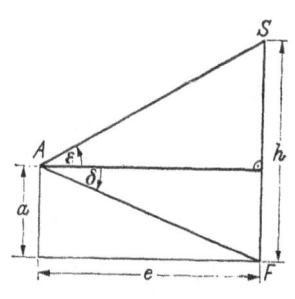

Abb. 25

Logarithmische Berechnung:

	Num	lg
$e\qquad = 7{,}392$ m	$\dfrac{a}{\cot\delta}$	0.54095 10.32781 -10
$e\tan\varepsilon = 4{,}340$ m		
$h\qquad = a + e\tan\varepsilon$	$\dfrac{e}{\tan\varepsilon}$	0.86876 9.76875 -10
$h\qquad = 3{,}475$ m $+ 4{,}340$ m		
$h\qquad = 7{,}815$ m	$e\tan\varepsilon$	0.63751

3. Für die in Abb. 26 skizzierte Reitstockspitze ist zu ermitteln
a) der Winkel α (Einstellwinkel des Supports)
b) das Maß x.
Bekannt sind $d_1 = 11{,}0$ mm, $d_2 = 10{,}0$ mm, $d_3 = 14{,}0$ mm, $\beta = 60{,}0°$, $l_1 = 20{,}0$ mm .

Lösung:

$$\tan \alpha = \frac{\dfrac{d_1 - d_2}{2}}{l_1} = \frac{d_1 - d_2}{2\,l_1} = \frac{1,0}{40,0} = 0,025$$

$$\Rightarrow \alpha = 1,432^\circ = 1^\circ\,26'$$

$$x = \frac{\dfrac{d_3}{2}}{\tan \dfrac{\beta}{2}} = \frac{7,0\,\text{mm}}{0,577} = 12,1 \text{ mm}.$$

4. Die Kanten einer Schwalbenschwanzführung sind nie völlig scharf. Durch Einlegen genauer zylindrischer Prüfdorne ist es möglich, die Erreichung des Fertigmaßes mittels Mikrometerschraube nachzuprüfen. Wie groß ist das Prüfmaß x, wenn $a = 30,00$ mm sein soll? $d = 6,00$ mm; $\alpha = 55^\circ$.
Lösung (Abb. 27)

$$x = a + 2 \cdot \frac{d}{2} + 2 \cdot \frac{d}{2} \cot \frac{\alpha}{2} = a + d\left(1 + \cot \frac{\alpha}{2}\right)$$

$$= 30,00 \text{ mm} + 6,00 \text{ mm} \cdot (1 + 1,92)$$

$$x = 47,52 \text{ mm}.$$

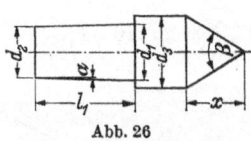

Abb. 26

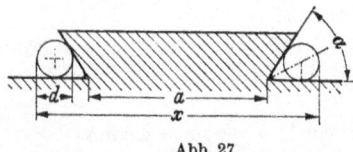

Abb. 27

5. In einen zylindrischen Bolzen ist zur Lagerung eines Pendels eine Kerbe einzufräsen. Wie groß sind die Maße x und y, wenn $\alpha = 60^\circ$, $d = 7,00$ mm, $a = 3,00$ mm gefordert ist? (Abb. 28)

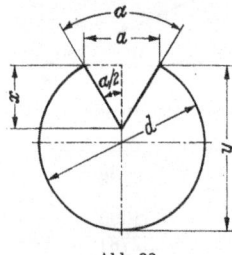

Abb. 28

Lösung:

$$x = \frac{a}{2} : \tan \frac{\alpha}{2} = \frac{1,50 \text{ mm}}{0,577} = 2,60 \text{ mm}$$

$$y = \frac{d}{2} + \sqrt{\left(\frac{d}{2}\right)^2 - \left(\frac{a}{2}\right)^2}$$

$$y = 3,50 \text{ mm} + 3,16 \text{ mm} = 6,66 \text{ mm}.$$

6. Bei dem in Abb. 29 skizzierten Kugellager soll die Bedingung erfüllt sein, daß sich die Kegelmantellinie und die Gerade durch die Berührpunkte der Kugel mit dem Außenring in einem Punkte auf der Drehachse schneiden. Man ermittle den Winkel α aus dem Verhältnis der Durchmesser d und D!
Allgemeine Lösung:

$$\tan \alpha = \frac{\left(\dfrac{D}{2} - \dfrac{d}{2}\right) - \dfrac{d}{2} : \cos \alpha}{\dfrac{D}{2}} = 1 - \frac{d}{D} - \frac{d}{D} : \cos \alpha.$$

Nach den Formeln in 2.1.5 (s. S. 78) ist

$$\cos \alpha = \frac{1}{\sqrt{1 + \tan^2 \alpha}} \ ,$$

falls α spitz ist, somit erhält man

$$\tan \alpha = 1 - \frac{d}{D} - \frac{d}{D}\sqrt{1 + \tan^2 \alpha} \ .$$

Setzt man vorübergehend für

$$\tan \alpha = x, \quad \frac{d}{D} = a \ ,$$

so erhält man in

$$x = 1 - a - a\sqrt{1 + x^2}$$

eine Bestimmungsgleichung für x:

$$(x - 1 + a) = - a\sqrt{1 + x^2}$$
$$(x - 1 + a)^2 = a^2 (1 + x^2)$$
$$x^2 (a^2 - 1) - 2 x (a - 1) = - 2 a + 1 \ .$$

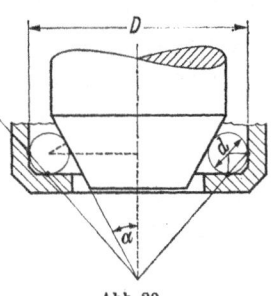

Abb. 29

Daraus ergibt sich

$$x = \frac{1}{a + 1} \pm \sqrt{\left(\frac{1}{a+1}\right)^2 + \frac{-2a+1}{a^2 - 1}} \ ,$$

wovon nur das negative Vorzeichen zu gebrauchen ist. Ersetzt man wieder a durch $\frac{d}{D}$, x durch $\tan \alpha$, so bekommt man schließlich

$$\tan \alpha = \frac{1}{\frac{d}{D} + 1}\left(1 - \frac{d}{D}\sqrt{\frac{2}{1 - \frac{d}{D}}}\right) \ .$$

7. Ermittlung des Flankendurchmessers eines Gewindes nach der „Dreidraht-Methode". Hierbei werden drei Drähte mit gleichem Durchmesser in die Gewindegänge eingelegt; das Maß x wird gemessen. Der Flankendurchmesser D_F wird dann aus folgender Beziehung berechnet (Abb. 30):

$$\frac{D_F}{2} = \frac{x}{2} - \frac{d}{2} - a + \frac{t}{2}$$
$$D_F = x - d - 2a + t$$

mit

$$a = \frac{d}{2} : \sin \frac{\alpha}{2}$$

$$t = \frac{h}{2} \cdot \cot \frac{\alpha}{2}$$

$$\Rightarrow D_F = x - d - d : \sin \frac{\alpha}{2} + \frac{h}{2} \cot \frac{\alpha}{2}$$

$$D_F = x - d\left(1 + \frac{1}{\sin \frac{\alpha}{2}}\right) + \frac{h}{2} \cot \frac{\alpha}{2} \ .$$

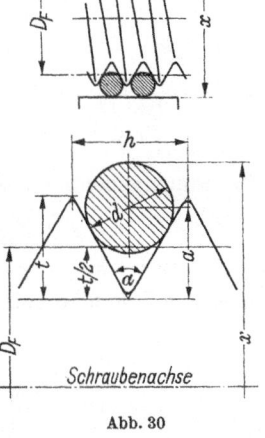

Abb. 30

2.2.2 Berechnung des schiefwinkligen Dreiecks

Die weitaus meisten Aufgaben der technischen Praxis, zu denen trigonometrische Hilfsmittel nötig sind, lassen sich mit den folgenden vier Sätzen behandeln. Grundsätzlich würden sogar die beiden ersten ausreichen, für die logarithmische Rechnung jedoch sind in gewissen Fällen die beiden letzten zweckmäßiger.

Sinussatz: *Zwei Seiten eines Dreiecks verhalten sich zueinander wie die Sinuswerte der Gegenwinkel*

$$\boxed{\frac{a}{b} = \frac{\sin \alpha}{\sin \beta}.}$$

Beweis:

a) für spitzwinklige Dreiecke (Abb. 31):

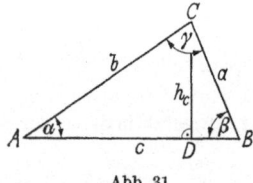

Abb. 31

Im $\triangle ADC$ ist

$$\sin \alpha = \frac{h_c}{b} \Rightarrow h_c = b \sin \alpha.$$

Im $\triangle DBC$ ist

$$\sin \beta = \frac{h_c}{a} \Rightarrow h_c = a \sin \beta.$$

Setzt man die beiden Ausdrücke für h_c einander gleich, so ergibt sich

$$b \sin \alpha = a \sin \beta \Rightarrow \frac{a}{b} = \frac{\sin \alpha}{\sin \beta}.$$

b) für stumpfwinklige Dreiecke (Abb. 32):

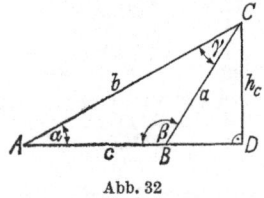

Abb. 32

Im $\triangle ADC$ ist

$$\sin \alpha = \frac{h_c}{b} \Rightarrow h_c = b \sin \alpha.$$

Im $\triangle BDC$ ist mit $\sphericalangle CBD = 180° - \beta$

$$\sin (180° - \beta) = \sin \beta = \frac{h_c}{a} \Rightarrow h_c = a \sin \beta.$$

Zusammengenommen wieder

$$b \sin \alpha = a \sin \beta \Rightarrow \frac{a}{b} = \frac{\sin \alpha}{\sin \beta}.$$

Ebenso würde man bei Eintragung der Höhen h_a und h_b die Beziehungen

$$\boxed{\frac{b}{c} = \frac{\sin \beta}{\sin \gamma}, \quad \frac{a}{c} = \frac{\sin \alpha}{\sin \gamma}}$$

finden. Diese Arbeit kann man sich hier und im folgenden ersparen, indem man die Methode der *Zyklischen Vertauschung* anwendet. Schreibt man Seiten und Winkel an je einen Kreis mit gleichem Umlaufsinn, so bleibt eine Seiten-Winkel-Beziehung richtig, wenn man jede Größe durch die im Kreis folgende ersetzt (Abb. 33):

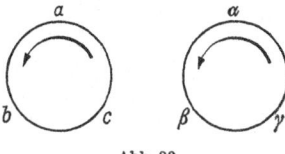

Abb. 33

Auf diese Weise bekommt man stets drei Formeln für im Grunde genommen nur eine Aussage. Im Falle des Sinussatzes kann man die drei Formeln in Form einer Proportion schreiben

$$a:b = \sin\alpha:\sin\beta \quad \Rightarrow \quad a:\sin\alpha = b:\sin\beta$$
$$b:c = \sin\beta:\sin\gamma \quad \Rightarrow \quad b:\sin\beta = c:\sin\gamma$$
$$c:a = \sin\gamma:\sin\alpha \quad \Rightarrow \quad c:\sin\gamma = a:\sin\alpha$$

oder

$$a:\sin\alpha = b:\sin\beta = c:\sin\gamma$$

oder als fortlaufende Proportion

$$\boxed{a:b:c = \sin\alpha:\sin\beta:\sin\gamma \ .}$$

Kosinussatz: *In jedem Dreieck ist das Quadrat über einer Seite gleich der Summe der Quadrate über den beiden anderen Seiten vermindert um das doppelte Produkt aus diesen Seiten und dem Kosinuswert des eingeschlossenen Winkels*

$$\boxed{\begin{aligned} a^2 &= b^2 + c^2 - 2\,b\,c\,\cos\alpha \\ b^2 &= a^2 + c^2 - 2\,a\,c\,\cos\beta \\ c^2 &= a^2 + b^2 - 2\,a\,b\,\cos\gamma \ . \end{aligned}}$$

Von diesen drei Gleichungen braucht man wieder nur eine zu beweisen, da die beiden anderen durch Zyklische Vertauschung folgen.

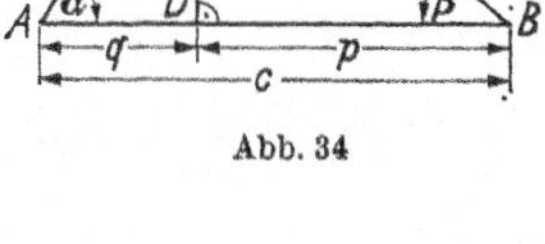

Beweis:

a) für spitzwinklige Dreiecke (Abb. 34)

$$a^2 = p^2 + h_c^2 \ , \quad h_c^2 = b^2 - q^2$$
$$a^2 = b^2 + p^2 - q^2 \ .$$

Abb. 34

Mit $p + q = c$, $p = c - q$ folgt daraus

$$a^2 = b^2 + c^2 - 2\,c\,q$$

$$\cos\alpha = \frac{q}{b}\,,\quad q = b\cos\alpha \;(\triangle\,ADC)$$

$$\Rightarrow a^2 = b^2 + c^2 - 2\,b\,c\cos\alpha$$

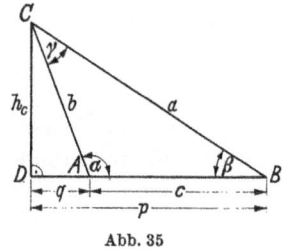

Abb. 35

b) für stumpfwinklige Dreiecke (Abb. 35)

$$a^2 = p^2 + h_c^2\,,\quad h_c^2 = b^2 - q^2$$

$$a^2 = b^2 + p^2 - q^2\,.$$

Mit $p - q = c$, $p = q + c$ folgt daraus

$$a^2 = b^2 + c^2 + 2\,c\,q$$

$$\cos(180^\circ - \alpha) = -\cos\alpha = \frac{q}{b}\,,\; q = -\,b\cos\alpha$$

$$\Rightarrow a^2 = b^2 + c^2 - 2\,b\,c\cos\alpha\,.$$

Man beachte, daß $-\,2\,b\,c \cdot \cos\alpha$ positiv wird, falls α stumpf ist, denn der Kosinus ist im II. Quadranten negativ. An der Struktur der Gleichung ändert sich dadurch aber nichts.

Tangenssatz: *In jedem Dreieck verhält sich die Summe zweier Seiten zu ihrer Differenz wie der Tangenswert der halben Summe der Gegenwinkel zum Tangenswert der halben Differenz der Gegenwinkel:*

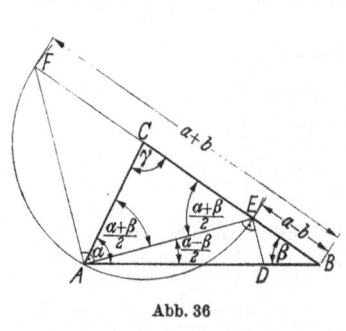

Abb. 36

$$\frac{a + b}{a - b} = \frac{\tan\dfrac{\alpha + \beta}{2}}{\tan\dfrac{\alpha - \beta}{2}}$$

$$\frac{b + c}{b - c} = \frac{\tan\dfrac{\beta + \gamma}{2}}{\tan\dfrac{\beta - \gamma}{2}}$$

$$\frac{a + c}{a - c} = \frac{\tan\dfrac{\alpha + \gamma}{2}}{\tan\dfrac{\alpha - \gamma}{2}}\,.$$

Beweis (Abb. 36): Es ist nach Konstruktion

$$\overline{AC} = \overline{FC} = \overline{EC},\; \overline{ED}\,\|\,\overline{AF}$$

mithin $\triangle\,AEC$ gleichschenklig und

$$\sphericalangle\,CAE = 90° - \frac{\gamma}{2} = \frac{\alpha+\beta+\gamma}{2} - \frac{\gamma}{2} = \frac{\alpha+\beta}{2}$$

$$\sphericalangle\,EAD = \alpha - \frac{\alpha+\beta}{2} = \frac{2\alpha-\alpha-\beta}{2} = \frac{\alpha-\beta}{2}.$$

Sodann ist nach dem zweiten Strahlensatz

$$\frac{\overline{FA}}{\overline{ED}} = \frac{\overline{FB}}{\overline{EB}} = \frac{a+b}{a-b}$$

$$\tan\frac{\alpha+\beta}{2} = \frac{\overline{FA}}{\overline{AE}} \Rightarrow \overline{FA} = \overline{AE}\cdot\tan\frac{\alpha+\beta}{2}$$

$$\tan\frac{\alpha-\beta}{2} = \frac{\overline{ED}}{\overline{AE}} \Rightarrow \overline{ED} = \overline{AE}\cdot\tan\frac{\alpha-\beta}{2}.$$

Also bekommt man

$$\frac{a+b}{a-b} = \frac{\overline{FA}}{\overline{ED}} = \frac{\overline{AE}\cdot\tan\dfrac{\alpha+\beta}{2}}{\overline{AE}\cdot\tan\dfrac{\alpha-\beta}{2}} = \frac{\tan\dfrac{\alpha+\beta}{2}}{\tan\dfrac{\alpha-\beta}{2}}.$$

Halbwinkelsatz: *Bedeutet s den halben Dreiecksumfang, so gilt*

$$\tan\frac{\alpha}{2} = \sqrt{\frac{(s-b)\,(s-c)}{s\,(s-a)}}$$

$$\tan\frac{\beta}{2} = \sqrt{\frac{(s-a)\,(s-c)}{s\,(s-b)}}$$

$$\tan\frac{\gamma}{2} = \sqrt{\frac{(s-a)\,(s-b)}{s\,(s-c)}}.$$

Beweis (Abb. 37): Der Flächeninhalt F ergibt sich zu

$$F = \frac{1}{2}\,c\,\varrho + \frac{1}{2}\,a\,\varrho + \frac{1}{2}\,b\,\varrho = \frac{1}{2}\,(a+b+c)\,\varrho = s\,\varrho\,.$$

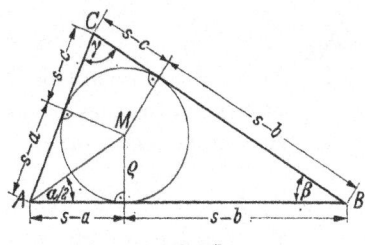

Abb. 37

Andererseits gilt die aus der Planimetrie her bekannte HERONsche Formel

$$F = \sqrt{s(s-a)(s-b)(s-c)}\,,$$

und somit

$$\varrho\, s = \sqrt{s\,(s-a)(s-b)(s-c)} \Rightarrow \varrho = \sqrt{\frac{(s-a)(s-b)(s-c)}{s}}\,.$$

Aus Abb. 37 entnimmt man

$$\tan\frac{\alpha}{2} = \frac{\varrho}{s-a} = \frac{1}{s-a}\sqrt{\frac{(s-a)(s-b)(s-c)}{s}} = \sqrt{\frac{(s-b)(s-c)}{s(s-a)}}\,.$$

Die anderen Beziehungen folgen wieder durch Zyklische Vertauschung.

Wir wollen jetzt diese vier Sätze zur Lösung der vier Hauptaufgaben heranziehen.

1. Hauptaufgabe: *Ein Dreieck aus zwei Seiten und einem Gegenwinkel zu berechnen (SSW).*

a) Der Winkel liegt der größeren Seite gegenüber!

Gegeben: a, b, α; $a > b$ (Abb. 38).

Nach den Sätzen der Planimetrie ist dann auch $\alpha > \beta$ und somit β ein spitzer Winkel. Man beginnt deshalb mit der Berechnung von β, da $\beta < 90°$ gesichert ist.

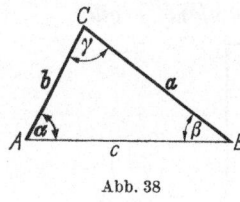

$$\frac{a}{b} = \frac{\sin\alpha}{\sin\beta} \Rightarrow \sin\beta = \frac{b\cdot\sin\alpha}{a}$$

$$\gamma = 180° - (\alpha + \beta)$$

$$\frac{a}{c} = \frac{\sin\alpha}{\sin\gamma} = \frac{\sin\alpha}{\sin(\alpha+\beta)} \Rightarrow c = \frac{a\cdot\sin(\alpha+\beta)}{\sin\alpha}\,.$$

Abb. 38

Die drei gesuchten Stücke β, γ und c ergeben sich eindeutig, und damit ist das Dreieck ABC eindeutig bestimmt.

b) Der Winkel liegt der kleineren Seite gegenüber!

Gegeben: a, b, α; $a < b$ (Abb. 39).

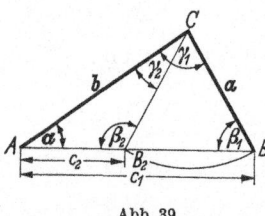

Jetzt kann wegen $\beta > \alpha$ der Winkel β spitz oder stumpf sein. Die Bestimmungsgleichung für β war

$$\sin\beta = \frac{b\sin\alpha}{a}\,.$$

Abb. 39

Da jetzt $b > a$ ist, kann der Zähler des rechts stehenden Bruches größer, gleich oder kleiner als der Nenner sein.

1. Fall: $b\sin\alpha > a$.

Er hat zur Folge $\sin\beta > 1$, d. h. es gibt keinen Winkel β, welcher der Gleichung genügt, da $|\sin\beta| \leqq 1$ sein muß. In diesem Fall existiert also keine Lösung.

2. Fall: $b \sin \alpha = a$.

Man bekommt $\sin \beta = 1$, $\beta = 90°$, also ein rechtwinkliges Dreieck als eindeutige Lösung:

$$\gamma = 90° - \alpha, \quad c = a \cot \alpha .$$

3. Fall: $b \sin \alpha < a$.

Die Gleichung

$$\sin \beta = \frac{b \sin \alpha}{a}$$

hat jetzt zwei Lösungen β_1 und $\beta_2 = 180° - \beta_1$. Dementsprechend bekommt man

$$\gamma_{1,2} = 180° - (\alpha + \beta_{1,2})$$
$$c_{1,2} = \frac{a \sin (\alpha + \beta_{1,2})}{\sin \alpha}$$

und damit zwei Dreiecke AB_1C und AB_2C.

c) Gegeben a, b, α und $a = b$.

Dann folgt auch $\alpha = \beta$ und man erhält ein gleichschenkliges Dreieck. Seine übrigen Stücke bestimmen sich gemäß

$$\gamma = 180° - 2\alpha$$
$$c = 2 a \cos \alpha .$$

Man vergleiche die entsprechende Konstruktionsaufgabe aus der Planimetrie und ihre analogen Fallunterscheidungen!

2. Hauptaufgabe: *Ein Dreieck aus den drei Seiten zu berechnen (SSS)*, gegeben also a, b und c.

1. Lösungsweg: Anwendung von Kosinus- und Sinussatz.

Man beginnt mit dem der größten Seite gegenüberliegenden Winkel und berechnet diesen nach dem Kosinussatz. Ist also etwa $a > b > c$ (Abb. 40), so setzen wir an

$$a^2 = b^2 + c^2 - 2 b c \cos \alpha$$
$$\Rightarrow \cos \alpha = \frac{b^2 + c^2 - a^2}{2 b c} .$$

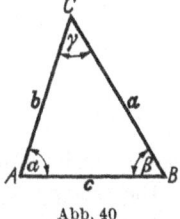

Abb. 40

Ist $\alpha > 90°$, so ist $\cos \alpha < 0$; ist $\alpha < 90°$, so fällt der $\cos \alpha > 0$ aus und umgekehrt. In jedem Fall folgt aus $\cos \alpha$ der Winkel α eindeutig. Die beiden übrigen Winkel β und γ sind in jedem Fall spitz, so daß wir sie mit dem Sinussatz eindeutig berechnen können:

$$\frac{a}{b} = \frac{\sin \alpha}{\sin \beta} \Rightarrow \sin \beta = \frac{b \sin \alpha}{a} \qquad \frac{a}{c} = \frac{\sin \alpha}{\sin \gamma} \Rightarrow \sin \gamma = \frac{c \sin \alpha}{a} .$$

Als Probe kann man $\alpha + \beta + \gamma = 180°$ benutzen.

Die Lösung ist eindeutig.

2. Lösungsweg: Anwendung des Halbwinkelsatzes.

Dieser ist für die logarithmische Rechnung geeigneter als der Kosinussatz, da man dieselbe nicht zu unterbrechen braucht. Es ist gleichgültig, mit welchem Winkel man beginnt:

$$s = \frac{a+b+c}{2}; \quad \tan\frac{\alpha}{2} = \sqrt{\frac{(s-b)(s-c)}{s(s-a)}}$$

$$\tan\frac{\beta}{2} = \sqrt{\frac{(s-a)(s-c)}{s(s-b)}}$$

$$\tan\frac{\gamma}{2} = \sqrt{\frac{(s-a)(s-b)}{s(s-c)}} .$$

Da die Wurzeln nach Definition stets positiv sind, fallen $\frac{\alpha}{2}$, $\frac{\beta}{2}$ und $\frac{\gamma}{2}$ stets spitz aus. Die Lösung ist auch hier eindeutig.

3. Hauptaufgabe: *Ein Dreieck aus zwei Seiten und dem eingeschlossenen Winkel zu berechnen (SWS).*

Gegeben: a, b, γ (Abb. 41).

1. Lösungsweg: Anwendung von Kosinus- und Sinussatz

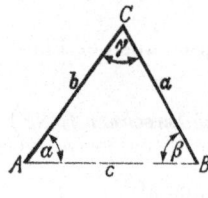

Abb. 41

$$c^2 = a^2 + b^2 - 2\,a\,b\cos\gamma$$

$$\Rightarrow c = \sqrt{a^2 + b^2 - 2\,a\,b\cos\gamma}\,.$$

Man fahre fort mit der Berechnung des der *kleineren* der beiden Seiten a und b gegenüberliegenden Winkels, da dieser notwendig spitz ist. Ist etwa $a < b$, so ergibt sich

$$\frac{a}{c} = \frac{\sin\alpha}{\sin\gamma} \Rightarrow \sin\alpha = \frac{a\cdot\sin\gamma}{c} \Rightarrow \alpha\ (<90°)$$

$$\frac{b}{c} = \frac{\sin\beta}{\sin\gamma} \Rightarrow \sin\beta = \frac{b\cdot\sin\gamma}{c}\,.$$

Als Kontrolle kann man $\alpha + \beta + \gamma = 180°$ benutzen.

Die Lösung ist eindeutig.

2. Lösungsweg: Anwendung von Tangens- und Sinussatz:

$$\frac{a+b}{a-b} = \frac{\tan\dfrac{\alpha+\beta}{2}}{\tan\dfrac{\alpha-\beta}{2}} = \frac{\cot\dfrac{\gamma}{2}}{\tan\dfrac{\alpha-\beta}{2}}\,,$$

denn $\dfrac{\alpha+\beta}{2} = 90° - \dfrac{\gamma}{2}$, $\quad \tan\dfrac{\alpha+\beta}{2} = \tan\left(90° - \dfrac{\gamma}{2}\right) = \cot\dfrac{\gamma}{2}$

$$\Rightarrow \tan\frac{\alpha-\beta}{2} = \frac{a-b}{a+b}\cdot\cot\frac{\gamma}{2}\,.$$

Hieraus folgt eindeutig $\dfrac{\alpha - \beta}{2}$, zusammen mit dem bekannten Wert $\dfrac{\alpha + \beta}{2}\left(= 90° - \dfrac{\gamma}{2}\right)$ ergeben sich daraus α und β. Die dritte Seite c kann man schließlich mit dem Sinussatz berechnen

$$\frac{a}{c} = \frac{\sin \alpha}{\sin \gamma} \Rightarrow c = \frac{a \cdot \sin \gamma}{\sin \alpha}.$$

4. Hauptaufgabe: *Ein Dreieck aus einer Seite und zwei Winkeln zu berechnen (WSW, SWW).*

Gegeben: a, β, γ (der Fall SWW kann durch Berechnung des dritten Winkels aus $\alpha + \beta + \gamma = 180°$ sofort auf den Fall WSW zurückgeführt werden, bedarf also keiner besonderen Behandlung).

Aus Abb. 42 liest man ab

$$\frac{a}{b} = \frac{\sin \alpha}{\sin \beta} = \frac{\sin [180° - (\beta + \gamma)]}{\sin \beta}$$

$$= \frac{\sin (\beta + \gamma)}{\sin \beta} \Rightarrow b = \frac{a \cdot \sin \beta}{\sin (\beta + \gamma)}$$

$$\frac{a}{c} = \frac{\sin \alpha}{\sin \gamma} = \frac{\sin (\beta + \gamma)}{\sin \gamma} \Rightarrow c = \frac{a \cdot \sin \gamma}{\sin (\beta + \gamma)}.$$

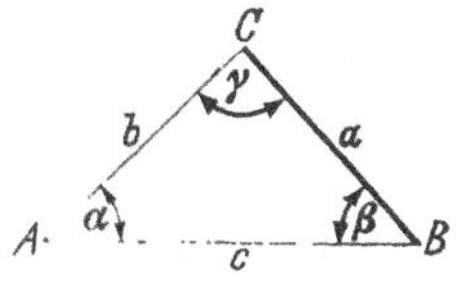

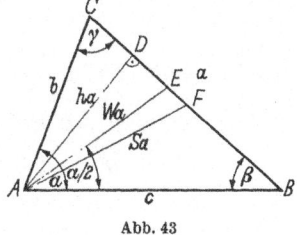

Abb. 42

Man erhält genau ein Lösungsdreieck.

Bemerkung: *Notwendige Voraussetzungen* für das Vorhandensein einer Lösung sind bei allen Dreiecksaufgaben

1. das Erfülltsein der sogenannten *Dreiecksungleichung* (die Summe zweier Seiten ist größer als die dritte Seite: $a + b > c$ usw.)

2. das Erfülltsein der sogenannten *Winkelungleichung* (die Summe zweier Winkel des Dreiecks ist kleiner als zwei Rechte: $\alpha + \beta < 180°$ usw.).

Beispiele

1. Von einem Dreieck seien gegeben $\alpha = 62° \, 12' \, 14''$, $\beta = 41° \, 32' \, 49''$ und $c = 21{,}743$ m. Man bestimme die Höhe h_a, die Winkelhalbierende w_α, die Seitenhalbierende s_a und den Flächeninhalt F.

Allgemeine Lösung (Abb. 43):

$$h_a = c \sin \beta \quad (\text{aus } \triangle ABD).$$

Im $\triangle ABE$ gilt nach dem Sinussatz

$$w_\alpha : c = \sin \beta : \sin\left(180° - \beta - \frac{\alpha}{2}\right)$$

$$\Rightarrow w_\alpha = \frac{c \cdot \sin \beta}{\sin\left(\dfrac{\alpha}{2} + \beta\right)}$$

Abb. 43

Bestimmt man nach Hauptaufgabe 4 die Seite a zu

$$a = \frac{c \cdot \sin \alpha}{\sin (\alpha + \beta)},$$

so erhält man aus $\triangle ABF$ die Seitenhalbierende s_a zu

$$s_a = \sqrt{\left(\frac{a}{2}\right)^2 + c^2 - a\,c \cdot \cos \beta}\ .$$

Schließlich ergibt sich der Flächeninhalt F zu

$$F = \frac{1}{2}\,a \cdot h_a = \frac{c^2 \cdot \sin \alpha \cdot \sin \beta}{2 \sin (\alpha + \beta)}\ .$$

Logarithmische Rechnung:

		Num.	lg	
α	$= 62°\ 12'\ 14''$	c	1.33732	
β	$= 41°\ 32'\ 49''$	$\sin \beta$	9.82166	-10
c	$= 21{,}743$ m	h_a	1.15898	
c^2	$= 472{,}76$ m²	$\sin\left(\dfrac{\alpha}{2} + \beta\right)$	9.97978	-10
h_a	$= 14{,}420$ m			
w_α	$= 15{,}108$ m	w_α	1.17920	
a	$= 19{,}801$ m	$\sin \alpha$	9.94675	-10
$\left(\dfrac{a}{2}\right)^2$	$= 98{,}020$ m²	$c \cdot \sin \alpha$	1.28407	
		$\sin (\alpha + \beta)$	9.98737	-10
$a\,c \cdot \cos \beta$	$= 322{,}22$ m²	a	1.29670	
		$\cos \beta$	9.87414	-10
$\left(\dfrac{a}{2}\right)^2 + c^2 - a\,c \cos \beta = R = 248{,}56$ m²		$a\,c \cdot \cos \beta$	2.50816	
s_a	$= 15{,}766$ m	R	2.39543	
F	$= 142{,}77$ m² .	s_a	1.19772	
		$0{,}5$	0.69897	-1
		F	2.15465	

2. Von dem in Abb. 44 dargestellten mechanischen System soll die Gleichgewichtslage ermittelt werden. Die Reibung im Lager sowie das Eigengewicht und die Biegesteifigkeit des Fadens können unbeachtet bleiben. Wie groß sind die Winkel α und β, wenn man $G_1 = 150$ p, $G_2 = 200$ p und $G_3 = 100$ p annimmt? Allgemeine Lösung:

Am Knoten A greifen drei Kräfte $\mathfrak{G}_1$, $\mathfrak{G}_2$ und $\mathfrak{G}_3$ an, die bei Gleichgewicht ein geschlossenes Krafteck bilden müssen:

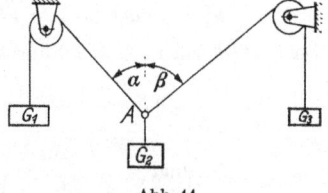

Abb. 44

$$G_3^2 = G_1^2 + G_2^2 - 2\,G_1\,G_2 \cos \alpha$$

$$\Rightarrow \cos \alpha = \frac{G_1^2 + G_2^2 - G_3^2}{2\,G_1\,G_2}$$

Daraus folgt α, und man kann nun mit dem Sinussatz β bestimmen:

$$G_1 : G_3 = \sin \beta : \sin \alpha$$

$$\Rightarrow \sin \beta = \frac{G_1 \sin \alpha}{G_3}\ .$$

Numerische Rechnung (Rechenstab):

$$\cos \alpha = \frac{150^2 + 200^2 - 100^2}{2 \cdot 150 \cdot 200} = \frac{52500}{60000} = 0{,}875 \Rightarrow \alpha = 29^{\circ}$$

$$\sin \beta = \frac{150 \cdot 0{,}485}{100} = 0{,}728 \Rightarrow \beta = 46{,}7^{\circ}\,.$$

3. An einem Punkte A greifen zwei Kräfte $\mathfrak{P}_1$ und $\mathfrak{P}_2$ an. Es seien $|\mathfrak{P}_1| = P_1 = 3$ kp, $|\mathfrak{P}_2| = P_2 = 4$ kp und der Winkel α, den $\mathfrak{P}_1$ und $\mathfrak{P}_2$ miteinander einschließen, 60° groß. Man ermittle die Resultierende $\mathfrak{R}$ nach Betrag und Richtung (Abb. 45).

Lösung: Das Parallelogramm der Kräfte $\mathfrak{P}_1$ und $\mathfrak{P}_2$ bestimmt die Resultierende $\mathfrak{R}$ betragsmäßig zu

$$R = \sqrt{P_1^2 + P_2^2 - 2\,P_1\,P_2 \cos(180^\circ - \alpha)}$$

$$\Rightarrow R = \sqrt{P_1^2 + P_2^2 + 2\,P_1\,P_2 \cos \alpha}\,.$$

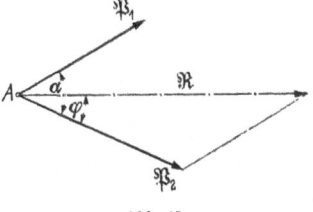

Die Richtung von $\mathfrak{R}$ liegt mit dem Winkel φ fest:

$$R : P_2 = \sin(180^\circ - \alpha) : \sin \varphi$$

$$\Rightarrow \sin \varphi = \frac{P_2 \sin \alpha}{R}\,.$$

Abb. 45

Ist α spitz, so ist sicher $R > P_2$ (und auch $R > P_1$), also auch φ spitz. Für die speziellen Zahlenwerte erhält man

$$R = \sqrt{(3\ \text{kp})^2 + (4\ \text{kp})^2 + 2 \cdot 3\ \text{kp} \cdot 4\ \text{kp} \cdot 0{,}5} = \sqrt{37}\ \text{kp} = 6{,}08\ \text{kp}$$

$$\sin \varphi = \frac{4\ \text{kp} \cdot 0{,}866}{6{,}08\ \text{kp}} = 0{,}570 \Rightarrow \varphi = 34{,}7^{\circ}\,.$$

4. Eine mit $d = 8{,}60$ mm Durchmesser vorgebohrte Scheibe soll gemäß Abb. 46 mit einer Innenverzahnung versehen werden. $D = 12{,}00$ mm und

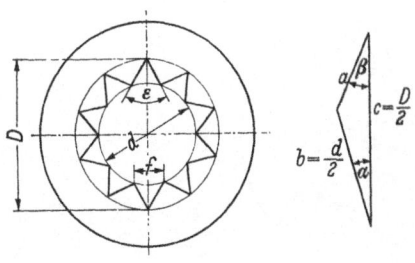

Abb. 46

Zähnezahl $z = 10$ werden vorgegeben. Zur Herstellung des Räumwerkzeuges soll ermittelt werden

    1. der Flankenwinkel ε,

    2. die Breite f des Werkzeug-Zahnfußes.

Lösung: Aus Abb. 46 liest man ab

$$2\alpha = \frac{360°}{10} = 36° \Rightarrow \alpha = 18°$$

$$a = \sqrt{\left(\frac{D}{2}\right)^2 + \left(\frac{d}{2}\right)^2 - \frac{1}{2}\,D\cdot d\cdot\cos\alpha}$$

$$= \sqrt{36,00 + 18,49 - \frac{1}{2}\cdot 12,00\cdot 8,60\cdot 0,951}\ \text{mm}$$

$$= 2,32\ \text{mm}\,.$$

$$s = \frac{1}{2}\left(a + \frac{d}{2} + \frac{D}{2}\right) = \frac{1}{2}\,(2,32 + 4,30 + 6,00)\ \text{mm} = 6,33\ \text{mm}$$

$$\tan\frac{\beta}{2} = \sqrt{\frac{(s-a)\,(s-c)}{s\,(s-b)}} = \sqrt{\frac{(6,33 - 2,32)\,(6,33 - 6,00)}{6,33\,(6,33 - 4,30)}}$$

$$= \sqrt{0,1030} = 0,321$$

$$\Rightarrow \frac{\beta}{2} = 17,80° \Rightarrow \varepsilon = 4\cdot\frac{\beta}{2} = 71,2°$$

$$f = 2\cdot\frac{d}{2}\sin\alpha = d\cdot\sin\alpha = 8,60\cdot 0,309\ \text{mm} = 2,66\ \text{mm}\,.$$

5. Die Bohrungen einer Vorrichtung sollen an einem Lehrenbohrwerk gebohrt werden.

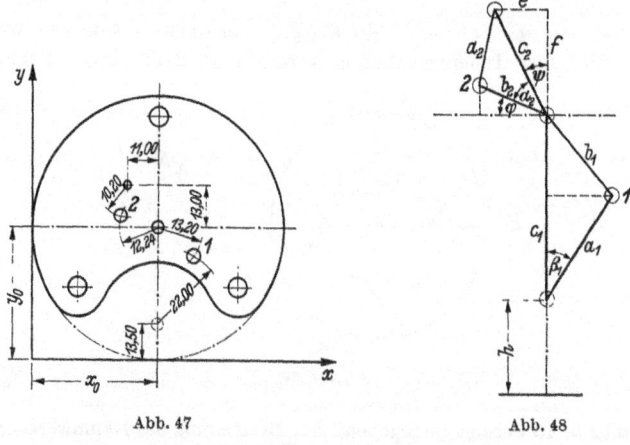

Abb. 47   Abb. 48

Man berechne auf Grund der Zeichnungsangaben (Abb. 47, 48) die Koordinaten x und y für die Bohrungen 1 und 2!

Gegeben seien ferner $x_0 = 40,00$ mm, $y_0 = 40,00$ mm.

Lösung: Mit dem Kosinussatz erhält man zunächst

$$b_1^2 = a_1^2 + c_1^2 - 2\,a_1\,c_1\cos\beta_1$$

$$\cos\beta_1 = \frac{a_1^2 + c_1^2 - b_1^2}{2\,a_1\,c_1} = \frac{(22,00^2 + 26,50^2 - 13,20^2)\ \text{mm}^2}{2\cdot 22,00\cdot 26,50\ \text{mm}^2} = 0,8679$$

Bohrung 1 $\begin{cases} y_1 = h + a_1\cos\beta_1 = 13,50\ \text{mm} + 22,00\ \text{mm}\cdot 0,8679 = 32,59\ \text{mm} \\ x_1 = x_0 + a_1\sqrt{1 - \cos^2\beta_1} = 40,00\ \text{mm} + 22,00\ \text{mm}\sqrt{1 - 0,8679^2} \\ \qquad = 50,93\ \text{mm} \end{cases}$

$$\tan\psi = \frac{e}{f} = \frac{11,00\ \text{mm}}{13,00\ \text{mm}} = 0,846$$

$$\Rightarrow \psi = 40,23°$$

$$\cos\alpha_2 = \frac{b_2^2 + c_2^2 - a_2^2}{2\,b_2\,c_2}$$

$$c_2^2 = e^2 + f^2 = 121,0\ \text{mm}^2 + 169,0\ \text{mm}^2 = 290,0\ \text{mm}^2$$

$$c_2 = \sqrt{290,0\ \text{mm}^2} = 17,03\ \text{mm}$$

$$\cos\alpha_2 = \frac{(149,8 + 290,0 - 104,0)\ \text{mm}^2}{2\cdot 12,24\ \text{mm}\cdot 17,03\ \text{mm}} = 0,8055$$

$$\Rightarrow \alpha_2 = 36,33°$$

$$\Rightarrow \varphi = 90° - (\alpha_2 + \psi) = 90° - 76,56° = 13,44°$$

Bohrung 2 $\begin{cases} y_2 = y_0 + b_2\sin\varphi = 40,00\ \text{mm} + 12,24\ \text{mm}\cdot 0,2325 \\ \qquad = 42,85\ \text{mm} \\ x_2 = x_0 - b_2\cos\varphi = 40,00\ \text{mm} - 12,24\ \text{mm}\cdot 0,9726 \\ \qquad = 28,10\ \text{mm}\,. \end{cases}$

2.3 Goniometrie

2.3.1 Additionstheoreme

Satz: *Unter den Additionstheoremen der Kreisfunktionen versteht man folgende Formelgruppe*

$$\sin(\alpha + \beta) = \sin\alpha\cos\beta + \cos\alpha\sin\beta$$

$$\sin(\alpha - \beta) = \sin\alpha\cos\beta - \cos\alpha\sin\beta$$

$$\cos(\alpha + \beta) = \cos\alpha\cos\beta - \sin\alpha\sin\beta$$

$$\cos(\alpha - \beta) = \cos\alpha\cos\beta + \sin\alpha\sin\beta$$

$$\tan(\alpha + \beta) = \frac{\tan\alpha + \tan\beta}{1 - \tan\alpha\cdot\tan\beta}$$

$$\tan(\alpha - \beta) = \frac{\tan\alpha - \tan\beta}{1 + \tan\alpha\cdot\tan\beta}$$

$$\cot(\alpha + \beta) = \frac{\cot\alpha\cdot\cot\beta - 1}{\cot\alpha + \cot\beta}$$

$$\cot(\alpha - \beta) = \frac{\cot\alpha\cdot\cot\beta + 1}{\cot\beta - \cot\alpha}\,.$$

Die Kreisfunktionen von Winkelsummen bzw. -differenzen sind also *nicht* einfach der Summe bzw. Differenz der Funktionen der betreffenden

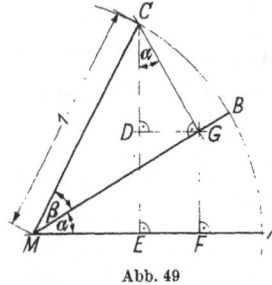

Abb. 49

Winkel, sondern zeigen eine ganz anders geartete, für die Kreisfunktionen charakteristische Gestalt.

Beweis für $\sin (\alpha + \beta)$, $\cos (\alpha + \beta)$, $\tan (\alpha + \beta)$, $\cot (\alpha + \beta)$ unter der Voraussetzung $0° < \alpha + \beta < 90°$. In Abb. 49 ist ein Teil des Einheitskreises mit den Winkeln $\alpha = \sphericalangle BMA$ und $\beta = \sphericalangle CMB$ dargestellt.

1. $\sin (\alpha + \beta) = \overline{EC} = \overline{ED} + \overline{DC} = \overline{FG} + \overline{DC}$

$$\overline{FG} = \overline{MG} \cdot \sin \alpha = \cos \beta \cdot \sin \alpha$$

$$\overline{DC} = \overline{CG} \cdot \cos \alpha = \sin \beta \cdot \cos \alpha$$

$$\sin (\alpha + \beta) = \sin \alpha \cos \beta + \cos \alpha \sin \beta$$

2. $\cos (\alpha + \beta) = \overline{ME} = \overline{MF} - \overline{EF} = \overline{MF} - \overline{DG}$

$$\overline{MF} = \overline{MG} \cdot \cos \alpha = \cos \beta \cdot \cos \alpha$$

$$\overline{DG} = \overline{CG} \cdot \sin \alpha = \sin \beta \cdot \sin \alpha$$

$$\cos (\alpha + \beta) = \cos \alpha \cos \beta - \sin \alpha \sin \beta$$

3. $\tan (\alpha + \beta) = \dfrac{\sin (\alpha + \beta)}{\cos (\alpha + \beta)} = \dfrac{\sin \alpha \cos \beta + \cos \alpha \sin \beta}{\cos \alpha \cos \beta - \sin \alpha \sin \beta}$.

Man dividiere Zähler und Nenner durch $\cos \alpha \cdot \cos \beta$! Dann folgt

$$\tan (\alpha + \beta) = \frac{\tan \alpha + \tan \beta}{1 - \tan \alpha \cdot \tan \beta}$$

4. $\cot (\alpha + \beta) = \dfrac{\cos (\alpha + \beta)}{\sin (\alpha + \beta)} = \dfrac{\cos \alpha \cos \beta - \sin \alpha \sin \beta}{\sin \alpha \cos \beta + \cos \alpha \sin \beta}$.

Man dividiere Zähler und Nenner durch $\sin \alpha \cdot \sin \beta$:

$$\cot (\alpha + \beta) = \frac{\cot \alpha \cot \beta - 1}{\cot \beta + \cot \alpha}$$.

Ohne Beweis vermerken wir, daß diese Formeln für *jedes* α und β gelten, gleichgültig in welchem Quadranten die Winkel liegen oder welches Vorzeichen sie haben.

Ersetzt man in den Formeln für $\alpha + \beta$ den Winkel β durch $-\beta$, so erhält man mit 2.1.3

$$\sin(\alpha + (-\beta)) = \sin(\alpha - \beta) = \sin\alpha\cos(-\beta) + \cos\alpha\sin(-\beta)$$
$$= \sin\alpha\cos\beta - \cos\alpha\sin\beta$$

$$\cos(\alpha + (-\beta)) = \cos(\alpha - \beta) = \cos\alpha\cos(-\beta) - \sin\alpha\sin(-\beta)$$
$$= \cos\alpha\cos\beta + \sin\alpha\sin\beta$$

$$\tan(\alpha + (-\beta)) = \tan(\alpha - \beta) = \frac{\tan\alpha + \tan(-\beta)}{1 - \tan\alpha\tan(-\beta)} = \frac{\tan\alpha - \tan\beta}{1 + \tan\alpha\tan\beta}$$

$$\cot(\alpha + (-\beta)) = \cot(\alpha - \beta) = \frac{\cot\alpha\cot(-\beta) - 1}{\cot(-\beta) + \cot\alpha} = \frac{\cot\alpha\cot\beta + 1}{\cot\beta - \cot\alpha} \; .$$

Die Additionstheoreme sind trotz ihres formalen Charakters außerordentlich wichtige Beziehungen und finden in fast allen Gebieten der Mathematik Anwendung. Innerhalb der Trigonometrie benötigt man sie bei komplizierteren Dreiecksaufgaben und zur Vereinfachung goniometrischer Ausdrücke.

Beispiele

1. Vereinfache $\dfrac{\cos(\alpha + \beta) - \cos(\alpha - \beta)}{\sin(\alpha - \beta) - \sin(\alpha + \beta)}$!

$$\frac{\cos(\alpha + \beta) - \cos(\alpha - \beta)}{\sin(\alpha - \beta) - \sin(\alpha + \beta)} = \frac{\cos\alpha\cos\beta - \sin\alpha\sin\beta - \cos\alpha\cos\beta - \sin\alpha\sin\beta}{\sin\alpha\cos\beta - \cos\alpha\sin\beta - \sin\alpha\cos\beta - \cos\alpha\sin\beta}$$

$$= \frac{-2\sin\alpha\sin\beta}{-2\cos\alpha\sin\beta} = \tan\alpha \; .$$

2. Vereinfache $\dfrac{\tan\left(\dfrac{\pi}{4} - \alpha\right)}{\cot\left(\dfrac{\pi}{4} + \alpha\right)}$!

$$\frac{\tan\left(\dfrac{\pi}{4} - \alpha\right)}{\cot\left(\dfrac{\pi}{4} + \alpha\right)} = \frac{1 - \tan\alpha}{1 + \tan\alpha} : \frac{\cot\alpha - 1}{\cot\alpha + 1} = \frac{1 - \tan\alpha}{1 + \tan\alpha} : \frac{1 - \tan\alpha}{1 + \tan\alpha} = 1 \; .$$

Anderer Weg: Nach den Komplementärbeziehungen (s. S. 76) gilt $\cot x = \tan\left(\dfrac{\pi}{2} - x\right)$; also

$$\cot\left(\frac{\pi}{4} + \alpha\right) = \tan\left(\frac{\pi}{2} - \frac{\pi}{4} - \alpha\right) = \tan\left(\frac{\pi}{4} - \alpha\right) ,$$

und damit ist sofort

$$\frac{\tan\left(\dfrac{\pi}{4} - \alpha\right)}{\cot\left(\dfrac{\pi}{4} + \alpha\right)} = 1 \; .$$

3. Vereinfache $\sin \alpha + \sin (\alpha + 120°) + \sin (\alpha + 240°)$!

$\sin \alpha + \sin \alpha \cos 120° + \cos \alpha \sin 120° + \sin \alpha \cos 240° + \cos \alpha \sin 240°$

$\quad = \sin \alpha + \sin \alpha \, (- \cos 60°) + \cos \alpha \sin 60° + \sin \alpha \, (- \cos 60°)$

$\quad + \cos \alpha \, (- \sin 60°) = \sin \alpha - 2 \sin \alpha \cos 60° = \sin \alpha - 2 \sin \alpha \cdot \dfrac{1}{2} = 0$.

2.3.2 Kreisfunktionen des doppelten, dreifachen und halben Argumentes

Setzt man in den für $\alpha + \beta$ geltenden Additionstheoremen $\beta = \alpha$, so lautet ihr Argument jetzt $2\,\alpha$ und man erhält durch Zusammenfassen der rechten Seite

$$\sin 2\,\alpha = \sin \alpha \cos \alpha + \sin \alpha \cos \alpha$$

$$\boxed{\sin 2\,\alpha = 2 \sin \alpha \cos \alpha}$$

$$\cos 2\,\alpha = \cos \alpha \cos \alpha - \sin \alpha \sin \alpha$$

$$\boxed{\cos 2\,\alpha = \cos^2 \alpha - \sin^2 \alpha}$$

$$\boxed{\begin{aligned} \tan 2\,\alpha &= \frac{2 \tan \alpha}{1 - \tan^2 \alpha} \\ \cot 2\,\alpha &= \frac{\cot^2 \alpha - 1}{2 \cot \alpha} \end{aligned}}$$

Man kann diese Formeln verallgemeinern auf das dreifache, vierfache usw. bis n-fache Argument. Letzteres wird im Zusammenhang mit den komplexen Zahlen[1]) durchgeführt werden. Für das dreifache Argument berechnen wir die Formeln zur Übung:

$$\sin 3\,\alpha = \sin (\alpha + 2\,\alpha) = \sin \alpha \cos 2\,\alpha + \cos \alpha \sin 2\,\alpha$$

$$= \sin \alpha \, (\cos^2 \alpha - \sin^2 \alpha) + \cos \alpha \cdot 2 \sin \alpha \cos \alpha$$

$$= - \sin^3 \alpha + \sin \alpha \cdot 3 \cos^2 \alpha$$

mit $\quad \cos^2 \alpha = 1 - \sin^2 \alpha$ folgt daraus

$$\boxed{\sin 3\,\alpha = - 4 \sin^3 \alpha + 3 \sin \alpha}$$

$$\cos 3\,\alpha = \cos (\alpha + 2\,\alpha) = \cos \alpha \cos 2\,\alpha - \sin \alpha \sin 2\,\alpha$$

$$= \cos \alpha \, (\cos^2 \alpha - \sin^2 \alpha) - \sin \alpha \cdot 2 \sin \alpha \cos \alpha$$

$$= \cos^3 \alpha - \sin^2 \alpha \cdot 3 \cos \alpha \, ,$$

mit $\quad \sin^2 \alpha = 1 - \cos^2 \alpha$ folgt daraus

$$\boxed{\cos 3\,\alpha = 4 \cos^3 \alpha - 3 \cos \alpha}$$

[1]) s. S. 212.

Die Formeln für $\tan 3\,\alpha$ und $\cot 3\,\alpha$ mögen durch Division aus $\sin 3\,\alpha$ und $\cos 3\,\alpha$ hergeleitet werden:

$$\tan 3\,\alpha = \frac{\sin 3\,\alpha}{\cos 3\,\alpha} = \frac{-4\sin^3\alpha + 3\sin\alpha}{4\cos^3\alpha - 3\cos\alpha} = \frac{\sin\alpha}{\cos\alpha} \cdot \frac{-4\sin^2\alpha + 3}{4\cos^2\alpha - 3} .$$

Nach 2.1.5 ist

$$\sin^2\alpha = \frac{\tan^2\alpha}{1 + \tan^2\alpha}, \quad \cos^2\alpha = \frac{1}{1 + \tan^2\alpha},$$

damit erhält man

$$\tan 3\,\alpha = \tan\alpha \; \frac{-4\tan^2\alpha + 3(1 + \tan^2\alpha)}{4 - 3(1 + \tan^2\alpha)} .$$

$$\boxed{\tan 3\,\alpha = \frac{-\tan^3\alpha + 3\tan\alpha}{1 - 3\tan^2\alpha}}$$

$$\cot 3\,\alpha = \frac{\cos 3\,\alpha}{\sin 3\,\alpha} = \frac{4\cos^3\alpha - 3\cos\alpha}{-4\sin^3\alpha + 3\sin\alpha} = \frac{\cos\alpha}{\sin\alpha} \cdot \frac{4\cos^2\alpha - 3}{-4\sin^2\alpha + 3} .$$

Unter Berücksichtigung der oben angeschriebenen Beziehungen aus 2.1.5 folgt daraus

$$\cot 3\,\alpha = \cot\alpha \; \frac{4\cot^2\alpha - 3(1 + \cot^2\alpha)}{-4 + 3(1 + \cot^2\alpha)}$$

$$\boxed{\cot 3\,\alpha = \frac{\cot^3\alpha - 3\cot\alpha}{3\cot^2\alpha - 1}}$$

Setzt man in den Formeln für $2\,\alpha$ statt $2\,\alpha$ vorübergehend α (und damit für α auf den rechten Seiten $\dfrac{\alpha}{2}$), so erhält man

$$\sin\alpha = 2\sin\frac{\alpha}{2}\cos\frac{\alpha}{2}$$

$$\cos\alpha = \cos^2\frac{\alpha}{2} - \sin^2\frac{\alpha}{2}$$

$$\tan\alpha = \frac{2\tan\dfrac{\alpha}{2}}{1 - \tan^2\dfrac{\alpha}{2}}$$

$$\cot\alpha = \frac{\cot^2\dfrac{\alpha}{2} - 1}{2\cot\dfrac{\alpha}{2}} .$$

Ausgehend von

$$\cos 2\alpha = \cos^2\alpha - \sin^2\alpha$$

erhält man unter Berücksichtigung der Grundformel

$$\sin^2\alpha + \cos^2\alpha = 1$$

$$\cos 2\alpha = (1 - \sin^2\alpha) - \sin^2\alpha$$

$$2\sin^2\alpha = 1 - \cos 2\alpha$$

$$\boxed{\sin\alpha = \sqrt{\frac{1 - \cos 2\alpha}{2}}.}$$

Ersetzt man andererseits $\sin^2\alpha$ durch $1 - \cos^2\alpha$, so folgt

$$\cos 2\alpha = \cos^2\alpha - (1 - \cos^2\alpha)$$

$$2\cos^2\alpha = 1 + \cos 2\alpha$$

$$\boxed{\cos\alpha = \sqrt{\frac{1 + \cos 2\alpha}{2}}.}$$

Schließlich ergeben sich durch Division

$$\boxed{\begin{aligned}\tan\alpha &= \sqrt{\frac{1 - \cos 2\alpha}{1 + \cos 2\alpha}}\\ \cot\alpha &= \sqrt{\frac{1 + \cos 2\alpha}{1 - \cos 2\alpha}}.\end{aligned}}$$

Ersetzt man in den letzten vier Formeln 2α überall durch α $\left(\text{und } \alpha \text{ also}\right.$ durch $\left.\frac{\alpha}{2}\right)$, so erhält man

$$\boxed{\begin{aligned}\sin\frac{\alpha}{2} &= \sqrt{\frac{1 - \cos\alpha}{2}}\\[4pt] \cos\frac{\alpha}{2} &= \sqrt{\frac{1 + \cos\alpha}{2}}\\[4pt] \tan\frac{\alpha}{2} &= \sqrt{\frac{1 - \cos\alpha}{1 + \cos\alpha}}\\[4pt] \cot\frac{\alpha}{2} &= \sqrt{\frac{1 + \cos\alpha}{1 - \cos\alpha}}.\end{aligned}}$$

Beispiele

1. Man drücke jede der vier Kreisfunktionen durch $\tan \dfrac{\alpha}{2} = t$ aus!

a) Ausgehend von $\sin \alpha = 2 \sin \dfrac{\alpha}{2} \cos \dfrac{\alpha}{2}$ bekommt man nach gleichzeitiger

Multiplikation und Division von $\cos \dfrac{\alpha}{2}$

$$\sin \alpha = 2 \tan \frac{\alpha}{2} \cos^2 \frac{\alpha}{2} .$$

Nach 2.1.5 ist

$$\cos^2 \frac{\alpha}{2} = \frac{1}{1 + \tan^2 \dfrac{\alpha}{2}} ,$$

also erhält man

$$\sin \alpha = \frac{2 \tan \dfrac{\alpha}{2}}{1 + \tan^2 \dfrac{\alpha}{2}} = \frac{2t}{1 + t^2} .$$

b) Ersetzt man in $\cos \alpha = \cos^2 \dfrac{\alpha}{2} - \sin^2 \dfrac{\alpha}{2}$ beide Ausdrücke der rechten Seite gemäß 2.1.5 durch $\tan \dfrac{\alpha}{2}$, so folgt

$$\cos \alpha = \frac{1}{1 + \tan^2 \dfrac{\alpha}{2}} - \frac{\tan^2 \dfrac{\alpha}{2}}{1 + \tan^2 \dfrac{\alpha}{2}}$$

$$\cos \alpha = \frac{1 - \tan^2 \dfrac{\alpha}{2}}{1 + \tan^2 \dfrac{\alpha}{2}} = \frac{1 - t^2}{1 + t^2} .$$

c) Die beiden letzten Beziehungen erhält man am einfachsten wieder durch Division gemäß

$$\tan \alpha = \frac{\sin \alpha}{\cos \alpha} , \quad \cot \alpha = \frac{\cos \alpha}{\sin \alpha}$$

$$\tan \alpha = \frac{2 \tan \dfrac{\alpha}{2}}{1 - \tan^2 \dfrac{\alpha}{2}} = \frac{2t}{1 - t^2}$$

$$\cot \alpha = \frac{1 - \tan^2 \dfrac{\alpha}{2}}{2 \tan \dfrac{\alpha}{2}} = \frac{1 - t^2}{2t} .$$

Man beachte, daß diese Darstellung der Kreisfunktionen durch $\tan\dfrac{\alpha}{2}$ nur rationale Rechenoperationen benötigt, also speziell keine Radizierung verwendet wird.

2. Man bringe die Ausdrücke

$$\frac{\sin\alpha + \tan\alpha}{\sin\alpha - \tan\alpha}\,,\quad \frac{1}{\sin\alpha} - 2\sin\alpha,\quad \tan\alpha + \cot\alpha$$

auf eine für die logarithmische Rechnung bequemere Form (d. h. man vermeide, wenn möglich, Summen und Differenzen!)

a) $\dfrac{\sin\alpha + \tan\alpha}{\sin\alpha - \tan\alpha} = \dfrac{\sin\alpha + \dfrac{\sin\alpha}{\cos\alpha}}{\sin\alpha - \dfrac{\sin\alpha}{\cos\alpha}} = \dfrac{\sin\alpha\cos\alpha + \sin\alpha}{\sin\alpha\cos\alpha - \sin\alpha}$

$\qquad = \dfrac{\sin\alpha}{\sin\alpha} \cdot \dfrac{\cos\alpha + 1}{\cos\alpha - 1} = -\cot^2\dfrac{\alpha}{2}\,.$

b) $\dfrac{1}{\sin\alpha} - 2\sin\alpha = \dfrac{1 - 2\sin^2\alpha}{\sin\alpha} = \dfrac{\cos 2\alpha}{\sin\alpha}\,.$

c) $\tan\alpha + \cot\alpha = \dfrac{\sin\alpha}{\cos\alpha} + \dfrac{\cos\alpha}{\sin\alpha} = \dfrac{\sin^2\alpha + \cos^2\alpha}{\cos\alpha\sin\alpha} = \dfrac{1}{\sin\alpha\cos\alpha}$

$\qquad = \dfrac{2}{2\sin\alpha\cos\alpha} = \dfrac{2}{\sin 2\alpha}\,.$

2.3.3 Summen und Differenzen von Kreisfunktionen

Wir gehen aus von den beiden Additionstheoremen für den Sinus und schreiben diese für die Winkel φ und ψ an:

$$\sin(\varphi + \psi) = \sin\varphi\cos\psi + \cos\varphi\sin\psi$$

$$\sin(\varphi - \psi) = \sin\varphi\cos\psi - \cos\varphi\sin\psi\,.$$

Addiert man beide Gleichungen, so bekommt man

$$\sin(\varphi + \psi) + \sin(\varphi - \psi) = 2\sin\varphi\cos\psi\,,$$

während die Subtraktion

$$\sin(\varphi + \psi) - \sin(\varphi - \psi) = 2\cos\varphi\sin\psi$$

liefert. Setzt man jetzt

$$\varphi + \psi = \alpha$$

$$\varphi - \psi = \beta\,,$$

so folgt zunächst

$$2\,\varphi = \alpha + \beta\,, \quad \varphi = \frac{\alpha + \beta}{2}\,,$$

$$2\,\psi = \alpha - \beta\,, \quad \psi = \frac{\alpha - \beta}{2}\,,$$

und damit für die Summe und Differenz

$$\sin \alpha + \sin \beta = 2 \sin \frac{\alpha + \beta}{2} \cdot \cos \frac{\alpha - \beta}{2}$$

$$\sin \alpha - \sin \beta = 2 \cos \frac{\alpha + \beta}{2} \cdot \sin \frac{\alpha - \beta}{2}\,.$$

In ganz entsprechender Weise bekommt man, ausgehend von den Additionstheoremen für den Kosinus, die beiden Formeln

$$\cos \alpha + \cos \beta = 2 \cos \frac{\alpha + \beta}{2} \cdot \cos \frac{\alpha - \beta}{2}\,.$$

$$\cos \alpha - \cos \beta = -2 \sin \frac{\alpha + \beta}{2} \sin \frac{\alpha - \beta}{2}\,.$$

Der Leser führe diese Herleitung zur Übung selbst durch.

Der Wert dieser Formelgruppe besteht in der Möglichkeit, Summen und Differenzen von Kreisfunktionen in Produkte umzuformen und damit für die logarithmische Rechnung geeignet zu machen. Aber auch in umgekehrter Richtung finden die Formeln Anwendung, so zum Beispiel in der formalen Integralrechnung und bei der Bestimmung der Fourierkoeffizienten.

Beispiele

1. Man bestätige $\dfrac{\cos \alpha + \cos \beta}{\sin \alpha + \sin \beta} = \cot \dfrac{\alpha + \beta}{2}$!

Durch Heranziehung der ersten und dritten Formel der obigen Gruppe bekommt man

$$\frac{\cos \alpha + \cos \beta}{\sin \alpha + \sin \beta} = \frac{2 \cos \dfrac{\alpha + \beta}{2} \cos \dfrac{\alpha - \beta}{2}}{2 \sin \dfrac{\alpha + \beta}{2} \cos \dfrac{\alpha - \beta}{2}} = \cot \frac{\alpha + \beta}{2}\,.$$

2. Man bestätige

$$\sin \alpha + \sin \beta + \sin \gamma = 4 \cos \frac{\alpha}{2} \cos \frac{\beta}{2} \cos \frac{\gamma}{2}\,,$$

falls $\alpha + \beta + \gamma = 180°$ gilt.

Zunächst ist mit der ersten der obigen Formeln und bei Berücksichtigung von $\gamma = 180° - (\alpha + \beta)$

$$\sin \alpha + \sin \beta + \sin \gamma = 2 \sin \frac{\alpha + \beta}{2} \cos \frac{\alpha - \beta}{2} + \sin [180° - (\alpha + \beta)]$$

$$= 2 \sin \frac{\alpha + \beta}{2} \cos \frac{\alpha - \beta}{2} + \sin (\alpha + \beta)$$

$$= 2 \sin \frac{\alpha + \beta}{2} \cos \frac{\alpha - \beta}{2} + 2 \sin \frac{\alpha + \beta}{2} \cos \frac{\alpha + \beta}{2}$$

$$= 2 \sin \frac{\alpha + \beta}{2} \left(\cos \frac{\alpha + \beta}{2} + \cos \frac{\alpha - \beta}{2} \right)$$

$$= 2 \cos \frac{\gamma}{2} \cdot 2 \cos \frac{\frac{\alpha + \beta}{2} + \frac{\alpha - \beta}{2}}{2} \cos \frac{\frac{\alpha + \beta}{2} - \frac{\alpha - \beta}{2}}{2}$$

$$= 4 \cos \frac{\alpha}{2} \cos \frac{\beta}{2} \cos \frac{\gamma}{2} .$$

3. Man leite aus dem Sinussatz durch Korrespondierende Addition bzw. Subtraktion den Tangenssatz her!

Nach 2.2.2 lautet der Sinussatz

$$a : b = \sin \alpha : \sin \beta .$$

Bildet man jetzt beiderseits das Verhältnis „Außenglied plus Innenglied zu Außenglied minus Innenglied", so erhält man

$$\frac{a + b}{a - b} = \frac{\sin \alpha + \sin \beta}{\sin \alpha - \sin \beta}$$

$$= \frac{2 \sin \dfrac{\alpha + \beta}{2} \cos \dfrac{\alpha - \beta}{2}}{2 \cos \dfrac{\alpha + \beta}{2} \sin \dfrac{\alpha - \beta}{2}}$$

$$= \frac{\tan \dfrac{\alpha + \beta}{2}}{\tan \dfrac{\alpha - \beta}{2}} .$$

4. Beweise

$$\cos^2 \alpha - \sin^2 \beta = \cos (\alpha + \beta) \cos (\alpha - \beta) !$$

Man gehe von der rechten Seite aus und forme diese nach der dritten Summenformel dieses Abschnitts um

$$\cos (\alpha + \beta) \cdot \cos (\alpha - \beta) = \frac{1}{2} (\cos 2 \alpha + \cos 2 \beta)$$

$$= \frac{1}{2} (\cos^2 \alpha - \sin^2 \alpha + \cos^2 \beta - \sin^2 \beta)$$

$$= \frac{1}{2} (2 \cos^2 \alpha - 1 + 1 - 2 \sin^2 \beta)$$

$$= \cos^2 \alpha - \sin^2 \beta .$$

Geht man von den Additionstheoremen für die Tangens- und Kotangensfunktion aus, so erhält man durch geeignete Umformung vier weitere Formeln, mit denen man die Summe bzw. Differenz zweier Tangens- oder Kotangensfunktionen in eine Produkt-Quotientendarstellung verwandeln kann:

$$\tan \alpha + \tan \beta = \frac{\sin (\alpha + \beta)}{\cos \alpha \cos \beta}$$

$$\tan \alpha - \tan \beta = \frac{\sin (\alpha - \beta)}{\cos \alpha \cos \beta}$$

$$\cot \alpha + \cot \beta = \frac{\sin (\alpha + \beta)}{\sin \alpha \sin \beta}$$

$$\cot \alpha - \cot \beta = - \frac{\sin (\alpha - \beta)}{\sin \alpha \sin \beta} .$$

Beweis: Es war nach 2.3.1

$$\tan (\alpha + \beta) = \frac{\tan \alpha + \tan \beta}{1 - \tan \alpha \tan \beta} .$$

Hieraus folgt bei Auflösung nach dem Zähler des Bruches

$$\tan \alpha + \tan \beta = \tan (\alpha + \beta) \, (1 - \tan \alpha \tan \beta)$$

$$= \frac{\sin (\alpha + \beta)}{\cos (\alpha + \beta)} \left(1 - \frac{\sin \alpha}{\cos \alpha} \cdot \frac{\sin \beta}{\cos \beta} \right)$$

$$= \frac{\sin (\alpha + \beta)}{\cos (\alpha + \beta)} \cdot \frac{\cos \alpha \cos \beta - \sin \alpha \sin \beta}{\cos \alpha \cdot \cos \beta} .$$

Nun war aber

$$\cos \alpha \cos \beta - \sin \alpha \sin \beta = \cos (\alpha + \beta) ,$$

so daß man durch Kürzen sofort die erste Formel erhält.

Wir zeigen noch die Richtigkeit der dritten Formel:

$$\cot (\alpha + \beta) = \frac{\cot \alpha \cot \beta - 1}{\cot \alpha + \cot \beta}$$

$$\cot \alpha + \cot \beta = \frac{\cot \alpha \cot \beta - 1}{\cot (\alpha + \beta)}$$

$$= \frac{\sin (\alpha + \beta)}{\cos (\alpha + \beta)} \left(\frac{\cos \alpha}{\sin \alpha} \cdot \frac{\cos \beta}{\sin \beta} - 1 \right)$$

$$= \frac{\sin (\alpha + \beta)}{\cos (\alpha + \beta)} \cdot \frac{\cos \alpha \cos \beta - \sin \alpha \sin \beta}{\sin \alpha \sin \beta}$$

$$= \frac{\sin (\alpha + \beta)}{\sin \alpha \sin \beta} .$$

Die übrigen beiden Formeln beweise der Leser selbst.

Beispiele

1. Man verwandle den Ausdruck $\tan\alpha + \cot\beta$ in eine für die logarithmische Rechnung bequeme Form!

$$\tan\alpha + \cot\beta = \frac{\sin\alpha}{\cos\alpha} + \frac{\cos\beta}{\sin\beta}$$

$$= \frac{\sin\alpha\sin\beta + \cos\alpha\cos\beta}{\cos\alpha\sin\beta}.$$

$$= \frac{\cos(\alpha - \beta)}{\cos\alpha\sin\beta}.$$

2. Desgl. für $\tan\alpha + \cot\alpha$!

$$\tan\alpha + \cot\alpha = \frac{\sin\alpha}{\cos\alpha} + \frac{\cos\alpha}{\sin\alpha}$$

$$= \frac{\sin^2\alpha + \cos^2\alpha}{\cos\alpha\sin\alpha}.$$

Mit $\sin 2\alpha = 2\sin\alpha\cos\alpha$ ergibt sich daraus

$$\tan\alpha + \cot\alpha = \frac{2}{\sin 2\alpha}.$$

3. Desgl. für $\tan^2\alpha - \cot^2\beta$!

$$\tan^2\alpha - \cot^2\beta = \frac{\sin^2\alpha}{\cos^2\alpha} - \frac{\cos^2\beta}{\sin^2\beta}$$

$$= \frac{\sin^2\alpha\sin^2\beta - \cos^2\alpha\cos^2\beta}{\cos^2\alpha\cdot\sin^2\beta}$$

$$= \frac{(\sin\alpha\sin\beta + \cos\alpha\cos\beta)(\sin\alpha\sin\beta - \cos\alpha\cos\beta)}{\cos^2\alpha\cdot\sin^2\beta}$$

$$= \frac{\cos(\alpha - \beta)\cdot[-\cos(\alpha + \beta)]}{\cos^2\alpha\cdot\sin^2\beta}$$

$$= \frac{-\cos(\alpha + \beta)\cdot\cos(\alpha - \beta)}{\cos^2\alpha\cdot\sin^2\beta}.$$

Der Student lasse sich durch den ihm vielleicht etwas trocken erscheinenden Stoff der letzten Abschnitte nicht davon abhalten, sich im Rechnen mit den verschiedenen trigonometrischen Ausdrücken soweit zu üben, daß ihm Umformungen der oben angeführten Art keine Schwierigkeiten mehr bereiten. Er wird sie in vielen anderen Gebieten der Mathematik wieder benötigen.

3 Funktionen einer reellen Veränderlichen

3.1 Der Funktionsbegriff

3.1.1 Definition des Funktionsbegriffes

Definition: *Wird jedem Wert einer Veränderlichen x mittels einer bestimmten Vorschrift der Wert einer Veränderlichen y eindeutig zugeordnet, so heißt y eine Funktion von x und man schreibt*

$$y = f(x) \quad oder \quad y = y(x) \, .$$

Man nennt x die unabhängige Veränderliche (Variable) oder das Argument, y die abhängige Veränderliche. Die Menge aller x-Werte, für welche die Funktion erklärt ist, heißt ihr *Definitionsbereich*, die Menge aller möglichen Funktionswerte wird die Funktionsweite oder der *Wertevorrat* der Funktion genannt. Maßgebend für den funktionalen Zusammenhang ist die Zuordnungsvorschrift f.[1]) Sie kann eine in Worten oder Zeichen gefaßte Rechenvorschrift, eine Meßvorschrift, eine tabellarische Gegenüberstellung[2]), eine graphische Aufzeichnung usw. sein. Die wichtigsten *Darstellungsformen* einer Funktion sind demnach

> Funktionsgleichung
>
> Kurve (Graph)
>
> Skala
>
> Tabelle
>
> Text.

In vielen Fällen kennzeichnet man eine Funktion durch mehrere Darstellungsformen, hauptsächlich durch die ersten beiden, um sie besonders deutlich zu machen. Skalare Darstellungen findet man etwa auf dem Rechenstab, Tabellen für die quadratische, Quadratwurzel- und logarithmische Funktion lernten wir bereits kennen. Als Beispiel einer als Text gefaßten Funktionsdarstellung sei die Erklärung der Sinus- oder Kosinusfunktion am Einheitskreis (s. S. 65) genannt.

---

[1]) Bei der modernen mengentheoretischen Erklärung des Funktionsbegriffes wird diese Vorschrift mit der Funktion selbst identifiziert. Als Definitionsbereich nimmt man eine Menge von Elementen x, die mittels der gegebenen Vorschrift den Elementen y der Wertevorratsmenge eindeutig zugeordnet werden. Statt Funktion sagt man auch Abbildung, für den Definitionsbereich „Urbildmenge", für den Wertevorrat „Bildmenge".

[2]) Diese kann durch Rechnung oder Messung entstanden sein; im letzteren Falle spricht man von einer empirischen Funktion.

3.1.2 Analytische Darstellung einer Funktion als Funktionsgleichung

Die Zuordnungsvorschrift sei eine Rechenvorschrift, die mit den in der Mathematik üblichen Zeichen zum Ausdruck gebracht werde, so etwa

$$y = x^3 - 4 x^2 + 7 x - 1$$
$$y = e^{-2 x} (\cos x + \sin x)$$
$$y = \lg x \text{ usw.}$$

Von den Funktionsgleichungen sollen drei Formen besonders herausgehoben werden

a) die *explizite (entwickelte) Form*

$$\boxed{y = f(x) \, .}$$

Ihr Charakteristikum ist die Auflösung nach einer Veränderlichen; diese muß indes nicht unbedingt y, sondern kann gegebenenfalls auch x sein:

$$x = g(y)$$

b) die *implizite (unentwickelte) Form*

$$\boxed{F(x, y) = 0 \, .}$$

Ihr Charakteristikum besteht darin, daß die rechte Seite der Funktionsgleichung Null ist;

c) die *Parameterform*

$$\boxed{\begin{aligned} x &= \varphi(t) \\ y &= \psi(t) \, . \end{aligned}}$$

Ihr Charakteristikum: Beide Veränderlichen x und y werden zu abhängigen Veränderlichen des „Parameters" t, der hier die Rolle der unabhängigen Veränderlichen spielt.

Ist x_1 ein spezieller Wert der Veränderlichen x und gehört zu x_1 der Wert y_1 der Veränderlichen y, so gilt also

$$\boxed{y_1 = f(x_1) \, .}$$

Man nennt dann y_1 den Wert der Funktion $y = f(x)$ für das Argument x_1 oder kurz den *Funktionswert an der Stelle x_1*. Es genügt zu schreiben $f(x_1)$.

Beispiele

1. Vorgelegt sei die Funktionsgleichung

$$2 x + 3 y = 6 \, .$$

Sie hat offenbar *keine* der drei angegebenen Formen.

a) Herstellung der expliziten Form:

$$3\,y = -\,2\,x + 6$$

$$y = -\frac{2}{3}\,x + 2\,.$$

b) Herstellung der impliziten Form

$$2\,x + 3\,y - 6 = 0\,.$$

c) Herstellung einer Parameterform

$$\left.\begin{array}{l} x = t \\[2mm] y = -\dfrac{2}{3}\,t + 2\,. \end{array}\right\}$$

2. Vorgelegt sei die Funktionsgleichung

$$x^2 + y^2 = r^2\,.$$

a) Die explizite Form lautet

$$y = \begin{cases} \sqrt{r^2 - x^2} & \text{für } y \geqq 0 \\[2mm] -\sqrt{r^2 - x^2} & \text{für } y < 0\,. \end{cases}$$

Die Aufspaltung muß vorgenommen werden, um die Eindeutigkeit der Zuordnung zu gewährleisten. In der Form $y = \pm \sqrt{r^2 - x^2}$ würden sich zu jedem x *zwei* Werte von y berechnen lassen, d. h. jedem Wert von x würden *zwei* Werte von y zugeordnet, was der Definition widerspräche.

b) Die implizite Form ist

$$x^2 + y^2 - r^2 = 0\,.$$

c) Eine Parameterform ist

$$\left.\begin{array}{l} x = r \sin t \\[1mm] y = r \cos t\,. \end{array}\right\}$$

Zum Beweis setze man $x(t)$ und $y(t)$ in die gegebene Funktionsgleichung ein

$$x^2 + y^2 = r^2 \sin^2 t + r^2 \cos^2 t = r^2\,(\sin^2 t + \cos^2 t) = r^2 \equiv r^2\,;$$

es ergibt sich eine Identität, also ist die Parameterform richtig.

3. Vorgelegt sei die Funktionsgleichung

$$-\,2\,x + \sin x + y + e^{-y} = 1\,.$$

a) Die explizite Form läßt sich nicht herstellen, da die Gleichung weder nach x noch nach y auflösbar ist!

b) Die implizite Form lautet

$$F(x, y) = -\,2\,x + \sin x + y + e^{-y} - 1 = 0\,.$$

c) Eine Parameterform gibt es ebenfalls nicht!

4. Vorgelegt sei die Funktionsgleichung

$$\left.\begin{array}{l} x(t) = a\,t^3 \\[1mm] y(t) = b\,t^2 \end{array}\right\} \quad \text{(Parameterform)}.$$

a) Elimination des Parameters t ergibt

$$x = a\,t^3 \Rightarrow t = \sqrt[3]{\frac{x}{a}}$$

$$y = b\,t^2 \Rightarrow y = b\left(\sqrt[3]{\frac{x}{a}}\right)^2$$

als explizite Form;

  b) die implizite Form ist

$$\left(\frac{y}{b}\right)^3 - \left(\frac{x}{a}\right)^2 = 0$$

oder nach Beseitigung der Brüche und Multiplikation mit -1

$$b^3 x^2 - a^2 y^3 = 0\,.$$

3.1.3 Geometrische Darstellung einer Funktion als Bildkurve

Mit der Einführung eines Koordinatensystems ist es möglich, Funktionen anschaulich geometrisch darzustellen. Wir benutzen ein ebenes *rechtwinkliges (kartesisches[1])) Koordinatensystem.* Es besteht aus folgenden Elementen (Abb. 50):

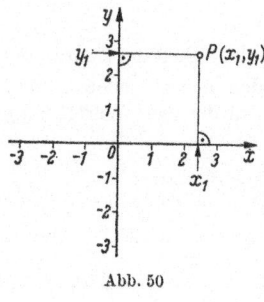

Abb. 50

x-Achse, Abszissenachse

y-Achse, Ordinatenachse

O: Ursprung (Origo), Nullpunkt

Festlegung der Einheit auf beiden Achsen

Die Achsen tragen lineare Skalen, doch müssen die Einheiten der beiden Achsen nicht unbedingt gleich sein. Die x-Achse wird nach rechts (links), die y-Achse nach oben (unten), positiv (negativ) beschriftet. Die Achsen teilen die Ebene in vier Quadranten auf; rechts-oben liegt der erste Quadrant, die übrigen folgen im Gegenzeigersinn.

Ist P_1 ein beliebiger Punkt der Bildebene und fällt man von P_1 die Lote auf die beiden Achsen, so markieren die Lotfußpunkte die beiden Koordinaten von P_1, nämlich die Abszisse x_1 auf der x-Achse und die Ordinate y_1 auf der y-Achse. Man schreibt

$$P_1(x_1, y_1)$$

und liest „P_1 mit den Koordinaten x_1 und y_1". Die Koordinaten x_1, y_1 bilden ein geordnetes Zahlenpaar und dürfen nicht miteinander vertauscht werden. Mit der Einführung eines Koordinatensystems erreicht man:

1. Jedem Punkt der Ebene läßt sich ein Paar von Koordinaten eindeutig zuordnen.

---

[1]) RENE DESCARTES (CARTESIUS) (1596 ··· 1650), französischer Philosoph und Mathematiker.

2. *Jedes geordnete Zahlenpaar definiert eindeutig einen Punkt der Ebene, nämlich den Punkt, der dieses Zahlenpaar als Koordinatenpaar hat.*

Die Zuordnung zwischen den Punkten der Ebene und den Koordinatenpaaren ist also umkehrbar eindeutig (eineindeutig).

Beispiele

1. Man trage die Punkte

$$P_1 (3; 1)$$
$$P_2 (-2; 2,5)$$
$$P_3 (+1; -4)$$
$$P_4 (0; 2)$$
$$P_5 (-3; -3)$$
$$P_6 (-1; 0)$$

in ein kartesisches Koordinatensystem ein (Abb. 51)!

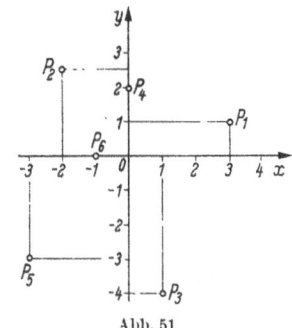

Abb. 51

2. Jeder der vier Quadranten kann definiert werden als eine Menge von Punkten, deren Koordinaten bestimmte Vorzeichenbedingungen erfüllen:

I. Quadrant: $Q_I = \{ P(x, y) \mid x > 0,\ y > 0 \}$
II. Quadrant: $Q_{II} = \{ P(x, y) \mid x < 0,\ y > 0 \}$
III. Quadrant: $Q_{III} = \{ P(x, y) \mid x < 0,\ y < 0 \}$
IV. Quadrant: $Q_{IV} = \{ P(x, y) \mid x > 0,\ y < 0 \}$.

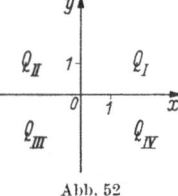

Die geschweiften Klammern sind zu lesen als „Menge aller Punkte $P \ldots$, deren Koordinaten die Bedingungen $\ldots$ erfüllen" (Abb. 52).

Abb. 52

3. Die x-Achse ist erklärbar als die Menge aller Punkte, deren Ordinate gleich Null ist, analog kann man die y-Achse als Menge aller Punkte mit verschwindender Abszisse auffassen:

$$x\text{-Achse}: \mathfrak{g}_x = \{ P(x, y) \mid y = 0 \}$$
$$y\text{-Achse}: \mathfrak{g}_y = \{ P(x, y) \mid x = 0 \}$$

4. Die in Abb. 53 dargestellten Geraden $\mathfrak{g}_1$ bis $\mathfrak{g}_4$

$\mathfrak{g}_1$: Parallele zur x-Achse im Abstand 2
$\mathfrak{g}_2$: Parallele zur y-Achse im Abstand 1 (nach links)
$\mathfrak{g}_3$: Halbierende des I. und III. Quadranten
$\mathfrak{g}_4$: Halbierende des II. und IV. Quadranten

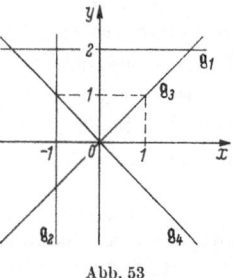

können offenbar wie folgt erklärt werden:

$$\mathfrak{g}_1 = \{ P(x, y) \mid y = 2 \}$$
$$\mathfrak{g}_2 = \{ P(x, y) \mid x = -1 \}$$
$$\mathfrak{g}_3 = \{ P(x, y) \mid x = y \}$$
$$\mathfrak{g}_4 = \{ P(x, y) \mid x = -y \}.$$

Abb. 53

8*

5. Der Einheitskreis besteht aus allen Punkten der Ebene, die vom Mittelpunkt M den Abstand 1 haben (Abb. 54).

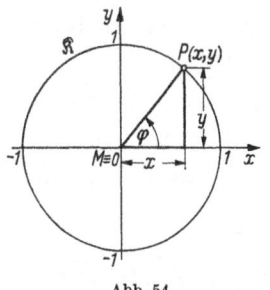

Die Koordinaten dieser Punkte sind, falls $M \equiv 0$ ist.

$$x = \cos \varphi \atop y = \sin \varphi \Bigg\},$$

also gilt für sie (und auch nur für sie!)

$$x^2 + y^2 = \sin^2 \varphi + \cos^2 \varphi = 1 .$$

Demnach kann man den Einheitskreis $\Re$ um 0 wie folgt erklären

Abb. 54

$$\Re = \{ P(x, y) \mid x^2 + y^2 = 1 \} .$$

Diese Beispiele zeigen, daß man aus der Menge aller Punkte der Ebene die Punkte einer Kurve (Geraden, Kreis usw.) als Teilmenge erhält, wenn man für die Koordinaten eine bestimmte Bedingung in Form einer Gleichung vorschreibt. Deshalb geben wir die

Definition: *Eine ebene Kurve $\mathfrak{C}$ ist eine Menge von Punkten $P(x, y)$, für deren Koordinaten eine bestimmte Bedingungsgleichung $F(x, y) = 0$ vorgeschrieben ist*

$$\boxed{\mathfrak{C} = \{ P(x, y) \mid F(x, y) = 0 \} .}$$

Es ist nun ein leichtes, einer Funktion $y = f(x)$ eine Kurve $\mathfrak{C}$ als „Bildkurve" zuzuordnen.[1]) Man braucht zu diesem Zwecke nur die Veränderlichen x und y als kartesische Koordinaten eines Punktes zu deuten und die Funktionsgleichung als die Bedingungsgleichung gemäß obiger Definition aufzufassen. Es ist dabei gleichgültig, ob die Funktionsgleichung in der expliziten, impliziten oder Parameterform vorliegt[2]); stets stellt sie die Bedingungsgleichung für die Koordinaten der Punkte der Bildkurve dar.

Auf diese Weise erhält man neben der analytischen Darstellung einer Funktion jetzt noch eine geometrische, anschauliche Darstellung, nämlich die Bildkurve der Funktion. Sie ist im besonderen Maße zum Studium der geometrischen Eigenschaften einer Funktion geeignet und wird deshalb im allgemeinen zu der Funktionsgleichung aufgezeichnet. Um die Zusammengehörigkeit von analytischer und geometrischer Darstellung zum Ausdruck zu bringen, schreibt man die Funktionsgleichung an die Bildkurve heran.

---

[1]) Ausgenommen sind hier und im folgenden solche Funktionen, bei denen auf Grund der Zuordnungsvorschrift eine Bildkurvendarstellung sinnlos ist.

[2]) oder in irgendeiner anderen Form.

Satz: *Einer Funktion läßt sich eine Bildkurve zuordnen. Sie besteht aus den (und aus nur den) Punkten, deren Koordinaten der Funktionsgleichung genügen.*

Ist $P_1(x_1, y_1)$ ein beliebiger Punkt der Ebene, so „genügen" seine Koordinaten x_1, y_1, der Funktionsgleichung $y = f(x)$, resp. „erfüllen" oder „befriedigen" diese, wenn zwischen ihnen genau diese Beziehung besteht, wenn also gilt

$$y_1 \equiv f(x_1) \,.$$

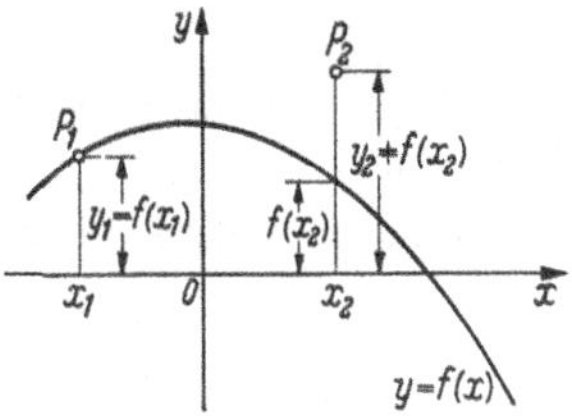

In diesem Falle ist also P_1 ein Punkt der Bildkurve von $y = f(x)$, bzw. P_1 liegt auf der Bildkurve der Funktion $y = f(x)$.

Gilt umgekehrt zwischen den Koordinaten x_2, y_2 eines Punktes der Ebene die Beziehung

$$y_2 \neq f(x_2) \,,$$

so heißt das, sie genügen *nicht* der Funktionsgleichung, der Punkt P_2 liegt *nicht* auf der Bildkurve der Funktion $y = f(x)$ (Abb. 55). Zusammengefaßt:

Abb. 55

Satz: *Ein Punkt P_1 (x_1, y_1) liegt dann und nur dann auf der Bildkurve $\mathfrak{C}$ einer Funktion mit der Gleichung $y = f(x)$, wenn seine Koordinaten die Funktionsgleichung identisch erfüllen:*

$$\boxed{P_1(x_1, y_1) \in \mathfrak{C} \iff y_1 \equiv f(x_1) \,.}$$

Das Aufzeichnen der Bildkurve kann nach Anfertigung einer Wertetabelle erfolgen. Bei dieser werden zu einer Reihe von vorgegebenen x-Werten die zugehörigen y-Werte mit der Funktionsgleichung berechnet und die entstandenen Zahlenpaare in ein Koordinatensystem gezeichnet. In vielen Fällen genügt es allerdings, die Bildkurve qualitativ zu skizzieren.

3.1.4 Skalare Darstellung einer Funktion als Funktionsleiter

Weniger anschaulich, aber außerordentlich wichtig und nützlich in der Praxis, ist die Darstellung einer Funktion als Skala oder Leiter. Man trägt von einem Anfangspunkt A aus auf einer Geraden die Funktionswerte $f(x_1)$, $f(x_2)$ usw., versehen noch mit einer Maßstabsgröße M, als Strecken ab und schreibt an ihre Endpunkte die zugehörigen Argumentwerte x_1, x_2 usw. (Abb. 56).

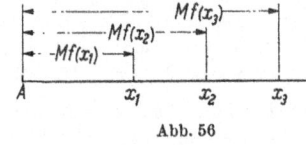

Abb. 56

Die Menge der so erhaltenen Punkte bildet eine *Funktionsskala* oder *Funktionsleiter* für die betreffende Funktion $y = f(x)$. Um die Zuordnung

der Veränderlichen besonders deutlich zu machen, schreibt man gern die
gleichmäßige Skala der y-Achse — auf jeden Fall aber deren Einheit —
an die andere Seite der Skala. Man erhält auf diese Weise eine sogenannte Funktions-Doppelleiter.

Zur *Konstruktion* einer solchen Skala kann man etwa die Bildkurve
der Funktion zeichnen und ihre Ordinaten (Funktionswerte) auf die
Skala übertragen.

Beispiele

1. Man konstruiere die Funktionsskala für $y = \dfrac{1}{4}\, x^2$ im Bereich $0 \leqq x \leqq 6$
($M = 5$ [mm]).

Lösung: Mit Hilfe der Wertetabelle

x	0	1	2	3	4	5	6
$f(x)$	0	0,25	1	2,25	4	6,25	9

zeichnen wir die Bildkurve und tragen die Ordinaten auf der Skala ab. Ihre
Beschriftung erfolgt durch die zugehörigen x-Werte (Abb. 57).

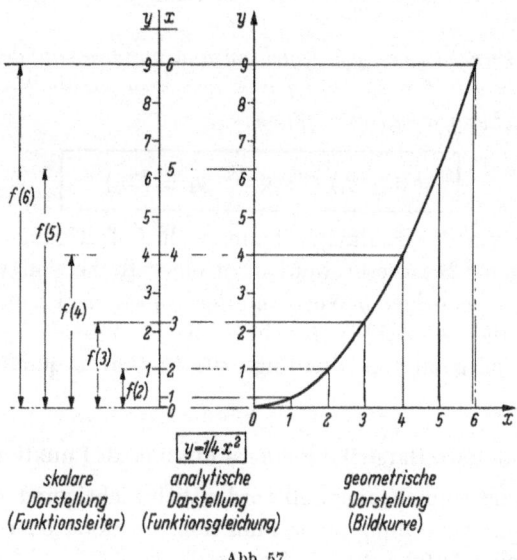

skalare   analytische   geometrische
Darstellung   Darstellung   Darstellung
(Funktionsleiter) (Funktionsgleichung)   (Bildkurve)

Abb. 57

2. Gesucht ist die skalare Darstellung der Funktion $y = \lg x$ für den Definitionsbereich $1 \leqq x \leqq 10$, falls man den Maßstabsfaktor $M = 25$ [mm] wählt.

Lösung: Einer Logarithmentafel entnehmen wir die folgenden Werte (zur
Zeichnung genügen zweistellige Mantissen):

x	1	2	3	4	5	6	7	8	9	10
$\lg x$	0.00	0.30	0.48	0.60	0.70	0.78	0.85	0.90	0.95	1.00

Den Maßstabsfaktor $M = 25$ [mm] berücksichtigen wir, indem wir die Einheit auf der y-Achse 25 mm (also 5mal so groß als die Einheit auf der x-Achse) wählen (Abb. 58.)

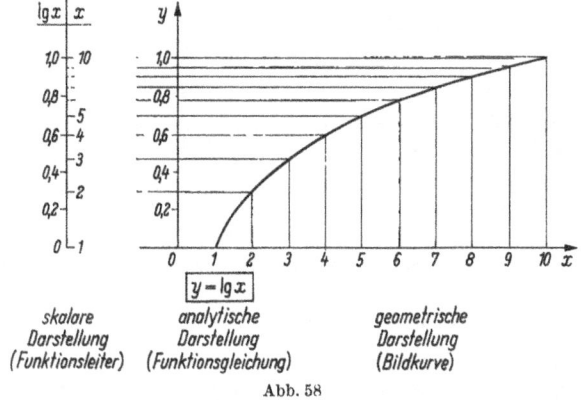

skalare
Darstellung
(Funktionsleiter)

analytische
Darstellung
(Funktionsgleichung)

geometrische
Darstellung
(Bildkurve)

Abb. 58

Systeme von Funktionsskalen ermöglichen die Ausführung von Rechenoperationen in einer für diese Darstellungsart charakteristischen Weise. Als Beispiel sei der *logarithmische Rechenstab* genannt. Zur Erläuterung seiner Wirkungsweise[1]) dienen die folgenden

Beispiele

1. *Durch geeignetes Aneinanderlegen zweier gleichlangen logarithmischen Skalen können Multiplikationen und Divisionen ausgeführt werden.* Ist E die Länge der logarithmischen Einheit und sind a, b gegeben, so findet man für c nach Abb. 59

$$E \lg c = E \lg a + E \lg b$$
$$\lg c = \lg (a \cdot b)$$
$$\boxed{c = a\,b\,.}$$

Denkt man sich b und c gegeben, so folgt mit der gleichen Einstellung

$$a = \frac{c}{b}\,.$$

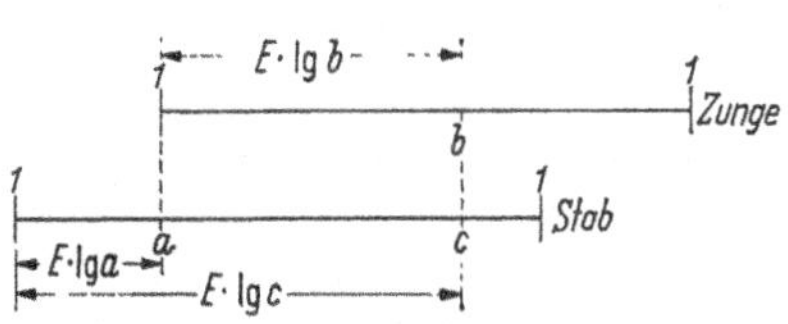

Abb. 59

2. *Eine logarithmische Skala der Länge E, verbunden mit zwei aneinander-liegenden logarithmischen Skalen der Länge $\frac{1}{2} E$, ermöglicht Quadrieren und Quadraturwurzelziehen.*

Die Skalen seien wie in Abb. 60 angeordnet, so daß also zugeordnete Werte untereinander stehen.

Quadrieren: Steht über dem Skalenwert a der unteren Skala der Wert b der linken oberen Skala, so gilt

$$E \lg a = \frac{1}{2} E \lg b$$
$$2 \lg a = \lg b$$
$$\boxed{a^2 = b\,;}$$

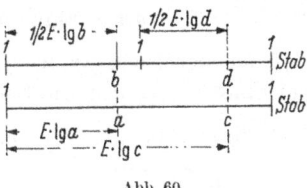

Abb. 60

---

[1]) Die Kenntnis des Rechenstabes wird an dieser Stelle vorausgesetzt.

andererseits gilt für das Wertepaar c, d

$$E \lg c = \frac{1}{2} E + \frac{1}{2} E \lg d$$
$$2 E \lg c = E \,(\lg 10 + \lg d)$$
$$\lg c^2 = \lg (10 \cdot d)$$
$$\boxed{\; c^2 = 10\,d \;}$$

Quadratwurzelziehen: Der umgekehrte Übergang von den oberen Skalen zur unteren Skala ermöglicht wegen

$$\begin{aligned} a &= \sqrt{b} \\ c &= \sqrt{10\,d} \end{aligned}$$

das Ziehen der Quadratwurzel. Es ist dabei bekanntlich nicht gleichgültig, ob man von der linken oder rechten oberen Skala ausgeht, da $\sqrt{x}$ und $\sqrt{10\,x}$ verschiedene Ziffernfolge haben.

3. *Durch geeignetes Aneinanderlegen einer logarithmischen und einer Exponentialskala können beliebige Potenzen und Wurzeln gezogen werden.*

Ein mit a ($\geqq e$) bezeichneter Wert einer Exponentialskala ist im Abstand $E \cdot \lg (\ln a)$ vom Skalenwert e aus aufgetragen (man bezeichnet diese Skalen deshalb auch als „doppelt-logarithmisch"). Nach Abb. 61 ergibt sich

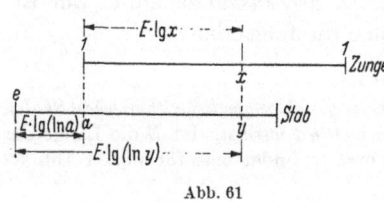

Abb. 61

$$E \lg x = E \lg (\ln y) - E \lg (\ln a)$$
$$\lg x = \lg \frac{\ln y}{\ln a}$$
$$x = \frac{\ln y}{\ln a}$$
$$\ln y = x \ln a = \ln a^x$$
$$\boxed{\; y = a^x \;}$$

und umgekehrt bei gegebenen x und y

$$\boxed{\; a = \sqrt[x]{y} \;} \;.$$

Stellt man den linken Anfang der Zunge über den Wert e der Exponentialskala, so ist $a = e$ und es folgt

$$y = e^x, \qquad x = \ln y,$$

d. h. man kann jetzt e-Funktionswerte und Natürliche Logarithmen bestimmen. Bei allen modernen Rechenstäben ist die Exponentialskala so aufgetragen, daß sie bezüglich der auf dem Stab verzeichneten Grundskala diese Lage hat, die Zunge also für e^x und $\ln x$ gar nicht benötigt wird.

3.1.5 Einteilung der Funktionen $y = f(x)$

Nach der Rechenvorschrift f pflegt man die expliziten Funktionsgleichungen $y = f(x)$ wie folgt einzuteilen

1. *Ganz-rationale Funktionen (Polynome)*

$$\boxed{\; y = a_n\,x^n + a_{n-1}\,x^{n-1} + \cdots + a_2\,x^2 + a_1\,x + a_0 \;.}$$

2. *Gebrochen-rationale Funktionen (Polynombrüche)*

$$y = \frac{a_n x^n + a_{n-1} x^{n-1} + \cdots + a_2 x^2 + a_1 x + a_0}{b_m x^m + b_{m-1} x^{m-1} + \cdots + b_2 x^2 + b_1 x + b_0}.$$

3. *Algebraisch-irrationale Funktionen*

Verlangt die Zuordnungsvorschrift außer rationalen Operationen auch noch das Ziehen von Wurzeln, so liegt eine algebraisch-irrationale Funktion vor; eine einheitliche Form kann man nicht angeben:

$$y = \sqrt{x^3 - 1}; \quad y = \sqrt[3]{x^2 - x + 4}, \quad y = \sqrt{\frac{x^2 - 2x - 7}{x^3 - 2x^2 + 4x - 1}}$$

$$y = \sqrt[4]{x} - \sqrt[3]{x+1} - \sqrt{\frac{x}{x-1}} + 2x - 1.$$

Man bezeichnet 1. und 2. zusammen als rationale Funktionen, 1. 2. und 3. gemeinsam als algebraische Funktionen.

4. *Transzendente Funktionen*

Jede nicht-algebraische Funktion wird als transzendent oder transzendent-irrationale Funktion bezeichnet. Dazu gehören speziell

die *Kreisfunktionen* $y = \sin x$, $y = \cos x$, $y = \tan x$, $y = \cot x$,

die *Bogenfunktionen* $y = \text{Arc} \sin x$, $y = \text{Arc} \cos x$, $y = \text{Arc} \tan x$, $y = \text{Arc} \cot x$,

die *Exponentialfunktionen* $y = a^x$ $(a > 0, a \neq 1)$,

die *logarithmischen Funktionen* $y = {}^a\log x$ $(a > 0, a \neq 1)$,

die *Hyperbelfunktionen* $y = \sinh x$, $y = \cosh x$, $y = \tanh x$, $y = \coth x$

die *Areafunktionen* $y = \text{ar} \sinh x$, $y = \text{ar} \cosh x$, $y = \text{ar} \tanh x$, $y = \text{ar} \coth x$.

3.2 Allgemeine Eigenschaften von Funktionen

Es werden die wichtigsten Eigenschaften anhand der Bildkurven, also auf geometrische Weise, erklärt. Ein Teil derselben wird später in der Höheren Mathematik auch eine analytische Behandlung erfahren.

3.2.1 Definitionsbereich. Intervalle

Definition: *Als Definitionsbereich $\mathfrak{D}$ einer Funktion $y = f(x)$ bezeichnen wir die Menge aller der Werte x, auf welche die Rechenvorschrift f anwendbar ist*

$$\mathfrak{D} = \{x \mid f(x) = y\}.$$

Man pflegt $\mathfrak{D}$ durch ein sogenanntes *Intervall I* für x anzugeben.

Beschränkte Intervalle sind

1. $I[a, b] = \{x \mid a \leqq x \leqq b\}$
beiderseits abgeschlossenes Intervall

2. $I(a, b) = \{x \mid a < x < b\}$
beiderseits offenes Intervall

3. $I[a, b) = \{x \mid a \leqq x < b\}$
linksseitig abgeschlossenes, rechtsseitig offenes Intervall

4. $I(a, b] = \{x \mid a < x \leqq b\}$
linksseitig offenes, rechtsseitig abgeschlossenes Intervall.

Wird eine der beiden Intervallgrenzen nicht angegeben, so unterliegt x nach der betreffenden Richtung keiner Beschränkung; man spricht dann von *unbeschränkten Intervallen* z. B.

$$I[a, \infty) = \{x \mid x \geqq a\}$$
$$\text{oder} \quad I(-\infty, b) = \{x \mid -\infty < x < b\}.$$

Beispiele

1. $y = \sqrt{1 - x^2}$; Definitionsbereich ist die Menge aller x-Werte, für welche der Radikand nicht negativ ist:

$$1 - x^2 \geqq 0 \Rightarrow -1 \leqq x \leqq +1.$$

2. $y = \ln x - 3$; Definitionsbereich ist die Menge aller positiven x-Werte, da nur für diese der Logarithmus erklärt ist: $x > 0$ bzw. $0 < x < \infty$.

3. $y = x^2 - 5x + 7$; Definitionsbereich: alle reellen x-Werte $(-\infty < x < +\infty)$.

4. $y = \dfrac{x + 1}{x - 1}$; Definitionsbereich sind alle $x \neq 1$.

5. $v(t) = v_0 + b\,t$ (gleichmäßig beschleunigte geradlinige Bewegung, $v_0 = v(0)$: Geschwindigkeitsbetrag zur Zeit $t = 0$, b: Betrag der konstanten Beschleunigung). Definitionsbereich: $t \geqq 0$.

3.2.2 Monotonie. Maximum und Minimum. Beschränktheit

Definition: *Eine Funktion $y = f(x)$ heißt in einem Intervall I streng monoton steigend (fallend), wenn dort zu einem größeren x-Wert stets ein größerer (kleinerer) Funktionswert gehört:*

$$
\begin{array}{l}
x_2 > x_1 \Rightarrow f(x_2) > f(x_1) \text{ für alle } x \in I \\
(f(x) \text{ streng monoton steigend in } I) \\
x_2 > x_1 \Rightarrow f(x_2) < f(x_1) \text{ für alle } x \in I \\
(f(x) \text{ streng monoton fallend in } I).
\end{array}
$$

Beispiel: Die in Abb. 62 dargestellte Funktion ist für

$$a \leqq x < b \quad \text{streng monoton fallend}$$
$$b < x < c \quad \text{,,} \qquad \text{,,} \qquad \text{steigend}$$
$$c < x < d \quad \text{,,} \qquad \text{,.} \qquad \text{fallend}$$
$$d < x \leqq e \quad \text{,,} \qquad \text{,,} \qquad \text{steigend.}$$

Definition: *Eine Funktion $y = f(x)$ besitzt an einer Stelle ein Maximum (Minimum), wenn dort die Tangente an die Bildkurve waagrecht (d. h. parallel zur x-Achse) verläuft und der Funktionswert im Vergleich zu den Nachbarwerten der größte (kleinste) ist.*

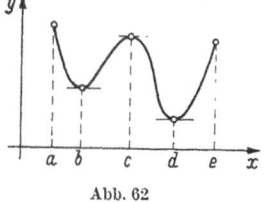

Beispiel: Die in Abb. 62 dargestellte Funktion hat

bei $x = b$ ein Minimum
,, $x = c$,, Maximum
,, $x = d$,, Minimum.

Abb. 62

Man beachte, daß Maxima und Minima stets nur bezüglich ihrer unmittelbaren Umgebung erklärt sind und nicht etwa für den gesamten Definitionsbereich.

Definition: *Eine Funktion $y = f(x)$ heißt in einem Intervall I beschränkt, wenn es eine reelle Zahl K gibt, so daß*

$$\boxed{|f(x)| \leq K}$$

gilt für alle x aus I.
Die Zahl K heißt eine Schranke für die Funktion.

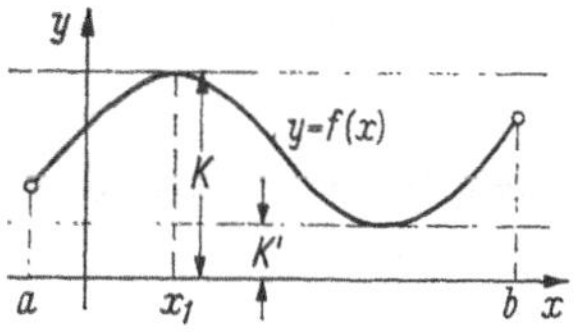

Abb. 63

Beispiel: Die in Abb. 63 aufgezeichnete Funktion ist im Intervall $a \leqq x \leqq b$ beschränkt, eine Schranke ist dabei $K = f(x_1)$.

Bemerkung: Mitunter gibt man auch obere und untere Schranken an, so ist beispielsweise in Abb. 63 K eine obere und K' eine untere Schranke für $f(x)$:
$K' \leqq f(x) \leqq K$.

3.2.3 Eindeutigkeit und Mehrdeutigkeit

Nach Definition ordnet die Rechenvorschrift f jedem x-Wert des Definitionsbereiches *eindeutig* einen y-Wert zu; die in der expliziten Form

$$y = f(x)$$

angeschriebene Funktionsgleichung beschreibt also stets eine eindeutige Funktion. In Abb. 64 ist ein Kurvenverlauf dargestellt, bei dem man zu jedem x-Wert *zwei* y-Werte

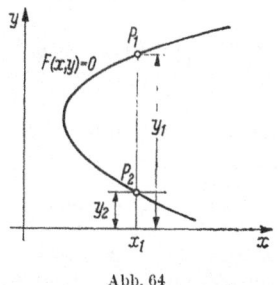

Abb. 64

angeben kann. Ein anderes Beispiel ist der Einheitskreis um den Ursprung. Bildkurven dieser Art, bei denen also die Zuordnung $x \to f(x)$[1] mehrdeutig ist, lassen sich durch eine Funktionsgleichung in der expliziten Form nicht beschreiben. Vielmehr muß man solche Bildkurven in *eindeutige Teilkurven* aufspalten und jede mit einer Gleichung $y = f_i(x)$ $(i = 1, 2, \ldots)$ beschreiben — oder man wählt die implizite Form $F(x, y) = 0$ zur Darstellung des gesamten Kurvenverlaufes (vgl. Beispiel 2 in 3.1.2).

3.2.4 Symmetrieeigenschaften

Satz: *Die Bildkurven zweier Funktionen $y = f(x)$ und $y = g(x)$ liegen symmetrisch zur x-Achse, wenn*

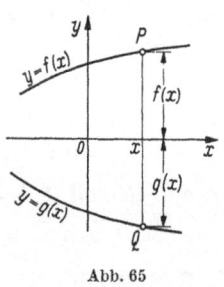

Abb. 65

$$f(x) = - g(x)$$

gilt.

Beweis: Betrachte Abb. 65! Sind $P(x, f(x))$ und $Q(x, g(x))$ *irgend* zwei symmetrisch zur x-Achse liegende Kurvenpunkte, so sind ihre Abszissen gleich und ihre Ordinaten unterscheiden sich nur im Vorzeichen: $f(x) = - g(x)$. — Ist demnach $y = f(x)$ eine gegebene Funktionsgleichung, so erhält man die Gleichung der symmetrisch zur x-Achse liegenden Bildkurve, indem man einfach y durch $-y$ ersetzt:

$$-y = f(x) \Rightarrow y = - f(x).$$

Satz: *Die Bildkurven zweier Funktionen $y = f(x)$ und $y = g(x)$ liegen symmetrisch zur y-Achse, wenn*

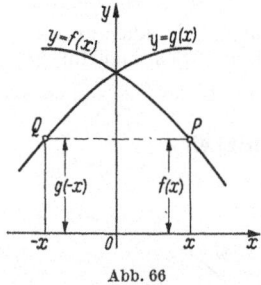

Abb. 66

$$f(x) = g(-x)$$

gilt.

Beweis: Betrachte Abb. 66! Sind $P(x, f(x))$ und $Q(-x, g(-x))$ wieder zwei *beliebige* symmetrisch zur y-Achse liegende Kurvenpunkte, so unterscheiden sich ihre Abszissen im Vorzeichen, während ihre Ordinaten gleich sind: $f(x) = g(-x)$. — Aus $y = f(x)$ folgt also die Gleichung der zur y-Achse symmetrische gelegenen Bildkurve, indem man lediglich x durch $- x$ ersetzt: $y = f(-x)$.

---

[1] Der Pfeil $\to$ symbolisiert hier und in allen entsprechenden Fällen eine eindeutige Zuordnung. $x \to f(x)$ besagt demnach, daß jedem Wert von x ein Wert $f(x)$ eindeutig zugeordnet wird. Der Doppelpfeil $\leftrightarrow$ bezeichnet eine umkehrbar eindeutige (eineindeutige) Zuordnung.

Satz: *Die Bildkurven zweier Funktionen y = f(x) und y = g(x) liegen punktsymmetrisch zum Ursprung, wenn*

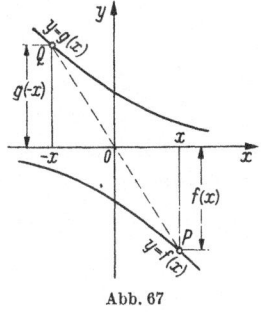

Abb. 67

$$f(x) = - g(-x)$$

gilt.

Beweis: Betrachte Abb. 67! Sind $P(x, f(x))$ und $Q(-x, g(-x))$ zwei *beliebige* symmetrisch zum Ursprung liegende Kurvenpunkte, so unterscheiden sich sowohl ihre Abszissen als auch ihre Ordinaten lediglich im Vorzeichen: $f(x) = - g(-x)$. — Demnach erhält man aus $y = f(x)$ die Gleichung der dazu punktsymmetrisch (bezüglich 0) liegenden Bildkurve, indem man sowohl x durch $-x$ als auch y durch $-y$ ersetzt.

Beispiele

1. Vorgelegt sei die lineare Funktion $y = x + 1$. Ihre Bildkurve ist eine Gerade durch den Punkt 1 der y-Achse und parallel zur Quadrantenhalbierenden $y = x$[1]) (Abb. 68). Das Spiegelbild dieser Geraden

a) bezüglich der y-Achse hat die Gleichung $y = - x + 1$
(es wurde x durch $- x$ ersetzt!)

b) bezüglich der x-Achse hat die Gleichung $-y = x + 1 \Rightarrow y = - x - 1$
(es wurde y durch $- y$ ersetzt!)

c) bezüglich des Ursprungs hat die Gleichung $- y = - x + 1 \Rightarrow y = x - 1$
(es wurde x durch $- x$ und y durch $- y$ ersetzt!).

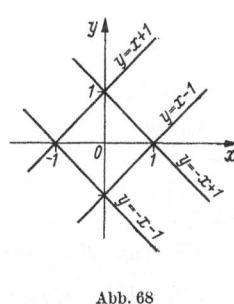

Abb. 68

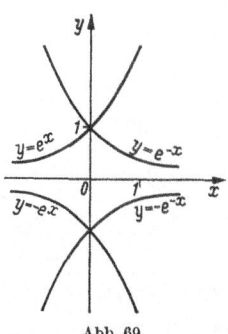

Abb. 69

2. Vorgelegt sei die Exponentialfunktion $y = e^x$. Ihre Bildkurve hat den in Abb. 69 gezeigten Verlauf[2]). Das Spiegelbild dieser Kurve

a) bezüglich der y-Achse hat die Gleichung $y = e^{-x}$

b) bezüglich der x-Achse hat die Gleichung $- y = e^x \Rightarrow y = - e^x$

c) bezüglich des Ursprungs hat die Gleichung $- y = e^{-x} \Rightarrow y = - e^{-x}$

---

[1]) Über lineare Funktionen siehe auch 3.3
[2]) Näheres über Exponentialfunktionen folgt in 3.8

Satz: *Jede Funktion* $y = f(x)$, *welche der Funktionalgleichung*[1])

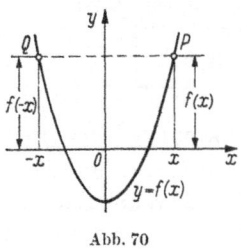

Abb. 70

$$f(-x) = f(x)$$

genügt, heißt eine gerade Funktion und besitzt eine symmetrisch zur y-Achse verlaufende Bildkurve.

Beweis (Abb. 70): *Je zwei* symmetrisch zur y-Achse gelegene Kurvenpunkte $P(x, f(x))$ und $Q(-x, f(-x))$ haben gleiche Ordinaten, also gilt für *alle* x: $f(x) = f(-x)$.

Satz: *Jede Funktion* $y = f(x)$, *welche der Funktionalgleichung*

$$f(-x) = -f(x)$$

genügt, heißt eine ungerade Funktion und besitzt eine punktsymmetrisch zum Ursprung verlaufende Bildkurve.

Beweis (Abb. 71): *Je zwei* punktsymmetrisch zum Ursprung gelegene Kurvenpunkte $P(x, f(x))$ und $Q(-x, f(-x))$ unterscheiden sich lediglich im Vorzeichen der Koordinaten; es gilt also für *alle* x: $f(x) = -f(-x)$)

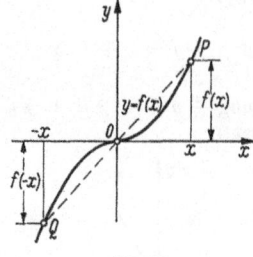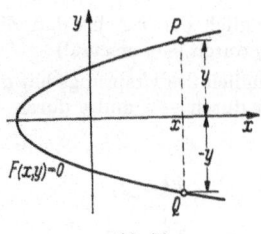

Abb. 71   Abb. 72

Satz: *Jede Funktion* $F(x, y) = 0$, *die der Funktionalgleichung*

$$F(x, -y) = F(x, y)$$

genügt, besitzt eine symmetrisch zur x-Achse verlaufende Bildkurve.

Beweis (Abb. 72): *Je zwei* symmetrisch zur x-Achse gelegene Kurvenpunkte $P(x, y)$ und $Q(x, -y)$ unterscheiden sich nur im Vorzeichen der Ordinate. Ist demnach $F(x, y) \equiv 0$, so folgt auch $F(x, -y) \equiv 0$, mithin ist $F(x, y) = F(x, -y)$.

---

[1]) Eine Funktionalgleichung ist eine Bestimmungsgleichung für eine Funktion bzw. eine Menge von Funktionen. Wir benutzen an dieser Stelle Funktionalgleichungen zur Charakterisierung bestimmter Klassen von Funktionen. Dabei kann man von einer speziellen Funktion durch Einsetzen in die Funktionalgleichung stets nachprüfen, ob sie eine Lösung derselben ist.

Beispiele

1. Die aus der Trigonometrie (s. S. 75 ff) bekannten Beziehungen

$$\sin(-x) = -\sin x$$
$$\cos(-x) = +\cos x$$
$$\tan(-x) = -\tan x$$
$$\cot(-x) = -\cot x$$

bedeuten in funktionaler Sicht: Sinus-, Tangens- und Kotangensfunktion sind ungerade, ihre Bildkurven also punktsymmetrisch zum Ursprung; die Kosinusfunktion hingegen ist gerade, die Kosinuslinie also symmetrisch zur y-Achse gelegen (s. S. 157 ff).

2. Für die Funktion

$$y = f(x) = 4x^2 - x \sin x$$

gilt offenbar

$$f(-x) = 4(-x)^2 - (-x)\sin(-x) = 4x^2 - x\sin x = f(x),$$

d. h. die Bildkurve liegt symmetrisch zur y-Achse.

3. Die Funktionsgleichung

$$y = f(x) = 3x^5 - x^3 - \frac{4}{x}$$

genügt der Funktionalgleichung

$$f(-x) = 3(-x)^5 - (-x)^3 - \frac{4}{-x} = -\left(3x^5 - x^3 - \frac{4}{x}\right) = -f(x),$$

ist also ungerade, die Bildkurve punktsymmetrisch zum Ursprung.

4. Die Funktion

$$F(x,y) \equiv y^2 - x = 0$$

besitzt die Eigenschaft

$$F(x,-y) = (-y)^2 - x = y^2 - x = F(x,y),$$

die Bildkurve verläuft also symmetrisch zur x-Achse.

5. Die Funktion

$$y = f(x) = x^2 + x - 1$$

zeigt keine der genannten Symmetrieeigenschaften, denn es ist

$$f(-x) \neq \pm f(x).$$

Satz: *Summe, Differenz, Produkt und Quotient zweier geraden Funktionen ist wieder eine gerade Funktion.*

Beweis: Es seien $y = f(x)$ und $y = g(x)$ gerade Funktionen:

$$f(-x) = f(x), \quad g(-x) = g(x).$$

Dann folgt

a) für die Summe mit $s(x) = f(x) + g(x)$:

$$s(-x) = f(-x) + g(-x) = f(x) + g(x) = s(x)$$

b) für die Differenz mit $d(x) = f(x) - g(x)$:

$$d(-x) = f(-x) - g(-x) = f(x) - g(x) = d(x)$$

c) für das Produkt mit $p(x) = f(x)\, g(x)$:

$$p(-x) = f(-x)\, g(-x) = f(x)\, g(x) = p(x)$$

d) für den Quotienten mit $q(x) = f(x) : g(x) : g\ (x) \not\equiv 0$

$$q(-x) = f(-x) : g(-x) = f(x) : g(x) = q(x) \,.$$

In ganz entsprechender Weise beweist man den

Satz: *1. Produkt und Quotient zweier ungeraden Funktionen ergeben wieder eine gerade Funktion.*

2. Produkt und Quotient einer geraden und einer ungeraden Funktion ergeben stets eine ungerade Funktion.

Die Beweisführung wird dem Leser als Übung empfohlen. Besonderes Interesse verdient noch der folgende

Satz: *Eine Funktion $y = f(x)$, die für Argumente beiderlei Vorzeichens erklärt ist, kann als Summe aus einer geraden und einer ungeraden Funktion dargestellt werden:*

$$\boxed{\begin{aligned} f(x) &= g(x) + u(x) \\ g(-x) &= g(x), \ u(-x) = -\,u(x) \,. \end{aligned}}$$

Man nennt $g(x)$ auch den „geraden Anteil", $u(x)$ auch den „ungeraden Anteil" von $f(x)$.

Beweis: Wir setzen an

$$g(x) = \frac{1}{2}\,[f(x) + f(-x)]$$

$$u(x) = \frac{1}{2}\,[f(x) - f(-x)]\,,$$

dann ist

$$g(-x) = \frac{1}{2}\,[f(-x) + f(x)] = \frac{1}{2}\,[f(x) + f(-x)] = g(x)$$

$$u(-x) = \frac{1}{2}\,[f(-x) - f(x)] = -\,\frac{1}{2}\,[f(x) - f(-x)] = -\,u(x)\,,$$

d. h. $g(x)$ ist gerade und $u(x)$ ist ungerade, wie gefordert. Die Addition von $g(x)$ und $u(x)$ ergibt dann sofort die Behauptung:

$$f(x) = g(x) + u(x) \,.$$

Beispiele

1. Die Funktion $f(x) = (1 + x)^3$ ist weder gerade noch ungerade. Multipliziert man aus, so erhält man

$$(1 + x)^3 = 1 + 3\,x + 3\,x^2 + x^3 \,.$$

Setzt man hierin

$$g(x) = 3\,x^2 + 1$$
$$u(x) = x^3 + 3\,x \,,$$

so ist

$$g(-x) = g(x), \qquad u(-x) = -u(x),$$

d. h. $g(x) = 3\,x^2 + 1$ ist der gerade, $u(x) = x^3 + 3\,x$ der ungerade Anteil der gegebenen Funktion $f(x)$:

$$f(x) = (1 + x)^3 = (3\,x^2 + 1) + (x^3 + 3\,x).$$

2. Für die Funktion $f(x) = \sin(a + x)$ erhält man nach den Additionstheoremen

$$\sin(a + x) = \sin a \cos x + \cos a \sin x$$

$$g(x) = \sin a \cos x \Rightarrow g(-x) = g(x)$$

$$u(x) = \cos a \sin x \Rightarrow u(-x) = -u(x),$$

d. h. $g(x) = \sin a \cos x$ ist der gerade, $u(x) = \cos a \sin x$ der ungerade Anteil der Funktion $f(x) = \sin(a + x)$.

3.3 Konstante und lineare Funktionen

3.3.1 Die Gerade als Bildkurve

Definition: *Die Funktionen*

$$y = a, \quad x = b$$

heißen konstante Funktionen (a, b Konstanten).

Die Bildkurve von $y = a$ ist eine Parallele zur x-Achse im Abstand a, die Bildkurve von $x = b$ ist eine Parallele zur y-Achse im Abstand b. Speziell ist für $a = 0$ und $b = 0$

$y = 0$ Gleichung der x-Achse
$x = 0$ Gleichung der y-Achse .

Beispiele konstanter Funktionen zeigt Abb. 73.

Die impliziten Formen lauten

$$y - a = 0$$

$$x - b = 0.$$

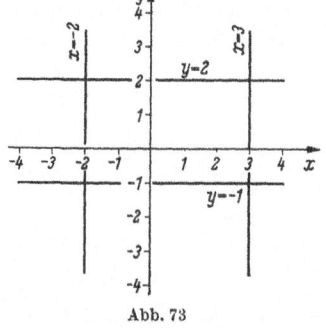

Abb. 73

Charakteristisch für eine konstante Funktion ist das Fehlen einer der beiden Veränderlichen, während die andere Veränderliche nur in der 1. Potenz auftritt.

Definition: *Jede Funktion der Gestalt*

$$\boxed{y = m\,x + n}$$

heißt vom 1. Grade in x oder linear in x; $m \neq 0$ und n bedeuten beliebige Konstanten.

Satz: *Die Bildkurve einer linearen Funktion ist eine Gerade, die zu keiner der Koordinatenachsen parallel ist.*

Beweis: Es sei $y = mx + n$ die Funktionsgleichung, $\mathfrak{g}$ ihre Bildkurve. $P_1(x_1, y_1)$ und $P_2(x_2, y_2)$ seien zwei *beliebige* Punkte auf $\mathfrak{g}$, ihre Koordinaten erfüllen also die Gleichung:

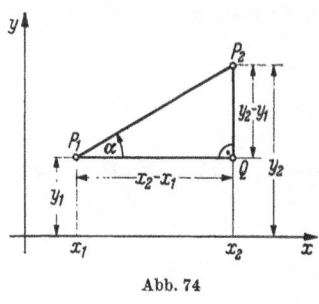

Abb. 74

$$P_1(x_1, y_1) \in \mathfrak{g} \Rightarrow y_1 = mx_1 + n$$
$$P_2(x_2, y_2) \in \mathfrak{g} \Rightarrow y_2 = mx_2 + n$$
$$y_2 - y_1 = m(x_2 - x_1)$$
$$\frac{y_2 - y_1}{x_2 - x_1} = m \,(= \text{konstant!}).$$

Der Quotient aus Ordinaten- und Abszissendifferenz, der sogenannte *Differenzenquotient*, ist also eine Konstante, nämlich gleich m. Andererseits ergibt sich aus Abb. 74

$$\tan \alpha = \frac{y_2 - y_1}{x_2 - x_1} = m \,,$$

d. h. $\tan \alpha$ und damit auch α ist eine Konstante. Der Winkel α, den die Verbindungssehne *irgend* zweier Kurvenpunkte mit der x-Achse bildet, ist stets derselbe. Daraus folgt, daß $\mathfrak{g}$ nur eine Gerade sein kann.

3.3.2 Geometrische Bedeutung der Konstanten m und n

Der Winkel α heißt Richtungswinkel der Geraden, den Wert $\tan \alpha = m$ nennt man die *Steigung* oder den *Anstieg* der Geraden. Die Gerade ist

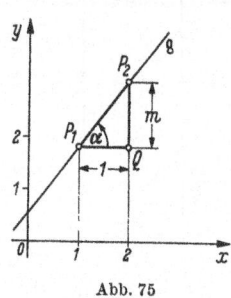

Abb. 75

also durch ihre konstante Steigung m charakterisiert. Die Einheiten auf den beiden Koordinatenachsen seien im folgenden stets gleich groß. Wählt man die waagrechte Kathete $\overline{P_1 Q}$ zu eins, so gibt die senkrechte Kathete $\overline{P_2 Q}$ den Betrag der Steigung m an (Abb. 75). Die Steigung m ist positiv oder negativ, je nachdem die Gerade steigt oder fällt (α spitz $\Rightarrow \tan \alpha = m > 0$, α stumpf $\Rightarrow \tan \alpha = m < 0$). Den Schnittpunkt der Geraden mit der y-Achse erhält man, wenn in der Geradengleichung $y = mx + n$ für $x = 0$ gesetzt wird: $y = n$. Die Konstante n stellt also den y-*Achsenabschnitt* dar, der von der Geraden gebildet wird.

Zusammengefaßt gilt der

Satz: *In der linearen Funktion $y = mx + n$ stellt der Faktor m von x die Steigung der Bildgeraden und das Absolutglied n den y-Achsenabschnitt dar.*

In den Abb. 76 bis 79 sind m und n eingezeichnet. Das Dreieck SQP wird *Steigungsdreieck* genannt.

Sonderfälle:

1. $n = 0 \Rightarrow y = m\,x$: *homogene* lineare Funktion.

Die Gerade verläuft durch den Ursprung des Koordinatensystems.

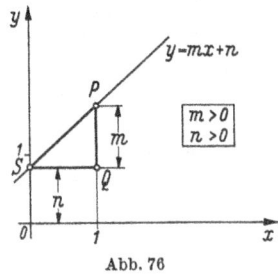

Abb. 76

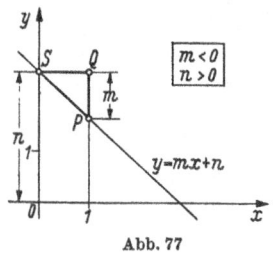

Abb. 77

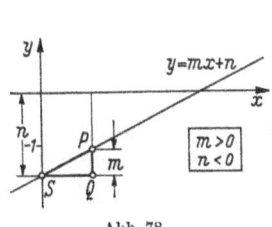

Abb. 78

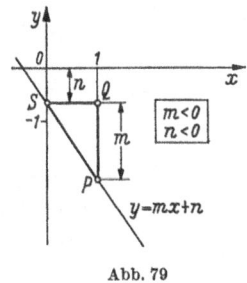

Abb. 79

2. Zwei Geraden $\mathfrak{g}_1$ und $\mathfrak{g}_2$ sind *parallel*, wenn sie gleiche Steigung haben:

$$\mathfrak{g}_1 \| \mathfrak{g}_2 \Longleftrightarrow m_1 = m_2$$

(Abb. 80).

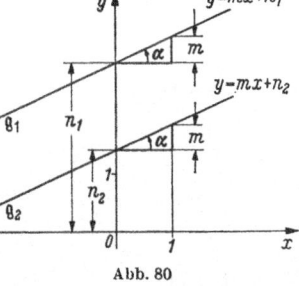

Abb. 80

3. Zwei Geraden $\mathfrak{g}_1$ und $\mathfrak{g}_2$ sind *orthogonal* (d. h. stehen senkrecht aufeinander), wenn ihre Steigungen negativ reziprok zueinander sind

$$\mathfrak{g}_1 \perp \mathfrak{g}_2 \Longleftrightarrow m_1 = -\frac{1}{m_2}.$$

Man betrachte in Abb. 81 das rechtwinklige Dreieck SP_1P_2! Seine Hypotenusenabschnitte sind die Beträge von m_1 und m_2! seine Höhe ist

9*

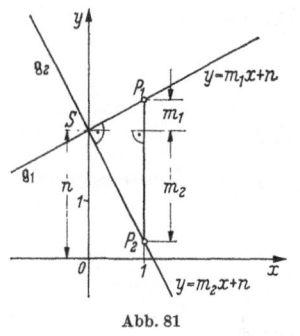

Abb. 81

gleich 1. Nach dem „Höhensatz" von EUKLID[1]) gilt also

$$|m_1| \cdot |m_2| = 1 \ .$$

Nun ist hier $m_2 < 0$, also fällt das Produkt beider Steigungen negativ aus und es folgt

$$m_1 \cdot m_2 = -1 \Rightarrow m_1 = -\frac{1}{m_2} \ .$$

3.3.3 Konstruktion der Bildgeraden

1. *Konstruktion mit Hilfe des Steigungsdreieckes*

Man zeichne das Steigungsdreieck; die Gerade ist dessen beiderseits verlängerte Hypotenuse.

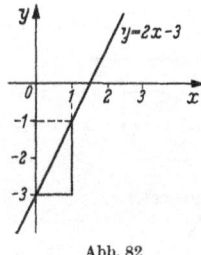

Abb. 82

Beispiel: $y = 2x - 3$. $m = 2$, $n = -3$ (Abb. 82).

Falls das Steigungsdreieck zu klein ist, kann man auch ein zu diesem ähnliches, größeres Dreieck benutzen.

2. *Konstruktion mit Hilfe der Achsenabschnitte*

Setzt man in der Geradengleichung $x = 0$, so erhält man den y-Achsenabschnitt n; setzt man andererseits $y = 0$, so ergibt sich der x-Achsenabschnitt $-\frac{m}{n}$.

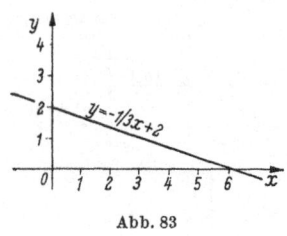

Abb. 83

Beispiel: $y = -\frac{1}{3}x + 2$.

$$x = 0: y = 2 \ (= n)$$

$$y = 0: -\frac{1}{3}x + 2 = 0 \Rightarrow x = 6$$

oder in einer Wertetabelle dargestellt:

x	0	6
y	2	0

Siehe Abb. 83!

3. *Konstruktion mit Hilfe von zwei Punkten*

Man berechnet sich die Koordinaten zweier auf der Geraden liegenden Punkte, indem man zwei x-Werte (nicht zu nahe!) vorgibt und aus der Funktionsgleichung die zugehörigen y-Werte ermittelt.

---

[1]) EUKLID von Alexandria (365 ?···300 ?), griechischer Mathematiker.

Beispiel: $y = -\dfrac{2}{3}x - 3$.

Wertetabelle

x	3	-6
y	-5	$+1$

(Abb. 84).

Man beachte, daß eine Gerade durch zwei ihrer Punkte bereits eindeutig festliegt. Es ist also unnötig, mehr als zwei Punkte zu berechnen.

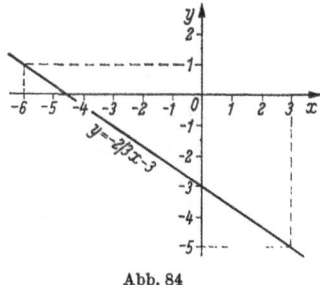

Abb. 84

3.3.4 Bestimmung der Funktionsgleichung

Vorgelegt sei jetzt die Bildgerade (in einem kartesischen Koordinatensystem) und gesucht die zugehörige Funktionsgleichung. Wir wissen, daß es sich um eine konstante oder lineare Funktionsgleichung handeln muß.

1. Fall: Die Gerade ist parallel einer der Koordinatenachsen.

Ist die Gerade parallel zur x-Achse, so ist die Funktion eine Konstante in y; läuft sie parallel zur y-Achse, so ist die Funktion eine Konstante in x. Die Konstante selbst ist jeweils gleich dem vorzeichenbehafteten Abstand der beiden Parallelen.

Beispiele (Abb. 85)

g_1: Parallele zur x-Achse im Abstand $+\dfrac{1}{2}$:

$$y = \dfrac{1}{2}$$

g_2: Parallele zur x-Achse im Abstand -2:

$$y = -2$$

g_3: Parallele zur y-Achse im Abstand $+\dfrac{3}{2}$:

$$x = +\dfrac{3}{2}$$

g_4: Parallele zur y-Achse im Abstand -1:

$$x = -1 .$$

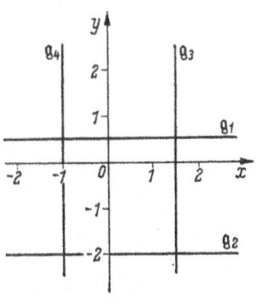

Abb. 85

2. Fall: Die Gerade schneidet die Koordinatenachsen.

Die Funktionsgleichung ist linear, also von der Form $y = mx + n$. Man ermittelt m, indem man das Steigungsdreieck einzeichnet und n, indem man den Betrag des y-Achsenabschnittes abliest.

Beispiel (Abb. 86): Man liest ab

$$m = -1,\ n = 2 .$$

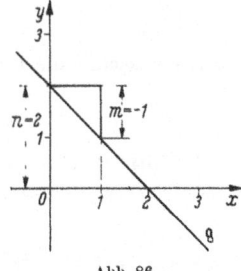

Abb. 86

Also lautet die Gleichung der Geraden $y = m\,x + n$:

$$y = -\,x + 2\,.$$

Es sei darauf hingewiesen, daß diese Methode im allgemeinen nicht zur exakten Gleichung, sondern nur zu einer Näherungsgleichung führt, da m und n nur genähert aus der Zeichnung entnommen werden können.

Sind die Koordinaten zweier Punkte der Bildgeraden gegeben, so kann man die Funktionsgleichung analytisch (rechnerisch) bestimmen.

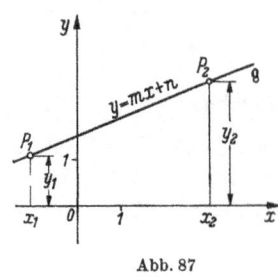

Abb. 87

Gegeben: $P_1(x_1, y_1)$, $P_2(x_2, y_2)$ auf $\mathfrak{g}$.

Gesucht: $y = m\,x + n$, d. h. m und n (Abb. 87).

Da P_1 und P_2 auf der Bildgeraden liegen, müssen ihre Koordinaten die Funktionsgleichung erfüllen (s. S. 117):

$$P_1 \in \mathfrak{g} : y_1 = m\,x_1 + n$$
$$P_2 \in \mathfrak{g} : y_2 = m\,x_2 + n.$$

Dies ist ein lineares Gleichungssystem zur Bestimmung der beiden gesuchten Konstanten m und n. Man erhält

$$m = \frac{y_2 - y_1}{x_2 - x_1}\,, \qquad n = \frac{x_2\,y_1 - x_1\,y_2}{x_2 - x_1}\,,$$

$$\boxed{\,y = \frac{y_2 - y_1}{x_2 - x_1} \cdot x + \frac{x_2\,y_1 - x_1\,y_2}{x_2 - x_1}\,.\,}$$

Beispiel: Gegeben $P_1(1;\,3)$, $P_2(-3;\,5)$; gesucht die Gleichung der Geraden durch P_1 und P_2!

Es ist mit $y = m\,x + n$ bei Einsetzen der Koordinaten

$$3 = m + n$$
$$5 = -\,3\,m + n$$

$$-\,2 = 4\,m \Rightarrow m = -\,\frac{1}{2}$$

$$n = 3 - m = 3 + \frac{1}{2} = \frac{7}{2}$$

$$\left|\; y = -\,\frac{1}{2}\,x + \frac{7}{2} \;\;\text{(explizit)}, \qquad \right| \; x + 2\,y - 7 = 0 \quad \text{(implizit)}\,.$$

Der Leser zeichne die Bildgerade!

3.4 Quadratische Funktionen

Definition: *Eine quadratische Funktion in x (ganzrationale Funktion 2. Grades in x, Polynom 2. Grades in x) wird durch eine Gleichung der Form*

$$\boxed{\,y = a\,x^2 + b\,x + c\,}$$

dargestellt. Die Koeffizienten a, b, c sind beliebige reelle Zahlen, jedoch
$a \neq 0$.
Die Bildkurve einer quadratischen Funktion wird Parabel genannt.

1. Die Normalparabel $y = x^2$. Zum Aufzeichnen fertigen wir uns
eine Wertetabelle an

x	-3	-2	-1	0	$+1$	$+2$	$+3$	$+4$
$y = x^2$	9	4	1	0	1	4	9	16

Wie Abb. 88 zeigt, verläuft die Normalparabel $y = x^2$

1. nur im I. und II. Quadranten, d. h.

$$y(x) = x^2 > 0 \text{ für } x \gtrless 0$$
$$y(x) = x^2 = 0 \text{ für } x = 0$$

2. symmetrisch zur y-Achse, d. h.

$$y(x) = y(-x) = x^2 \,.$$

Die Symmetrieachse (hier die y-Achse) heißt die *Parabelachse,* der
tiefste Punkt S (hier mit dem Ursprung 0 zusammenfallend) heißt der
Scheitel der Parabel[1]).

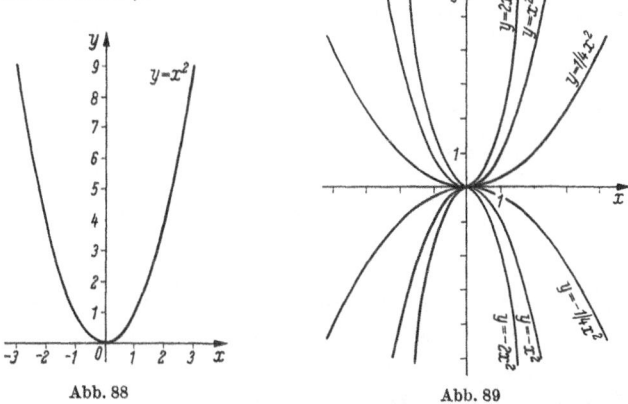

Abb. 88   Abb. 89

2. Die Parabeln $y = a\,x^2$. Man unterscheidet $a > 1$ und $0 < a < 1$,
im ersten Fall erhält man gestreckte, im zweiten Fall gestauchte Normal-
parabeln.

Beispiele

1. $y = 2\,x^2$

x	± 2	$\pm 1,5$	± 1	$\pm 0,5$	0
y	8	4,5	2	0,5	0

2. $y = \dfrac{1}{4}\,x^2$

x	± 4	± 3	± 2	± 1	0
y	4	2,25	1	0,25	0

(Abb. 89).

---

[1]) Es empfiehlt sich, eine Schablone für die Normalparabel zu kaufen oder
selbst anzufertigen.

Die Funktionen

$$y = - x^2, \; y = -2\,x^2, \; y = -\frac{1}{4}\,x^2$$

gehen aus

$$y = x^2, \; y = 2\,x^2, \; y = \frac{1}{4}\,x^2$$

hervor, indem man $f(x)$ durch $-f(x)$ ersetzt. Das bedeutet aber nach 3.2.4 eine Spiegelung an der x-Achse (Abb. 89). Da sich an der Gestalt der Parabel beim Spiegeln nichts ändert, kommt es für die Charakterisierung der Gestalt offenbar nur auf den *Betrag* des Faktors a an.

Satz: *Die Funktionen $y = a\,x^2$ stellen*

> *für $|a| = 1$ Normalparabeln*
>
> *für $|a| > 1$ gestreckte Normalparabeln*
>
> *für $|a| < 1$ gestauchte Normalparabeln*

dar. Sie haben ihren Scheitel in 0 und sind

> *für $a > 0$ nach oben*
>
> *für $a < 0$ nach unten*

geöffnet. Die y-Achse ist in jedem Fall Symmetrieachse.

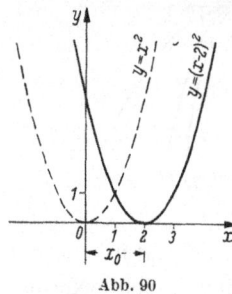

Abb. 90

3. Die Funktion $y = (x - x_0)^2$. Für $x = x_0$ folgt $y = 0$, alle übrigen Funktionswerte sind positiv, also hat die Parabel ihren Scheitel in $S(x_0, 0)$. Da ferner x^2 den Faktor 1 hat, stellt $y = (x - x_0)^2$ die Gleichung einer um x_0 Einheiten in x-Achsenrichtung verschobenen Normalparabel dar.

Beispiel: $y = (x - 2)^2$ (Abb. 90)

Wertetabelle:

x	-1	0	1	2	3	4	5
y	9	4	1	0	1	4	9

4. Die Funktion $y = a(x - x_0)^2 + c$. Zunächst bewirkt der Faktor a eine Streckung oder Stauchung der verschobenen Normalparabel $y = (x - x_0)^2$, je nachdem $|a| > 1$ oder $|a| < 1$ ist (ist a negativ, so wird noch an der x-Achse gespiegelt). Die additive Konstante c bedingt gegenüber $y = a\,(x - x_0)^2$ eine Vergrößerung jedes Funktionswertes um c, d. h. eine Verschiebung in y-Achsenrichtung um c Einheiten.

Der Scheitel liegt bei $S(x_0, c)$, und die senkrechte Gerade $x = x_0$ ist Symmetrieachse.

Beispiel: $y = \dfrac{1}{2}(x-1)^2 - 2$ (Abb. 91)

Wertetabelle:

x	-2	-1	0	1	2	3	4
y	2,5	0	$-1,5$	-2	$-1,5$	0	2,5

Setzt man in

$$y = a(x - x_0)^2 + c$$

$c = y_0$ und schreibt

$$y - y_0 = a(x - x_0)^2,$$

so kann man aus dieser Form die Scheitel-koordinaten x_0 und y_0 sofort ablesen. Der Vorteil dieser Form beruht auf dem folgenden

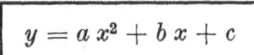

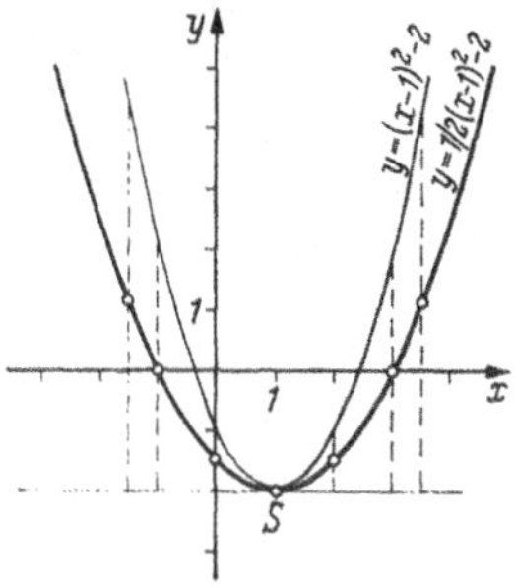

Abb. 91

Satz: *Jede quadratische Funktion*

$$y = a\,x^2 + b\,x + c$$

läßt sich auf die ,,Scheitelform"

$$y - y_0 = a(x - x_0)^2$$

bringen. Hierin bedeuten x_0 und y_0 die Scheitelkoordinaten der Bildparabel.

Beweis: $y = a\,x^2 + b\,x + c$

$$= a\left(x^2 + \frac{b}{a}\,x\right) + c$$

$$= a\left(x^2 + 2 \cdot \frac{b}{2\,a} \cdot x + \frac{b^2}{4\,a^2} - \frac{b^2}{4\,a^2}\right) + c \quad \binom{\text{quadratische}}{\text{Ergänzung!}}$$

$$= a\left(x + \frac{b}{2\,a}\right)^2 + c - \frac{b^2}{4\,a}$$

$$y - \left(c - \frac{b^2}{4\,a}\right) = a\left(x + \frac{b}{2\,a}\right)^2.$$

Diese Gleichung hat die Form

$$y - y_0 = a(x - x_0)^2$$

und es bedeuten $x_0 = -\dfrac{b}{2\,a}$, $\quad y_0 = c - \dfrac{b^2}{4\,a}$.

Beispiele

1. Es soll die Bildparabel der Funktion $y = x^2 - 6\,x + 10$ gezeichnet werden!

Man kann sofort sagen, daß es sich um eine nach oben geöffnete (verschobene) Normalparabel handelt, denn der Faktor a von x^2 ist $+1$. Zur Ermittlung der Scheitelkoordinaten bringen wir die Funktionsgleichung auf die Scheitelform

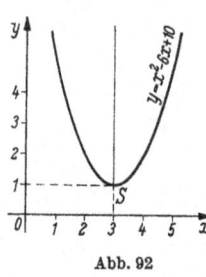

$$y = x^2 - 6\,x + 10$$
$$= (x - 3)^2 - 9 + 10$$
$$y - 1 = (x - 3)^2 \Rightarrow S\,(3;\,1)$$

und damit läßt sich die Parabel mit der Normalparabel-Schablone zeichnen (Abb. 92).

Abb. 92

2. Man zeichne das Bild der Funktion

$$y = -\frac{1}{3}\,x^2 + x - 2\,!$$

Es handelt sich um eine nach unten geöffnete, mit dem Faktor $\dfrac{1}{3}$ gestauchte (verschobene) Normalparabel. Ihre Scheitelkoordinaten ergeben sich aus

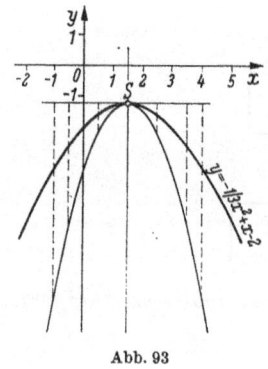

$$y = -\frac{1}{3}\,x^2 + x - 2$$
$$-3\,y = x^2 - 3\,x + 6$$
$$= \left(x - \frac{3}{2}\right)^2 - \frac{9}{4} + 6$$
$$y = -\frac{1}{3}\left(x - \frac{3}{2}\right)^2 - \frac{5}{4}$$
$$y + \frac{5}{4} = -\frac{1}{3}\left(x - \frac{3}{2}\right)^2 \Rightarrow S\left(\frac{3}{2};\, -\frac{5}{4}\right).$$

Abb. 93

Für die Zeichnung braucht man also keine Wertetabelle, vielmehr zeichnet man (dünn) die Normalparabel und staucht deren „Ordinaten" auf ein Drittel (Abb. 93).

Zusammengefaßt:

Die Bildparabel der quadratischen Funktion $y = a\,x^2 + b\,x + c$ kann stets wie folgt gewonnen werden:

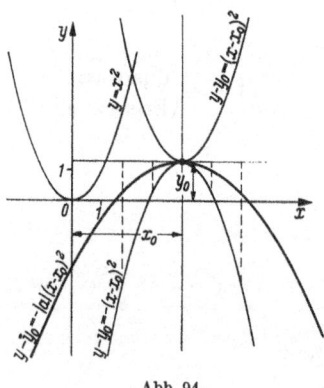

1. *Verschiebung der Normalparabel um den „Vektor" $\overrightarrow{OS}$ [1])*

2. *Spiegelung an der Scheiteltangente, falls $a < 0$ ist*

3. *Streckung resp. Stauchung der Normalparabel mit dem Faktor $|a|$, wobei die Scheiteltangente als Bezugsgerade dient (Abb. 94).*

Abb. 94

[1]) Unter dem Vektor $\overrightarrow{OS}$ verstehe man die gerichtete Strecke $\overrightarrow{OS}$.

Außer der expliziten Form der quadratischen Funktion in x kann man ihre implizite Form

$$F(x, y) \equiv a\,x^2 + b\,x - y + c = 0$$

und etwa folgende Parameterform

$$\left.\begin{aligned} x &= x_0 + t \\ y &= y_0 + a\,t^2 \end{aligned}\right\}$$

angeben (x_0, y_0 Scheitelkoordinaten). Der Leser überzeuge sich selbst von ihrer Richtigkeit.

3.5 Umkehrfunktionen

Wir betrachten zwei symmetrisch zur Quadrantenhalbierenden $y = x$ liegende Bildkurven $\mathfrak{C}_1$ und $\mathfrak{C}_2$ und fragen nach dem Zusammenhang ihrer beiden Funktionsgleichungen (Abb. 95). Die Einheiten auf x- und y-Achse seien auch für diesen Abschnitt stets gleich. $\mathfrak{C}_1$ sei die Bildkurve der Ausgangsfunktion mit der Gleichung $y = f(x)$:

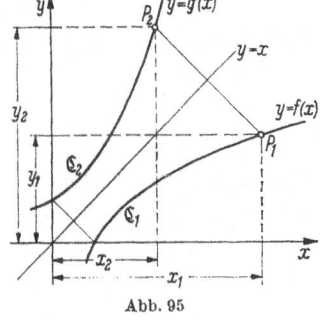

$$\boxed{\mathfrak{C}_1 = \{\,P(x, y) \mid y = f(x)\,\}\,.}$$

Für die Koordinaten des (bzgl. $y = x$) symmetrisch zu $P_1\,(x_1, y_1)$ gelegenen Punktes $P_2(x_2, y_2)$ ersieht man aus Abb. 95:

Abb. 95

$$x_2 = y_1; \quad y_2 = x_1\,,$$

d. h. die Koordinaten von P_2 ergeben sich aus denen von P_1 einfach durch Vertauschen.

Diese Beziehungen bestehen für *jedes* Paar symmetrisch zu $y = x$ liegender Punkte. Daher besteht $\mathfrak{C}_2$ aus der Menge aller der Punkte $P(x, y)$, deren Koordinaten durch die Gleichung $x = f(y)$ verknüpft sind:

$$\boxed{\mathfrak{C}_2 = \{\,P(x, y) \mid x = f(y)\,\}\,.}$$

Die Funktion $x = f(y)$ definiert aber sogleich eine weitere Funktion, $y = g(x)$, deren Vorschrift g jedem Wert von x genau denjenigen Wert von y zuordnet, für den $f(y) = x$ ist. Falls dabei $x = f(y)$ nach y auflösbar ist, kann $y = g(x)$ auch arithmetisch aus $x = f(y)$ gewonnen und damit die Vorschrift g unmittelbar angegeben werden. Man nennt $y = g(x)$ die Umkehrfunktion zu $y = f(x)$.

Um die Eindeutigkeit der Umkehrfunktion $y = g(x)$ zu gewährleisten, muß von der ursprünglichen Funktion $y = f(x)$ die strenge Monotonie vorausgesetzt werden. Ist $y = f(x)$ nicht

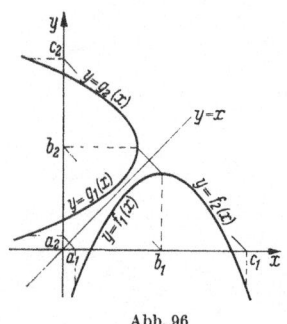

Abb. 96

im ganzen Definitionsbereich streng monoton steigend bzw. fallend, so muß man sie in Teilbereiche mit strenger Monotonie aufspalten. So ist die in Abb. 96 dargestellte Funktion

$$y = f(x), \qquad a_1 \leqq x \leqq c_1$$

aufzuspalten in die für den angegebenen Bereich jeweils streng monotonen Funktionen

$$y = f_1(x) \ \text{für} \ a_1 \leqq x \leqq b_1 \Rightarrow y = g_1(x) \ \text{für} \ a_2 \leqq x \leqq b_2$$

$$y = f_2(x) \ \text{für} \ b_1 \leqq x \leqq c_1 \Rightarrow y = g_2(x) \ \text{für} \ b_2 \leqq x \leqq c_2 \,.$$

Wir fassen zusammen:

Definition: *Als Umkehrfunktion einer in einem Intervall I streng monotonen Funktion $y = f(x)$ erklärt man diejenige Funktion $y = g(x)$, für die $x = f(y)$ ist.*

Satz: *Die Bildkurven von Funktion und Umkehrfunktion liegen symmetrisch zur Quadrantenhalbierenden $y = x$.*

Formal-arithmetisch erhält man zu einer gegebenen Funktion $y = f(x)$ die Umkehrfunktion $y = g(x)$, indem man

a) in $y = f(x)$ die Variablen vertauscht $\Rightarrow x = f(y)$

b) die Gleichung $x = f(y)$ (sofern möglich) wieder nach y auflöst $\Rightarrow y = g(x)$.

Wir vermerken noch folgenden wichtigen Zusammenhang zwischen $y = f(x)$ und der Umkehrfunktion $y = g(x)$: Da doch $y = g(x)$ definiert ist durch die Funktion $x = f(y)$, jede der beiden Gleichungen also als Auflösung der anderen aufgefaßt werden kann, müssen sich, bei wechselseitigem Einsetzen ineinander, *Identitäten* ergeben:

$$\boxed{\begin{aligned} f\,[g(x)] &\equiv x \\ g\,[f(y)] &\equiv y \,, \end{aligned}}$$

d. h. wendet man auf eine Größe zuerst die Rechenvorschrift f und auf das Ergebnis noch die Rechenvorschrift g an (oder umgekehrt), so erhält man wieder die Ausgangsgröße. Die Vorschriften oder Rechenoperationen f und g sind also umgekehrte oder inverse Rechenvorschriften. Daher rührt auch der Name Umkehrfunktion.

Beispiele

1. Gegeben die lineare Funktion $y = \dfrac{1}{2}\, x + 3$. Wie heißt die Umkehrfunktion?

Aus $y = \dfrac{1}{2}\, x + 3$ folgt durch Vertauschen der

Veränderlichen $x = \dfrac{1}{2}\, y + 3$, woraus durch Auf-

lösen nach y die Funktionsgleichung $y = 2\, x - 6$
entsteht (Abb. 97).

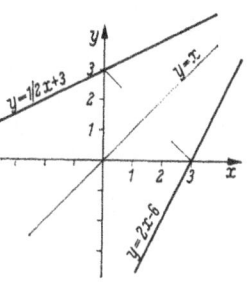

Abb. 97

2. Wie lautet die Umkehrfunktion zu $y = x^2$?

Man spaltet $y = x^2$ in die beiden jeweils streng
monotonen Teilfunktionen $y = x^2$, $x \geqq 0$ und
$y = x^2$, $x < 0$ auf. Jede liefert eine eindeutige
Umkehrfunktion:

$$x \geqq 0: y = x^2 \Rightarrow x = y^2, \quad y = \quad \sqrt{x} \quad \text{(also } y \geqq 0)$$

$$x < 0: y = x^2 \Rightarrow x = y^2, \quad y = -\sqrt{x} \quad \text{(also } y < 0)\ \text{(Abb. 98)}.$$

3. Man bestimme die Umkehrfunktion $y = g(x)$ zu $y = x + \sin x$ für
$0 \leqq x \leqq \dfrac{\pi}{2}$!

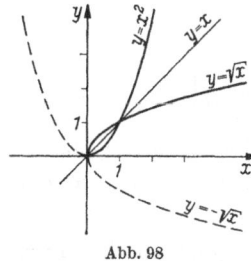

Abb. 98

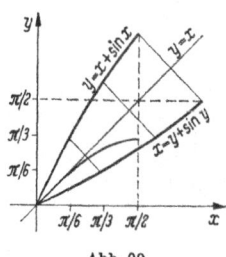

Abb. 99

Wir zeichnen zunächst die Ausgangsfunktion $y = x + \sin x$ im vorgegebenen
Intervall (etwa durch Addition der Ordinaten von $y = x$ und $y = \sin x$ oder mittels
einer Wertetabelle) und zeichnen das Spiegelbild bezüglich $y = x$ (Abb. 99).

Vertauscht man in $y = x + \sin x$ die Veränderlichen, so ergibt sich $x = y$
$+ \sin y$. Diese Gleichung läßt sich aber nicht nach y auflösen; wir können deshalb
die Umkehrfunktion nur in dieser Form oder durch

$$y = g(x) \quad \text{mit} \quad g\,(y + \sin y) \equiv y$$

oder durch die implizite Form

$$x - y - \sin y = 0$$

angeben. Es sei aber ausdrücklich darauf hingewiesen, daß die Vorschrift g mit
der obigen Identität und damit die Umkehrfunktion selbst auch in diesem Fall
eindeutig erklärt ist (was man ja auch an der Bildkurve sieht).

3.6 Nullstellen von Funktionen

Definition: *Jeder reelle Wert von x, für den der zugehörige Funktionswert gleich Null ist, heißt eine reelle Nullstelle der betreffenden Funktion.*

An einer reellen Nullstelle schneidet oder berührt die Bildkurve die x-Achse.

Die in Abb. 100 dargestellte Funktion $y = f(x)$ schneidet die x-Achse in den Stellen x_1, x_2 und x_3. Es ist

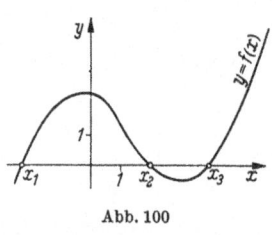

Abb. 100

$$f(x_1) = 0, \quad f(x_2) = 0, \quad f(x_3) = 0 \, ,$$

d. h. x_1, x_2 und x_3 sind Nullstellen der Funktion.

Rechnerisch werden die Nullstellen einer Funktion $y = f(x)$ ermittelt, indem man $f(x) = 0$ setzt und $f(x) = 0$ als *Bestimmungsgleichung* für x auffaßt. Damit läuft die Nullstellenbestimmung von Funktionen auf das Lösen von Gleichungen hinaus. Andererseits kann man die Lösungen einer Gleichung $f(x) = 0$ auch durch Nullstellenermittlung der Funktion $y = f(x)$ bekommen. Die ausführliche Behandlung dieses Aufgabenkreises erfolgt im Abschnitt 6.

Nullstellen einer linearen Funktion:

Setzt man $y = m\,x + n = 0$, so folgt daraus

$$\boxed{x = -\frac{n}{m} \, .}$$

Da voraussetzungsgemäß $m \neq 0$ ist, heißt das, daß jede lineare Funktion eine Nullstelle besitzt; daß diese die einzige ist, sieht man an der Bildgeraden (Abb. 101).

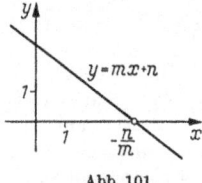

Abb. 101

Nullstellen einer quadratischen Funktion:

Die Nullstellenbestimmung von

$$y = a\,x^2 + b\,x + c \qquad (a \neq 0)$$

läuft auf das Lösen der quadratischen Gleichung

$$a\,x^2 + b\,x + c = 0$$

hinaus. Man erhält

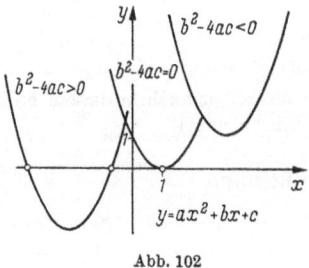

Abb. 102

$$\boxed{x_{1,2} = -\frac{b}{2\,a} \pm \frac{1}{2\,a} \sqrt{b^2 - 4\,a\,c} \, .}$$

Reelle Lösungen erhält man nur für die Fälle, in denen der Radikand nicht negativ ist. Man unterscheidet also

1. Fall: $b^2 - 4\,a\,c > 0$: 2 reelle und voneinander verschiedene Lösungen,

zwei „einfache" Nullstellen der Funktion (die Parabel schneidet zweimal die x-Achse);

2. Fall: $b^2 - 4ac = 0$: 2 reelle und einander gleiche Lösungen, eine doppelte (zweifache) Nullstelle der Funktion (die Parabel berührt die x-Achse);

3. Fall: $b^2 - 4ac < 0$: keine reelle Lösung, keine reelle Nullstelle der Funktion (die Parabel verläuft ganz über oder unter der x-Achse, hat also keinen Punkt mit der x-Achse gemeinsam).

Man vergleiche Abb. 102.

3.7 Potenz- und Wurzelfunktionen

3.7.1 Die Potenzfunktionen $y = x^n$ mit geraden n

Wir unterscheiden zwei Klassen, je nachdem der Exponent n positiv oder negativ ist. Alle einer Klasse angehörigen Potenzfunktionen zeichnen sich durch gemeinsame Eigenschaften aus.

$$y = x^n \quad (n > 0, \text{ gerade})$$

$$y = x^2, x^4, \ldots \text{ (Abb. 103)}$$

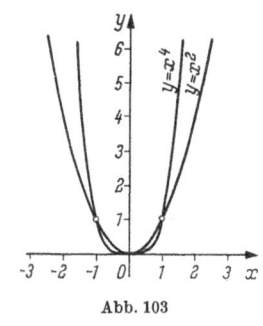

Abb. 103

x	$-2,3$	-2	-1	0	1	2	$2,3$
$y = x^2$	5,29	4	1	0	1	4	5,29

x	$-1,5$	-1	$-0,5$	0	$0,5$	1	$1,5$
$y = x^4$	5,06	1	0,06	0	0,06	1	5,06

$$y = x^n \quad (n < 0, \text{ gerade})$$

$$y = \frac{1}{x^2}, \frac{1}{x^4}, \ldots \text{ (Abb. 104)}$$

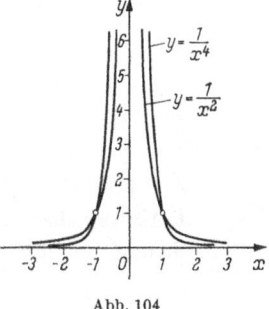

Abb. 104

x	-3	-2	-1	$-0,5$	$-0,4$	$0,4$	$0,5$	1
$y = \dfrac{1}{x^2}$	0,11	0,25	1	4	6,25	6,25	4	1

x	-2	$-1,5$	-1	$-0,7$	$0,7$	1	$1,5$	2
$y = \dfrac{1}{x^4}$	0,06	0,20	1	4,16	4,16	1	0,20	0,06

Gemeinsame Eigenschaften

1. Alle Funktionen sind gerade, die Bildkurven verlaufen also symmetrisch zur y-Achse.
2. Alle Bildkurven gehen durch die Punkte $P(1; 1)$, $P(-1; 1)$.

3. Es gibt keine negativen Funktionswerte.

4. Definitionsbereich: alle x [1]) | Definitionsbereich: alle $x \neq 0$

5. Streng monoton steigend für $x \geqq 0$ | Streng monoton steigend für $x < 0$

   Streng monoton fallend für $x \leqq 0$ | Streng monoton fallend für $x > 0$

3.7.2 Die Potenzfunktionen $y = x^n$ mit ungeraden n

$y = x^n$ $(n > 0,$ ungerade)

$y = x,\ x^3,\ x^5,\ \ldots$ (Abb. 105)

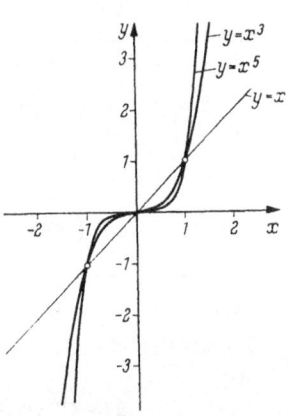

x	$-1{,}5$	-1	$-0{,}5$	0	$0{,}5$	1	$1{,}5$
$y = x^3$	$-3{,}4$	-1	$-0{,}13$	0	$0{,}13$	1	$3{,}4$

x	$-1{,}3$	-1	$-0{,}5$	0	$0{,}5$	1	$1{,}3$
$y = x^5$	$-3{,}71$	-1	$-0{,}03$	0	$0{,}03$	1	$3{,}71$

$y = x^n$ $(n < 0,$ ungerade)

$y = \dfrac{1}{x},\ \dfrac{1}{x^3},\ \ldots$ (Abb. 106)

x	-3	-2	-1	$-0{,}5$	$+0{,}5$	1	2	3
$y = \dfrac{1}{x}$	$-0{,}3$	$-0{,}5$	-1	-2	$+2$	1	$0{,}5$	$0{,}3$

x	-2	$-1{,}5$	-1	$-0{,}7$	$+0{,}7$	1	$1{,}5$	2
$y = \dfrac{1}{x^3}$	$-0{,}13$	$-0{,}3$	-1	$-2{,}9$	$2{,}9$	1	$0{,}3$	$0{,}13$

Abb. 105

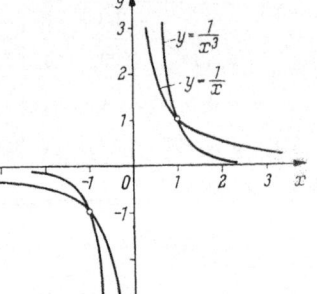

Abb. 106

Gemeinsame Eigenschaften

1. Alle Funktionen sind ungerade, also punktsymmetrisch zum Ursprung.

2. Alle Bildkurven gehen durch die Punkte $P(1; 1)$, $P(-1; -1)$.

3. Alle Funktionen verlaufen im I. und III. Quadranten.

4. Definitionsbereich: alle x [1]) | Definitionsbereich: alle $x \neq 0$

5. Streng monoton steigend | Streng monoton fallend.

Die Potenzfunktionen $y = a\,x^n$ erhält man aus den Funktionen $y = x^n$ durch Streckung bzw. Stauchung mit dem Faktor $|a|$. Ist a negativ, so muß die Bildkurve noch an der x-Achse gespiegelt werden.

---

[1]) Die links vom senkrechten Strich stehenden Eigenschaften beziehen sich auf die Klasse der Potenzfunktionen mit $n > 0$, die rechts stehenden auf solche mit $n < 0$.

Die Bildkurven der Potenzfunktionen $y = x^n$ heißen

a) für positive ganze Exponenten $n > 1$: „*Parabeln*" *n-ter Ordnung*

b) für negative ganze Exponenten n: „*Hyperbeln*" *n-ter Ordnung*.

3.7.3 Wurzelfunktionen $y = \sqrt[n]{x}$ mit ganzen $n \geq 2$

Die Wurzelfunktionen sind wegen

$$\left(\sqrt[n]{x}\right)^n \equiv x$$

die Umkehrfunktionen der entsprechenden Potenzfunktionen. Wir zeigen dies getrennt für gerade und ungerade Exponenten n.

1. n gerade (positiv).

Nach 3.5 haben wir wegen des nicht im ganzen Definitionsbereich einheitlichen Monotonieverhaltens zu unterscheiden

a) $y = x^n$ für $x \geq 0 : x = y^n$, $y = \sqrt[n]{x}$ (für $y \geq 0$)

b) $y = x^n$ für $x < 0 : x = y^n$, $y = -\sqrt[n]{x}$ (für $y < 0$)

2. n ungerade (positiv).

Diese Funktionen zeigen im ganzen Definitionsbereich ein einheitliches strenges Monotonieverhalten:

$$y = x^n \text{ für } -\infty < x < +\infty : x = y^n, \ y = \sqrt[n]{x} \ \text{ (für } -\infty < y < \infty).$$

Beispiel: Man betrachte die Wurzelfunktionen $y = \sqrt{x}$ und $y = -\sqrt{x}$ (Abb. 98) sowie $y = \sqrt[3]{x}$ (Abb. 107).

Die geraden Exponenten liefern, wie Abb. 98 speziell zeigt, Wurzelfunktionen, die nur für $x \geq 0$ erklärt sind und kein Symmetrieverhalten aufweisen.

Die Wurzelfunktionen mit ungeraden Exponenten sind, wie Abb. 107 speziell zeigt, punktsymmetrisch zum Ursprung:

$$\sqrt[n]{-x} = -\sqrt[n]{x} \quad (n \text{ ungerade, ganz})$$

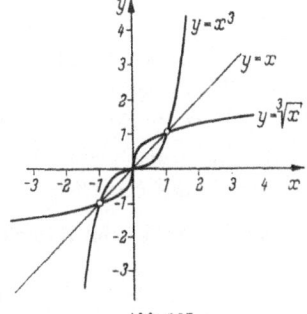

Abb. 107

und sind für positive x positiv, für negative x negativ.

Der Leser vergleiche die entsprechenden Wurzelgesetze in 1.4.1 (s. S. 38).

3.8 Gebrochen-rationale Funktionen

Definition: *Als gebrochen-rationale Funktion bezeichnen wir den Quotienten zweier Polynome* $P(x) = \sum\limits_{i=0}^{n} a_i x^i$ *und* $Q(x) = \sum\limits_{i=0}^{m} b_i x^i$:

$$f(x) = \frac{P(x)}{Q(x)} = \frac{\sum\limits_{i=0}^{n} a_i x^i}{\sum\limits_{i=0}^{m} b_i x^i} \, .$$

Nach den Ausführungen in 1.2.2 kann man jede unecht gebrochen-rationale Funktion (Grad $P(x) \geqq$ Grad $Q(x)$) in ein Polynom und eine echt gebrochen-rationale Funktion (Grad $P(x) <$ Grad $Q(x)$) zerlegen. Ferner war die Produktdarstellung für Polynome erläutert worden. Hat ein Polynom die Nullstelle x_1 k_1-fach ($k_1 \geqq 1$, ganz), so tritt in der Produktdarstellung der Faktor $(x - x_1)^{k_1}$ auf, x_1 heißt dann auch eine Nullstelle k_1-ter Ordnung.

Der Definitionsbereich $\mathfrak{D}$ einer gebrochen-rationalen Funktion besteht aus der Menge der x-Werte, für die das Nennerpolynom $Q(x)$ nicht verschwindet:

$$\mathfrak{D} = \{ x \mid Q(x) \neq 0 \} \, .$$

An den Nullstellen des Nennerpolynoms ist also eine gebrochen-rationale Funktion nicht erklärt.

Bezüglich der Nullstellen von Zähler- und Nennerpolynom geben wir die

Definition: *1. Eine Nullstelle k-ter Ordnung des Zählerpolynoms, die nicht zugleich Nullstelle des Nennerpolynoms ist, ist eine Nullstelle k-ter Ordnung der gebrochen-rationalen Funktion.*

2. Eine Nullstelle k-ter Ordnung des Nennerpolynoms, die nicht zugleich Nullstelle des Zählerpolynoms ist, heißt ein Pol k-ter Ordnung oder eine Unendlichkeitsstelle der Funktion.

3. Eine gemeinsame Nullstelle von Zähler- und Nennerpolynom heißt eine Lücke der Funktion.

An Polstellen und Lücken besitzt die rationale Funktion wohlbemerkt keinen Funktionswert, doch zeigt die Funktion dort ein charakteristisches Verhalten, so daß gerade diese Stellen zur Markierung der Bildkurve besonders wichtig sind. Zum Skizzieren der Bildkurve wird man deshalb stets zuerst die Nullstellen von Zähler- und Nennerpolynom bestimmen; sie lassen in vielen Fällen bereits den Kurvenverlauf erkennen.

Beispiele

1. Die Funktionen $y = \dfrac{1}{x}, \dfrac{1}{x^3}, \ldots$ (Abb. 106) besitzen keine Nullstellen und haben Pole 1., 3., ... Ordnung bei $x = 0$. Die Bildkurven zeigen dort das Verhalten

$$y \to \infty \quad \text{für } x \to 0 +$$
$$y \to -\infty \text{ für } x \to 0 - ,$$

d. h. bei Annäherung an den Nullpunkt wachsen die Funktionswerte zum Positiven und Negativen hin über alle Schranken. Die Bildkurve nähert sich der positiven y-Achse vom Positiven, der negativen y-Achse vom Negativen her immer mehr, ohne sie jedoch jemals zu erreichen. Die y-Achse heißt in diesem Fall eine *Asymptote*[1]) oder *Grenzgerade*. Bei Polen ungerader Ordnung wird die Asymptote stets von verschiedenen Seiten und nach verschiedenen Richtungen hin angestrebt.

2. Die Funktionen $y = \dfrac{1}{x^2}, \dfrac{1}{x^4}, \ldots$ (Abb. 104) haben ebenfalls keine Nullstellen und zeigen Pole 2., 4., ... Ordnung bei $x = 0$. Es gilt

$$y \to \infty \quad \text{für} \quad x \to 0 \pm ,$$

die y-Achse ist also wieder Asymptote, wird aber jetzt, da es sich bei $x = 0$ um Pole *gerader* Ordnung handelt, von verschiedenen Seiten in der gleichen Richtung angestrebt.

Für sämtliche Funktionen $y = \dfrac{1}{x}, \dfrac{1}{x^2}, \dfrac{1}{x^3}, \ldots$ ist ferner die x-Achse ebenfalls Asymptote, denn es gilt

$$y \to 0 \quad \text{für} \quad x \to \pm \infty .$$

3. Die gebrochen-lineare Funktion $y = \dfrac{2x + 5}{x + 3}$ ist zu untersuchen und der Kurvenverlauf qualitativ zu skizzieren!

Als (einzige) Nullstelle der Funktion ergibt sich

$$2x + 5 = 0 \Rightarrow x = -2,5$$

und als (einzigen) Pol (erster Ordnung) erhält man

$$x + 3 = 0 \Rightarrow x = -3 ,$$

d. h. die senkrechte Gerade $x = -3$ ist Asymptote.

Um das Verhalten der Funktion für „große $|x|$" (d. h. für gegen plus unendlich oder minus unendlich strebende x) zu bestimmen[2]), spaltet man durch „Ausdividieren" die Funktion auf:

$$y = \frac{2x + 5}{x + 3} = 2 - \frac{1}{x + 3} ,$$

woraus man ersieht

$$y \to 2 - \quad \text{für} \quad x \to +\infty$$
$$y \to 2 + \quad \text{für} \quad x \to -\infty,$$

---

[1]) Allgemein versteht man unter einer (geradlinigen) Asymptote eine Gerade, der sich eine bestimmte Kurve unbegrenzt nähert, ohne sie jedoch zu erreichen. Die Asymptote kann aber auch krummlinig sein.

[2]) Niemals handelt es sich um die Ermittlung des Funktions*wertes* für x gleich plus oder minus unendlich, da so etwas überhaupt keinen Sinn hat.

d. h. die Gerade $y = 2$ ist Asymptote an die Bildkurve. Damit läßt sich aber auch schon die Kurve skizzieren (Abb. 108). Der Schnittpunkt der Bildkurve mit der y-Achse

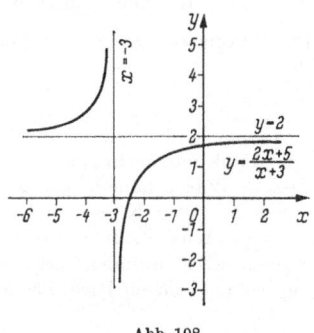

Abb. 108

$$x = 0 : y = \frac{5}{3} = 1,7$$

ist besonders leicht zu ermitteln und ist in Abb. 108 noch mit eingezeichnet.

4. Man skizziere die Bildkurve der Funktion

$$y = \frac{x^3 - 3x^2 + 11x - 18}{x^2 - 2x - 3} \; !$$

Zähler- und Nennerpolynom gestatten eine Produktdarstellung

$$y = \frac{(x - 2)(x^2 - x + 9)}{(x + 1)(x - 3)} \, ,$$

aus welcher eine Nullstelle bei $x = 2$ und zwei Pole erster Ordnung bei $x = -1$ bzw. $x = 3$ folgen. Die Aufspaltung der Funktion durch Ausdividieren ergibt

$$y = x - 1 + \frac{12x - 21}{x^2 - 2x - 3} \, ,$$

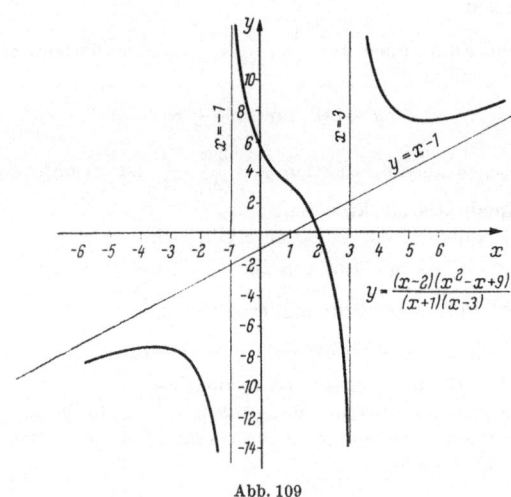

Abb. 109

so daß sich außer den senkrechten Asymptoten $x = -1$ und $x = 3$ noch die für „große $|x|$" maßgebende „schiefe" Asymptote $y = x - 1$ ergibt.[1] Die y-Achse wird bei $y = \dfrac{-18}{-3} = 6$ geschnitten. Mit diesen Angaben skizziert man den Kurvenverlauf gemäß Abb. 109.

---

[1] Man beachte: $\dfrac{12x - 21}{x^2 - 2x - 3} \to 0$ für $x \to \pm \infty$. Jede echt gebrochen-rationale Funktion strebt für $x \to \pm \infty$ gegen Null!

5. Man verschaffe sich eine Übersicht über die Funktion

$$y = \frac{x^2 (4 - x^2)}{x^2 - 1} \ !$$

Aus der Produktdarstellung

$$y = \frac{x^2 (4 + x)(4 - x)}{(x + 1)(x - 1)}$$

folgen zwei einfache Nullstellen bei $x = 4$ bzw.
$x = -4$ und eine doppelte Nullstelle bei $x = 0$
sowie zwei Pole erster Ordnung bei $x = 1$ bzw.
$x = -1$. Letztere liefern also die senkrechten
Asymptoten $x = 1$ und $x = -1$.

Die Aufspaltung der Funktion ergibt

$$y = -x^2 + 3 + \frac{3}{x^2 - 1} \ .$$

Für „große $|x|$" wird jetzt die Parabel

$$y = -x^2 + 3$$

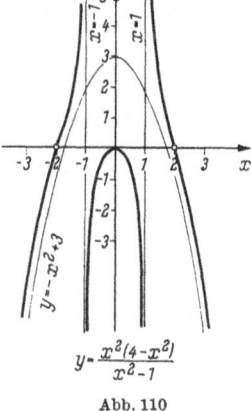

$$y = \frac{x^2(4-x^2)}{x^2-1}$$

Abb. 110

zu einer krummlinigen Asymptote. Damit ist man imstande, den qualitativen
Kurvenverlauf anzugeben (Abb. 110).

3.9 Algebraische Funktionen

Besteht die Zuordnungsvorschrift f der Funktion $y = f(x)$ in der
Anwendung der rationalen Grundrechenoperationen und des Wurzel-
ziehens (in endlicher Anzahl), so heißt die Funktion algebraisch. Durch
geeignetes Potenzieren und Multiplizieren kann man sämtliche Wurzeln
und Brüche beseitigen und erhält dann eine Gleichung $F(x, y) = 0$, in
der x und y nur durch ganz-rationale Rechenoperationen miteinander
verknüpft sind. Umgekehrt kann eine algebraische Funktion aber auch
durch eine solche Gleichung $F(x, y) = 0$ implizit gegeben sein. $F(x, y) = 0$
heißt die die algebraische Funktion definierende algebraische Gleichung.
Sie ist die implizite Form der (expliziten) Funktionsgleichung $y = f(x)$
mit der oben angegebenen Bedeutung von f.

Die algebraische Gleichung 1. Grades in x und y lautet

$$\boxed{A x + B y + C = 0 \ .}$$

Die algebraische Gleichung 2. Grades in x und y heißt

$$\boxed{A x^2 + B x y + C y^2 + D x + E y + F = 0 \ .}$$

Die algebraische Gleichung 3. Grades in x und y hat die Gestalt

$$\boxed{\begin{aligned} A x^3 + B x^2 y + C x y^2 + D y^3 + E x^2 + F x y \\ + G y^2 + H x + I y + K = 0 \ . \end{aligned}}$$

Wir betrachten einige besonders wichtige Fälle der algebraischen Gleichung 2. Grades. Als Ganzes wird diese im Rahmen der analytischen Geometrie später behandelt werden (siehe Band II).

1. $\boxed{x^2 + y^2 + F = 0}$ $\quad (A = C = 1,\ B = D = E = 0)$

a) F negativ: $F = -r^2$ (gesetzt)

$x^2 + y^2 - r^2 = 0$ definiert dann die algebraischen Funktionen

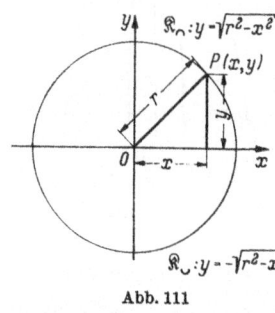

Abb. 111

$$\boxed{\begin{aligned} y &= \sqrt{r^2 - x^2}. \\ y &= -\sqrt{r^2 - x^2} \end{aligned}}$$

Ihre Bildkurven sind der *obere* bzw. *untere Halbkreis* um 0 mit Radius r. (Abb. 111). Definitionsbereich ist $-r \leqq x \leqq +r$. Der ganze Kreis wird durch die implizite Form $x^2 + y^2 - r^2 = 0$ oder die „Mittelpunktsform" $x^2 + y^2 = r^2$ beschrieben. Letztere liest man unmittelbar am Kreis ab. Speziell ergibt sich für $r = 1$ die Gleichung des Einheitskreises: $x^2 + y^2 = 1$.

b) F positiv: $F = p^2$ (gesetzt).

$x^2 + y^2 + p^2 = 0$ definiert keine Funktion, denn es gibt keine reellen Zahlen x, y, welche die Gleichung erfüllen ($x^2 + y^2 + p^2 > 0$, da $x^2 + y^2 \geqq 0$ und $p^2 > 0$ ist!).

c) $F = 0$.

$x^2 + y^2 = 0$ definiert lediglich den Punkt 0 mit den Koordinaten $x = 0$, $y = 0$. Für alle anderen Wertepaare (x, y) wird die linke Seite positiv, die Gleichung also nicht erfüllt.

2. $\boxed{A\,x^2 + C\,y^2 + F = 0}$ $\quad (B = D = E = 0;\ A, C, F \neq 0)$.

1. Fall: $A > 0$ und $C > 0^1)$

a) $F < 0$.

Man setze $\dfrac{A}{-F} = \dfrac{1}{a^2}$, $\dfrac{C}{-F} = \dfrac{1}{b^2}$ und erhält mit $\dfrac{A}{-F}\,x^2 + \dfrac{C}{-F}\,y^2 = 1$

$$\boxed{\dfrac{x^2}{a^2} + \dfrac{y^2}{b^2} = 1} \tag{*}$$

---

¹) Falls $A < 0$ und $C < 0$ ist, multipliziert man die Gleichung mit -1 durch und führt damit diesen Fall auf den obigen zurück.

und daraus durch Auflösen nach y

$$y = \frac{b}{a}\sqrt{a^2 - x^2}$$

$$y = -\frac{b}{a}\sqrt{a^2 - x^2}.$$

Die Werte dieser für $-a \leqq x \leqq +a$ definierten algebraischen Funktionen gehen offenbar aus denen des Kreises (Beispiel 1a) durch Strecken bzw. Stauchen mit dem Faktor $\frac{b}{a}$ hervor, stellen also den *oberen* und *unteren Bogen* einer *Ellipse* mit den Halbachsen a (in x-Richtung) und b (in y-Richtung) dar (Abb. 112).[1]) Die größere der beiden Halbachsen heißt Hauptachse, die kleinere Nebenachse. Für $a > b$ liegt die Hauptachse in der x-Achse, für $a < b$ in der y-Achse, für $a = b$ ergibt sich als Spezialfall der Kreis mit Radius $r = a$.

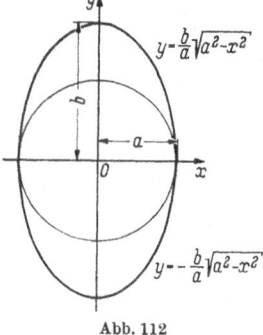

Will man die ganze Ellipse durch eine Gleichung beschreiben, so kann man dafür die „Mittelpunktsform" (*) wählen. Aus dieser lassen sich die beiden Halbachsen a und b sofort ablesen.

Abb. 112

b) $F > 0$.

$A\,x^2 + C\,y^2 + F = 0$ definiert keine Funktion, denn es ist $A\,x^2 \geqq 0$, $C\,y^2 \geqq 0$, $F > 0$, die Summe also stets positiv und niemals Null. *Kein* Wertepaar (x, y) erfüllt die Gleichung.

c) $F = 0$.

$A\,x^2 + C\,y^2 = 0$ definiert nur den einen *Punkt* 0 mit den Koordinaten $(0\,;0)$. Jedes andere Wertepaar (x, y) macht die linke Seite positiv, erfüllt also nicht die Gleichung.

2. Fall: $A > 0$ und $C < 0$[2])

a) $F < 0$.

Man setze $\dfrac{A}{-F} = \dfrac{1}{a^2}$, $\dfrac{C}{-F} = -\dfrac{1}{b^2}\left(\text{denn } \dfrac{C}{-F} \text{ ist negativ}\right)$ und erhält $\dfrac{A}{-F}x^2 + \dfrac{C}{-F}y^2 = 1$ oder

$$\frac{x^2}{a^2} - \frac{y^2}{b^2} = 1;$$ (*)

---

[1]) Man vergleiche die aus der Geometrie bekannte Definition der Ellipse als affines Bild eines Kreises! Vgl. auch Band II.

[2]) Den Fall $A < 0$, $C > 0$ führe man durch Multiplikation mit -1 auf den obigen Fall zurück.

die Auflösung nach y ergibt

$$y = \frac{b}{a} \sqrt{x^2 - a^2}$$

$$y = -\frac{b}{a} \sqrt{x^2 - a^2}.$$

Die so in $-\infty < x \leqq -a$ und $+a \leqq x < \infty$ resp. $|x| \geqq a$ definierten algebraischen Funktionen stellen die *oberen* bzw. *unteren Bogen* der Äste

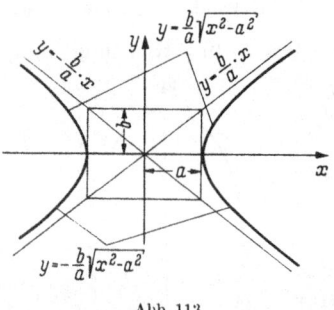

Abb. 113

der *Hyperbel* mit der x-Achse als Haupt-achse und a und b als Halbachsen dar (Abb. 113). Die Ursprungsgeraden

$$y = \frac{b}{a} x \quad \text{und} \quad y = -\frac{b}{a} x$$

sind Asymptoten. Die ganze Hyperbel kann durch die „Mittelpunktsform" (*) beschrieben werden, da man aus ihr die die Gestalt der Hyperbel bestim-menden Halbachsen a und b sofort ab-lesen kann. Für $a = b = 1$ erhält man als Spezialfall die *Einheitshyperbel*.

b) $F > 0$.

Man setze $\dfrac{A}{-F} = -\dfrac{1}{a^2} \left(\text{da } \dfrac{A}{-F} < 0!\right)$, $\dfrac{C}{-F} = \dfrac{1}{b^2}$ und erhält $\dfrac{A}{-F} x^2$

$$+ \frac{C}{-F} y^2 = 1 \text{ oder}$$

$$-\frac{x^2}{a^2} + \frac{y^2}{b^2} = 1$$

$$\boxed{\frac{y^2}{b^2} - \frac{x^2}{a^2} = 1} \qquad (*)$$

und durch Auflösen nach y

$$y = \frac{b}{a} \sqrt{x^2 + a^2}$$

$$y = -\frac{b}{a} \sqrt{x^2 + a^2}.$$

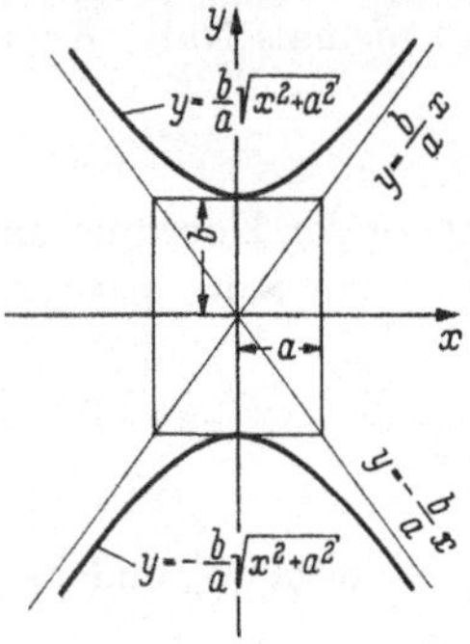

Abb. 114

Diese beiden, für *alle* x erklärten algebraischen Funktionen haben als Bildkurven den *oberen* bzw. *unteren Ast* der in *y-Achsenrichtung* geöff-neten *Hyperbel* mit den Halbachsen a und b (Abb. 114). Die Ursprungs-geraden $y = \dfrac{b}{a} x$ und $y = -\dfrac{b}{a} x$ sind wieder Asymptoten. Die ganze Hyperbel kann durch die „Mittelpunktsform" (*) beschrieben werden.

c) $F = 0$.

Man setze $- C = C'$, so daß also $C' > 0$ ist. Dann folgt aus $A\,x^2 + C\,y^2 = A\,x^2 - C'\,y^2 = 0$ durch Faktorenzerlegung

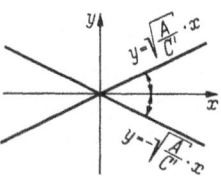

$$(\sqrt{A}\;x + \sqrt{C'}\;y) \cdot (\sqrt{A}\;x - \sqrt{C'}\;y) = 0$$

$$\left.\begin{array}{l} \sqrt{A} \cdot x + \sqrt{C'}\;y = 0 \\ \sqrt{A} \cdot x - \sqrt{C'}\;y = 0\,. \end{array}\right\}$$

Abb. 115

Damit sind also zwei lineare algebraische Funktionen definiert, ihre Bilder sind *Geraden* durch den Ursprung (Abb. 115).

3. Die in 2.1.5 aufgestellten Beziehungen zwischen den Kreisfunktionen desselben Argumentes zeigen: *Jede Kreisfunktion ist eine algebraische oder sogar rationale Funktion jeder anderen Kreisfunktion desselben Argumentes.*

Beispiel

$$\sin \alpha = \frac{\tan \alpha}{\sqrt{1 + \tan^2 \alpha}} \qquad \text{(I., IV. Quadrant)}$$

$$\sin \alpha = \frac{- \tan \alpha}{\sqrt{1 + \tan^2 \alpha}} \qquad \text{(II., III. Quadrant).}$$

Wir setzen

$$\tan \alpha = x, \qquad \sin \alpha = y$$

und erhalten die algebraischen Funktionen

$$y = \frac{x}{\sqrt{1 + x^2}}\,, \qquad y = \frac{- x}{\sqrt{1 + x^2}}\,.$$

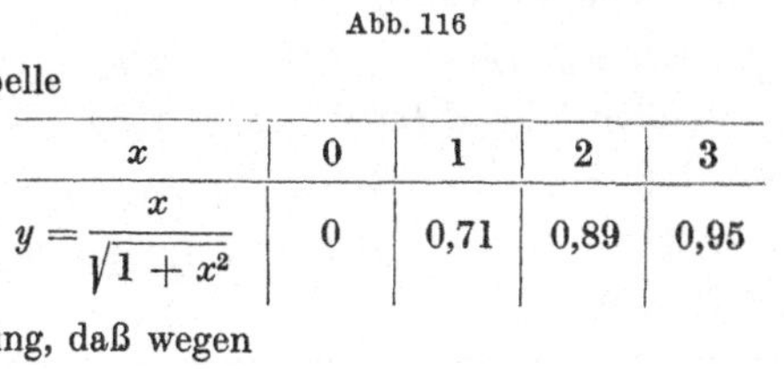

Abb. 116

Mit der Wertetabelle

x	0	1	2	3
$y = \dfrac{x}{\sqrt{1 + x^2}}$	0	0,71	0,89	0,95

und der Überlegung, daß wegen

$$\sqrt{1 + x^2} > |x| \quad \text{stets} \quad |y| < 1$$

sein muß, kann man die Bildkurven skizzieren (Abb. 116).

3.10 Exponential- und Logarithmusfunktionen

Definition: *Jede Funktion der Gestalt*

$$y = a^x \quad (a > 0, \ a \neq 1)$$

wird Exponentialfunktion genannt. Die unabhängige Veränderliche x steht hier — im Gegensatz zu den Potenzfunktionen — im Exponenten.

Bezüglich des Kurvenverlaufs unterscheiden wir zwei Klassen von Exponentialfunktionen: Funktionen $y = a^x$, bei denen die Basis $a > 1$ ist und andererseits Funktionen $y = a^x$, bei denen die Basis ein positiver echter Bruch ist: $0 < a < 1$.

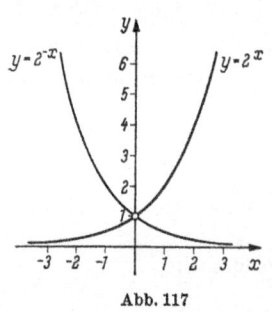

Abb. 117

Alle Exponentialfunktionen $y = a^x$ mit $a > 1$ gehen aus $y = a^x$ mit $0 < a < 1$ durch Spiegelung an der y-Achse hervor! Denn ist $a > 1$, so ist $\dfrac{1}{a}$ sicher zwischen 0 und 1 gelegen und

$$y = \left(\frac{1}{a}\right)^x = \frac{1}{a^x} = a^{-x} .$$

Die Funktionen a^x und a^{-x} liegen aber nach 3.2.4 symmetrisch zur y-Achse.

Beispiel

Aufzeichnung der Funktionen $y = 2^x$ und $y = 2^{-x}$ (Abb. 117). Wertetabelle (Rechenstab!):

x	-3	-2	-1	0	0,5	1	1,5	1,8	2	2,2	2,5
$y = 2^x$	0,13	0,25	0,5	1	1,41	2	2,83	3,48	4	4,6	5,66

Besteht der Exponent in einer linearen Funktion von x, etwa $mx + n$, so erhält man

$$y = a^{mx+n} = a^{mx} a^n = k\,b^x$$

mit $k = a^n$ und $b = a^m$. Die Funktion $y = k\,b^x$ kann man sich durch Streckung bzw. Stauchung der Funktion $y = b^x$ entstanden denken.

Gemeinsame Eigenschaften von $y = a^x$:

1. $y = a^x$ *ist für alle x definiert und für alle x streng monoton steigend für $a > 1$, streng monoton fallend für $0 < a < 1$.*

2. *Alle Exponentialkurven schneiden die Ordinatenachse bei $y = 1$.*

3. *Die Exponentialfunktion $y = a^x$ besitzt nur positive Werte, hat also keine Nullstellen. Es gilt:*

$$y = a^x \to 0 \quad \text{für} \quad x \to -\infty \quad (a > 1)$$
$$y = a^x \to 0 \quad \text{für} \quad x \to +\infty \quad (0 < a < 1).$$

4. *Die Funktionen* $y = a^x$ *und* $y = \left(\dfrac{1}{a}\right)^x$ *verlaufen symmetrisch zur* *y-Achse.*

Zur schnellen *Skizzierung* einer Exponentialkurve genügt es — unter Beachtung ihrer allgemeinen Eigenschaften — die Punkte

$$P_1(0;1), \quad P_2(1;a)$$

einzutragen (Abb. 118), denn es ist stets

$$a^0 = 1, \quad a^1 = a .$$

Definition: *Die logarithmische Funktion*

$$\boxed{y = {}^a\!\log x \quad (a > 0,\ a \neq 1)}$$

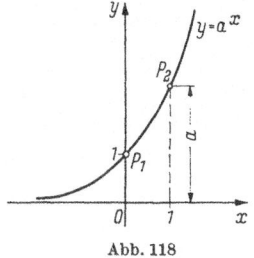

Abb. 118

ist die Umkehrfunktion zur Exponentialfunktion $y = a^x$. Vertauscht man in $y = a^x$ die Veränderlichen und löst anschließend nach y auf, so erhält man nämlich

$$x = a^y \Rightarrow y = {}^a\!\log x .$$

Insbesondere ergeben sich auch hier die bereits aus 1.5.1 bekannten Identitäten

$$a^{{}^a\!\log x} \equiv x, \quad {}^a\!\log a^y \equiv y .$$

Nach 3.5 erhält man demnach die Bildkurven der logarithmischen Funk-

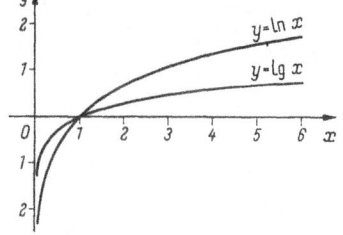

Abb. 119

tionen, indem man die zugehörige Exponentialkurve an der Quadrantenhalbierenden $y = x$ spiegelt. In Abb. 119 sind die Bildkurven von $y = \lg x$ $(a = 10)$ und $y = \ln x$ $(a = e = 2{,}718\ldots)$ eingezeichnet:

x	0,1	0,3	0,5	1	2	3	4	5	6
$\ln x$	$-2{,}30$	$-1{,}20$	$-0{,}69$	0	0,69	1,10	1,39	1,61	1,79
$\lg x$	$-1{,}00$	$-0{,}52$	$-0{,}30$	0	0,30	0,48	0,60	0,70	0,78

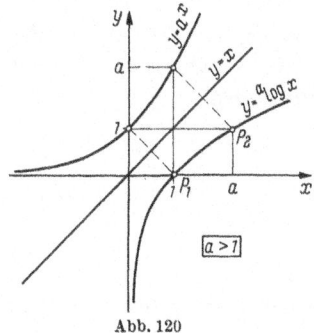

Abb. 120

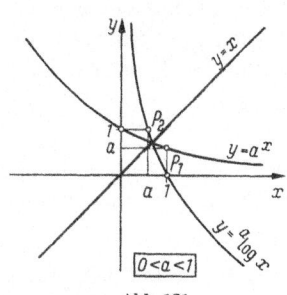

Abb. 121

Zur raschen *Skizzierung* einer logarithmischen Kurve genügt es, die Punkte

$$P_1(1\,;0), \quad P_2(a\,;1)$$

einzutragen (Abb. 120; 121).

Allgemeine Eigenschaften von $y = {}^a\!\log x$ für $a > 1$[1]):

1. *Der Definitionsbereich für $y = {}^a\!\log x$ ist $0 < x < \infty$. Es gibt nur Logarithmen positiver Numeri!*

2. *Die logarithmische Funktion ist im ganzen Definitionsbereich streng monoton steigend und hat für $x = 1$ die einzige Nullstelle. Also ist*

$$
\begin{aligned}
{}^a\!\log x &< 0 \quad \text{für} \quad 0 < x < 1\\
{}^a\!\log x &= 0 \quad \text{für} \quad x = 1\\
{}^a\!\log x &> 0 \quad \text{für} \quad x > 1 \,.
\end{aligned}
$$

3. *Strebt x vom Positiven her gegen Null, so geht der Logarithmus gegen minus unendlich*

$$
{}^a\!\log x \to -\infty \quad \text{für} \quad x \to 0 +
$$

(*${}^a\!log\,0$ existiert nicht!*)

3.11 Kreisfunktionen

Ist $\Re$ der Einheitskreis um den Ursprung 0 und $P(x, y)$ ein beliebiger Punkt auf $\Re$, so hatten wir in 2.1.1 die trigonometrischen oder Kreisfunktionen wie folgt definiert:

$$
\sin \varphi = y, \quad \cos \varphi = x, \quad \tan \varphi = \frac{y}{x}, \quad \cot \varphi = \frac{x}{y},
$$

wobei φ der (positiv im Gegenzeigersinn zu rechnende) Winkel war, den der Radius $\overline{OP}$ mit der positiven x-Achse einschließt. Wir wollen jetzt statt φ wieder x schreiben, die abhängige Veränderliche einheitlich y nennen und den Kurvenverlauf der Funktionen

$$y = \sin x, \; y = \cos x, \; y = \tan x, \; y = \cot x$$

studieren. Wir fassen dabei die beiden ersten und die beiden letzten Funktionen jeweils zusammen.

---

[1]) Dies im Hinblick auf die in der Praxis verwendeten Basen $a = 10$ und $a = e = 2,718 \ldots$ Die logarithmischen Kurven der anderen Klasse (Basis $0 < a < 1$) sind praktisch ohne Bedeutung.

3.11.1 Sinus- und Kosinusfunktion

Die Einheit wird auf beiden Achsen gleich gewählt, die x-Achse ist jedoch mit dem Bogenmaß beschriftet. Die Bildkurven können aufgrund einer (mit Rechenschieber oder Zahlentafel angefertigten) Wertetabelle oder mit einer Schablone gezeichnet werden (Abb. 122). Ihr auf-

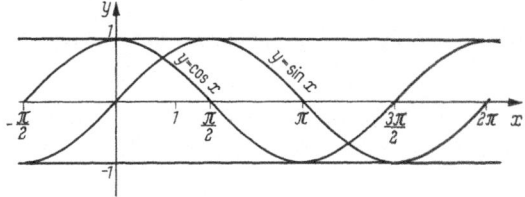

Abb. 122

fälligstes Merkmal ist die *Periodizität*. Man nennt allgemein eine Funktion $y = f(x)$ periodisch mit der Periode T, wenn sie der Funktionalgleichung

$$f(x + T) = f(x)$$

genügt, sich also die Funktionswerte nach T-Abszisseneinheiten wiederholen. Mit T sind auch $k\,T$ ($k = \pm 1, \pm 2, \ldots$) Perioden der Funktion. Die (betragsmäßig) kleinste Periode heißt die *primitive Periode*. Sinus- und Kosinusfunktion sind periodisch mit 2π bzw. $360°$ als primitiver Periode, es gilt also

$$\sin (x + k \cdot 2\pi) = \sin x$$
$$\cos (x + k \cdot 2\pi) = \cos x$$
$$(k \text{ ganz}) \,.$$

Ferner können wir folgende Eigenschaften von den Bildkurven ablesen:

1. Sinus- und Kosinuskurve verlaufen für alle x zwischen den Beschränkungsgeraden $y = +1$ und $y = -1$, ihr Wertevorrat ist also auf alle reellen Zahlen zwischen $+1$ und -1 (jeweils einschließlich) beschränkt:

$$-1 \leqq \sin x \leqq +1$$
$$-1 \leqq \cos x \leqq +1 \,.$$

2. Sinus- und Kosinuskurve sind kongruente Kurven, die Sinuskurve z. B. geht aus der Kosinuskurve hervor, indem man diese um $\dfrac{\pi}{2}$ Einheiten parallel zur x-Achse verschiebt:

$$\cos \left(x - \frac{\pi}{2} \right) = \sin x \,.$$

3. Nullstellen der Sinusfunktion sind

$$\sin x = 0 : x = 0, \; \pm \pi, \; \pm 2\,\pi, \; \pm 3\,\pi, \dots,$$

Nullstellen der Kosinusfunktion sind

$$\cos x = 0 : x = \pm \frac{\pi}{2} \pm \frac{3\,\pi}{2}, \pm \frac{5\,\pi}{2}, \dots$$

Die Nullstellen einer Funktion sind gleichzeitig Maxima oder Minima der Kofunktion.

4. Die Kosinuskurve verläuft symmetrisch zur y-Achse (und zu jeder Geraden $x = k\,\pi$, k ganz), ist also eine *gerade* Funktion

$$\cos(-x) = \cos x,$$

die Sinuskurve verläuft punktsymmetrisch zum Ursprung (sowie zu jedem Punkt $x = k\,\pi$, k ganz, der x-Achse), die Sinusfunktion ist also eine *ungerade* Funktion

$$\sin(-x) = -\sin x.$$

Die meisten dieser Beziehungen waren bereits in der Trigonometrie am Einheitskreis bzw. rechnerisch hergeleitet worden. Man beachte, wie sich jetzt Rechnung und bildliche Darstellung gegenseitig ergänzen.

3.11.2 Harmonische Schwingungen

Bei den meisten Schwingungsproblemen spielen Sinusfunktionen eine maßgebende Rolle. Der einfachste Fall liegt bei der sogenannten *harmonischen* Schwingung vor, welche durch die Funktion

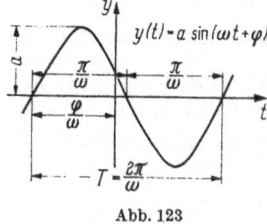

Abb. 123

$$y(t) = a \sin(\omega\,t + \varphi)$$

beschrieben wird[1] (Abb. 123). Darin bedeutet

t die Zeit (als unabhängige Veränderliche)

y die Elongation oder den Schwingungsausschlag (als abhängige Veränderliche)

a die Amplitude (maximaler Ausschlag)

ω die Kreisfrequenz ($\omega = \dfrac{2\,\pi}{T}$, T Periode)

φ der Phasenverschiebungswinkel (Nullphasenwinkel).

---

[1] Ausdrücke der Art $a \sin(\omega\,t + \varphi)$ werden auch als „sinusoidale Größen" bezeichnet.

Die Nullstellen ergeben sich aus

$$a \sin (\omega t + \varphi) = 0$$

$$\omega t + \varphi = 0, \quad t = -\frac{\varphi}{\omega}$$

$$\omega t + \varphi = \pi, \quad t = -\frac{\varphi}{\omega} + \frac{\pi}{\omega}$$

$$\omega t + \varphi = 2\pi, \quad t = -\frac{\varphi}{\omega} + \frac{2\pi}{\omega},$$

also allgemein

$$t = -\frac{\varphi}{\omega} + k \frac{\pi}{\omega} \quad (k \text{ ganz}).$$

Hieraus ergibt sich sofort die Periode T der Schwingung als Abstand der ersten und dritten Nullstelle zu

$$T = \left(-\frac{\varphi}{\omega} + \frac{2\pi}{\omega}\right) - \left(-\frac{\varphi}{\omega}\right) = \frac{2\pi}{\omega}.$$

Satz: *Zwei harmonische Schwingungen mit gleicher Frequenz ω überlagern sich wieder zu einer harmonischen Schwingung von derselben Frequenz ω, d. h. es gilt*

$$\boxed{a_1 \sin (\omega t + \varphi_1) + a_2 \sin (\omega t + \varphi_2) = a \sin (\omega t + \varphi).}$$

Beweis: Entwickelt man beide Seiten nach den Additionstheoremen (2.3.1) so erhält man

$$a_1 \sin \omega t \cos \varphi_1 + a_1 \cos \omega t \sin \varphi_1 + a_2 \sin \omega t \cos \varphi_2 + a_2 \cos \omega t \sin \varphi_2$$
$$= a \sin \omega t \cos \varphi + a \cos \omega t \sin \varphi$$

$$(a_1 \cos \varphi_1 + a_2 \cos \varphi_2) \sin \omega t + (a_1 \sin \varphi_1 + a_2 \sin \varphi_2) \cos \omega t$$
$$= a \cos \varphi \sin \omega t + a \sin \varphi \cos \omega t$$

$$\left.\begin{array}{l}(a_1 \cos \varphi_1 + a_2 \cos \varphi_2 - a \cos \varphi) \sin \omega t \\ + (a_1 \sin \varphi_1 + a_2 \sin \varphi_2 - a \sin \varphi) \cos \omega t\end{array}\right\} = 0.$$

Da $\sin \omega t$ und $\cos \omega t$ für kein t gleichzeitig verschwinden, kann die Gleichung nur durch Nullsetzen der Klammerfaktoren erfüllt werden:

$$a \cos \varphi = a_1 \cos \varphi_1 + a_2 \cos \varphi_2$$
$$a \sin \varphi = a_1 \sin \varphi_1 + a_2 \sin \varphi_2.$$

Dies sind zwei Gleichungen zur Bestimmung von a und φ: Quadrieren und anschließendes Addieren liefert a:

$$a^2 (\cos^2 \varphi + \sin^2 \varphi) = (a_1 \cos \varphi_1 + a_2 \cos \varphi_2)^2 + (a_1 \sin \varphi_1 + a_2 \sin \varphi_2)^2$$
$$\Rightarrow a = \sqrt{a_1^2 + a_2^2 + 2 a_1 a_2 \cos (\varphi_2 - \varphi_1)}.$$

Division beider Gleichungen ergibt φ gemäß

$$\tan \varphi = \frac{a_1 \sin \varphi_1 + a_2 \sin \varphi_2}{a_1 \cos \varphi_1 + a_2 \cos \varphi_2} \cdot$$

Damit sind Amplitude a und Phasenverschiebung φ der resultierenden Schwingung bestimmt.

3.11.3 Tangens- und Kotangensfunktion

Den Kurvenverlauf der beiden Funktionen zeigt Abb. 124. Als erstes fällt wieder die Periodizität ins Auge; die primitive Periode ist hier $T = \pi$

$$\tan (x + k\pi) = \tan x$$
$$\cot (x + k\pi) = \cot x$$
$$(k \text{ ganz}) \,.$$

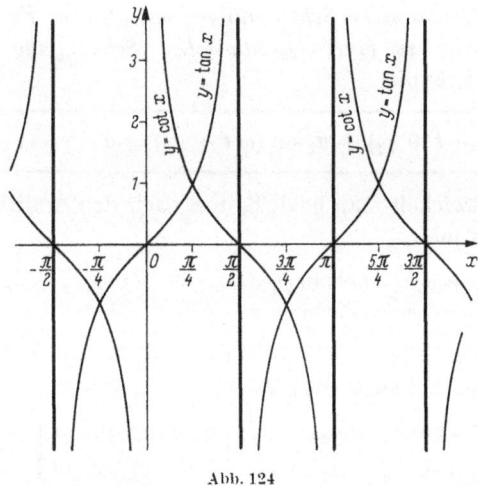

Abb. 124

Weitere Eigenschaften sind

1. Der *Wertevorrat* von Tangens- und Kotangensfunktion besteht aus der Menge *aller* reellen Zahlen. Der Definitionsbereich besteht aus allen Werten x, ausgenommen die Unendlichkeitsstellen:

$$\tan x \to +\infty \text{ für } x \to \pm \frac{\pi}{2} -, \ \pm \frac{3\pi}{2} -, \ \pm \frac{5\pi}{2} -, \dots$$

$$\tan x \to -\infty \text{ für } x \to \pm \frac{\pi}{2} +, \ \pm \frac{3\pi}{2} +, \ \pm \frac{5\pi}{2} +, \dots.$$

Die senkrechten Geraden $x = k \dfrac{\pi}{2}$ (k ganz) sind also *Asymptoten* der Tangenskurven, die Tangensfunktion ist an diesen Stellen nicht erklärt.

$$\cot x \to +\infty \ \text{für} \ x \to 0\, +, \ \pm\, \pi\, +, \ \pm\, 2\,\pi\, +, \ldots$$
$$\cot x \to -\infty \ \text{für} \ x \to 0\, -, \ \pm\, \pi\, -, \ \pm\, 2\,\pi\, -, \ldots.$$

Für die Kotangenskurven sind also die senkrechten Geraden $x = k\,\pi$ (k ganz) *Asymptoten*, die Kotangensfunktion ist an diesen Stellen nicht erklärt.

2. *Nullstellen* liegen für die Tangensfunktion bei

$$\tan x = 0 : x = 0, \ \pm\, \pi, \ \pm\, 2\,\pi, \ldots$$

und für die Kotangensfunktion bei

$$\cot x = 0 : x = \pm \frac{\pi}{2}, \ \pm \frac{3\,\pi}{2}, \ \pm \frac{5\,\pi}{2}, \ldots.$$

3. Tangens- und Kotangensfunktion sind *ungerade* Funktionen, ihre Bildkurven verlaufen punktsymmetrisch zum Ursprung (sowie zu jedem der Punkte $x = k\dfrac{\pi}{2}$ der x-Achse):

$$\tan(-x) = -\tan x$$
$$\cot(-x) = -\cot x.$$

4. Alle Tangenskurven gehen in (alle) Kotangenskurven über, wenn man sie an der senkrechten Geraden $x = \dfrac{\pi}{4}$ (sowie an den Geraden $x = -\dfrac{\pi}{4}, \ \pm \dfrac{3\,\pi}{4}, \ \pm \dfrac{5\,\pi}{4}, \ldots$) spiegelt, dies drückt sich rechnerisch in der Beziehung

$$\tan\left(\frac{\pi}{4} - x\right) = \cot\left(\frac{\pi}{4} + x\right)$$

aus (vgl. Beispiel 2 in 2.3.1!)

5. Für den *I. Quadranten* $\left(0 < x < \dfrac{\pi}{2}\right)$ merke man sich speziell

$y = \tan x$ ist streng monoton steigend von 0 bis $+\infty$

$y = \cot x$ ist streng monoton fallend von $+\infty$ bis 0

$$\tan \frac{\pi}{4} = \cot \frac{\pi}{4} = 1$$
$$\tan x \gtrless 1 \ \text{für} \ x \gtrless \frac{\pi}{4}$$
$$\cot x \gtrless 1 \ \text{für} \ x \lessgtr \frac{\pi}{4}.$$

3.12 Bogenfunktionen

3.12.1 Die Hauptwerte der Bogenfunktionen

Die *Bogen-*, *Arkus-* oder *zyklometrischen Funktionen* sind die Umkehrfunktionen der Kreisfunktionen. Ihre Bildkurven müssen also durch
Spiegelung der entsprechenden trigonometrischen Kurven an der Quadrantenhalbierenden $y = x$ zu erhalten sein. Man sieht sofort, daß sich
dabei unendlich vieldeutige Funktionen ergeben, da sich die Periodizität
längs der x-Achse auf die y-Achse überträgt.

Um *eindeutige* Umkehrfunktionen zu erhalten, müssen wir von den
Kreisfunktionen solche Teilbereiche herausgreifen, in denen die Kurven
ein strenges Monotonieverhalten aufweisen und — bezogen auf Tangens-
und Kotangensfunktion — außerdem keine Unendlichkeitsstellen liegen.
Die dem Nullpunkt am nächsten liegenden Teilbereiche mit den genannten Eigenschaften führen dabei auf die „Hauptwerte" der Bogenfunktionen.

Definitionen

1. Für die Funktion

$$y = \sin x \qquad mit \qquad -\frac{\pi}{2} \leqq x \leqq +\frac{\pi}{2}$$

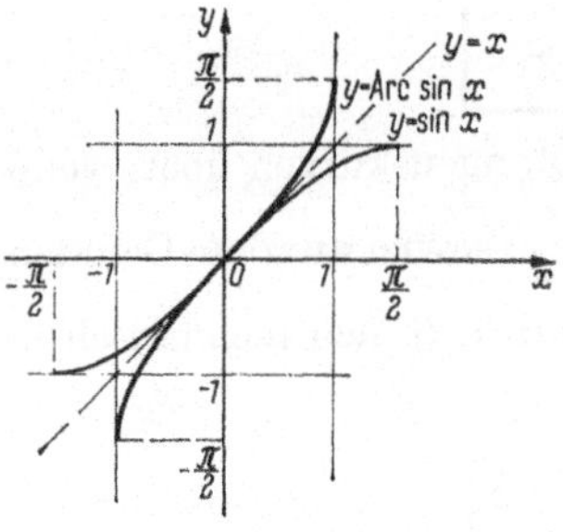

Abb. 125

heißt die Umkehrfunktion

$$y = \text{Arc} \sin x$$

lies: *Hauptwert des Arkussinus von x.*

Erläuterung: Aus $y = \sin x$ folgt durch
Vertauschen der Veränderlichen $x = \sin y$,
und die Auflösung dieser Gleichung nach y
schreibt man gemäß obiger Definition als
$y = \text{Arc} \sin x$. Dies gilt für $-\frac{\pi}{2} \leqq x \leqq +\frac{\pi}{2}$,
denn innerhalb dieses Bereiches ist die
Sinusfunktion streng monoton steigend, $y = \text{Arc} \sin x$ also eindeutig.
Demnach bestehen die Identitäten

$$\boxed{\begin{aligned} \sin\,(\text{Arc} \sin x) &\equiv x \quad \text{für} \quad -1 \leqq x \leqq +1 \\ \text{Arc} \sin\,(\sin y) &\equiv y \quad \text{für} \quad -\frac{\pi}{2} \leqq y \leqq +\frac{\pi}{2}. \end{aligned}}$$

Man beachte Abb. 125 und präge sich den Kurvenverlauf von $y =$
$= \text{Arc} \sin x$ (als Spiegelbild von $y = \sin x$) ein!

2. Für die Funktion

$$y = \cos x \qquad mit \qquad 0 \leqq x \leqq \pi$$

heißt die Umkehrfunktion

$$y = \text{Arc} \cos x$$

lies: Hauptwert des Arkuskosinus von x.

Erläuterung: Vertauscht man in $y = \cos x$ die Veränderlichen, so bekommt man $x = \cos y$. Diese Gleichung definiert die Umkehrfunktion $y = g(x)$, wobei man nach obiger Definition die Vorschrift g mit Arc cos bezeichnet. Man achte auf den zugrunde gelegten Bereich $0 \leqq x \leqq \pi$, denn dort ist $y = \cos x$ streng monoton (fallend). Aus $x = \cos y$ und $y = \text{Arc} \cos x$ folgen die Identitäten

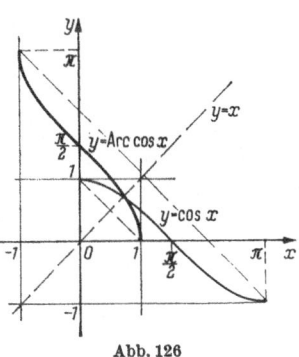

Abb. 126

$$\boxed{\begin{aligned} \cos\,(\text{Arc}\cos x) &\equiv x \quad \text{für} \quad -1 \leqq x \leqq +1 \\ \text{Arc}\cos\,(\cos y) &\equiv y \quad \text{für} \quad\;\; 0 \leqq y \leqq \pi. \end{aligned}}$$

Man vergleiche hierzu Abb. 126!

3. *Für die Funktion*

$$y = \tan x \quad mit \quad -\frac{\pi}{2} < x < \frac{\pi}{2}$$

heißt die Umkehrfunktion

$$y = \text{Arc}\tan x$$

lies: Hauptwert des Arkustangens von x.

Erläuterung: $y = \tan x$ ist für $-\frac{\pi}{2} < x < +\frac{\pi}{2}$ (die Gleichheitszeichen müssen hier ausgeschlossen werden, da $\tan\frac{\pi}{2}$ und $\tan\left(-\frac{\pi}{2}\right)$ nicht existieren!) streng monoton (steigend) und besitzt keine Unendlichkeitsstellen. Vertauscht man x mit y, so bekommt man $x = \tan y$ und durch Auflösung nach y die Umkehrfunktion $y = g(x) = \text{Arc}\tan x$. Also gilt

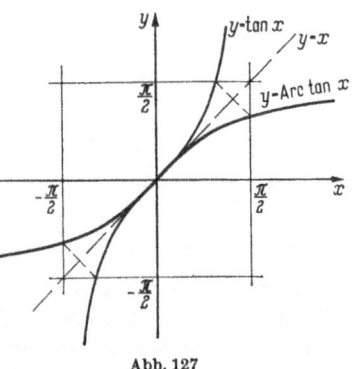

Abb. 127

$$\boxed{\begin{aligned} \tan\,(\text{Arc}\tan x) &\equiv x \quad \text{für alle } x \\ \text{Arc}\tan\,(\tan y) &\equiv y \quad \text{für} -\frac{\pi}{2} < y < \frac{\pi}{2}. \end{aligned}}$$

Die Bildkurve von $y = \text{Arc}\tan x$ ist in Abb. 127 dargestellt.

11*

4. Die Funktion

$$y = \cot x \quad mit \quad 0 < x < \pi$$

besitzt die Umkehrfunktion

$$y = \text{Arc cot } x$$

lies: Hauptwert des Arkuskotangens von x.

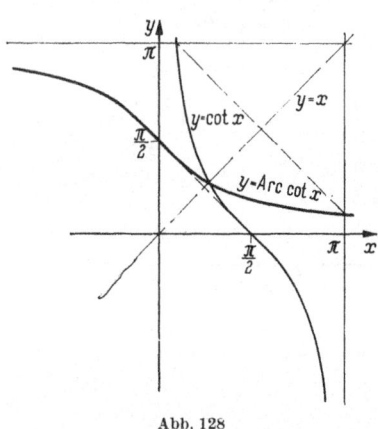

Abb. 128

Erläuterung: In $0 < x < \pi$ zeigt $y = \cot x$ strenges Monotonieverhalten und keine Unendlichkeitsstellen, also muß in diesem Bereich eine eindeutige Umkehrfunktion existieren. Vertauschen von x und y in $y = \cot x$ ergibt $x = \cot y$, die Auflösung nach y soll $y = \text{Arc cot } x$ geschrieben werden. Die Identitäten lauten

$$\boxed{\begin{array}{ll} \cot (\text{Arc cot } x) \equiv x & \text{für alle } x \\ \text{Arc cot } (\cot y) \equiv y & \text{für } 0 < y < \pi \,. \end{array}}$$

Vgl. Abb. 128!

Beispiele

1. Bestimme Arc sin 1!

Setze Arc sin $1 = y$, dann folgt daraus sin $y = 1$ (etwa, indem man von beiden Seiten den Sinus nimmt oder, indem man die Gleichung nach 1 auflöst), die Gleichung sin $y = 1$ hat in $-\dfrac{\pi}{2} \leqq y \leqq +\dfrac{\pi}{2}$ genau eine Lösung, nämlich

$y = \dfrac{\pi}{2}$. Also ist Arc sin $1 = \dfrac{\pi}{2}$.

2. Bestimme Arc cos 0,173![1])

Arc cos $0,173 = y$ (gesetzt) $\Rightarrow \cos y = 0,173 \Rightarrow y = 1,397$

3. Bestimme Arc tan $(-3,05)$!

Arc tan $(-3,05) = y$ (gesetzt) $\Rightarrow \tan y = -3,05 \Rightarrow y = -1,254$

4. Bestimme Arc cot 0,281!

Arc cot $0,281 = y$ (gesetzt) $\Rightarrow \cot y = 0,281 \Rightarrow y = 1,297$

5. Bestimme Arc cos 1,8!

Arc cos $1,8 = y$ (gesetzt) $\Rightarrow \cos y = 1,8$; wegen cos $y > 1$ hat die Gleichung keine Lösung, d. h. y existiert nicht.

6. Bestimme Arc sin $(-0,125)$!

Arc sin $(-0,125) = y$ (gesetzt) $\Rightarrow \sin y = -0,125 \Rightarrow \sin (-y) = 0,125$ $\Rightarrow y = -0,1253$.

---

[1]) Diese und die folgenden Aufgaben sind mit dem Rechenstab behandelt worden.

3.12.2 Die Nebenwerte der Bogenfunktionen

Der periodische Verlauf der Kreisfunktionen zeigt, daß es bei allen diesen Funktionen *be-liebig viele* Teilbereiche gibt, innerhalb deren eine eindeutige Umkehrung möglich ist. Sie liefern von jeder der vier Kreisfunktionen be liebig viele (eindeutige) Umkehrfunktionen, welche

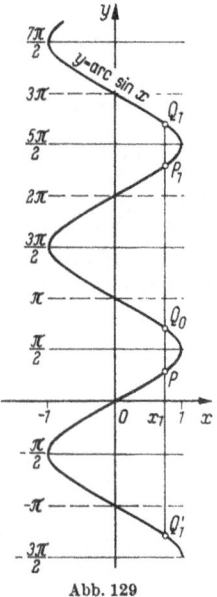

$$y = \text{arc sin } x$$
$$y = \text{arc cos } x$$
$$y = \text{arc tan } x$$
$$y = \text{arc cot } x$$

geschrieben werden. Ihre Funktionswerte heißen die *Nebenwerte* der Bogenfunktionen. Sie hängen mit dem jeweiligen Hauptwert wie folgt zusammen:

Abb. 129

$$\text{arc sin } x = \begin{cases} \text{Arc sin } x + 2\,k\,\pi & \text{mit } k \text{ ganz, } \neq 0 \\ -\text{Arc sin } x + (2\,k + 1)\,\pi & \text{mit } k \text{ ganz} \end{cases}$$

$$\text{arc cos } x = \begin{cases} \text{Arc cos } x + 2\,k\,\pi & \text{mit } k \text{ ganz, } \neq 0 \\ -\text{Arc cos } x + 2\,k\,\pi & \text{mit } k \text{ ganz} \end{cases}$$

$$\text{arc tan } x = \text{Arc tan } x + k\,\pi \qquad\qquad \text{mit } k \text{ ganz, } \neq 0$$

$$\text{arc cot } x = \text{Arc cot } x + k\,\pi \qquad\qquad \text{mit } k \text{ ganz, } \neq 0$$

Betrachten wir zur Erläuterung $y = \text{arc sin } x$ (Abb. 129)!

Wir haben zwischen Teilbereichen mit streng monoton steigendem und streng monoton fallendem Kurvenverlauf zu unterscheiden, im Hauptwertbereich selbst steigt die Kurve. Zu einem bestimmten $x\,(-1 \leqq x \leqq +1)$ gibt es unendlich viele Kurvenpunkte, aber jeder dieser Punkte gehört genau einer der Umkehrfunktionen von $y = \sin x$ an! Nämlich

$$P : y = \text{Arc sin } x \quad \text{mit} \quad -\frac{\pi}{2} \leqq y \leqq +\frac{\pi}{2} \Bigg\} \Rightarrow P(x_1, \text{Arc sin } x_1)$$

$$\begin{aligned} P_1 : y &= \text{arc sin } x \quad \text{mit} \quad \frac{3\,\pi}{2} \leqq y \leqq \frac{5\,\pi}{2} \\ &= \text{Arc sin } x + 2\,\pi \end{aligned} \Bigg\} \Rightarrow P_1(x_1, \text{Arc sin } x_1 + 2\,\pi)$$

$$Q_0 : y = \text{arc sin } x \quad \text{mit} \quad \left.\begin{array}{l} \dfrac{\pi}{2} \leqq y \leqq \dfrac{3\pi}{2} \\[6pt] = -\text{ Arc sin } x + \pi \end{array}\right\} \Rightarrow Q_0(x_1, -\text{ Arc sin } x_1 + \pi)$$

$$Q_1 : y = \text{arc sin } x \quad \text{mit} \quad \left.\begin{array}{l} \dfrac{5\pi}{2} \leqq y \leqq \dfrac{7\pi}{2} \\[6pt] = 3\pi - \text{ Arc sin } x \end{array}\right\} \Rightarrow Q_1(x_1, 3\pi - \text{ Arc sin } x_1)$$

usw.

Statt $y = \text{arc sin } x$ mit Bereichsangabe für y schreibt man gern den Zusammenhang mit dem Hauptwert Arc sin x an, wie dies auch oben geschehen ist. Der Leser führe den Nachweis für die Nebenwerte der drei übrigen Bogenfunktionen zur Übung selbst durch.

3.12.3 Darstellung der Bogenfunktionen am Einheitskreis

Ihren Namen und ihre Schreibweise haben die Bogenfunktionen aufgrund der Möglichkeit, sie als (Maßzahlen von) Bögen am Einheitskreis darzustellen. Wir beschränken uns dabei auf die Hauptwerte derselben, also Arc sin x, Arc cos x, Arc tan x und Arc cot x.

Die Funktionsgleichung $y = \text{Arc sin } x$ ging aus $x = \sin y$ durch Auflösen nach y hervor. Man lese die Gleichung

$$y = \text{Arc sin } x$$

„y ist *der* Bogen (des Einheitskreises), dessen Sinus gleich x ist"

wobei es statt „der Bogen" genauer „die Maßzahl des Bogens" oder „der Winkel im Bogenmaß" heißen müßte. Damit hat man aber sofort die in Abb. 130 gezeigte Darstellung von $y = \text{Arc sin } x$.

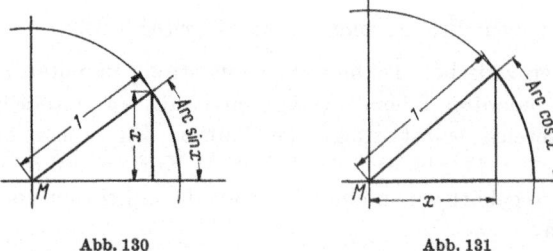

Abb. 130　　　　　　　　　　Abb. 131

Ebenso stellt sich $y = \text{Arc cos } x$ als *der* Bogen im Einheitskreis dar, dessen Kosinus gleich x ist (Abb. 131). Für jedes x gilt

$$\text{Arc sin } x + \text{Arc cos } x \equiv \frac{\pi}{2}.$$

Man sieht dies leicht ein, wenn man, wie in Abb. 132, die beiden Bogen Arc sin x und Arc cos x in einem Einheitskreis zeichnet; sie ergänzen sich dann stets zu einem Viertelkreisbogen, also $\dfrac{\pi}{2}$.

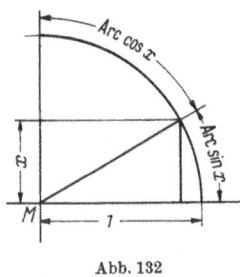
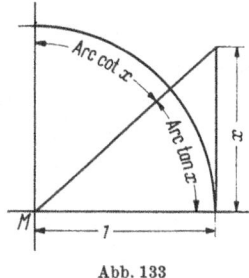

Abb. 132   Abb. 133

Interpretiert man in gleicher Weise die Funktionen $y = $ Arc tan x und $y = $ Arc cot x, so erhält man die in Abb. 133 gezeigte Darstellung, aus der man noch die Identität

$$\text{Arc tan } x + \text{Arc cot } x \equiv \frac{\pi}{2}$$

ablesen kann.

In vielen Fällen kann anhand dieser Darstellung ein bestimmter Funktionswert überprüft oder bestimmt werden, z. B.

$$\text{Arc sin } x = \frac{\pi}{4} \Rightarrow x = \sin\frac{\pi}{4} = \frac{1}{2}\sqrt{2}$$

$$\text{Arc cot } x = \frac{\pi}{2} \Rightarrow x = \cot\frac{\pi}{2} = 0$$

$$\text{Arc cos } x = \frac{\pi}{6} \Rightarrow x = \cos\frac{\pi}{6} = \frac{1}{2}\sqrt{3}$$

$$\text{Arc tan } x = \frac{\pi}{3} \Rightarrow x = \tan\frac{\pi}{3} = \sqrt{3}.$$

3.12.4 Symmetrieeigenschaften der Bogenfunktionen

Eine Betrachtung der Abb. 125 und 127 zeigt sofort, daß die Bildkurven der Funktionen $y = $ Arc sin x und $y = $ Arc tan x punktsymmetrisch zum Ursprung liegen, also

$$\text{Arc sin } (-x) = -\text{ Arc sin } x$$
$$\text{Arc tan } (-x) = -\text{ Arc tan } x$$

gilt, diese Funktionen somit ungerade sind, während $y = $ Arc cos x und $y = $ Arc cot x offenbar keine Symmetrie bezüglich des Ursprungs aufweisen[1]). Man sieht aber sofort eine andere Eigenschaft, nämlich, daß sich je zwei Funktionswerte, deren Argumente sich nur durch das Vorzeichen unterscheiden, zu π ergänzen

$$\text{Arc cos } x + \text{Arc cos } (-x) = \pi$$
$$\text{Arc cot } x + \text{Arc cot } (-x) = \pi \; ,$$

woraus folgen

$$\boxed{\begin{aligned} \text{Arc cos } (-x) &= -\text{ Arc cos } x + \pi \\ \text{Arc cot } (-x) &= -\text{ Arc cot } x + \pi. \end{aligned}}$$

Natürlich kann man diese Beziehungen auch ohne Kenntnis des Kurvenverlaufs rein rechnerisch nachweisen. Hierzu setze man

$$\text{Arc cos } x = u, \quad \text{Arc cos } (-x) = v$$

und erhält

$$x = \cos u, \quad -x = \cos v$$
$$x = \cos u = \cos (\pi - v)$$

und daraus

$$u = \pi - v$$
$$\text{Arc cos } x = \pi - \text{Arc cos } (-x) \; .$$

3.13 Hyperbel- und Areafunktionen

Definition: *Als Hyperbelfunktionen bezeichnet man die folgenden vier Funktionen*

$$\begin{aligned}
\sinh x &= \frac{e^x - e^{-x}}{2} && \text{lies sinus hyperbolicus } x \\
&&& \text{oder Hyperbelsinus } x \\
\cosh x &= \frac{e^x + e^{-x}}{2} && \text{lies cosinus hyperbolicus } x \\
&&& \text{oder Hyperbelkosinus } x \\
\tanh x &= \frac{e^x - e^{-x}}{e^x + e^{-x}} && \text{lies tangens hyperbolicus } x \\
&&& \text{oder Hyperbeltangens } x \\
\coth x &= \frac{e^x + e^{-x}}{e^x - e^{-x}} && \text{lies cotangens hyperbolicus } x \\
&&& \text{oder Hyperbelkotangens } x \; .
\end{aligned}$$

Die Definitionsgleichungen zeigen, daß die Hyperbelfunktionen eigentlich keine neuen Funktionstypen, sondern rationale Kombinationen von e-Funktionen sind.

---

[1]) $y = \text{Arc cos } x$ und $y = \text{Arc cot } x$ sind punktsymmetrisch bezüglich des Punktes $P\left(0, \dfrac{\pi}{2}\right)$ der y-Achse.

Die Bildkurven von $y = \sinh x$ und $y = \cosh x$ können durch Überlagerung der Exponentialkurven

$$y_1 = \frac{1}{2} e^x, \quad y_2 = \frac{1}{2} e^{-x}$$

gewonnen werden (Abb. 134); die Kurven des Hyperbeltangens und Hyperbelkotangens ergeben sich aufgrund der Beziehungen

$$\tanh x = \frac{\sinh x}{\cosh x}, \quad \coth x = \frac{1}{\tanh x}$$

(Abb. 135).

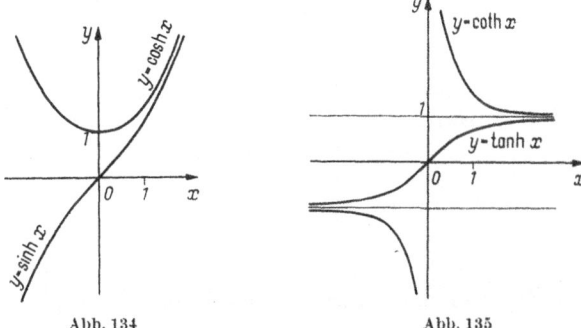

Abb. 134   Abb. 135

Die wichtigsten geometrischen Eigenschaften dieser Kurven kommen in folgenden Sätzen zum Ausdruck.

Satz: *Der Hyperbelsinus ist eine ungerade, der Hyperbelkosinus eine gerade Funktion*

$$\begin{aligned} \sinh(-x) &= -\sinh x \\ \cosh(-x) &= \cosh x \, . \end{aligned}$$

Die Hyperbelsinuskurve verläuft also punktsymmetrisch zum Ursprung, die Hyperbelkosinuskurve geradensymmetrisch zur y-Achse.

Beweis:

$$\sinh(-x) = \frac{1}{2}\left(e^{-x} - e^{x}\right) = -\frac{1}{2}\left(e^{x} - e^{-x}\right) = -\sinh x$$

$$\cosh(-x) = \frac{1}{2}\left(e^{-x} + e^{x}\right) = \frac{1}{2}\left(e^{x} + e^{-x}\right) = +\cosh x \, .$$

Speziell merke man sich

$$\sinh 0 = 0, \quad \cosh 0 = 1 \, .$$

Satz: *Der Hyperbelkosinus ist der gerade Anteil, der Hyperbelsinus der ungerade Anteil der e-Funktion.*

Beweis: Die beiden Gleichungen

$$\cosh x = \frac{1}{2}\,(e^x + e^{-x})$$

$$\sinh x = \frac{1}{2}\,(e^x - e^{-x})$$

ergeben addiert

$$e^x = \cosh x + \sinh x$$

und damit bereits die Behauptung.

Satz: *Hyperbeltangens und Hyperbelkotangens sind ungerade Funktionen*

$$\boxed{\begin{aligned} \tanh(-x) &= -\tanh x \\ \coth(-x) &= -\coth x \end{aligned}}$$

und für ihren Wertevorrat gilt

$$\boxed{\begin{aligned} |\tanh x| &< 1 \\ |\coth x| &> 1. \end{aligned}}$$

Beweis: Hyperbeltangens und Hyperbelkotangens sind beides Quotienten aus einer geraden und einer ungeraden Funktion, also nach **3.2.4** selbst ungerade Funktionen.

Schreibt man

$$\tanh x = \frac{e^x - e^{-x}}{e^x + e^{-x}} = \frac{e^{2x} - 1}{e^{2x} + 1} = 1 - \frac{2}{e^{2x} + 1},$$

so folgt zunächst wegen

$$0 < \frac{2}{e^{2x} + 1} < 2 \quad \text{für alle } x$$

$$-1 < \tanh x < +1$$

sowie wegen $e^{2x} \to 0$ für $x \to -\infty$ auch

$$\boxed{\begin{aligned} \tanh x &\to +1 \quad \text{für} \quad x \to +\infty \\ \tanh x &\to -1 \quad \text{für} \quad x \to -\infty, \end{aligned}}$$

d. h. die Begrenzungsgeraden

$$y = 1, \quad y = -1$$

sind zugleich *Asymptoten für den Hyperbeltangens.*

Wegen

$$\boxed{\coth x = \frac{1}{\tanh x}}$$

sind sie jedoch zugleich *Asymptoten für den Hyperbelkotangens* und es ist aufgrund des gleichen Zusammenhanges

$$|\coth x| > 1$$

(Abb. 135). Da $\tanh 0 = 0$ ist, folgt noch

$$\coth x \to + \infty \quad \text{für } x \to 0 +$$

$$\coth x \to - \infty \quad \text{für } x \to 0 - .$$

Satz: *Zwischen Hyperbelsinus und Hyperbelkosinus besteht die fundamentale Beziehung*

$$\boxed{\cosh^2 x - \sinh^2 x = 1 .}$$

Beweis:

$$\cosh^2 x = \frac{1}{4}\,(e^{2x} + 2 + e^{-2x})$$

$$\sinh^2 x = \frac{1}{4}\,(e^{2x} - 2 + e^{-2x})$$

$$\Rightarrow \cosh^2 x - \sinh^2 x = \frac{1}{4}\,(2 + 2) = 1 .$$

Löst man nach $\cosh x$ bzw. $\sinh x$ auf, so folgt

$$\cosh x = \sqrt{1 + \sinh^2 x} \quad \text{für alle } x$$

$$\sinh x = \begin{cases} \sqrt{\cosh^2 x - 1} & \text{für } x \geqq 0 \\ - \sqrt{\cosh^2 x - 1} & \text{für } x < 0 . \end{cases}$$

Diese und ähnliche Beziehungen, welche man in Analogie zu den Kreisfunktionen zu einer „hyperbolischen Goniometrie" ausbauen kann, spielen in vielen Gebieten der Mathematik eine bedeutende Rolle. Wir werden ihnen in der formalen Integralrechnung wiederbegegnen. — Der Name dieser Funktionen erklärt sich aus folgendem

Satz: *Die Gleichungen*

$$\boxed{x = \pm \cosh t, \quad y = \sinh t}$$

sind eine Parameterdarstellung einer gleichseitigen Einheitshyperbel.

Beweis: Man eliminiere den Parameter t durch Quadrieren und Subtrahieren beider Gleichungen

$$x^2 - y^2 = \cosh^2 t - \sinh^2 t = 1;$$

nach 3.9 ist aber $x^2 - y^2 = 1$ die Gleichung der in x-Achsenrichtung geöffneten gleichseitigen Hyperbel mit den Halbachsen $a = b = 1$ (Einheitshyperbel). In der Integralrechnung (Band II) wird gezeigt werden,

172   3 Funktionen einer reellen Veränderlichen

daß man sämtliche Hyperbelfunktionen als Maßzahlen von Strecken an
dieser Einheitshyperbel anschaulich darstellen kann. Auch die geometrische Bedeutung des Parameters t wird dann verständlich werden.
Diese Eigenschaften begründen den Namen „Hyperbelfunktionen".

Die *numerische Bestimmung* der Hyperbelfunktionen erfolgt tabellarisch oder mit Rechenstäben, welche Skalen für diese Funktionen tragen.
Sind diese Skalen nicht vorhanden, so kann man auf den Exponential-
skalen e^x und e^{-x} ablesen und über die Definitionsgleichungen den Funktionswert ermitteln.

Definition: *Die Umkehrfunktionen der Hyperbelfunktionen heißen Areafunktionen*[1]) *und werden*

$$y = \operatorname{ar} \sinh x, \quad y = \operatorname{ar} \cosh x, \quad y = \operatorname{ar} \tanh x, \quad y = \operatorname{ar} \coth x$$

geschrieben.

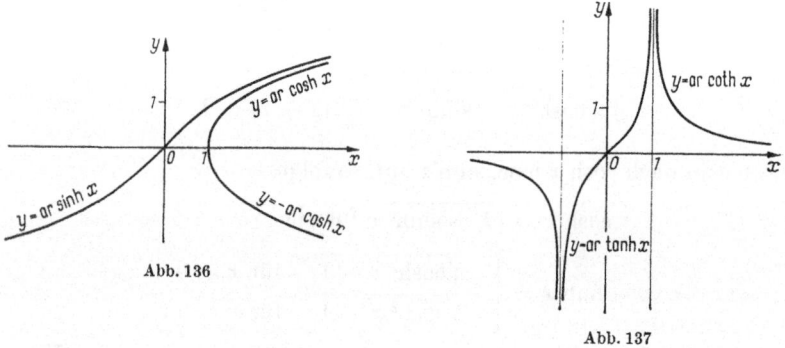

Abb. 136

Abb. 137

Geht man von den Hyperbelfunktionen aus, so hat man zunächst die
Variablen zu vertauschen und anschließend wieder nach y aufzulösen,
wobei man die in der Definition angegebene Schreibweise benutzt:

$$
\begin{array}{lll}
y = \sinh x; & x = \sinh y \Rightarrow y = \operatorname{ar} \sinh x & \text{(alle } x) \\
y = \cosh x; & x = \cosh y \Rightarrow y = \operatorname{ar} \cosh x & (x \geqq 1) \\
y = \tanh x; & x = \tanh y \Rightarrow y = \operatorname{ar} \tanh x & (|x| < 1) \\
y = \coth x; & x = \coth y \Rightarrow y = \operatorname{ar} \coth x & (|x| > 1).
\end{array}
$$

Die Bildkurven der Areafunktionen ergeben sich aus denen der Hyperbelfunktionen durch Spiegeln an der Quadrantenhalbierenden $y = x$ (Abb.136,
137). Man beachte hierbei, daß $y = \operatorname{ar} \cosh x$ durch Umkehrung von
$y = \cosh x$ für $x \geqq 0$ entsteht (Hauptwert), während $y = \cosh x$ für
$x < 0$ als Umkehrfunktion $y = - \operatorname{ar} \cosh x$ (Nebenwert) besitzt.

---

[1]) area (lat.): Fläche; die Funktionswerte des Areakosinus können als Maßzahlen einer Hyperbelsektorfläche dargestellt werden. Näheres darüber in Band II.

Löst man die Definitionsgleichung für $y = \sinh x$ nach Vertauschen der Veränderlichen, also

$$x = \frac{e^y - e^{-y}}{2} = \sinh y$$

nach y auf, so erhält man

$$2x = e^y - e^{-y}$$

$$(e^y)^2 - 2x\,e^y = 1 \quad \text{(quadratisch in } e^y\text{!)}$$

$$\Rightarrow e^y = x \pm \sqrt{x^2 + 1}\,.$$

Hierbei entfällt das Minuszeichen, da stets $e^y > 0$ ist. Logarithmiert man beiderseits, so wird

$$y = \ln\left(x + \sqrt{x^2 + 1}\right),$$

d. h.

$$\text{ar sinh } x = \ln\left(x + \sqrt{x^2 + 1}\right).$$

Satz: *Jede Areafunktion läßt sich durch eine logarithmische Funktion darstellen*

$$
\begin{array}{ll}
\text{ar sinh } x = \ln\left(x + \sqrt{x^2 + 1}\right) & \text{alle } x \\[2mm]
\text{ar cosh } x = \ln\left(x + \sqrt{x^2 - 1}\right) & x \geqq 1 \\[2mm]
\text{ar tanh } x = \dfrac{1}{2}\ln\dfrac{1 + x}{1 - x} & |x| < 1 \\[2mm]
\text{ar coth } x = \dfrac{1}{2}\ln\dfrac{x + 1}{x - 1} & |x| > 1\,.
\end{array}
$$

Wir beweisen noch die letzte Beziehung: Ausgehend von

$$y = \coth x = \frac{e^x + e^{-x}}{e^x - e^{-x}}$$

erhält man durch Vertauschen der Variablen

$$x = \frac{e^y + e^{-y}}{e^y - e^{-y}} = \coth y$$

und Auflösen nach y

$$x\,e^y - x\,e^{-y} = e^y + e^{-y}$$

$$(e^y)^2\,(x - 1) = x + 1$$

$$e^y = \sqrt{\frac{x + 1}{x - 1}} \Rightarrow y = \frac{1}{2}\ln\frac{x + 1}{x - 1}$$

$$\Rightarrow \text{ar coth } x = \frac{1}{2}\ln\frac{x + 1}{x - 1}\,; \quad |x| > 1\,.$$

Der Nachweis für die beiden restlichen Beziehungen sei dem Leser zur Übung empfohlen. Beim Areakosinus beachte man

$$\ln\left(x + \sqrt{x^2 - 1}\right) = -\ln\left(x - \sqrt{x^2 - 1}\right),$$

(nachrechnen!).

3.14 Strecken von Funktionen

Bei allen bisherigen Betrachtungen trugen die Koordinatenachsen eine *lineare* Teilung. In bestimmten Fällen ist es jedoch zweckmäßig, die Koordinatenachsen als *Funktionsskalen* zu nehmen, also allgemein

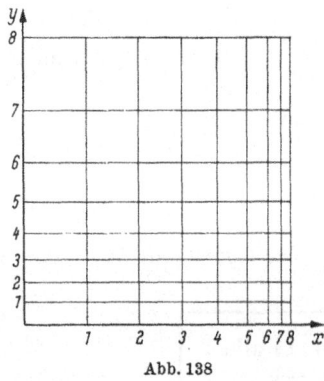

Abb. 138

$$x' = M_x\, \varphi(x)$$
$$y' = M_y\, \psi(y)$$

zu setzen und damit auf der Abszissenachse die mit dem Maßstabsfaktor M_x versehenen Funktionswerte $x' = M_x \varphi(x)$ aufzutragen — aber mit x zu beschriften — und auf der Ordinatenachse die mit dem Maßstabsfaktor M_y versehenen Funktionswerte $y' = M_y \psi(y)$ aufzutragen und mit y zu beschriften[1]).

Man nennt solche nicht-linearen Koordinatenraster *Funktionspapiere* (Abb. 138). Die Bedeutung solcher Papiere beruht auf dem Satz, daß sich bei geeigneter Wahl der Funktionsskalen auf den Achsen jede Funktion $y = f(x)$ als *Gerade* darstellen läßt. Will man beispielsweise von einem physikalischen Vorgang eine bestimmte mathematische Gesetzmäßigkeit nachweisen, so trägt man die Meßwerte in geeignetes Funktionspapier ein und findet die Vermutung bestätigt, falls die Punkte auf einer Geraden liegen.

Als wichtigste Anwendungen betrachten wir Funktionspapiere mit logarithmischen Teilungen[2]). Ist die Abszissenachse linear, die Ordinatenachse logarithmisch geteilt, so spricht man von *einfach-(halb-) logarithmischem Papier* oder auch von *Exponentialpapier*. Die letzte Bezeichnung hat ihren Grund in dem folgenden

Satz: *Auf einfach-logarithmischem Papier wird jede Exponentialfunktion zu einer Geraden gestreckt.*

Beweis: Wir logarithmieren die Exponentialfunktion

$$y = k\, a^x \qquad (k, a > 0,\ a \neq 1)$$
$$\lg y = \lg k + x \lg a$$

---

[1]) Vergleiche hierzu nochmals 3.1.4
[2]) Diese sind auch im Handel erhältlich.

und erhalten mit

$$x' = M_x\, x$$
$$y' = M_y\, \lg y$$

(*)

die *lineare* Gleichung

$$\frac{1}{M_y} y' = \lg k + \frac{1}{M_x} x'\, \lg a$$

$$y' = \left(\frac{M_y}{M_x} \lg a\right) x' + M_y\, \lg k \,.$$

Umgekehrt führt auch jede lineare Funktion

$$y' = m\, x' + n$$

mit (*) auf eine Exponentialfunktion:

$$M_y\, \lg y = m\, M_x\, x + n$$

$$\lg y = m\, \frac{M_x}{M_y} x + \frac{n}{M_y}$$

$$\Rightarrow y = 10^{m\frac{M_x}{M_y} x + \frac{n}{M_y}} = 10^{\frac{n}{M_y}}\, 10^{m\frac{M_x}{M_y} x}\,.$$

Verglichen mit

$$y = k\, a^x$$

ist dabei

$$k = 10^{\frac{n}{M_y}} \quad \text{und} \quad a = 10^{m\frac{M_x}{M_y}}\,.$$

Beispiel: In Abb. 139 sind die beiden Exponentialfunktionen

$$y = e^x \quad \text{und} \quad y = 10\left(\frac{4}{5}\right)^x$$

dargestellt. Die Maßstabsfaktoren sind in der Abbildung zu

$$M_x = 4\,[\text{mm}],\ M_y = 40\,[\text{mm}]$$

gewählt worden. Da die Steigung der Geraden durch

$$\frac{M_y}{M_x}\, \lg a$$

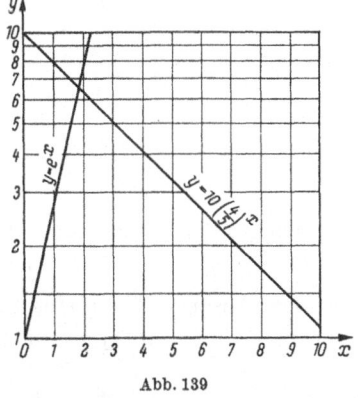

Abb. 139

gegeben ist, erhält man für $0 < a < 1$ ($\Rightarrow \lg a < 0$) fallende, für $a > 1$ ($\Rightarrow \lg a > 0$) steigende Geraden. Einzelne Punkte wurden mit dem Rechenstab ermittelt.

Haben *beide* Koordinatenachsen eine logarithmische Teilung, so spricht man von *ganz-(doppelt-)logarithmischem Papier* oder auch von *Potenzpapier*. Der Grund liegt in folgendem

Satz: *Auf ganz-logarithmischem Papier wird jede Potenzfunktion zu einer Geraden gestreckt.*

Beweis: Wir logarithmieren die Potenzfunktion

$$y = k\,x^p \qquad (k,\ x > 0,\ p\ \text{bel. reell})$$

$$\lg y = \lg k + p\lg x$$

und erhalten mit

$$\boxed{\begin{aligned} x' &= M_x \lg x \\ y' &= M_y \lg y \end{aligned}} \qquad (**)$$

die *lineare* Beziehung

$$\frac{1}{M_y}\,y' = \lg k + \frac{p}{M_x}\,x'$$

$$y' = \left(p\,\frac{M_y}{M_x}\right)x' + M_y \lg k\,.$$

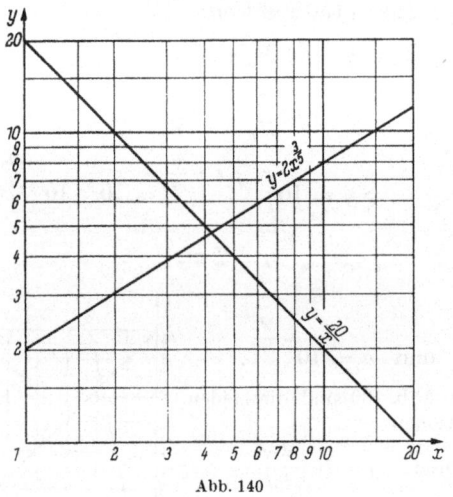

Abb. 140

Umgekehrt führt auch jede lineare Funktion

$$y' = m\,x' + n$$

mit dem Ansatz (**) auf eine Potenzfunktion:

$$M_y \lg y = m\,M_x \lg x + n$$

$$\lg y = m\,\frac{M_x}{M_y}\lg x + \frac{1}{M_y}\lg 10^n$$

$$\lg y = \lg\!\left(x^{\,m\frac{M_x}{M_y}} \cdot 10^{\frac{n}{M_y}}\right)$$

$$\Rightarrow y = k\,x^p\,,$$

wenn man

$$k = 10^{\frac{n}{M_y}} \quad\text{und}\quad p = m\,\frac{M_x}{M_y}$$

setzt.

Beispiel: In Abb. 140 sind die beiden Potenzfunktionen $y = 2\,x^{\frac{3}{5}}$ und $y = \dfrac{20}{x}$ dargestellt. Die Maßstabsfaktoren sind in der Abbildung zu

$$M_x = 41 \;[\text{mm}], \quad M_y = 41 \;[\text{mm}]$$

gewählt worden. Einzelne Punkte sind wieder mit dem Rechenstab ermittelt worden. Die Steigung der Geraden ist für $M_x = M_y$ durch den Exponenten p gegeben, man erhält für $p > 0$ steigende, für $p < 0$ fallende Geraden.

3.15 Linearisierung von Funktionen

Für viele praktische Aufgaben ist es zweckmäßig, eine Funktion an einer bestimmten Stelle durch eine andere, einfachere Funktion zu ersetzen. Ist die Ersatzfunktion speziell linear, so spricht man von *linearer Approximation* oder *Linearisierung* der betreffenden Funktion. Geometrisch wird in diesem Fall die Bildkurve der Funktion durch die Tangente in dem betreffenden Punkte ersetzt. Im folgenden handelt es sich stets um eine Linearisierung für $x = 0$, d. h. um die Bestimmung der Gleichung der Tangente an die Bildkurve im Schnittpunkt mit der y-Achse (Abb.141).

Ist $y = f(x)$ die gegebene Funktion, $l(x) = a\,x + b$ die $f(x)$ für $x = 0$ approximierende lineare Funktion, so ist stets

$$f(0) = b$$

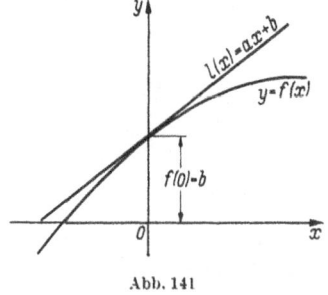

Abb. 141

und wir beschreiben den Zusammenhang durch die *Näherungsgleichheit*

$$\boxed{f(x) \approx a\,x + b\,,}$$

wobei wir stets noch die Anmerkung „für kleine $|x|$"[1]) machen. Die sich dabei ergebenden Formeln stellen die Grundlage für ein *Rechnen mit kleinen Größen* dar, wie es etwa in der elementaren Fehlerrechnung benötigt wird.

Aus der Trigonometrie (s. S. 70) sind uns bereits die Näherungsgleichungen

$$\boxed{\begin{aligned} \sin x &\approx x \\ \cos x &\approx 1 \\ \text{für kleine } &|x| \end{aligned}}$$

---

[1]) Bezüglich der Erläuterung des Begriffes „kleine $|x|$-Werte" siehe die Fußnote auf Seite 8.

bekannt (Abb. 142; 143). Aus ihnen folgt mit

$$\tan x = \frac{\sin x}{\cos x}$$

sofort die weitere Beziehung

$$\boxed{\begin{array}{c}\tan x \approx x \\ \text{für kleine } |x|\end{array}}$$

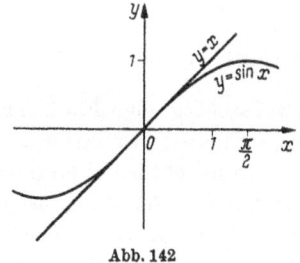

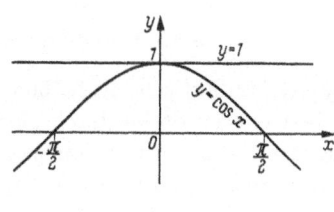

Abb. 142   Abb. 143

(Abb. 144). Da die Kotangensfunktion für $x = 0$ nicht erklärt ist, kann man sie an dieser Stelle auch nicht linearisieren.

Die Linearisierung eines *Polynoms*

$$P(x) = a_n x^n + a_{n-1} x^{n-1} + \cdots + a_2 x^2 + a_1 x + a_0$$

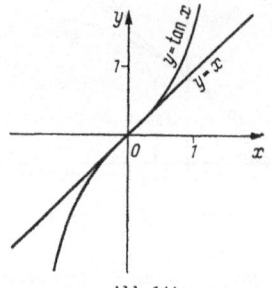

an der Stelle $x = 0$ ist besonders einfach, denn man braucht nur alle x-Potenzen vom zweiten und höheren Grade wegzulassen:

$$\boxed{\begin{array}{c}\sum_{i=0}^{n} a_i x^i \approx a_1 x + a_0 \\ \text{für kleine } |x| \, .\end{array}}$$

Bedeutsam ist die Linearisierung der *Binompotenz*

Abb. 144

$$f(x) = (1 + x)^n \, .$$

Für sie hatten wir bei ganzen positiven n über den binomischen Satz bereits

$$\boxed{\begin{array}{c}(1 + x)^n \approx 1 + n\,x \\ \text{für kleine } |x|\end{array}}$$

hergeleitet.[1]) Ersetzt man darin x durch $\dfrac{x}{n}$, so folgt

$$\left(1 + \frac{x}{n}\right)^n \approx 1 + x$$

---

[1]) s. S. 8.

und nach dem Ziehen der n-ten Wurzel die Linearisierungsformel für die
Wurzelfunktion

$$\sqrt[n]{1+x} \approx 1 + \frac{1}{n}x$$

für kleine $|x|$.

Speziell ist also etwa

$$\sqrt{1+x} \approx 1 + \frac{1}{2}x \quad \text{(Abb. 145)}$$

$$\sqrt[3]{1-x} \approx 1 - \frac{1}{3}x$$

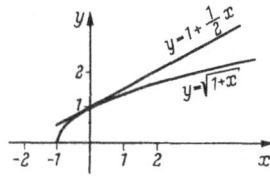

Abb. 145

usw. Für den Ausdruck

$$\frac{1}{(1+x)^n} = \frac{(1-x)^n}{[(1+x)(1-x)]^n} = \frac{(1-x)^n}{(1-x^2)^n}$$

erhalten wir bei Vernachlässigung von x^2 im Nenner und Linearisierung
der Binompotenz im Zähler

$$\frac{1}{(1+x)^n} \approx 1 - nx$$

für kleine $|x|$

und entsprechend

$$\frac{1}{\sqrt[n]{1+x}} \approx 1 - \frac{1}{n}x$$

für kleine $|x|$

jeweils für ganzes positives n.

Beispiele

1. Für kleine $|x|$ linearisiert man

$$\frac{\sin x + \cos x}{\sin x - \cos x} \approx \frac{x+1}{x-1} \approx -(x+1)^2 \approx -(2x+1).$$

2. Entsprechend wird

$$\left(\frac{1+x}{1+2x}\right)^3 \approx [(1+x)(1-2x)]^3 \approx (1-x)^3 \approx 1 - 3x.$$

3. Für beliebiges $a \neq 0$ und kleine $|x|$ wird

$$\frac{1}{a+x} = \frac{1}{a} \cdot \frac{1}{1+\dfrac{x}{a}} \approx \frac{1}{a}\left(1 - \frac{x}{a}\right) = \frac{1}{a} - \frac{x}{a^2}.$$

4. Entsprechend

$$\frac{1}{\sqrt[3]{a-x}} = \frac{1}{\sqrt[3]{a}} \cdot \frac{1}{\sqrt[3]{1-\dfrac{x}{a}}} \approx \frac{1}{\sqrt[3]{a}}\left(1 + \frac{x}{3\,a}\right) = \frac{1}{\sqrt[3]{a}} + \frac{x}{3\,a\,\sqrt[3]{a}}\,.$$

5. Für kleine $|x|$ und kleine $|y|$ wird

$$(1+x)\,(1-y) = 1 + x - y - x\,y \approx 1 + x - y\,.$$

6. Entsprechend wird bei beliebigem $a \neq 0$ und kleinen $|x|$

$$\sin\,(a+x) = \sin a \cos x + \cos a \sin x \approx \sin a + x \cos a\,.$$

7. $\cot\,(a+x) = \dfrac{\cot x \cdot \cot a - 1}{\cot a + \cot x} = \dfrac{\cot a - \tan x}{1 + \cot a \cdot \tan x} \approx \dfrac{\cot a - x}{1 + x \cdot \cot a}$

$$\approx (\cot a - x)\,(1 - x \cot a) \approx \cot a - x\,(1 + \cot^2 a) = \cot a - \frac{x}{\sin^2 a}\,.$$

Um die Güte einer Näherung für ein bestimmtes $x = x_1$ zu beurteilen, bildet man die Differenz aus dem exakten Wert $f(x_1)$ und dem Näherungswert $l(x_1)$, dividiert durch $f(x_1)$:

$$\boxed{\,\delta = \frac{f(x_1) - l(x_1)}{f(x_1)}\,;\,}$$

δ heißt hierbei der *relative Fehler* der Näherung $l(x)$ für $x = x_1$. Er wird im allgemeinen in Prozenten angegeben und dann auch prozentualer Fehler genannt.

Beispiele

1. Welchen relativen Fehler begeht man, wenn man die Näherungsformel $\sin x \approx x$ für $x_1 = \dfrac{\pi}{6}$ anwendet ?

Lösung: Es ist

$$f(x_1) = \sin x_1 = \sin\frac{\pi}{6} = 0{,}500 \qquad \left(\text{exakt} = \frac{1}{2}\right)$$

$$l(x_1) = x_1 = \frac{\pi}{6} = 0{,}524\,.$$

Damit ergibt sich der relative Fehler zu

$$\delta = \frac{0{,}500 - 0{,}524}{0{,}500} = -\frac{0{,}024}{0{,}500} = -0{,}048 = -4{,}8\%\,.$$

2. Es sei $x_1 = 1{,}5$ und $a = 42{,}7$. Welchen Fehler begeht man mit der Linearisierung

$$\frac{1}{a+x} \approx \frac{1}{a} - \frac{x}{a^2}\ ?$$

Lösung: Es ist

$$f(x_1) = \frac{1}{a + x_1} = \frac{1}{44,2} = 0,02262$$

$$l(x_1) = \frac{1}{a} - \frac{x_1}{a^2} = \frac{41,2}{(42,7)^2} = 0,02260 \ .$$

Demnach wird der relative Fehler

$$\delta = \frac{0,00002}{0,02262} = 0,0009 = 0,1\% = 1^0/_{00} \ .$$

In vielen Fällen reicht die lineare Approximation nicht aus. Man benutzt dann quadratische und höhergradige Polynome als Ersatzfunktionen, wobei der entstehende Fehler beliebig klein gehalten werden kann. Als Beispiel wollen wir eine quadratische Näherungsfunktion für die Kosinusfunktion in $x = 0$ aufstellen, da ihre Linearisierung durch $y = 1$, also eine Konstante, meistens nicht ausreicht. Allgemeine Methoden zur Bestimmung solcher Näherungspolynome werden wir im II. Band kennenlernen.

Es ist für $-\dfrac{\pi}{2} < x < +\dfrac{\pi}{2}$

$$\cos x = \sqrt{1 - \sin^2 x}$$

und für kleine $|x|$ wegen $\sin x \approx x$

$$\cos x \approx \sqrt{1 - x^2} \ .$$

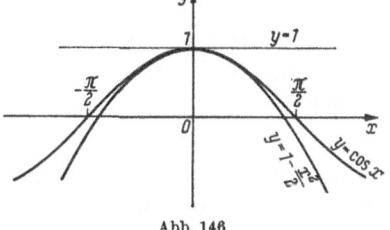

Abb. 146

Die Wurzelfunktion ergibt, wenn man sie in x^2 linearisiert,

$$\sqrt{1 - x^2} \approx 1 - \frac{1}{2} x^2 \ ,$$

so daß man

$$\boxed{\begin{array}{c} \cos x \approx 1 - \dfrac{1}{2} x^2 \\ \text{für kleine } |x| \end{array}}$$

als *quadratische* Ersatzfunktion für $y = \cos x$ erhält (Abb. 146).

4 Arithmetik komplexer Zahlen

4.1 Imaginäre Zahlen

Vorbetrachtung

Die quadratische Gleichung $x^2 = -4$ besitzt im Bereich der reellen Zahlen keine Lösung, da es keine reelle Zahl gibt, deren Quadrat negativ und speziell gleich -4 ist. Um auch solche Gleichungen lösen zu können, wird man den Bereich der reellen Zahlen nochmals erweitern müssen und zwar um solche Zahlen, deren Quadrat negativ ist. Bei der Definition wird man bestrebt sein, im Sinne des Permanenzprinzips die für reelle Zahlen geltenden Rechengesetze so weit als möglich beizubehalten.

Definition: *1. Wir setzen*

$$\boxed{j = \sqrt{-1} \quad und \quad j^2 = -1}$$

und nennen j die imaginäre Einheit.

2. Alle Zahlen der Gestalt r j, wobei r reell ist, heißen imaginäre Zahlen.

3. Für eine negative Zahl − a < 0 setzen wir fest

$$\boxed{\sqrt{-a} = \sqrt{-1} \cdot \sqrt{a} = j \sqrt{a}.}$$

Bemerkungen

Zu 1: Statt j wird in der mathematischen Literatur i geschrieben[1]); j wird besonders in der Elektrotechnik verwendet, um Verwechslungen mit der Stromstärke i zu vermeiden.

$j^2 = -1$ ist keine Folge von $j = \sqrt{-1}$, sondern ebenfalls eine Definitionsgleichheit, denn die aus 1.4 bekannten Wurzelgesetze dürfen auf negative Radikanden nicht angewandt werden![2])

Zu 2: Jeder reellen Zahl r kann offenbar eine imaginäre Zahl, nämlich $r\,j$, zugeordnet werden. Die Menge der imaginären Zahlen ist „gleichmächtig" der Menge der reellen Zahlen.

Die Berechtigung, ein Gebilde der Art $r\,j$ eine (imaginäre) Zahl zu nennen, ergibt sich einzig und allein aus der Tatsache, daß man mit diesen Gebilden rechnen kann (s. u.!).

Zu 3: Auch $\sqrt{-a} = \sqrt{-1} \cdot \sqrt{a} = j\sqrt{a}$ ist kein Sonderfall des Wurzelgesetzes $\sqrt{b \cdot a} = \sqrt{b} \cdot \sqrt{a}$ für $b = -1$! Grund wie bei 1!

Diese Festsetzung zeigt, wie man jeden negativen Radikanden einer Quadratwurzel in einen positiven verwandeln kann. Erst auf positive Radikanden dürfen die Wurzelgesetze aus 1.4 angewandt werden. *Diese Umwandlung nimmt man deshalb stets vor!*

---

[1]) i als erster Buchstabe von imago (lat.) = Bild; imaginäre Zahl bedeutet wörtlich so viel wie eingebildete Zahl. Der Ausdruck ist historisch bedingt.

[2]) Sie würden Widersprüche erzeugen, wie etwa:

$$\left(\sqrt{-1}\right)^2 = \sqrt{-1} \cdot \sqrt{-1} = \sqrt{(-1)(-1)} = \sqrt{+1} = +1$$

$$\left(\sqrt{-1}\right)^2 = -1 \ \left(\text{nach } (\sqrt{a})^2 \equiv a\right).$$

Folgerung: Mit obigen Definitionen kann jetzt jede rein-quadratische Gleichung gelöst werden:

$$a\,x^2 + b = 0 \qquad (a \neq 0)$$

$$\Rightarrow x^2 = -\frac{b}{a}\,.$$

1. Fall: a, b haben verschiedenes Vorzeichen, dann ist $\frac{b}{a} < 0$ und $-\frac{b}{a} > 0$, also lauten die Lösungen

$$x_1 = +\sqrt{-\frac{b}{a}}\,, \quad x_2 = -\sqrt{-\frac{b}{a}}\,.$$

2. Fall: a, b haben gleiches Vorzeichen, dann ist $\frac{b}{a} > 0$ und $-\frac{b}{a} < 0$, man schreibt also

$$\sqrt{-\frac{b}{a}} = j\sqrt{\frac{b}{a}}$$

und die Lösungen lauten

$$x_1 = j\sqrt{\frac{b}{a}}\,, \quad x_2 = -j\sqrt{\frac{b}{a}}\,.$$

Beispiele

1. $\sqrt{-18} = j\sqrt{18} = 3\,j\sqrt{2}$
2. $\sqrt{-u}\cdot\sqrt{-v} = j\sqrt{u}\cdot j\sqrt{v} = j^2\sqrt{u}\cdot\sqrt{v} = -\sqrt{u\,v} \quad (-u < 0,\ -v < 0)$
3. $\sqrt{-a^4} = j\sqrt{a^4} = j\cdot a^2\,,$
   aber: $\sqrt{(-a)^4} = \sqrt{a^4} = a^2$
4. $\sqrt{-\dfrac{1}{16}} = j\sqrt{\dfrac{1}{16}} = j\cdot\dfrac{1}{4}$
5. Löse $6\,x^2 + 24 = 0$! $x^2 = -4$; $x_1 = 2\,j$, $x_2 = -2\,j$.

Für das Rechnen mit imaginären Zahlen setzen wir fest:

Definition: *Mit imaginären Zahlen sollen die 4 Grundrechenoperationen und das Potenzieren mit ganzzahligen Exponenten wie mit reellen Zahlen — jedoch unter Beachtung der Definitionen 1 und 3 — ausgeführt werden.*

Beispiele

1. $3\,j - j + 4\,j - 17\,j = -11\,j\,.$
2. $j\sqrt{3} - j\sqrt{5} - \sqrt{-7} + j\sqrt{-2} = j\sqrt{3} - j\sqrt{5} - j\sqrt{7} + j^2\sqrt{2}$
   $= j\left(\sqrt{3} - \sqrt{5} - \sqrt{7}\right) - \sqrt{2}\,.$

3. $4j \cdot (-5j) \cdot 0{,}5 = -10j^2 = 10$.

4. $\sqrt{a} \cdot \sqrt{-b}\sqrt{-c-d} = \sqrt{a} \cdot j\sqrt{b} \cdot j\sqrt{c+d} = -\sqrt{a\,b\,(c+d)}$
$(a > 0,\ -b < 0,\ -c < 0,\ -d < 0)$.

5. $2j : 5j = \dfrac{2}{5}$.

Potenzen von j mit ganzen positiven Exponenten:

$j^1 = j$

$j^2 = -1$ (Def.!)

$j^3 = j \cdot j^2 = -j$

$j^4 = (j^2)^2 = +1$

$j^5 = j \cdot j^4 = j$

$j^6 = j^2 \cdot j^4 = j^2 = -1$

$j^7 = j^3 \cdot j^4 = j^3 = -j$

$j^8 = (j^4)^2 = +1$

$j^9 = j \cdot j^8 = j$

$\Rightarrow$

$j^0 = j^4 = j^8 = \cdots = 1$

$j^1 = j^5 = j^9 = \cdots = j$

$j^2 = j^6 = j^{10} = \cdots = -1$

$j^3 = j^7 = j^{11} = \cdots = -j$

Allgemein ergibt sich also

$$j^{4n} = 1,\ j^{4n+1} = j,\ j^{4n+2} = -1,\ j^{4n+3} = -j$$
$$n = 0, 1, 2, 3, \ldots$$

Unter sämtlichen Potenzen mit natürlichen Exponenten der imaginären Einheit gibt es also nur die vier Zahlen 1, j, -1 und $-j$, und diese wechseln sich zyklisch ab.

Potenzen von j mit ganzen negativen Exponenten:

$j^{-1} = \dfrac{1}{j} = \dfrac{j}{j^2} = -j$

$j^{-2} = \dfrac{1}{j^2} = \dfrac{1}{-1} = -1$

$j^{-3} = \dfrac{j}{j^4} = \dfrac{j}{1} = j$

$j^{-4} = (j^4)^{-1} = (1)^{-1} = 1$

$j^{-5} = j^{-4}j^{-1} = j^{-1} = -j$

$j^{-6} = j^{-4}j^{-2} = j^{-2} = -1$

$j^{-7} = j^{-4}j^{-3} = j^{-3} = j$

$j^{-8} = (j^{-4})^2 = 1^2 = 1$

$j^{-9} = j^{-8}j^{-1} = j^{-1} = -j$

$\Rightarrow$

$j^0 = j^{-4} = j^{-8} = \cdots = 1$

$j^{-1} = j^{-5} = j^{-9} = \cdots = -j$

$j^{-2} = j^{-6} = j^{-10} = \cdots = -1$

$j^{-3} = j^{-7} = j^{-11} = \cdots = j$.

Zusammengefaßt also

$$\boxed{\begin{array}{c} j^{4n} = 1,\ j^{4n+1} = j,\ j^{4n+2} = -1,\ j^{4n+3} = -j \\ n = -1\,,\ -2,\ -3,\ \ldots, \end{array}}$$

d. h. aber, die eingerahmten Beziehungen gelten für *alle* (positiven und negativen) *ganzen Exponenten* (sowie für den Exponenten Null).

Rechentechnisch merke man sich: Man dividiere den Exponenten durch 4 und lasse den kleinsten positiven Rest stehen![1])

Beispiele

1. $j^{37} = j^1 = j$

2. $j^{79} = j^3 = -j$

3. $j^{216} = j^0 = 1$

4. $j^{-15} = j^1 = j$

5. $j^{-62} = j^2 = -1$

6. $(-j)^{-27} = -j^{-27} = -j^1 = -j$.

Geometrische Darstellung imaginärer Zahlen. In der reellen Arithmetik (s. S. 43) hatten wir gesehen, daß die Menge der reellen Zahlen die Zahlengerade lückenlos ausfüllt. Wir werden also zur Unterbringung der imaginären Zahlen eine weitere Gerade benötigen. Diese „imaginäre Achse" Im legen wir so, daß sie die „reelle Achse" Re im Nullpunkt unter einem rechten Winkel schneidet. Die Zahl 0, die also auf beiden Achsen liegt, kann tatsächlich sowohl als reelle wie auch als imaginäre Zahl gedeutet werden.

Die Einheit auf der imaginären Achse ist der Abstand der imaginären Zahl j vom Ursprung. Man wählt sie aus einem später klar werdenden

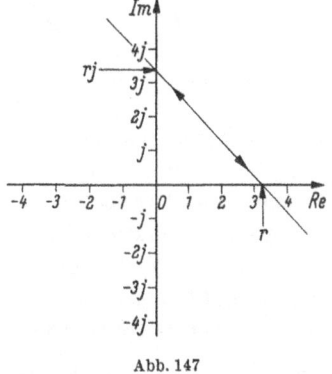

Abb. 147

Grunde ebenso groß wie die reelle Einheit (Abb. 147). Die imaginären Zahlen rj mit $r > 0$ trägt man nach oben, diejenigen mit $r < 0$ nach unten ab. Die Zuordnung

$$r\,j \leftrightarrow r$$

kann geometrisch durch eine Verbindungsgerade veranschaulicht werden, die unter einem Winkel von 135° zur reellen Achse verläuft. Jede solche Gerade verbindet zwei einander zugeordnete Zahlen r und $r\,j$. Die Null wird sich selbst zugeordnet.

---

[1]) d. h. man spaltet Potenzen der Form $j^{4n} = 1$ ab!

4.2 Komplexe Zahlen in der Normalform

Vorbetrachtung

Mit der Einführung imaginärer Zahlen war es uns möglich, jede rein quadratische Gleichung zu lösen. Bei der Lösung einer beliebigen (gemischt-) quadratischen Gleichung (in der Normalform)

$$x^2 + a\,x + b = 0$$

kommt man jedoch auch mit den imaginären Zahlen noch nicht aus. Bekanntlich kann man die Lösungen der obigen Gleichung in der Form

$$x_{1,2} = -\frac{a}{2} \pm \sqrt{\frac{a^2}{4} - b} \qquad \left(\frac{a^2}{4} \geqq b\right)$$

schreiben. Ist der Radikand negativ, so schreiben wir nach 4.1

$$x_{1,2} = -\frac{a}{2} \pm j\sqrt{b - \frac{a^2}{4}} \qquad \left(\frac{a^2}{4} < b\right).$$

Will man diesen Fall nicht mehr als Lösung ausschließen, so ist man gezwungen, die „Summe" aus einer reellen und einer imaginären Zahl als weitere neue Zahlenart einzuführen. Dies führt zu der allgemeinen

Definition: *Die algebraische Summe aus einer reellen und einer imaginären Zahl heißt eine komplexe Zahl z*

$$\boxed{z = a + b\,j\,.}$$

Die vorstehende Darstellung heißt die Normalform der komplexen Zahl z.

Man beachte, daß die in der Normalform $z = a + b\,j$ stehenden Größen a und b *reelle* Zahlen sind! Das Pluszeichen zwischen a und $b\,j$ soll keine Summation im üblichen Sinne bedeuten, sondern steht als Symbol für die Verknüpfung einer reellen und einer imaginären Zahl zu einer komplexen Zahl.

Mit dieser Definition besitzt nunmehr *jede* quadratische Gleichung *zwei* Lösungen, nämlich zwei reelle, falls die „Diskriminante" $\dfrac{a^2}{4} - b$ positiv ist; zwei komplexe, falls die Diskriminante negativ ist; und eine (doppelt zu zählende) reelle Lösung, falls die Diskriminante gleich Null ist.

Wir nennen bei der Normalform

$$z = a + b\,j$$

a den Realteil von z $: a = \text{Re}\,(z)$
b den Imaginärteil von $z : b = \text{Im}\,(z),$

so daß wir die Normalform auch in der Gestalt

$$z = \text{Re}\,(z) + \text{Im}\,(z) \cdot j$$

schreiben können. Realteil und Imaginärteil sind wohlbemerkt beides reelle Zahlen!

Reelle und imaginäre Zahlen sind Sonderfälle von komplexen Zahlen, nämlich

$b = 0 \Rightarrow z = a$: die reellen Zahlen sind spezielle komplexe Zahlen mit verschwindendem Imaginärteil,

$a = 0 \Rightarrow z = b\,j$: die imaginären Zahlen sind spezielle komplexe Zahlen mit verschwindendem Realteil.

Daraus folgt: Die komplexen Zahlen umfassen sowohl die reellen als auch die imaginären Zahlen.

Definition: *Zwei komplexe Zahlen seien gleich dann und nur dann, wenn ihre Realteile und ihre Imaginärteile gleich sind*

$$a_1 + b_1\,j = a_2 + b_2\,j \Longleftrightarrow a_1 = a_2,\ b_1 = b_2\,.$$

Daraus folgt speziell:

Eine komplexe Zahl ist gleich Null dann und nur dann, wenn sowohl ihr Realteil als auch ihr Imaginärteil gleich Null ist:

$$z = 0 \Longleftrightarrow \text{Re}(z) = 0,\ \text{Im}\,(z) = 0$$
$$a + b\,j = 0 \Longleftrightarrow a = 0,\ b = 0\,.$$

Für das Rechnen mit komplexen Zahlen wird festgesetzt:

Definition: *Das formale Rechnen mit komplexen Zahlen soll ebenso erfolgen wie das mit reellen Zahlen. Alle Rechenregeln für reelle Zahlen, die durch Gleichungen formuliert werden, bleiben auch für komplexe Zahlen gültig.*

Mit dieser Festsetzung, die eigentlich einer strengen Untersuchung bedarf, erlangen die (zunächst sinnlosen!) Ausdrücke $a + b\,j$ die Berechtigung, Zahlen genannt zu werden (und damit einen Sinn!). Bemerkt sei noch, daß sich Beziehungen zwischen reellen Zahlen, die nicht auf Gleichheiten beruhen, auch nicht auf komplexe Zahlen übertragen. Hierzu gehören alle Anordnungsrelationen (beschrieben durch die Zeichen $<$, $\leqq$, $>$, $\geqq$ usw.). Eine „Größer"- oder „Kleiner"-Beziehung kann für komplexe Zahlen nicht erklärt werden.

Im folgenden seien stets

$$z_1 = a_1 + b_1\,j, \quad z_2 = a_2 + b_2\,j$$

zwei komplexe Zahlen. Diese sollen durch die vier Grundrechenarten untereinander verknüpft werden.

Ausführung der vier Grundrechenoperationen mit der Normalform

1. Addition

$$z_1 + z_2 = a_1 + b_1 j + a_2 + b_2 j = (a_1 + a_2) + (b_1 + b_2) j .$$

Die Summe zweier komplexer Zahlen ist wieder eine komplexe Zahl. Dabei ist

$$\text{Re} (z_1 + z_2) = \text{Re} (z_1) + \text{Re} (z_2)$$
$$\text{Im} (z_1 + z_2) = \text{Im} (z_1) + \text{Im} (z_2) .$$

2. Subtraktion

$$z_1 - z_2 = a_1 + b_1 j - (a_2 + b_2 j) = (a_1 - a_2) + (b_1 - b_2) j .$$

Die Differenz zweier komplexer Zahlen ist wieder eine komplexe Zahl. Für diese gilt

$$\text{Re} (z_1 - z_2) = \text{Re} (z_1) - \text{Re} (z_2)$$
$$\text{Im} (z_1 - z_2) = \text{Im} (z_1) - \text{Im} (z_2) .$$

3. Multiplikation

$$z_1 \cdot z_2 = (a_1 + b_1 j) \cdot (a_2 + b_2 j) = a_1 a_2 + a_1 b_2 j + b_1 j a_2 + b_1 b_2 j^2$$
$$= (a_1 a_2 - b_1 b_2) + (a_1 b_2 + a_2 b_1) j .$$

Das Produkt zweier komplexer Zahlen ist wieder eine komplexe Zahl. Real- und Imaginärteil setzen sich jetzt komplizierter zusammen

$$\text{Re} (z_1 \cdot z_2) = \text{Re} (z_1) \cdot \text{Re} (z_2) - \text{Im} (z_1) \cdot \text{Im} (z_2)$$
$$\text{Im} (z_1 \cdot z_2) = \text{Re} (z_1) \cdot \text{Im} (z_2) + \text{Re} (z_2) \cdot \text{Im} (z_1) .$$

4. Division $(z_2 \neq 0)$

$$\frac{z_1}{z_2} = \frac{a_1 + b_1 j}{a_2 + b_2 j} = \frac{(a_1 + b_1 j)(a_2 - b_2 j)}{(a_2 + b_2 j)(a_2 - b_2 j)}$$
$$= \frac{(a_1 a_2 + b_1 b_2) + (a_2 b_1 - a_1 b_2) j}{a_2^2 + b_2^2}$$
$$= \frac{a_1 a_2 + b_1 b_2}{a_2^2 + b_2^2} + \frac{a_2 b_1 - a_1 b_2}{a_2^2 + b_2^2} j .$$

Der Quotient zweier komplexer Zahlen ist wieder eine komplexe Zahl. Die Division durch Null bleibt ausgeschlossen. Für Real- und Imaginärteil des Quotienten erhält man

$$\text{Re} \left(\frac{z_1}{z_2}\right) = \frac{\text{Re} (z_1) \cdot \text{Re} (z_2) + \text{Im} (z_1) \cdot \text{Im} (z_2)}{[\text{Re} (z_2)]^2 + [\text{Im} (z_2)]^2}$$
$$\text{Im} \left(\frac{z_1}{z_2}\right) = \frac{\text{Re} (z_2) \cdot \text{Im} (z_1) - \text{Re} (z_1) \cdot \text{Im} (z_2)}{[\text{Re} (z_2)]^2 + [\text{Im} (z_2)]^2} .$$

Zusammengefaßt gilt also der

Satz: *Die 4 rationalen Grundrechenoperationen lassen sich — mit Ausnahme der Division durch Null — im Bereich der komplexen Zahlen uneingeschränkt ausführen, das Ergebnis ist also stets wieder eine komplexe Zahl.*

Beispiele. Stelle die Normalform her:

1. $(7 - 4j) + 3(j - 2) - j - (5 + 2j) = -4 - 4j$

2. $(3 - j)(-2 + 5j) = -6 + 5 + 2j + 15j = -1 + 17j$

3. $j(2 - j) + (1 - j)^2 - (j - 1)(1 + j)$
   $$= 2j + 1 + 1 - 2j - 1 - j + 1 + 1 + j = 3$$

4. $\dfrac{5 - 4j}{3 + 2j} = \dfrac{(5 - 4j)(3 - 2j)}{(3 + 2j)(3 - 2j)} = \dfrac{7 - 22j}{9 + 4} = \dfrac{7}{13} - \dfrac{22}{13}j$

5. $\dfrac{(2 - 5j)^2}{(1 + j)^3} = \dfrac{4 - 20j - 25}{1 + 3j + 3j^2 + j^3} = \dfrac{-21 - 20j}{-2 + 2j}$
   $$= \dfrac{(21 + 20j)(2 + 2j)}{(2 - 2j)(2 + 2j)} = \dfrac{2 + 82j}{4 + 4} = \dfrac{1}{4} + \dfrac{41}{4}j\,.$$

4.3 Die komplexe Zahlenebene

Darstellung der komplexen Zahlen als Punkte. Die von der reellen und imaginären Achse aufgespannte Ebene heißt die GAUSSsche[1]) oder komplexe Zahlenebene. Deutet man die Achsen als Koordinatenachsen, so kann man offenbar jedem Punkt der komplexen Zahlenebene als Abszisse seinen mit dem entsprechenden Vorzeichen versehenen Abstand von der imaginären Achse und als Ordinate seinen (vorzeichenbehafteten) Abstand von der reellen Achse zuordnen[2]). Ein Punkt mit den Koordinaten a und b wird also als Bild derjenigen komplexen Zahl z angesehen, die a als Realteil und b als Imaginärteil besitzt

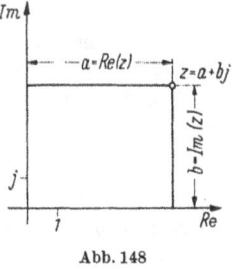

Abb. 148

(Abb. 148). Diese Zuordnung zwischen der Menge der komplexen Zahlen und der Menge aller Punkte der komplexen Ebene ist eine umkehrbar eindeutige, man schreibt sie mit dem geraden „Zuordnungs-Pfeil" in der Form

$$\boxed{\{z \mid z = a + bj\} \leftrightarrow \{P(a, b) \mid a = \mathrm{Re}\,(z),\ b = \mathrm{Im}\,(z)\}\,.}$$

Jeder komplexen Zahl wird als Bild der Punkt der komplexen Zahlenebene zugeordnet, der als Koordinaten Real- und Imaginärteil der betreffenden komplexen Zahl hat.

---

[1]) CARL FRIEDRICH GAUSS (1777$\cdots$1855).

[2]) Beachte: Die Ordinate ist b, nicht bj, denn der Abstand (von der reellen Achse) muß eine *reelle* Zahl sein!

Beispiele

1. Man stelle die komplexen Zahlen

$$z_1 = 2 + 4j, \ z_2 = -3 - j, \ z_3 = -4 + j,$$
$$z_4 = 1 - 3j, \ z_5 = 2j, \ z_6 = -2,5$$

als Bildpunkte in der komplexen Zahlenebene dar!
Lösung siehe Abb. 149.

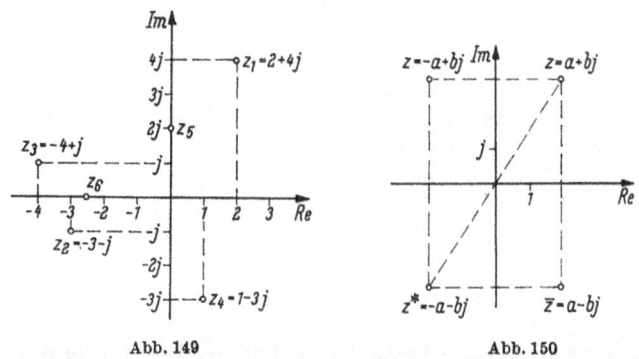

Abb. 149   Abb. 150

2. Sei $z = a + bj$ eine beliebige komplexe Zahl, dargestellt durch einen Punkt der komplexen Ebene. Dann ist

a) das Spiegelbild bezüglich der reellen Achse der Punkt, welcher die komplexe Zahl $\bar{z} = a - bj$ darstellt,

b) der Spiegelpunkt bezüglich der imaginären Achse Bild der komplexen Zahl $\underline{z} = -a + bj$,

c) der zum Nullpunkt spiegelbildliche Punkt Bild der komplexen Zahl $z^* = -a - bj$ (Abb. 150).

Darstellung der komplexen Zahlen als komplexe Vektoren (Zeiger). Statt einer komplexen Zahl z den Punkt P mit den Koordinaten Re (z)

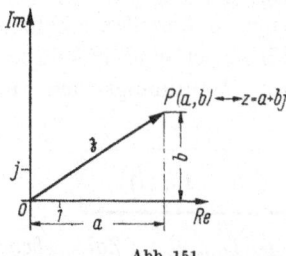

Abb. 151

und Im (z) als Bild zuzuordnen, kann man auch P mit dem Ursprung 0 verbinden und die damit in Länge und Richtung eindeutig festgelegte „gerichtete Strecke" $\overrightarrow{OP}$ als Bild von z ansehen (Abb. 151). $\overrightarrow{OP}$ heißt der der komplexen Zahl z zugeordnete komplexe Vektor oder Zeiger $\mathfrak{z}$. Man beachte, daß jeder komplexe Vektor mit seinem Anfangspunkt im Ursprung festliegt, also nicht verschoben werden darf[1]. Die Zuordnung zwischen der Menge aller komplexen Zahlen und der Menge aller Zeiger ist

---

[1]) Solche Vektoren werden allgemein als „gebundene" oder Ortsvektoren bezeichnet.

wiederum umkehrbar eindeutig:

$$\{z|z = a + bj\} \leftrightarrow \{\mathfrak{z} = \overrightarrow{OP} | P \, (\text{Re} \, (z), \, \text{Im} \, (z))\} \, .$$

Jeder komplexen Zahl z kann als Bild in der GAUSSschen Zahlenebene derjenige komplexe Vektor $\mathfrak{z}$ zugeordnet werden, der seinen Anfang im Ursprung und seine Spitze in dem Punkte P (Re (z),
Im (z)) hat.

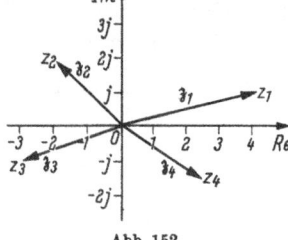

Abb. 152

Beispiele

1. Man zeichne die komplexen Vektoren, die zu den komplexen Zahlen

$$z_1 = 4 + j, \; z_2 = -2 + 2j, \; z_3 = -3 - j$$

und

$$z_4 = 2{,}5 - 1{,}5 \cdot j$$

gehören.

Lösung: Siehe Abb. 152!

2. Man gebe die Bedingungen an, unter denen zwei komplexe Vektoren

$$\overrightarrow{OP}_1 = \mathfrak{z}_1 \leftrightarrow z_1 = a_1 + b_1 j$$

$$\overrightarrow{OP}_2 = \mathfrak{z}_2 \leftrightarrow z_2 = a_2 + b_2 j$$

a) gleiche Richtung

b) gleiche Länge

haben!

Lösung:

a) $a_1 : a_2 = b_1 : b_2$ resp. $a_1 b_2 - a_2 b_1 = 0$. Unter dieser Bedingung können die beiden komplexen Vektoren jedoch auch entgegengesetzt gerichtet sein, deshalb ist zusätzlich zu fordern: sgn $a_1 = $ sgn a_2[1]), d. h. die beiden Realteile sollen gleiches Vorzeichen haben (Abb. 153).

b) $\overline{OP}_1 = \overline{OP}_2 \Rightarrow \sqrt{a_1^2 + b_1^2} = \sqrt{a_2^2 + b_2^2}$ (Abb. 154).

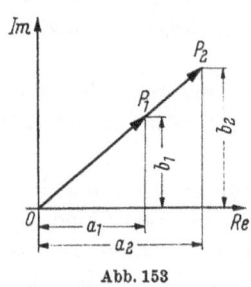

Abb. 153

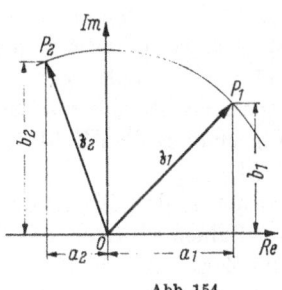

Abb. 154

---

[1]) Lies signum a_1 gleich signum a_2; von lat. signum, das Zeichen.

4.4 Betrag einer komplexen Zahl

Definition: *Unter dem Betrag (der Norm) einer komplexen Zahl* $z = a + b\,j$ *versteht man den Ausdruck*

$$|z| = \sqrt{a^2 + b^2} = \sqrt{[\operatorname{Re}(z)]^2 + [\operatorname{Im}(z)]^2}\,.$$

Der Betrag einer komplexen Zahl ist demnach gleich der Länge des zugeordneten komplexen Vektors resp. gleich dem Abstand des zugeordneten Bildpunktes vom Ursprung (Abb. 155). Es gilt

$$|z_1 \cdot z_2| = |z_1| \cdot |z_2|$$

$$\left|\frac{z_1}{z_2}\right| = \frac{|z_1|}{|z_2|},$$

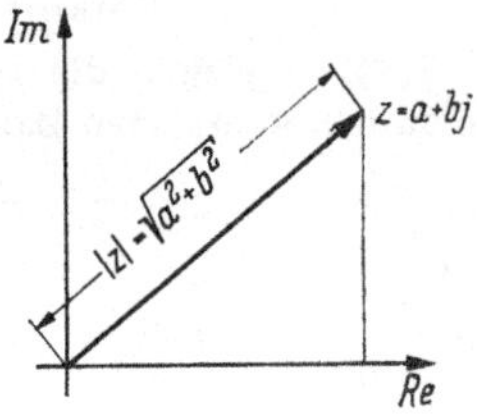

Abb. 155

denn mit $|z_1| = \sqrt{a_1^2 + b_1^2}$ und $|z_2| = \sqrt{a_2^2 + b_2^2}$ ist

$$\begin{aligned}
|z_1 \cdot z_2| &= \sqrt{(a_1\,a_2 - b_1\,b_2)^2 + (a_1\,b_2 + a_2\,b_1)^2} \\
&= \sqrt{a_1^2\,a_2^2 + b_1^2\,b_2^2 + a_1^2\,b_2^2 + a_2^2\,b_1^2} \\
&= \sqrt{(a_1^2 + b_1^2)\,(a_2^2 + b_2^2)} \\
&= \sqrt{a_1^2 + b_1^2} \cdot \sqrt{a_2^2 + b_2^2} \\
&= |z_1| \cdot |z_2|\,,
\end{aligned}$$

und ebenso zeigt man die Gültigkeit der zweiten Betragsbeziehung.

Ist speziell $z = j$ die imaginäre Einheit, so ergibt sich mit $\operatorname{Re}(j) = 0$, $\operatorname{Im}(j) = 1$

$$|j| = 1\,,$$

d. h. der Betrag der imaginären Einheit ist gleich dem der reellen Einheit. Damit ist klar, weshalb die Einheiten auf reeller und imaginärer Achse stets gleich lang gewählt werden.

Ist z speziell reell, $z = r$, so ist $|z| = |r|$, und man erhält den bekannten Betrag einer reellen Zahl. Ist $z = r\,j$ eine imaginäre Zahl, so ist $|z| = |r| \cdot |j| = |r|$.

Man beachte, daß Anordnungsbeziehungen zwischen den *Beträgen* komplexer Zahlen sinnvoll sind (z. B. $|z_1| > |z_2|$ usw.), denn $|z|$ ist stets eine reelle Zahl! Anschaulich vergleicht man damit die Längen der zugeordneten komplexen Vektoren. Die Länge eines komplexen Vektors wird mit $|\mathfrak{z}|$ bezeichnet, so daß also $|z| = |\mathfrak{z}| = \overline{OP}$ ist.

4.5 Konjugiert komplexe Zahlen

Definition: *Zwei komplexe Zahlen, die sich nur im Vorzeichen des Imaginärteils unterscheiden*

$$z = a + b\,j, \qquad \bar{z} = a - b\,j$$

heißen konjugiert komplexe Zahlen.

Daraus folgt sofort
Die Bilder konjugiert komplexer Zahlen liegen symmetrisch zur reellen Achse (Abb. 156).

Deshalb gilt wegen

$$\mathrm{Re}\,(z) = \mathrm{Re}\,(\bar{z})$$
$$\mathrm{Im}\,(z) = -\,\mathrm{Im}\,(\bar{z})\,,$$

daß die Quadratsumme

$$[\mathrm{Re}\,(z)]^2 + [\mathrm{Im}\,(z)]^2 = [\mathrm{Re}\,(\bar{z})]^2 + [\mathrm{Im}\,(\bar{z})]^2$$

in beiden Fällen gleich ist, also

$$|z| = |\bar{z}|$$

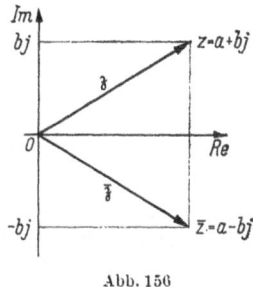

Abb. 156

gilt.

Die Ausführung der vier Grundrechenoperationen mit zwei zueinander konjugiert komplexen Zahlen ergibt:

1. $z + \bar{z} = (a + b\,j) + (a - b\,j) = 2\,a = 2 \cdot \mathrm{Re}\,(z)$,

d. h. die Summe zweier konjugiert komplexen Zahlen ergibt stets eine *reelle* Zahl;

2. $z - \bar{z} = (a + b\,j) - (a - b\,j) = 2\,b\,j = 2\,j \cdot \mathrm{Im}\,(z)$,

d. h. die Differenz zweier konjugiert komplexen Zahlen ist stets eine *imaginäre* Zahl;

3. $z \cdot \bar{z} = (a + b\,j)\,(a - b\,j) = a^2 - (b\,j)^2 = a^2 + b^2 = |z|^2$,

d. h. das Produkt zweier konjugiert komplexen Zahlen ist stets eine *positive* (reelle) Zahl[1]). Insbesondere ergibt sich hieraus

$$|z| = \sqrt{z \cdot \bar{z}}\,.$$

Speziell gibt die Beziehung

$$a^2 + b^2 = (a + b\,j)\,(a - b\,j)$$

---

[1]) Für $z = 0$ ist $z \cdot \bar{z} = 0$.

uns die Möglichkeit in die Hand, jetzt im Bereich der komplexen Zahlen
auch eine *Summe* zweier Quadrate in Faktoren zu zerlegen!

4. $\dfrac{z}{\bar{z}} = \dfrac{a+bj}{a-bj} = \dfrac{a^2-b^2}{a^2+b^2} + j\,\dfrac{2\,a\,b}{a^2+b^2}\,,\quad \left|\dfrac{z}{\bar z}\right| = \dfrac{|z|}{|\bar z|} = 1\,,$

d. h. der Quotient zweier konjugiert komplexen Zahlen ist eine komplexe
Zahl vom *Betrage 1.*

Beispiele

1. Man berechne die Längen der komplexen Vektoren, die zu den komplexen
Zahlen $z_1 = 1 + 3j$, $z_2 = -2 - 4j$, $z_3 = -5$, $z_4 = -7j$ gehören!

Lösung: Es ist $|z_1| = \sqrt{1+9} = \sqrt{10} = 3{,}16$

$$|z_2| = \sqrt{4+16} = \sqrt{20} = 4{,}47$$
$$|z_3| = \sqrt{(-5)^2 + 0} = 5$$
$$|z_4| = \sqrt{0 + (-7)^2} = 7\,.$$

2. Man gebe zu $z_1 = 3 + 4j$, $z_2 = -2 - j$, $z_3 = 4$, $z_4 = -5j$ die konjugiert komplexen Zahlen an!

Lösung: $\bar{z}_1 = 3 - 4j$, $\bar{z}_2 = -2 + j$, $\bar{z}_3 = 4$, $\bar{z}_4 = +5j$.

3. Sind die Lösungen einer quadratischen Gleichung[1]) komplex, so sind sie
stets konjugiert komplex!

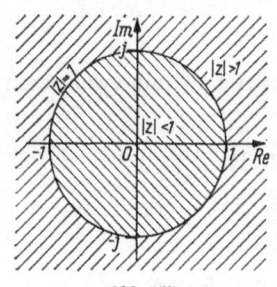

Beweis: $x^2 + ax + b = 0$ und $\dfrac{a^2}{4} - b < 0$.

$$x_1 = -\frac{a}{2} + j\sqrt{b - \frac{a^2}{4}}$$
$$\Rightarrow$$
$$x_2 = -\frac{a}{2} - j\sqrt{b - \frac{a^2}{4}} = \bar{x}_1\,.$$

Abb. 157

4. Für alle Punkte der komplexen Ebene,
deren Abstand vom Ursprung gleich 1 ist, gilt
offenbar $|z| = 1$. Also ist $|z| = 1$ die *Gleichung
des komplexen Einheitskreises!* Für alle Punkte innerhalb desselben gilt $|z| < 1$,
für sein Äußeres dagegen $|z| > 1$ (Abb. 157).

Besonderes Interesse verdient die *Abbildung der komplexen Zahlen auf
ihre konjugierten.* Bei dieser wird also jeder komplexen Zahl z deren
konjugierte $\bar{z}$ zugeordnet. Diese Abbildung hat folgende Eigenschaften

1. Die Zuordnung $z \to \bar{z}$ (Urbild $\to$ Bild) ist umkehrbar eindeutig,
$z \longleftrightarrow \bar{z}$. Das Bild eines Bildes ist wieder dessen Urbild: $\bar{\bar{z}} \equiv z$.

2. Mit $z_1 = a_1 + b_1 j$, $z_2 = a_2 + b_2 j$ ergibt sich für das Bild einer
Summe:

$$\overline{z_1 + z_2} = \overline{(a_1 + a_2) + (b_1 + b_2)\,j} = (a_1 + a_2) - (b_1 + b_2)j$$
$$= (a_1 - b_1 j) + (a_2 - b_2 j) = \bar{z}_1 + \bar{z}_2\,,$$

d.h. gleich die Summe der Bilder.

---

[1]) Mit reellen Koeffizienten.

3. Für das Bild eines Produktes erhält man

$$\overline{z_1 \cdot z_2} = \overline{(a_1\,a_2 - b_1\,b_2) + (a_1\,b_2 + a_2\,b_1)\,j} = (a_1\,a_2 - b_1\,b_2)$$
$$- (a_1\,b_2 + a_2\,b_1)\,j = (a_1 - b_1\,j) \cdot (a_2 - b_2\,j) = \bar{z}_1 \cdot \bar{z}_2 \,,$$

also gleich das Produkt der Bilder.

Die Summen- und Produkteigenschaft überträgt sich also von den Urbildern auf die Bilder. Man sagt, die Abbildung ist *relationstreu* bezüglich der Addition und Multiplikation.[1])

4. Fixpunkte[2]) sind alle Punkte der reellen Achse.

Der Leser untersuche zur Übung die Eigenschaften der Abbildung, die auf der Spiegelung an der imaginären Achse beruht.

4.6 Die trigonometrische Form einer komplexen Zahl

Wir gehen aus von der Darstellung einer komplexen Zahl z als komplexer Vektor in der GAUSSschen Zahlenebene (Abb. 158). Statt diesen wie bisher durch Realteil $a = \mathrm{Re}\,(z)$ und Imaginärteil $b = \mathrm{Im}\,(z)$ festzulegen, kann man dazu auch seine Länge $|z| = r$ und seine Richtung „$\arg z$" $= \varphi$ benutzen[3]).

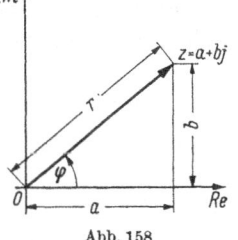

Abb. 158

Aus Abb. 158 liest man folgenden Zusammenhang ab

$$a = r\cos\varphi, \quad b = r\sin\varphi$$
$$z = a + b\,j = r\cos\varphi + r\sin\varphi \cdot j$$
$$\Rightarrow z = r\,(\cos\varphi + j\sin\varphi)\,.$$

Definition: *Bei der trigonometrischen Form (Polarform)*

$$\boxed{z = r\,(\cos\varphi + j\sin\varphi)}$$

ist eine komplexe Zahl durch ihren Betrag r und ihren Winkel φ eindeutig bestimmt. Es ist

$$\boxed{\begin{aligned} r &= |z| \geqq 0 \\ \varphi &= \arg z\,, \quad -\pi < \varphi \leqq +\pi \end{aligned}}$$

---

[1]) Eineindeutige relationstreue Abbildungen einer Punktmenge auf sich selbst nennt man in der modernen Algebra auch Automorphismen.

[2]) Fixpunkte sind solche Punkte, die auf sich selbst abgebildet werden, also zugleich Urbild und Bild sind. Bei der untersuchten Abbildung $z \to \bar{z}$ gilt für alle Fixpunkte $z = \bar{z}$, woraus z reell folgt.

[3]) $\arg z$ wird „Argument von z" gelesen. Argument bedeutet hier so viel wie Winkel. Man nennt r und φ auch die Polarkoordinaten des zugehörigen Punktes.

Der Winkel φ werde also im I. und II. Quadranten positiv im Gegen-zeigersinn von 0 bis π (0° bis 180°), im III. und IV. Quadranten dagegen negativ im Uhrzeigersinn von 0 bis $-\pi$ (0° bis $-180°$) gezählt.[1]) Addition ganzer Vielfachen von $2\,\pi$ (360°) ändert an der Richtung nichts. Man nennt den im Bereich $-\pi < \varphi \leqq \pi$ liegenden Winkelwert den *Haupt-wert* von φ. Mit Ausnahme der Zahl $z = 0$, für die lediglich der Betrag $r = 0$, nicht aber das Argument φ erklärt ist, liegt für jede komplexe Zahl z der Betrag r und das Argument φ (im Hauptwertbereich) eindeutig fest.

Umrechnung von der Normalform in die trigonometrische Form

Gegeben: $z = a + b\,j$ (also a und b)
Gesucht: $z = r\,(\cos\varphi + j\sin\varphi)$ (also r und φ)
Aus Abb. 158 liest man folgende Beziehungen ab

$$ r = \sqrt{a^2 + b^2}\,, \quad \tan\varphi = \frac{b}{a}\,. $$

Der Quadrant, in dem φ liegt, wird durch die *Vorzeichen* von a und b eindeutig bestimmt!

Beispiele

1. Man verwandle $z = 4 + 2\,j$ in die trigonometrische Form!

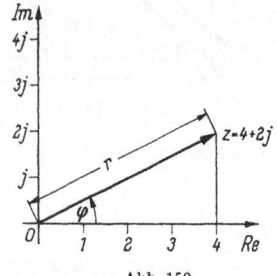
Abb. 159

Lösung: Man fertigt eine Skizze an (Abb. 159), aus der überschlagsmäßig r und φ ablesbar sind. Insbesondere sieht man, daß φ im I. Quadranten liegt (rechnerisch: $a = 4 > 0$, $b = 2 > 0$).

$$ r = \sqrt{16 + 4} = \sqrt{20} = 4{,}47 $$

$$ \tan\varphi = \frac{2}{4} = 0{,}5 \Rightarrow \varphi = 26{,}56° $$

Damit lautet die trigonometrische Form

$$ z = 4{,}47\,(\cos 26{,}56° + j\sin 26{,}56°)\,. $$

2. Die komplexe Zahl $z = -7 + 5\,j$ soll in der trigonometrischen Form dar-gestellt werden (Abb. 160).

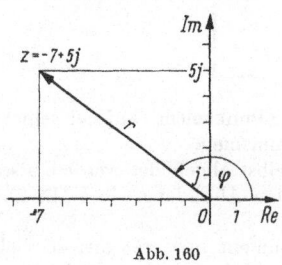
Abb. 160

Lösung:

$$ r = \sqrt{49 + 25} = \sqrt{74} = 8{,}60\,; $$

$a < 0$, $b > 0 \Rightarrow \varphi$ liegt im II. Quadranten und $\varphi > 0$:

$$ \tan(180° - \varphi) = \frac{5}{7} = 0{,}714 $$

$$ \Rightarrow 180° - \varphi = 35{,}52° $$

$$ \varphi = 144{,}48° $$

$$ z = 8{,}60\,(\cos 144{,}48° + j\sin 144{,}48°)\,. $$

---

[1]) Die Winkelzählung ist hier also anders als in der Trigonometrie!

3. Wie lautet die trigonometrische Form der komplexen Zahl
$$z = -3{,}15 - 5{,}28\,j\,?\ \text{(Abb. 161)}$$
Lösung:

$$r = \sqrt{37{,}8} = 6{,}15\ ;$$

$a < 0,\ b < 0 \Rightarrow \varphi$ liegt im III. Quadranten und $\varphi < 0$:

$$\tan(180° + \varphi) = \frac{-5{,}28}{-3{,}15} = 1{,}676$$

$$\Rightarrow 180° + \varphi = 59{,}18°$$

$$\varphi = -120{,}82°$$

$$\mid z = 6{,}15\,[\cos(-120{,}82°) + j\sin(-120{,}82°)]\ .$$

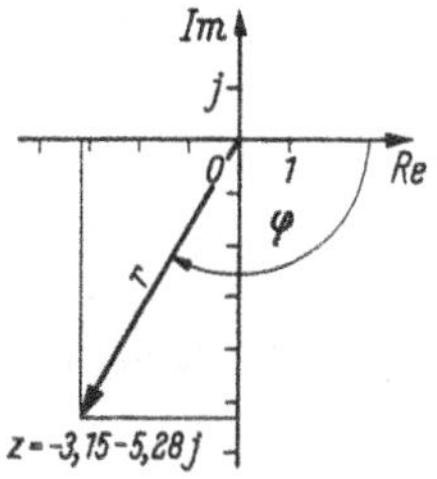

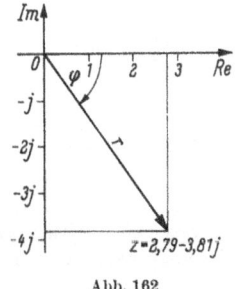

Abb. 161

Man pflegt dafür auch zu schreiben $z = 6{,}15\,(\cos 120{,}82° - j\sin 120{,}82°)$, doch ist zu beachten, daß dies nicht die oben definierte trigonometrische Form ist!

4. Die komplexe Zahl $z = 2{,}79 - 3{,}81\,j$ ist in der trigonometrischen Form darzustellen! (Abb. 162)

Lösung:

$$r = \sqrt{7{,}78 + 14{,}52} = \sqrt{22{,}30} = 4{,}72\ ;$$

$a > 0,\ b < 0 \Rightarrow \varphi$ liegt im IV. Quadranten und $\varphi < 0$:

$$\tan(-\varphi) = \frac{3{,}81}{2{,}79} = 1{,}365$$

$$\Rightarrow -\varphi = 53{,}8°$$

$$\varphi = -53{,}8°$$

$$\mid z = 4{,}72\,[\cos(-53{,}8°) + j\sin(-53{,}8°)]\ .$$

Abb. 162

Wir stellen die vier grundsätzlichen Lagen des komplexen Vektors — den vier Quadranten entsprechend — noch einmal zusammen:

$a > 0,\ b > 0 : \varphi > 0$ φ im I. Quadranten	$\Rightarrow$ Ansatz: $\tan\varphi = \dfrac{b}{a}$
$a < b,\ b > 0 : \varphi > 0$ φ im II. Quadranten	$\Rightarrow$ Ansatz: $\tan(180° - \varphi) = \dfrac{b}{\lvert a \rvert}$
$a < 0,\ b < 0 : \varphi < 0$ φ im III. Quadranten	$\Rightarrow$ Ansatz: $\tan(180° + \varphi) = \dfrac{b}{a}$
$a > 0,\ b < 0 : \varphi < 0$ φ im IV. Quadranten	$\Rightarrow$ Ansatz: $\tan(-\varphi) = \dfrac{\lvert b \rvert}{a}$

Umwandlung von der trigonometrischen in die Normalform

Gegeben: $z = r\,(\cos\varphi + j\sin\varphi)$ \qquad (also r und φ)

Gesucht: $z = a + b\,j$ \qquad (also a und b)

Als Umrechnungsformeln hat man (Abb. 158)

$$a = r \cos \varphi$$
$$b = r \sin \varphi .$$

Beispiele

1. Wie lautet die Normalform der komplexen Zahl

$$z = 4,09 \, (\cos 73,8° - j \sin 73,8°) \, ?$$

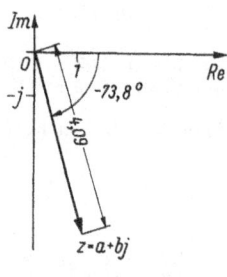

Abb. 163

Lösung: Als erstes beachte man, daß dies nicht die trigonometrische Form ist, vielmehr lautet diese

$$z = 4,09 \, [\cos (- 73,8°) + j \sin (- 73,8°)] .$$

Es ist also $r = 4,09$; $\varphi = - 73,8°$!

Man lege sich jetzt eine Skizze (Abb. 163) an und rechne

$$a = 4,09 \cdot \cos (- 73,8°) = 1,141$$
$$b = 4,09 \cdot \sin (- 73,8°) = - 3,926 .$$

Demnach lautet die Normalform

$$z = 1,141 - 3,926 \, j .$$

2. Verwandle $z = 2,055 \, (\cos 1,94 + j \sin 1,94)$ in die Normalform!

Achtung: Der Winkel ist hier im Bogenmaß gegeben! Falls man mit dem Rechenstab arbeitet, hat man also den Winkelwert ins Gradmaß umzuwandeln.

Lösung: Die Reduktion auf den I. Quadranten kann vorher (im Bogenmaß) oder auch nach der Umwandlung ins Gradmaß erfolgen.

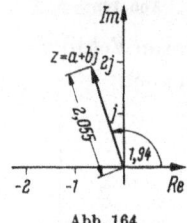

Abb. 164

Wegen $\pi > 1,94 > \dfrac{\pi}{2}$ liegt φ hier im II. Quadranten:

$$\cos 1,94 = - \cos (\pi - 1,94) = - \cos 1,202 = - 0,3616$$
$$\sin 1,94 = + \sin (\pi - 1,94) = \quad \sin 1,202 = \quad 0,9323$$

$$\Rightarrow \quad
\begin{aligned}
a &= r \cos \varphi = - 2,055 \cdot 0,3616 = - 0,743 \\
b &= r \sin \varphi = \quad 2,055 \cdot 0,9323 = \quad 1,915
\end{aligned}$$

$$z = - 0,743 + 1,915 \, j \quad \text{(Abb. 164).}$$

Ausführung der vier Grundrechenoperationen mit der trigonometrischen Form

Vorgelegt seien die beiden komplexen Zahlen

$$z_1 = r_1 \, (\cos \varphi_1 + j \sin \varphi_1)$$
$$z_2 = r_2 \, (\cos \varphi_2 + j \sin \varphi_2) .$$

1. Addition

$$z_1 + z_2 = r_1 \cos \varphi_1 + r_2 \cos \varphi_2 + j (r_1 \sin \varphi_1 + r_2 \sin \varphi_2)$$

$$\Rightarrow \begin{cases} \text{Re} \, (z_1 + z_2) = r_1 \cos \varphi_1 + r_2 \cos \varphi_2 \\ \text{Im} \, (z_1 + z_2) = r_1 \sin \varphi_1 + r_2 \sin \varphi_2 . \end{cases}$$

Setzt man $z_1 + z_2 = r\,(\cos\varphi + j\sin\varphi)$, so ergibt sich also

$$r = \sqrt{[\mathrm{Re}\,(z_1 + z_2)]^2 + [\mathrm{Im}\,(z_1 + z_2)]^2}$$

$$r = \sqrt{(r_1\cos\varphi_1 + r_2\cos\varphi_2)^2 + (r_1\sin\varphi_1 + r_2\sin\varphi_2)^2}$$

$$r = \sqrt{r_1^2 + r_2^2 + 2\,r_1\cdot r_2\cdot\cos\,(\varphi_1 - \varphi_2)}$$

$$\tan\varphi = \frac{\mathrm{Im}\,(z_1 + z_2)}{\mathrm{Re}\,(z_1 + z_2)}$$

$$\tan\varphi = \frac{r_1\sin\varphi_1 + r_2\sin\varphi_2}{r_1\cos\varphi_1 + r_2\cos\varphi_2}\,.$$

2. Subtraktion

$$z_1 - z_2 = r_1\cos\varphi_1 - r_2\cos\varphi_2 + j\,(r_1\sin\varphi_1 - r_2\sin\varphi_2)$$

$$\Rightarrow \begin{cases} \mathrm{Re}\,(z_1 - z_2) = r_1\cos\varphi_1 - r_2\cos\varphi_2 \\ \mathrm{Im}\,(z_1 - z_2) = r_1\sin\varphi_1 - r_2\sin\varphi_2\,. \end{cases}$$

Setzt man $z_1 - z_2 = r\,(\cos\varphi + j\sin\varphi)$, so erhält man

$$r = \sqrt{(r_1\cos\varphi_1 - r_2\cos\varphi_2)^2 + (r_1\sin\varphi_1 - r_2\sin\varphi_2)^2}$$

$$r = \sqrt{r_1^2 + r_2^2 - 2\,r_1\,r_2\cos\,(\varphi_1 - \varphi_2)}$$

$$\tan\varphi = \frac{r_1\sin\varphi_1 - r_2\sin\varphi_2}{r_1\cos\varphi_1 - r_2\cos\varphi_2}\,.$$

Wir stellen fest: Die Ausführung von Addition und Subtraktion in der trigonometrischen Form ergibt verhältnismäßig komplizierte Ausdrücke. Es empfiehlt sich also, diese beiden Rechenarten in der Normalform auszuführen.

3. Multiplikation

$$z_1\cdot z_2 = r_1\,r_2\,(\cos\varphi_1 + j\sin\varphi_1)\cdot(\cos\varphi_2 + j\sin\varphi_2)$$

$$= r_1\,r_2\,[(\cos\varphi_1\cos\varphi_2 - \sin\varphi_1\sin\varphi_2) + j\,(\sin\varphi_1\cos\varphi_2 + \cos\varphi_1\sin\varphi_2)]$$

$$= r_1\,r_2\,[\cos\,(\varphi_1 + \varphi_2) + j\sin\,(\varphi_1 + \varphi_2)]\,.$$

Setzen wir wieder $z_1\cdot z_2 = r\,(\cos\varphi + j\sin\varphi)$, so liefert der Vergleich

$$\boxed{\begin{aligned} r &= r_1\cdot r_2 \\ \varphi &= \varphi_1 + \varphi_2, \end{aligned}}$$

d. h. *zwei komplexe Zahlen werden in der trigonometrischen Form multipliziert, indem man ihre Beträge multipliziert und ihre Argumente addiert.*

4. Division $(z_2 \neq 0)$

$$\frac{z_1}{z_2} = \frac{r_1 (\cos \varphi_1 + j \sin \varphi_1)}{r_2 (\cos \varphi_2 + j \sin \varphi_2)}$$

$$= \frac{r_1 (\cos \varphi_1 + j \sin \varphi_1) (\cos \varphi_2 - j \sin \varphi_2)}{r_2 (\cos \varphi_2 + j \sin \varphi_2) (\cos \varphi_2 - j \sin \varphi_2)}$$

$$= \frac{r_1}{r_2} \frac{(\cos \varphi_1 \cos \varphi_2 + \sin \varphi_1 \sin \varphi_2) + j (\sin \varphi_1 \cos \varphi_2 - \cos \varphi_1 \sin \varphi_2)}{\cos^2 \varphi_2 + \sin^2 \varphi_2}$$

$$= \frac{r_1}{r_2} \left[\cos (\varphi_1 - \varphi_2) + j \sin (\varphi_1 - \varphi_2) \right].$$

Mit $z_1 : z_2 = z = r (\cos \varphi + j \sin \varphi)$ ergibt sich also

$$\boxed{\begin{array}{l} r = \dfrac{r_1}{r_2} \\[2mm] \varphi = \varphi_1 - \varphi_2 , \end{array}}$$

d. h. *zwei komplexe Zahlen werden in der trigonometrischen Form dividiert, indem man ihre Beträge dividiert, ihre Argumente jedoch subtrahiert.*

Also: Multiplikation und Division sind in der trigonometrischen Form sehr bequem auszuführen und damit dem Rechnen mit der Normalform vorzuziehen.

Beispiele

1. Gegeben seien die komplexen Zahlen

$$z_1 = 2{,}74 \, (\cos 41{,}7° + j \sin 41{,}7°)$$

$$z_2 = 5{,}81 \, (\cos 69{,}2° - j \sin 69{,}2°) .$$

Man gebe $z_1 \cdot z_2$ und $z_1 : z_2$ an!
Zunächst ist von z_2 die trigonometrische Form herzustellen:

$$z_2 = 5{,}81 \, [\cos (- 69{,}2°) + j \sin (- 69{,}2°)] ,$$

dann erhält man sofort

$$z_1 \cdot z_2 = 15{,}92 \, [\cos (- 27{,}5°) + j \sin (- 27{,}5°)]$$

$$= 15{,}92 \, [(\cos 27{,}5° - j \sin 27{,}5°)]$$

$$z_1 : z_2 = 0{,}472 \, [(\cos 110{,}9° + j \sin 110{,}9°)] .$$

2. Von den komplexen Zahlen

$$z_1 = 0{,}872 \, (\cos 2{,}43 + j \sin 2{,}43)$$

$$z_2 = 4{,}91 \quad (\cos 1{,}24 + j \sin 1{,}24)$$

berechne man Produkt und Quotienten!
Man erhält

$$z_1 \cdot z_2 = 4{,}28 \, (\cos 3{,}67 + j \sin 3{,}67)$$

$$\frac{z_1}{z_2} = 0{,}1776 \, (\cos 1{,}19 + j \sin 1{,}19) .$$

4.7 Die Exponentialform einer komplexen Zahl

Ohne Beweis muß vorangeschickt werden, daß sich $\sin \varphi$, $\cos \varphi$ und e^{φ} durch sogenannte unendliche Potenzreihen darstellen lassen:

$$\cos \varphi = 1 - \frac{\varphi^2}{2!} + \frac{\varphi^4}{4!} - \frac{\varphi^6}{6!} + \frac{\varphi^8}{8!} - + \cdots$$

$$\sin \varphi = \varphi - \frac{\varphi^3}{3!} + \frac{\varphi^5}{5!} - \frac{\varphi^7}{7!} + \frac{\varphi^9}{9!} - + \cdots$$

$$e^{\varphi} = 1 + \varphi + \frac{\varphi^2}{2!} + \frac{\varphi^3}{3!} + \frac{\varphi^4}{4!} + \frac{\varphi^5}{5!} + \cdots$$

Die Beziehungen gelten für alle (im Bogenmaß zu nehmenden) Werte von φ. Man sieht, daß in der Darstellung der geraden Kosinusfunktion nur gerade Potenzen, bei der ungeraden Sinusfunktion nur ungerade Potenzen auftreten. Die e-Funktion ist weder gerade noch ungerade.

Diese Reihen dienen in der Praxis zur numerischen Berechnung dieser Funktionen. Um die aus den Tafelwerken bekannten rationalen Näherungswerte zu erhalten, genügt es, von den Reihen eine endliche Anzahl von Gliedern zu nehmen, die unendlichen Reihen also durch Polynome zu ersetzen. Näheres darüber in Band II.

Ersetzt man in der Reihe für e^{φ} jedes φ durch $j\,\varphi$, so bekommt man

$$e^{j\,\varphi} = 1 + j\,\varphi - \frac{\varphi^2}{2!} - j\frac{\varphi^3}{3!} + \frac{\varphi^4}{4!} + j\frac{\varphi^5}{5!} - \frac{\varphi^6}{6!} - + \cdots$$

$$= \left(1 - \frac{\varphi^2}{2!} + \frac{\varphi^4}{4!} - + \cdots\right) + j\left(\varphi - \frac{\varphi^3}{3!} + \frac{\varphi^5}{5!} - + \cdots\right)$$

$$= \cos \varphi + j \sin \varphi$$

und damit die außerordentlich wichtige

Formel von Euler. *Für die e-Potenz mit imaginärem Argument $j\,\varphi$ gilt die Normalformdarstellung*

$$\boxed{e^{j\,\varphi} = \cos \varphi + j \sin \varphi\,.}$$

Multipliziert man die Identität beiderseits mit r, so steht rechts die trigonometrische Form $r\,(\cos \varphi + j \sin \varphi)$, links hingegen eine neue Darstellungsform für eine komplexe Zahl mittels der e-Potenz, nämlich $r\,e^{j\,\varphi}$.

Definition: *Die Darstellung einer komplexen Zahl z*

$$\boxed{z = r\,e^{j\,\varphi}}$$

heißt ihre Exponentialform. Darin bedeuten wie bei der trigonometrischen Form

$$r = |z|, \quad \varphi = \arg z\ (-\pi < \varphi \leqq +\pi)\,.$$

Siehe dazu Abb. 165!

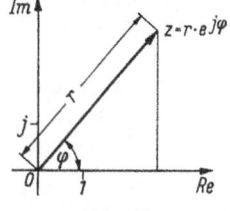

Abb. 165

In der Exponentialform ist eine komplexe Zahl durch dieselben Größen — nämlich Betrag r und Argument φ — bestimmt wie in der trigonometrischen Form. Die Umrechnung von der Normalform in die Exponentialform und umgekehrt geht deshalb nach denselben Formeln und in der gleichen Weise vor sich wie die Umrechnung zwischen Normalform und trigonometrischer Form. Schließlich ist der Übergang zwischen Exponentialform und trigonometrischer Form lediglich eine Umschreibung, da in beiden Formen die gleichen Größen r und φ die komplexe Zahl bestimmen.

Beispiele

1. Die komplexe Zahl $z = \dfrac{1}{2} + j\,\dfrac{1}{2}\sqrt{3}$ ist in der Exponentialform darzustellen.

Lösung: Es liegt φ im I. Quadranten:

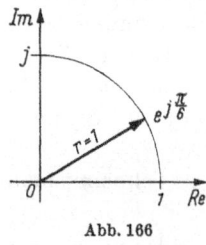

Abb. 166

$$r = \sqrt{\frac{1}{4} + \frac{3}{4}} = 1$$

$$\tan \varphi = \frac{1}{2}\sqrt{3} : \frac{1}{2} = \sqrt{3}$$

$$\Rightarrow \varphi = 30° \text{ bzw. } \varphi = \frac{\pi}{6}$$

$$\Rightarrow z = e^{\,j\frac{\pi}{6}} \text{ (Abb. 166).}$$

2. Man gebe von $z = r\,e^{j\varphi}$ Real- und Imaginärteil an!

Lösung: Es ist $z = r\,e^{j\varphi} = r\,(\cos\varphi + j\sin\varphi) = r\cos\varphi + j\,r\sin\varphi$, also

$$\mathrm{Re}\,(r\,e^{j\varphi}) = r\cos\varphi$$
$$\mathrm{Im}\,(r\,e^{j\varphi}) = r\sin\varphi\,.$$

3. Es sei $z = r\,e^{j\varphi}$ gegeben. Wie drücken sich dann Betrag und Argument

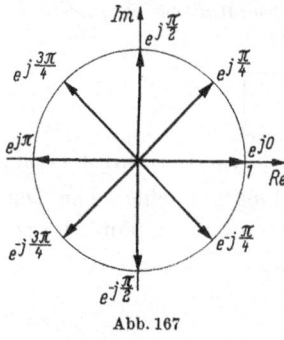

Abb. 167

der reziproken komplexen Zahl $\dfrac{1}{z}$ durch r und φ aus?

Lösung:

$$z = r\,e^{j\varphi} \Rightarrow \frac{1}{z} = \frac{1}{r}\,\frac{1}{e^{j\varphi}}$$

$$= \frac{1}{r}\,e^{-j\varphi} = \frac{1}{r}\,e^{j(-\varphi)}$$

$$\Rightarrow \begin{cases} \left|\dfrac{1}{z}\right| = \dfrac{1}{|z|} = \dfrac{1}{r} \\[2mm] \arg \dfrac{1}{z} = -\arg z = \arg \bar{z} = -\varphi\,. \end{cases}$$

4. Darstellung eines komplexen Einheitsvektors?

Lösung: Es ist $r = 1$, φ beliebig (es gibt also beliebig viele — verschiedene — komplexe Einheitsvektoren!), somit

$$z = e^{j\varphi}$$
$$\text{mit } |e^{j\varphi}| = 1\,.$$

Man merke sich besonders folgende — sehr häufig auftretende — komplexe Einheitsvektoren und ihre Darstellung am komplexen Einheitskreis (Abb. 167).

$\varphi = 0$	$z = e^{j\,0}$	$\cos 0 + j \sin 0$	0
$\varphi = \dfrac{\pi}{4}$	$z = e^{j\,\frac{\pi}{4}}$	$\cos \dfrac{\pi}{4} + j \sin \dfrac{\pi}{4}$	$\dfrac{1}{2}\sqrt{2} + j\,\dfrac{1}{2}\sqrt{2}$
$\varphi = \dfrac{\pi}{2}$	$z = e^{j\,\frac{\pi}{2}}$	$\cos \dfrac{\pi}{2} + j \sin \dfrac{\pi}{2}$	j
$\varphi = \dfrac{3\pi}{4}$	$z = e^{j\,\frac{3\pi}{4}}$	$\cos \dfrac{3\pi}{4} + j \sin \dfrac{3\pi}{4}$	$-\dfrac{1}{2}\sqrt{2} + j\,\dfrac{1}{2}\sqrt{2}$
$\varphi = \pi$	$z = e^{j\,\pi}$	$\cos \pi + j \sin \pi$	-1
$\varphi = -\dfrac{\pi}{4}$	$z = e^{-j\,\frac{\pi}{4}}$	$\cos \dfrac{\pi}{4} - j \sin \dfrac{\pi}{4}$	$\dfrac{1}{2}\sqrt{2} - j\,\dfrac{1}{2}\sqrt{2}$
$\varphi = -\dfrac{\pi}{2}$	$z = e^{-j\,\frac{\pi}{2}}$	$\cos \dfrac{\pi}{2} - j \sin \dfrac{\pi}{2}$	$-j$
$\varphi = -\dfrac{3\pi}{4}$	$z = e^{-j\,\frac{3\pi}{4}}$	$\cos \dfrac{3\pi}{4} - j \sin \dfrac{3\pi}{4}$	$-\dfrac{1}{2}\sqrt{2} - j\,\dfrac{1}{2}\sqrt{2}.$

5. Darstellung in der Exponentialform

a) einer reellen Zahl
b) einer imaginären Zahl
c) zweier konjugiert komplexen Zahlen?

Lösung:

a) $r > 0$, sonst beliebig; $\varphi = 0$ oder $\varphi = \pi$

$$\Rightarrow z = r\,e^{j\,0}\,(= r), \quad z = r\,e^{j\,\pi}\,(= -r)$$

b) $r > 0$, sonst beliebig; $\varphi = \dfrac{\pi}{2}$ oder $\varphi = -\dfrac{\pi}{2}$

$$\Rightarrow z = r\,e^{j\,\frac{\pi}{2}}\,(= r\,j), \quad z = r\,e^{-j\,\frac{\pi}{2}}\,(= -r\,j)$$

c) $z = r\,e^{j\,\varphi}, \quad \bar{z} = r\,e^{-j\,\varphi}$

$$(|z| = |\bar{z}|, \ \arg z = -\arg \bar{z})\,.$$

Rechnen mit der Exponentialform. Wie bei der trigonometrischen Form empfiehlt sich das Addieren und Subtrahieren in der Exponentialform nicht. Dagegen bekommt man mit

$$z_1 = r_1\,e^{j\,\varphi_1}, \quad z_2 = r_2\,e^{j\,\varphi_2}$$

a) für die Multiplikation:

$$z_1 z_2 = r_1\,r_2\,e^{j\,\varphi_1}\,e^{j\,\varphi_2} = r_1\,r_2\,e^{j(\varphi_1+\varphi_2)}$$

b) für die Division $(z_2 \neq 0)$:

$$\left|\frac{z_1}{z_2}\right| = \frac{r_1\, e^{j\,\varphi_1}}{r_2\, e^{j\,\varphi_2}} = \frac{r_1}{r_2}\, e^{j(\varphi_1-\varphi_2)}$$

und damit die gleichen Regeln wie bei der trigonometrischen Form.[1])

Beispiele

1. Für $z_1 = 3,79\ e^{j\,4,142}$, $z_2 = 7,17\ e^{j\,1,028}$ gebe man das Produkt $z_1 \cdot z_2$ an!
Lösung: $z_1 \cdot z_2 = 27,17\ e^{j\,5,170}$.

2. Bestimme den Quotienten der komplexen Zahlen

$$z_1 = 6,09\ e^{j\,53,8^\circ} \quad \text{und} \quad z_2 = 19,47\ e^{-j\,124,6^\circ}\,.$$

Lösung: $\dfrac{z_1}{z_2} = 0,3128\ e^{j\,178,4^\circ}\,.$

4.8 Kreis- und Hyperbelfunktionen

Ersetzt man in der EULERschen Formel

$$e^{j\,x} = \cos x + j \sin x$$

x durch $-x$, so folgt mit $\cos(-x) = \cos x$, $\sin(-x) = -\sin x$ sofort

$$e^{-j\,x} = \cos x - j \sin x\,.$$

Addition bzw. Subtraktion beider Gleichungen ergibt

$$e^{j\,x} + e^{-j\,x} = 2 \cos x$$

$$e^{j\,x} - e^{-j\,x} = 2\,j \sin x\,,$$

woraus die Darstellungen der Kreisfunktionen folgen:

$$\sin x = \frac{e^{j\,x} - e^{-j\,x}}{2j}$$

$$\cos x = \frac{e^{j\,x} + e^{-j\,x}}{2}$$

$$\tan x = \frac{1}{j}\,\frac{e^{j\,x} - e^{-j\,x}}{e^{j\,x} + e^{-j\,x}}$$

$$\cot x = j\,\frac{e^{j\,x} + e^{-j\,x}}{e^{j\,x} - e^{-j\,x}}\,.$$

---

[1]) Selbstverständlich! denn auch hier werden $z_1 \cdot z_2$ und $z_1{:}z_2$ durch r_1, und φ_1, φ_2 bestimmt!

Vergleichen wir diese Formeln mit den Definitionsgleichungen der Hyperbelfunktionen (s. S. 168)

$$\sinh x = \frac{e^x - e^{-x}}{2}$$

$$\cosh x = \frac{e^x + e^{-x}}{2}$$

$$\tanh x = \frac{e^x - e^{-x}}{e^x + e^{-x}}$$

$$\coth x = \frac{e^x + e^{-x}}{e^x - e^{-x}},$$

so stellen wir folgenden Zusammenhang fest

$$\sin x = \frac{1}{j} \sinh jx \qquad\qquad \sinh x = \frac{1}{j} \sin jx$$

$$\cos x = \cosh jx \qquad\qquad \cosh x = \cos jx$$

$$\tan x = \frac{1}{j} \tanh jx \qquad\qquad \tanh x = \frac{1}{j} \tan jx$$

$$\cot x = j \coth jx \qquad\qquad \coth x = j \cot jx.$$

Nennt man jx das zugehörige imaginäre Argument zu x, so kann man diese Beziehungen wie folgt in Worte fassen:

Satz: *Der Kreiskosinus ist gleich dem Hyperbelkosinus des zugehörigen imaginären Argumentes und umgekehrt. Der Kreissinus (Kreistangens) ist gleich dem Hyperbelsinus (Hyperbeltangens) des zugehörigen imaginären Argumentes, dividiert durch die imaginäre Einheit, und umgekehrt. Der Kreiskotangens ist gleich dem Hyperbelkotangens des zugehörigen imaginären Argumentes, multipliziert mit der imaginären Einheit, und umgekehrt.*

Ist z eine beliebige komplexe Zahl in der Normalform

$$z = x + jy,$$

so führt die Anwendung der Additionstheoreme[1] (s. S. 99) auf folgende Darstellungen

$$\sin z = \sin(x + jy) = \sin x \cos jy + \cos x \sin jy$$

$$= \sin x \cosh y + j \cos x \sinh y.$$

Rechterseits steht die Normalform von $\sin z$:

$$\mathrm{Re}(\sin z) = \sin x \cosh y$$

$$\mathrm{Im}(\sin z) = \cos x \sinh y.$$

---

[1] Der Leser wolle sich mit der Feststellung begnügen, daß dies berechtigt ist.

Entsprechend ergibt sich

$$\cos z = \cos (x + j\,y) = \cos x \cos j\,y - \sin x \sin j\,y$$
$$= \cos x \cosh y - j \sin x \sinh y$$

$$\boxed{\begin{aligned}\text{Re} (\cos z) &= \cos x \cosh y\\ \text{Im} (\cos z) &= - \sin x \sinh y\,.\end{aligned}}$$

Ersetzt man in diesen Formeln y durch $-y$, so erhält man für die konjugiert komplexen Argumente $\bar z = x - j\,y$ mit

$$\sin (-y) = - \sin y, \quad \sinh (-y) = - \sinh y$$
$$\cos (-y) = + \cos y, \quad \cosh (-y) = + \cosh y$$

(s. S. 169) sofort

$$\sin \bar z = \sin x \cosh y - j \cos x \sinh y = \overline{\sin z}$$
$$\cos \bar z = \cos x \cosh y + j \sin x \sinh y = \overline{\cos z}\,.$$

Für die Hyperbelfunktionen gelten folgende Additionstheoreme (x_1, x_2 reell)

$$\boxed{\begin{aligned}\sinh (x_1 \pm x_2) &= \sinh x_1 \cosh x_2 \pm \cosh x_1 \sinh x_2\\ \cosh (x_1 \pm x_2) &= \cosh x_1 \cosh x_2 \pm \sinh x_1 \sinh x_2\,,\end{aligned}}$$

welche man direkt mit den Definitionsgleichungen nachprüfen kann, z. B.

$$\sinh x_1 \cosh x_2 = \frac{1}{2} (e^{x_1} - e^{-x_1}) \frac{1}{2} (e^{x_2} + e^{-x_2}) = \frac{1}{4} (e^{x_1} e^{x_2} - e^{-x_1} e^{x_2}$$
$$+ e^{x_1} e^{-x_2} - e^{-x_1} e^{-x_2})$$

$$\cosh x_1 \sinh x_2 = \frac{1}{2} (e^{x_1} + e^{-x_1}) \frac{1}{2} (e^{x_2} - e^{-x_2}) = \frac{1}{4} (e^{x_1} e^{x_2} + e^{-x_1} e^{x_2}$$
$$- e^{x_1} e^{-x_2} - e^{-x_1} e^{-x_2})$$

$$\Rightarrow \sinh x_1 \cosh x_2 + \cosh x_1 \sinh x_2 = \frac{1}{4} (2\, e^{x_1+x_2} - 2\, e^{-x_1-x_2})$$

$$= \frac{1}{2} (e^{x_1+x_2} - e^{-(x_1+x_2)})$$

$$= \sinh (x_1 + x_2)\,.$$

Setzt man jetzt für $z = x + j\,y$ (x, y reell) und

$$x_1 = x, \quad x_2 = j\,y\,,$$

so folgt

$$\sinh z = \sinh (x + j\,y) = \sinh x \cosh j\,y + \cosh x \sinh j\,y$$
$$= \sinh x \cos y + j \cosh x \sin y\,.$$

Rechts steht die Normalform von sinh z, so daß gilt

$$\boxed{\begin{aligned} \text{Re} \, (\sinh z) &= \sinh x \cos y \\ \text{Im} \, (\sinh z) &= \cosh x \sin y \, . \end{aligned}}$$

Entsprechend ergibt sich

$$\cosh z = \cosh \, (x + j \, y) = \cosh x \cosh j \, y + \sinh x \sinh j \, y$$
$$= \cosh x \cos y + j \sinh x \sin y$$

$$\boxed{\begin{aligned} \text{Re} \, (\cosh z) &= \cosh x \cos y \\ \text{Im} \, (\cosh z) &= \sinh x \sin y \, . \end{aligned}}$$

Für die konjugierten Argumente folgt daraus

$$\boxed{\begin{aligned} \sinh \bar{z} &= \overline{\sinh z} \\ \cosh \bar{z} &= \overline{\cosh z} \, . \end{aligned}}$$

Mit diesen Formeln sind wir jetzt in der Lage, Kreis- und Hyperbelfunktionen von komplexen Argumenten zu berechnen.

Beispiele

1. Berechne $\sin \, (1{,}2 + 0{,}7 \, j)$!

Lösung: Mit $x = 1{,}2$ und $y = 0{,}7$ ergibt sich für

$\text{Re} \, (\sin z) = \sin 1{,}2 \cdot \cosh 0{,}7 = 0{,}9320 \cdot 1{,}2552 = 1{,}1698$

$\text{Im} \, (\sin z) = \cos 1{,}2 \cdot \sinh 0{,}7 = 0{,}3624 \cdot 0{,}7586 = 0{,}2749$

$$\Rightarrow \sin \, (1{,}2 + 0{,}7 \, j) = 1{,}1698 + 0{,}2749 \, j \, .$$

2. Bestimme $\cosh \, (3{,}3 - 0{,}2 \, j)$!

Lösung: Mit $x = 3{,}3$ und $y = -0{,}2$ folgt für

$\text{Re} \, (\cosh z) = \cosh 3{,}3 \cos 0{,}2 = 13{,}5748 \cdot 0{,}9801 = 13{,}3047$

$\text{Im} \, (\cosh z) = - \sinh 3{,}3 \sin 0{,}2 = - 13{,}5379 \cdot 0{,}1987 = - 2{,}6900$

$$\Rightarrow \cosh \, (3{,}3 - 0{,}2 \, j) = 13{,}3047 - 2{,}6900 \, j \, .$$

4.9 Komplexe Vektoren (Zeiger)

In 4.3 haben wir gesehen, daß man jede komplexe Zahl auch geometrisch als komplexen Vektor oder Zeiger in der GAUSSschen Zahlenebene darstellen kann. Aufgrund der Zuordnung

$$z_1 = a_1 + b_1 \, j \rightarrow \mathfrak{z}_1$$
$$z_2 = a_2 + b_2 \, j \rightarrow \mathfrak{z}_2$$

soll im folgenden

$$\mathfrak{z}_1 = a_1 + b_1\,j\,, \quad \mathfrak{z}_2 = a_2 + b_2\,j$$

geschrieben werden.

Die vier rationalen Grundrechenoperationen mögen jetzt geometrisch-zeichnerisch mit den komplexen Vektoren $\mathfrak{z}_1$ und $\mathfrak{z}_2$ ausgeführt werden.

1. Addition: *Die Summe der komplexen Vektoren $\mathfrak{z}_1$ und $\mathfrak{z}_2$ ist der vom Ursprung ausgehende Diagonalenvektor des durch $\mathfrak{z}_1$ und $\mathfrak{z}_2$ bestimmten Parallelogramms (Parallelogrammregel)* (Abb. 168).

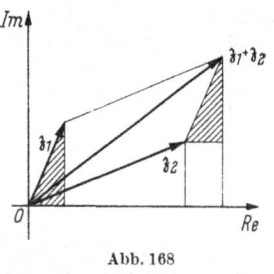

Von der Richtigkeit dieser Konstruktionsvorschrift überzeugt man sich, indem man die Kongruenz der schraffierten Dreiecke nachweist und dann zeigt, daß

$$\boxed{\begin{aligned} \mathrm{Re}\,(\mathfrak{z}_1 + \mathfrak{z}_2) &= \mathrm{Re}\,(\mathfrak{z}_1) + \mathrm{Re}\,(\mathfrak{z}_2) \\ \mathrm{Im}\,(\mathfrak{z}_1 + \mathfrak{z}_2) &= \mathrm{Im}\,(\mathfrak{z}_1) + \mathrm{Im}\,(\mathfrak{z}_2) \end{aligned}}$$

Abb. 168

gilt. Der Leser prüfe dies an Abb. 168 direkt nach!

Folgerung: $|\mathfrak{z}_1 + \mathfrak{z}_2| \leqq |\mathfrak{z}_1| + |\mathfrak{z}_2|$.

Das Gleichheitszeichen gilt dann und nur dann, wenn $\mathfrak{z}_1$ und $\mathfrak{z}_2$ die gleiche Richtung haben, also arg $\mathfrak{z}_1 = $ arg $\mathfrak{z}_2$ ist.

Setzt man

$$\mathfrak{z}_1 = r_1\,(\cos\varphi_1 + j\sin\varphi_1),\ \mathfrak{z}_2 = r_2\,(\cos\varphi_2 + j\sin\varphi_2)\,,$$

so hatten wir in **4.6** (s. S. 199) für den Betrag des Summenvektors erhalten

$$\boxed{|\mathfrak{z}_1 + \mathfrak{z}_2| = \sqrt{r_1^2 + r_2^2 + 2\,r_1\,r_2\cos(\varphi_1 - \varphi_2)}\,.}$$

Diese Beziehung kann man jetzt in Abb. 168 direkt nachprüfen. Man setze dazu für die Diagonale des aus den Seiten r_1 und r_2 bestehenden Parallelogramms den Kosinussatz an und beachte, daß der Gegenwinkel $180° - (\varphi_1 - \varphi_2)$ ist.

2. Subtraktion. Ist $\mathfrak{z} = a + b\,j$ ein beliebiger komplexer Vektor, so soll mit $-\mathfrak{z} = -a - b\,j$ der aus $\mathfrak{z}$ durch Spiegelung am Nullpunkt entstehende komplexe Vektor verstanden werden.

Die Subtraktion eines komplexen Vektors $\mathfrak{z}_2$ von $\mathfrak{z}_1$ wird als Addition des negativen komplexen Vektors $-\mathfrak{z}_2$ zu $\mathfrak{z}_1$ ausgeführt:

$$\boxed{\mathfrak{z}_1 - \mathfrak{z}_2 = \mathfrak{z}_1 + (-\mathfrak{z}_2)\,.}$$

Aus Abb. 169 ersieht man, daß der Differenzenvektor $\mathfrak{z}_1 - \mathfrak{z}_2$ der Diagonalenvektor des aus $\mathfrak{z}_1$ und $-\mathfrak{z}_2$ gebildeten Parallelogramms ist. Man kann sich $\mathfrak{z}_1 - \mathfrak{z}_2$ durch Parallelverschiebung der gerichteten Strecke $\overrightarrow{P_2P_1}$ entstanden denken. Für die Länge des Differenzenvektors gilt

$$|\mathfrak{z}_1 - \mathfrak{z}_2| = \sqrt{r_1^2 + r_2^2 - 2\,r_1\,r_2\cos(\varphi_1 - \varphi_2)}\,,$$

- was man auch unmittelbar aus Abb. 169
abliest.

Für $\mathfrak{z}_1 = \mathfrak{z}_2$ ergibt sich als Differenz der komplexe Nullvektor $\mathfrak{z}_1 - \mathfrak{z}_1 = 0$.

3. Multiplikation. Schreibt man die komplexen Vektoren $\mathfrak{z}_1$ und $\mathfrak{z}_2$ in der Exponentialform

$$\mathfrak{z}_1 = r_1\,e^{j\,\varphi_1}\,, \qquad \mathfrak{z}_2 = r_2\,e^{j\,\varphi_2}\,,$$

so hatten wir für ihr Produkt

$$\mathfrak{z}_1 \cdot \mathfrak{z}_2 = r_1\,r_2\,e^{j(\varphi_1 + \varphi_2)}$$

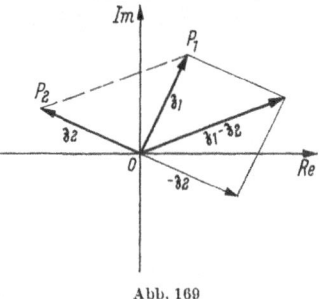

Abb. 169

erhalten. *Zeichnerisch wird die Multiplikation mit* $\mathfrak{z}_2$ *durch eine Drehstreckung von* $\mathfrak{z}_1$ *— Drehung um* φ_2 *und Streckung mit* r_2 *— ausgeführt* (Abb. 170). Hierzu hat man nur

$$\arg(\mathfrak{z}_1\,\mathfrak{z}_2) = \arg\mathfrak{z}_1 + \arg\mathfrak{z}_2 = \varphi_1 + \varphi_2$$

und

$$|\mathfrak{z}_1\,\mathfrak{z}_2| = |\mathfrak{z}_1| \cdot |\mathfrak{z}_2|$$

zu zeichnen. Letzteres geschieht dadurch, daß man das durch $\mathfrak{z}_1 \cdot \mathfrak{z}_2$ und $\mathfrak{z}_2$ aufgespannte Dreieck ähnlich dem durch $\mathfrak{z}_1$ und $\overrightarrow{01}$ bestimmten Dreieck konstruiert. Dazu braucht man nur den Winkel an der Spitze von $\mathfrak{z}_2$ gleich dem an der Spitze von $\overrightarrow{01}$ zu machen.

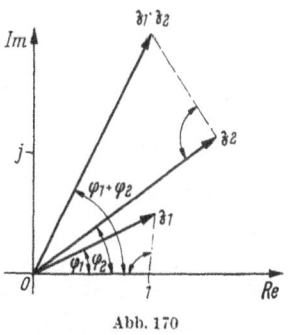

Abb. 170

Sonderfälle:

a) Ist $\mathfrak{z}_2$ positiv reell: $\mathfrak{z}_2 = r_2$ ($\varphi_2 = 0$), so folgt $\mathfrak{z}_1 \cdot \mathfrak{z}_2 = r_1\,r_2\,e^{j\,\varphi_1}$, das ist geometrisch eine *reine Streckung* für $r_2 > 1$ bzw. eine reine Stauchung[1]) für $r_2 < 1$ (Abb. 171).

b) Ist $\mathfrak{z}_2$ ein Einheitsvektor: $|\mathfrak{z}_2| = 1$ (φ_2 beliebig), so folgt $\mathfrak{z}_1\,\mathfrak{z}_2 = r_1\,e^{j\,\varphi_1}\,e^{j\,\varphi_2} = r_1\,e^{j(\varphi_1 + \varphi_2)}$, das ist geometrisch eine *reine Drehung* um den Winkel φ_2 (Abb. 172); der Einheitsvektor $\mathfrak{z}_2 = e^{j\,\varphi_2}$ wird danach auch „Dreher" genannt.

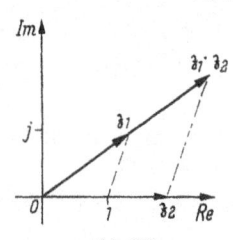

---

[1]) Streckung und Stauchung wird in der Mathematik gern einheitlich Streckung genannt.

Abb. 171

4. Division. Die Division $\mathfrak{z}_1$ durch $\mathfrak{z}_2$,

$$\frac{\mathfrak{z}_1}{\mathfrak{z}_2} = \frac{r_1}{r_2}\, e^{j(\varphi_1 - \varphi_2)}\,,$$

bedeutet geometrisch ebenfalls eine *Drehstreckung* von $\mathfrak{z}_1$, nämlich eine Drehung um $-\varphi_2$ und eine Streckung mit dem Faktor $\dfrac{1}{r_2}$. Man konstruiere gemäß Abb. 173:

$$\arg\frac{\mathfrak{z}_1}{\mathfrak{z}_2} = \arg\mathfrak{z}_1 - \arg\mathfrak{z}_2 = \varphi_1 - \varphi_2,\quad \left|\frac{\mathfrak{z}_1}{\mathfrak{z}_2}\right| = \frac{|\mathfrak{z}_1|}{|\mathfrak{z}_2|}\,.$$

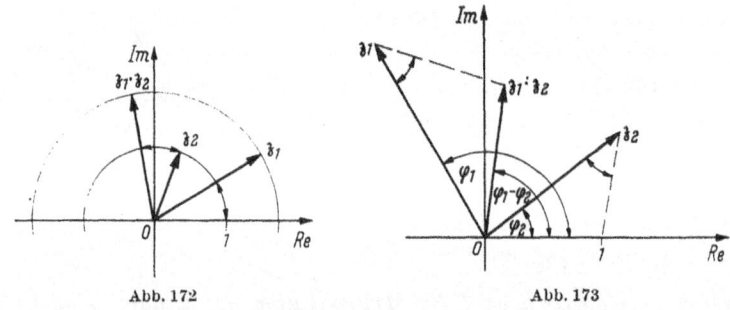

Abb. 172   Abb. 173

Die letzte Gleichung realisiert man geometrisch, indem man den Winkel an der Spitze von $\mathfrak{z}_1$ gleich dem an der Spitze von $\mathfrak{z}_2$ macht.

Beispiele

1. Was bedeutet geometrisch die Multiplikation mit j?

Lösung: Mit $z = r\, e^{j\varphi}$ (beliebig) und $j \equiv e^{j\frac{\pi}{2}}$ ergibt sich $zj = r\, e^{j\left(\varphi + \frac{\pi}{2}\right)}$, d. h. die Multiplikation mit j wird durch eine reine Drehung um den Winkel $\dfrac{\pi}{2}$ ausgeführt.

2. Der komplexe Vektor $\mathfrak{z} = 2,74 - 3,05\,j$ werde um $45°$ gedreht und auf die dreifache Länge gestreckt.

Wie heißt der neue komplexe Vektor?

Lösung: $|\mathfrak{z}| = \sqrt{2,74^2 + 3,05^2} = \sqrt{16,81} = 4,10$.

$\arg\mathfrak{z} = -48,1°$. Ist $\mathfrak{z}_1$ der gesuchte komplexe Vektor, so gilt für diesen $|\mathfrak{z}_1| = 3\,|\mathfrak{z}| = 12,30$ und $\arg\mathfrak{z}_1 = \arg\mathfrak{z} + 45° = -3,1°$. Damit lautet dieser in der Exponentialform $\mathfrak{z}_1 = 12.30\, e^{-3,1°\,j}$.

4.10 Der Satz von Moivre

Ausgehend von der EULERschen Formel

$$e^{j\varphi} = \cos\varphi + j\sin\varphi$$

erhält man durch Potenzieren beider Seiten mit dem rationalen Exponenten n*)

$$(e^{j\varphi})^n = e^{j\varphi n} = e^{(n\varphi)j} = (\cos\varphi + j\sin\varphi)^n\,.$$

---

*) Dabei setzen wir voraus, daß dies formal wie im Reellen erfolgt.

Andererseits ist aber ebenfalls nach Euler

$$e^{(n\,\varphi)\,j} = \cos\,(n\,\varphi) + j\,\sin\,(n\,\varphi)\,,$$

so daß sich durch Vergleich der rechten Seiten ergibt der

Satz von Moivre[1])

$$(\cos\varphi + j\,\sin\varphi)^n = \cos n\,\varphi + j\,\sin n\,\varphi\,.$$

Das Potenzieren der komplexen Zahl $\cos\varphi + j\,\sin\varphi$ *mit dem Exponenten n kann durch ein Multiplizieren des Argumentes* φ *mit dem Faktor n ausgeführt werden.*

Spezialfall für $n = 2$:

$$(\cos\varphi + j\,\sin\varphi)^2 = \cos^2\varphi + 2\,j\,\sin\varphi\,\cos\varphi - \sin^2\varphi\,.$$

Andererseits ist nach dem Satz von Moivre:

$$(\cos\varphi + j\,\sin\varphi)^2 = \cos 2\,\varphi + j\,\sin 2\,\varphi\,.$$

Hieraus folgt

$$\cos 2\,\varphi + j\,\sin 2\,\varphi = \cos^2\varphi - \sin^2\varphi + 2\,j\,\sin\varphi\,\cos\varphi\,,$$

also müssen die Realteile für sich und die Imaginärteile für sich gleich sein:

$$\cos 2\,\varphi = \cos^2\varphi - \sin^2\varphi$$
$$\sin 2\,\varphi = 2\,\sin\varphi\,\cos\varphi.$$

Wir erhalten also die aus der Goniometrie (2.3.2) bekannten Formeln für die Kreisfunktionen des doppelten Argumentes, jetzt aber auf einem ganz anderen Wege.

Spezialfall für $n = 3$:

$$(\cos\varphi + j\,\sin\varphi)^3 = \cos^3\varphi + 3\,j\,\cos^2\varphi\,\sin\varphi - 3\,\cos\varphi\,\sin^2\varphi - j\,\sin^3\varphi$$
$$(\cos\varphi + j\,\sin\varphi)^3 = \cos 3\,\varphi + j\,\sin 3\,\varphi\,.$$

Daraus folgt

$$\cos 3\,\varphi = \cos^3\varphi - 3\,\cos\varphi\,\sin^2\varphi$$
$$\sin 3\,\varphi = -\sin^3\varphi + 3\,\cos^2\varphi\,\sin\varphi$$

oder, falls man in der ersten Formel $\sin^2\varphi = 1 - \cos^2\varphi$ und in der zweiten $\cos^2\varphi = 1 - \sin^2\varphi$ setzt

$$\cos 3\,\varphi = 4\,\cos^3\varphi - 3\,\cos\varphi$$
$$\sin 3\,\varphi = -4\,\sin^3\varphi + 3\,\sin\varphi\,.$$

---

[1]) Abraham de Oivre (1667 ··· 1754), französischer Mathematiker

Allgemeiner Vergleich für ganzes positives n

Wir entwickeln $(\cos \varphi + j \sin \varphi)^n$ nach dem binomischen Satz (1.1.2) und erhalten

$$(\cos \varphi + j \sin \varphi)^n = \cos^n \varphi + j \binom{n}{1} \cos^{n-1} \varphi \sin \varphi - \binom{n}{2} \cos^{n-2} \varphi \sin^2 \varphi$$

$$- j \binom{n}{3} \cos^{n-3} \varphi \sin^3 \varphi + \binom{n}{4} \cos^{n-4} \varphi \sin^4 \varphi + - \cdots$$

$$+ j^n \sin^n \varphi \,.$$

Dies ergibt, nach Real- und Imaginärteil geordnet und verglichen

$$\cos n\,\varphi = \cos^n \varphi - \binom{n}{2} \cos^{n-2} \varphi \sin^2 \varphi + \binom{n}{4} \cos^{n-4} \varphi \sin^4 \varphi - + \cdots$$

$$\sin n\,\varphi = \binom{n}{1} \cos^{n-1} \varphi \sin \varphi - \binom{n}{3} \cos^{n-3} \varphi \sin^3 \varphi$$

$$+ \binom{n}{5} \cos^{n-5} \varphi \sin^5 \varphi - + \cdots$$

und damit die allgemeinen Formeln für die Kreisfunktionen eines n-fachen Arguments, entwickelt nach Potenzen derselben vom einfachen Argument. Die rechten Seiten brechen wohlbemerkt nach endlich vielen Gliedern ab.

Bemerkung: Ist der Winkel $- \varphi < 0$, so wird

$$[\cos (-\varphi) + j \sin (-\varphi)]^n = \cos n\,\varphi - j \sin n\,\varphi \,.$$

4.11 Potenzen mit ganzen Exponenten

Definition: *Ist z eine beliebige komplexe Zahl, n eine beliebige ganze Zahl, so soll unter der Potenz z^n*

$$z^n = \begin{cases} \overbrace{z \cdot z \cdot \ldots \cdot z}^{n \text{ Faktoren}} & \text{für } n > 0 \\ 1 & \text{für } n = 0 \\ \dfrac{1}{z^{-n}} & \text{für } n < 0 \quad (z \neq 0) \end{cases}$$

verstanden werden.

Die Erklärung stimmt formal mit der entsprechenden Definition im Reellen überein. Ebenso besitzen alle Potenzgesetze für komplexe Basen dieselbe Struktur wie im Reellen.

Die praktische Berechnung einer Potenz mit ganzen Exponenten von einer komplexen Zahl $z = a + b\,j$ geschieht in folgenden 3 Schritten

1. Herstellung der trigonometrischen Form

$$z = a + b\,j \;\Rightarrow\; z = r\,(\cos\varphi + j\sin\varphi)\,.$$

2. Potenzieren mit dem Satz von MOIVRE

$$z^n = r^n\,(\cos\varphi + j\sin\varphi)^n = r^n\,(\cos n\,\varphi + j\sin n\,\varphi)\,.$$

3. Reduzieren des Argumentes $n\,\varphi$ auf den Hauptwertbereich $-\pi < n\,\varphi \leqq +\pi$ (bzw. $-180° < n\,\varphi \leqq +180°$) durch geeignetes Addieren oder Subtrahieren ganzer Vielfachen von $2\,\pi$ (bzw. $360°$) und Wiederherstellung der Normalform.

Beispiele

1. Man gebe die exakte Normalform von $z = (1-j)^{17}$ an!

1. Schritt: $1 - j = r\,(\cos\varphi + j\sin\varphi)$

$$= \sqrt{2}\,[\cos(-45°) + j\sin(-45°)]$$

$$= \sqrt{2}\,(\cos 45° - j\sin 45°)$$

2. Schritt: $(1-j)^{17} = \left(\sqrt{2}\right)^{17}(\cos 17\cdot 45° - j\sin 17\cdot 45°)$

$$= 256\,\sqrt{2}\,[\cos(2\cdot 360° + 45°) - j\sin(2\cdot 360° + 45)]$$

3. Schritt: $(1-j)^{17} = 256\,\sqrt{2}\,(\cos 45° - j\sin 45°)$

$$= 256\,\sqrt{2}\left(\frac{1}{2}\sqrt{2} - j\,\frac{1}{2}\sqrt{2}\right)$$

$$\Rightarrow (1-j)^{17} = 256 - 256\,j\,.$$

2. Ermittle mit dem Rechenstab $(-1{,}57 - 2{,}08\,j)^5$!

1. Schritt: $-1{,}57 - 2{,}08\,j = r\,(\cos\varphi + j\sin\varphi)$

$$\tan(180° + \varphi) = 1{,}325,\quad \varphi = -127{,}04°$$

$$r = \sqrt{1{,}57^2 + 2{,}08^2} = \sqrt{6{,}791} = 2{,}606$$

$$-1{,}57 - 2{,}08\,j = 2{,}606\,(\cos 127{,}04° - j\sin 127{,}04°)$$

2. Schritt: $(-1{,}57 - 2{,}08\,j)^5 = 2{,}606^5\,(\cos 635{,}20° - j\sin 635{,}20°)$

$$= 120{,}2\,(\cos 635{,}20° - j\sin 635{,}20°)$$

3. Schritt: $(-1{,}57 - 2{,}08\,j)^5 = 120{,}2\,[\cos(-84{,}80°) - j\sin(-84{,}80°)]$

$$= 120{,}2\,(\cos 84{,}80° + j\sin 84{,}80°)\,[1]$$

$$\Rightarrow (-1{,}57 - 2{,}08\,j)^5 = 10{,}89 + 119{,}7\,j\,.$$

4.12 Wurzeln mit ganzen positiven Wurzelexponenten

Definition: *Im Bereich der komplexen Zahlen wird unter $\sqrt[n]{z}$ ($n > 0$, ganz; z beliebig komplex) jede komplexe Zahl verstanden, deren n-te Potenz gleich z ist.*

---

[1] Falls $84{,}80°$ auf dem Rechenstab nicht unmittelbar abgelesen werden kann, entnehme man den Wert einer Tafel zu $\sin 84{,}80° = 0{,}9959$.

Bemerkung: Man beachte, daß die früher (in 1.4.1) für den Bereich der *reellen* Zahlen gegebene Wurzeldefinition den *eindeutig bestimmten positiven* Wurzelwert festlegte. Im Komplexen wird dagegen nach obiger Definition mit $\sqrt[n]{z}$ *jede* Zahl gemeint, deren n-te Potenz gleich dem Radikanden ist. Beispielsweise ist im Reellen $\sqrt{1} = +1$, im Komplexen hingegen $\sqrt{1} = +1$ und $\sqrt{1} = -1$.

Rechnerische Ermittlung der Werte $\sqrt[n]{z}$

Die zu radizierende komplexe Zahl z wird zunächst in der trigonometrischen Form dargestellt, wobei man jetzt aber die Periodizität der Sinus- und Kosinusfunktion berücksichtigt:

$$z = r \left[\cos\left(\varphi + k \cdot 360°\right) + j \sin\left(\varphi + k \cdot 360°\right) \right]$$

$$(k \text{ ganz}) .$$

Nach dem Satz von Moivre ist dann

$$\sqrt[n]{z} = z^{\frac{1}{n}} = r^{\frac{1}{n}} \left[\cos\left(\frac{\varphi}{n} + k \cdot \frac{360°}{n}\right) + j \sin\left(\frac{\varphi}{n} + k \cdot \frac{360°}{n}\right) \right] .$$

Dabei werde unter $r^{\frac{1}{n}} = \sqrt[n]{r}$ der eindeutig bestimmte *positive* Wurzelwert verstanden. Setzt man für k nacheinander die Zahlen $0, 1, 2, \ldots,$ $n - 1$ ein, so ist für jeden dieser Werte

$$k \cdot \frac{360°}{n} < 360°$$

und man erhält für jedes solches k einen Wurzelwert von $\sqrt[n]{z}$. Setzt man dagegen $k \geqq n$, etwa $k = n + k'$ $(k' = 0, 1, 2, \ldots)$, so wird wegen

$$\cos\left[\frac{\varphi}{n} + (n + k') \, \frac{360°}{n}\right] = \cos\left(\frac{\varphi}{n} + k' \cdot \frac{360°}{n} + 360°\right)$$

$$= \cos\left(\frac{\varphi}{n} + k' \cdot \frac{360°}{n}\right)$$

$$\sin\left[\frac{\varphi}{n} + (n + k') \, \frac{360°}{n}\right] = \sin\left(\frac{\varphi}{n} + k' \cdot \frac{360°}{n} + 360°\right)$$

$$= \sin\left(\frac{\varphi}{n} + k' \cdot \frac{360°}{n}\right)$$

für jedes k' sich der gleiche Wurzelwert ergeben wie vorher für k, d. h. die zuvor (für $k = 0, 1, 2, \ldots, n - 1$) erhaltenen n Werte von $\sqrt[n]{z}$ wiederholen sich. Zusammenfassend gilt demnach der folgende

Satz: *Für die n-te Wurzel aus einer komplexen Zahl $z = r\,(\cos\varphi + j\sin\varphi)$ findet man mit*

$$\sqrt[n]{z} = \sqrt[n]{r}\left[\cos\left(\frac{\varphi}{n} + k\cdot\frac{360°}{n}\right) + j\sin\left(\frac{\varphi}{n} + k\cdot\frac{360°}{n}\right)\right]$$
$$k = 0, 1, 2, \ldots, n-1$$

genau n verschiedene komplexe Werte.

Für $k = 0$ erhält man den Hauptwert von $\sqrt[n]{z}$:

$$\sqrt[n]{z} = \sqrt[n]{r}\left(\cos\frac{\varphi}{n} + j\sin\frac{\varphi}{n}\right).$$

Es soll stets $\sqrt[n]{r} > 0$ sein.

Beispiele

1. Man berechne sämtliche Werte von $\sqrt[3]{4 - 9j}$!

Lösung: $4 - 9j = r\,(\cos\varphi + j\sin\varphi)$; $r = \sqrt{97} = 9{,}849$; $\varphi = -66{,}04°$.

$\sqrt[3]{4 - 9j} = \sqrt[3]{9{,}849}\left[\cos\left(-22{,}01° + k\cdot120°\right) + j\sin\left(-22{,}01° + k\cdot120°\right)\right]$

$k = 0$: $z_0 = 2{,}144\,(\cos 22{,}01° - j\cdot\sin 22{,}01°)$
$= 2{,}144\,(0{,}927 - j\cdot0{,}375)$
$\underline{= 1{,}988 - 0{,}804\,j}$ (Hauptwert)

$k = 1$: $z_1 = 2{,}144\,(\cos 97{,}99° + j\cdot\sin 97{,}99°)$
$= 2{,}144\,(-\sin 7{,}99° + j\cdot\cos 7{,}99°)$
$= 2{,}144\,(-0{,}139 + j\cdot0{,}9903)$
$\underline{= -0{,}298 + 2{,}123\,j}$

$k = 2$: $z_2 = 2{,}144\,(\cos 217{,}99° + j\cdot\sin 217{,}99°)$
$= 2{,}144\,(-\cos 37{,}99° - j\cdot\sin 37{,}99°)$
$= 2{,}144\,(-0{,}788 - j\,0{,}616)$
$\underline{= -1{,}689 - 1{,}321\,j}$.

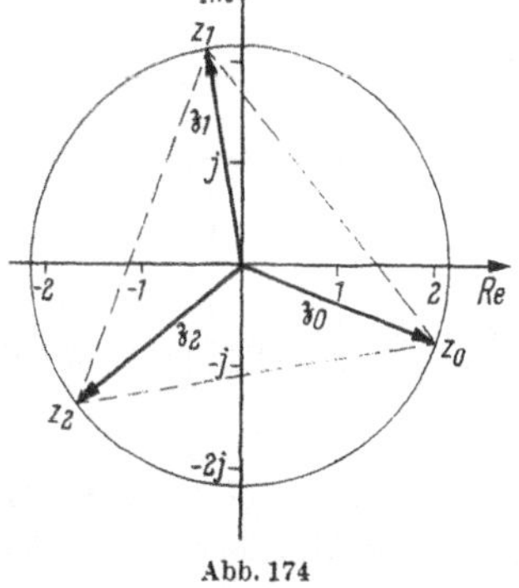

Abb. 174

Trägt man die Bildpunkte der Wurzelwerte in die komplexe Zahlenebene ein, so erhält man Abb. 174.

Die Bildpunkte liegen auf einem Kreis um den Ursprung mit Radius $\sqrt[3]{r}$ $= 2{,}144$ und bilden die Ecken eines gleichseitigen Dreiecks.

2. Man berechne die Werte von $\sqrt[n]{1}$, die sogenannten n-ten Einheitswurzeln, für $n = 2, 3, 4, 5$ und zeichne ihre Bilder in der GAUSSschen Zahlenebene.

Lösung: $1 = \cos 0° + j\sin 0° = \cos(k\cdot360°) + j\sin(k\cdot360°)$

$$\Rightarrow \quad \sqrt[n]{1} = \cos\left(k\cdot\frac{360°}{n}\right) + j\cdot\sin\left(k\cdot\frac{360°}{n}\right)$$
$$k = 0, 1, 2, \ldots, n-1$$

$n = 2$ (die zweiten Einheitswurzeln):

$$\sqrt{1} = \cos(k \cdot 180°) + j \sin(k \cdot 180°); \ k = 0; \ 1.$$

$k = 0:\ \sqrt{1} = \cos 0° + j \cdot \sin 0° = +1$ (Hauptwert)

$k = 1:\ \sqrt{1} = \cos 180° + j \cdot \sin 180° = -1.$

$n = 3$ (die dritten Einheitswurzeln):

$$\sqrt[3]{1} = \cos(k \cdot 120°) + j \sin(k \cdot 120°); \ k = 0; 1; 2.$$

$k = 0:\sqrt[3]{1} = \cos 0° + j \cdot \sin 0° = +1$ (Hauptwert)

$k = 1:\sqrt[3]{1} = \cos 120° + j \cdot \sin 120° = -\cos 60° + j \cdot \sin 60°$
$$= -\frac{1}{2} + j \cdot \frac{1}{2}\sqrt{3}$$

$k = 2:\sqrt[3]{1} = \cos 240° + j \cdot \sin 240° = -\cos 60° - j \cdot \sin 60°$
$$= -\frac{1}{2} - j \cdot \frac{1}{2}\sqrt{3}.$$

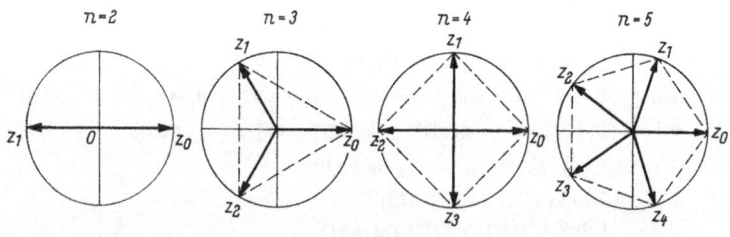

Abb. 175

$n = 4$ (die vierten Einheitswurzeln):

$$\sqrt[4]{1} = \cos(k \cdot 90°) + j \cdot \sin(k \cdot 90°); \ k = 0; 1; 2; 3.$$

$k = 0:\sqrt[4]{1} = \cos 0° + j \cdot \sin 0° = +1$ (Hauptwert)

$k = 1:\sqrt[4]{1} = \cos 90° + j \cdot \sin 90° = j$

$k = 2:\sqrt[4]{1} = \cos 180° + j \cdot \sin 180° = -1$

$k = 3:\sqrt[4]{1} = \cos 270° + j \cdot \sin 270° = -j.$

$n = 5$ (die fünften Einheitswurzeln):

$$\sqrt[5]{1} = \cos(k \cdot 72°) + j \cdot \sin(k \cdot 72°); \ k = 0; 1; 2; 3; 4.$$

$k = 0:\sqrt[5]{1} = \cos 0° + j \cdot \sin 0° = +1$ (Hauptwert)

$k = 1:\sqrt[5]{1} = \cos 72° + j \cdot \sin 72°$
$$= 0{,}309 + 0{,}951\,j$$

$k = 2:\sqrt[5]{1} = \cos 144° + j \cdot \sin 144° = -\cos 36° + j \cdot \sin 36°$
$$= -0{,}809 + 0{,}588\,j$$

$k = 3:\sqrt[5]{1} = \cos 216° + j \cdot \sin 216° = -\cos 36° - j \cdot \sin 36°$
$$= -0{,}809 - 0{,}588\,j$$

$k = 4:\sqrt[5]{1} = \cos 288° + j \cdot \sin 288° = \cos 72° - j \cdot \sin 72°$
$$= 0{,}309 - 0{,}951\,j.$$

Darstellung in der GAUSSschen Zahlenebene (Abb. 175).

Für die Lage der Bildpunkte von $\sqrt[n]{z}$ in der GAUSSschen Zahlenebene gilt allgemein folgender Sachverhalt:

Die Bildpunkte von $\sqrt[n]{z}$ liegen auf einem Kreis um den Ursprung mit Radius $\sqrt[n]{r}$ und bilden die Ecken eines regelmäßigen n-Ecks.

4.13 Natürliche Logarithmen komplexer Zahlen

Ausgehend von der EULERschen Formel

$$e^{j\varphi} = \cos\varphi + j \cdot \sin\varphi$$
$$z = r\,e^{j\varphi} = r\,(\cos\varphi + j \cdot \sin\varphi)$$

bekommt man bei Berücksichtigung der Periodizität

$$z = r\,e^{j(\varphi + k \cdot 2\pi)} = r\,[\cos(\varphi + k \cdot 2\pi) + j \cdot \sin(\varphi + k \cdot 2\pi)]$$

durch beiderseitiges Logarithmieren zur Basis e

$$\ln z = \ln r + j\,(\varphi + k \cdot 2\pi).$$

Die *ganze Zahl k* kann hierbei *beliebig* gewählt werden, für jeden Wert von k bekommt man einen Wert für ln z. Das Zeichen ln z steht also für unbegrenzt viele komplexe Zahlen, die sich nach obiger Formel ergeben.

Satz: *Die Natürlichen Logarithmen komplexer Numeri berechnen sich nach*

$$\boxed{\begin{array}{c} \ln z = \ln r + j\,(\varphi + k \cdot 2\pi) \\ k\ beliebig,\ ganz\,. \end{array}}$$

Für $k = 0$ erhält man den Hauptwert Ln z zu

$$\text{Ln } z = \ln r + j\,\varphi\,.$$

Hierbei ist ln r *stets reell zu nehmen.*

Beispiele

1. Bestimme den Hauptwert von ln $(2 + 3j)$!

Es ist $2 + 3j = r\,e^{j\varphi}$; $r = \sqrt{13} = 3{,}606$; $\varphi = 0{,}983$. Damit ergibt sich

$$\text{Ln }(2 + 3j) = \ln 3{,}606 + 0{,}983\,j$$
$$\text{Ln }(2 + 3j) = 1{,}282 + 0{,}983\,j\,.$$

2. Berechne ln (-1)!

Für -1 ist $r = 1$ und $\varphi = +\pi$, also wird

$$\ln(-1) = \ln 1 + j\,(\pi + k \cdot 2\pi)$$
$$\Rightarrow \ln(-1) = j \cdot \pi\,(2k + 1); \ k\ \text{beliebig ganz.}$$

$$k = 0:\ \ln(-1) = \text{Ln}(-1) = j\,\pi \quad \text{(Hauptwert)}$$

$$\left.\begin{array}{l} k = 1:\ \ln(-1) = 3\,\pi j \\ k = 2:\ \ln(-1) = 5\,\pi j\ \text{usw.} \end{array}\right\} \text{(Nebenwerte)}$$

3. Bestimme Ln $(-5j)$!

Mit $-5j = 5\,e^{-j\frac{\pi}{2}}$ erhält man

$$\text{Ln}\,(-\,5j) = \ln 5 + j\left(-\frac{\pi}{2}\right)$$

$$\text{Ln}\,(-\,5j) = 1{,}61 - \frac{1}{2}\,\pi j = 1{,}61 - 1{,}57\,j\;.$$

4.14 Die allgemeine Potenz

Wir fragen nach der Bestimmung der allgemeinen Potenz „komplexe Zahl hoch komplexe Zahl". Dabei wollen wir uns auf die Angabe des Hauptwertes beschränken.

Definition: *Sind*

$$z = a + b\,j \quad und \quad w = u + v\,j$$

zwei beliebige komplexe Zahlen, so gelte für die allgemeine Potenz

$$\boxed{z^w \equiv e^{w\ln z}\;.}$$

Schreibt man z in der Exponentialform, $z = r\,e^{j\,\varphi}$, so erhält man mit $\ln z = \ln r + j\,(\varphi + k\cdot 2\,\pi)$ beim Einsetzen

$$z^w = e^{(u\,+\,v\,j)\,[\ln r\,+\,j\,(\varphi\,+\,k\,\cdot\,2\,\pi)]}$$

$$= e^{u\,\cdot\,\ln r\,-\,v\,(\varphi\,+\,k\,\cdot\,2\,\pi)\,+\,j\,[v\,\cdot\,\ln r\,+\,u\,(\varphi\,+\,k\,\cdot\,2\,\pi)]}\;.$$

Hierin kann k wieder jede ganze Zahl bedeuten. Setzt man $k = 0$, so erhält man den Hauptwert der allgemeinen Potenz

$$z^w = e^{u\,\cdot\,\ln r\,-\,v\,\varphi\,+\,j\,(v\,\cdot\,\ln r\,+\,u\,\varphi)}$$

und damit die *Exponentialform* des Hauptwertes zu

$$\boxed{\begin{aligned} z^w &= r^u\,e^{-v\,\varphi}\cdot e^{j\,(v\,\cdot\,\ln r + u\,\varphi)}\\ |z^w| &= r^u\,e^{-v\,\varphi}\ \text{(reell)},\ \arg\,(z^w) = v\ln r + u\,\varphi, \end{aligned}}$$

sowie die *trigonometrische Form* des Hauptwertes

$$\boxed{z^w = r^u\,e^{-v\,\varphi}\,[\cos\,(v\cdot\ln r + u\,\varphi) + j\sin\,(v\cdot\ln r + u\,\varphi)]}$$

und schließlich die *Normalform* des Hauptwertes

$$\boxed{\begin{aligned} z^w &= r^u\,e^{-v\,\varphi}\cos\,(v\cdot\ln r + u\,\varphi) + j\,r^u\,e^{-v\,\varphi}\sin\,(v\cdot\ln r + u\,\varphi)\\ \text{Re}\,(z^w) &= r^u\,e^{-v\,\varphi}\cos\,(v\cdot\ln r + u\,\varphi)\\ \text{Im}\,(z^w) &= r^u\,e^{-v\,\varphi}\sin\,(v\cdot\ln r + u\,\varphi) \end{aligned}\Biggr\}\,.}$$

Beispiele

1. Berechne den Hauptwert von $\sqrt[j]{j}$!

Man schreibt $j^{\frac{1}{j}}$, wendet die logarithmische Identität an und erhält

$$j^{\frac{1}{j}} = e^{\frac{1}{j}\ln j} = e^{\frac{1}{j}\left(\ln 1 + j\frac{\pi}{2}\right)} = e^{\frac{1}{j}\cdot j\cdot\frac{\pi}{2}} = e^{\frac{\pi}{2}} = e^{1,57} = 4,81.$$

2. Man gebe die Normalform des Hauptwertes der allgemeinen Potenz $(1+j)^{2-5j}$ an!

Es ist

$$1 + j = \sqrt{2}\left(\cos\frac{\pi}{4} + j\cdot\sin\frac{\pi}{4}\right) = \sqrt{2}\,e^{j\frac{\pi}{4}}$$

und damit

$$(1+j)^{2-5j} = e^{(2-5j)\left(\ln\sqrt{2} + j\cdot\frac{\pi}{4}\right)}$$

$$= e^{2\ln\sqrt{2} + 5\frac{\pi}{4} + j\left(-5\ln\sqrt{2} + \frac{\pi}{2}\right)}$$

$$= 2\,e^{\frac{5\pi}{4}}\,e^{j\left(-5\cdot\ln\sqrt{2} + \frac{\pi}{2}\right)}$$

Demnach lautet die exakte Normalform

$$(1+j)^{2-5j} = 2\,e^{\frac{5\pi}{4}}\cdot\cos\left(-5\cdot\ln\sqrt{2} + \frac{\pi}{2}\right) + j2\,e^{\frac{5\pi}{4}}\sin\left(-5\ln\sqrt{2} + \frac{\pi}{2}\right),$$

während man mit dem Rechenstab

$$(1+j)^{2-5j} = 100,2 + 16,35\,j$$

bestimmt.

5 Komplexe Funktionen einer reellen Veränderlichen

5.1 Erweiterung des Funktionsbegriffes

Im 3. Abschnitt haben wir Funktionen einer Veränderlichen betrachtet, bei denen sämtliche auftretenden Argument- und Funktionswerte reelle Zahlen waren. Korrekt gesprochen handelte es sich also um reellwertige Funktionen einer reellen Veränderlichen. Eine Verallgemeinerung auf mehrere (reelle) unabhängige Veränderliche wird in Band II vorgenommen werden.

Wir wollen jetzt wieder von einem reellen Argument t ausgehen, doch soll die Menge der Funktionswerte, also der Wertevorrat, aus komplexen Zahlen bestehen. Die Zuordnungsvorschrift soll jetzt also auch komplexe Rechenoperationen umfassen, etwa „multipliziere t mit der komplexen Zahl a und addiere die komplexe Zahl b" oder ähnliches. Auf diese Weise gelangt man zu einer komplexwertigen Funktion einer reellen Veränderlichen t, geschrieben $z = z(t)$.

Definition: *Ist jedem Wert der reellen Veränderlichen t aus einem Intervall $t_1 \leqq t \leqq t_2$ mittels einer komplexen Rechenvorschrift ein Wert einer komplexen Veränderlichen z eindeutig zugeordnet, so heiße z eine komplexe Funktion des reellen Argumentes t:*

$$z = z(t) \,.$$

Solche komplexen Funktionen spielen in der Elektrotechnik und Regelungstechnik eine große Rolle. Dabei bedeutet t die Zeitveränderliche (der „Zeitparameter"), während z den Strom, die Spannung usw. (in komplexer Schreibweise) darstellt. Besonders im Hinblick auf ihre geometrische Darstellung (s. u.) ermöglichen solche Funktionen einen schnellen Überblick über bestimmte funktionale Gesetzmäßigkeiten.

Ausgehend von den drei analytischen Darstellungsformen für komplexe Zahlen (Normalform, trigonometrische und Exponentialform), werden jetzt deren Bestimmungsgrößen (Real- und Imaginärteil bei der Normalform, Betrag und Winkel bei den anderen beiden Formen) zu (reellen) Funktionen von t:

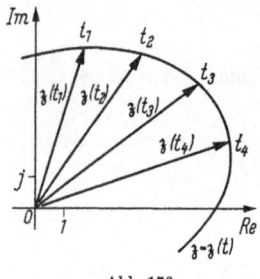

$$z(t) = a(t) + b(t)\, j$$
$$z(t) = r(t)\, [\cos \varphi(t) + j \cdot \sin \varphi(t)]$$
$$z(t) = r(t)\, e^{j\, \varphi(t)} \,.$$

Selbstverständlich kann die komplexe Funktion auch in einer Gestalt vorliegen, die keiner dieser drei Darstellungsformen entspricht, etwa kann z eine gebrochen rationale Funktion von t sein:

Abb. 176

$$z(t) = \frac{a_0 + a_1\, t + a_2\, t^2 + \cdots + a_k\, t^k}{b_0 + b_1\, t + b_2\, t^2 + \cdots + b_n\, t^n} \quad \text{(alle } a_i, b_i \text{ komplex)} \,.$$

Zur geometrischen Darstellung einer komplexen Funktion $z = z(t)$ brauchen wir nur zu bedenken, daß für jeden Wert von t der Funktionswert $z(t)$ als Punkt oder, noch anschaulicher, als komplexer Vektor $\mathfrak{z}(t)$ in der GAUSSschen Zahlenebene bildlich dargestellt werden kann. Die Menge aller dieser Punkte bzw. Vektorspitzen stellt dann das geometrische Bild der Funktion $z = z(t)$ dar; es ist im allgemeinen ein Kurvenzug und heißt die Ortskurve der Funktion $z(t)$. Die unabhängige Veränderliche t wird an jeden Bildpunkt geschrieben und bildet eine Skala auf der Ortskurve (Abb. 176).

Durchläuft t eine gewisse Wertereihe, so bewegt sich die Spitze eines (variabel zu denkenden) komplexen Vektors $\mathfrak{z}$ auf dem zugehörigen Teil der Ortskurve. Aufgrund dieses anschaulichen Bildes pflegt man den funktionalen Zusammenhang $z = z(t)$ auch in der vektoriellen Form

$$\mathfrak{z} = \mathfrak{z}(t)$$

darzustellen. Zusammengefaßt

Satz: *Das geometrische Bild einer komplexen Funktion einer reellen Veränderlichen ist ihre Ortskurve in der GAUSSschen Zahlenebene. Sie trägt die unabhängige Veränderliche als Skala und kann als Menge aller Vektorspitzen $\mathfrak{z}(t)$ angesehen werden.*

Beispiele

1. Gesucht ist die Ortskurve der komplexen Funktion $\mathfrak{z}(t) = r(t)\, e^{j\varphi(t)}$, bei welcher

$$r(t) = R \text{ (konstant)}, \quad \varphi(t) = t \ (0 \leq t < 2\pi)$$

sein soll: $\mathfrak{z}(t) = R e^{jt}$

Lösung: Ein komplexer Vektor, dessen Betrag (d. i. seine Länge) konstant bleibt und dessen Argumentwinkel φ sich linear mit t ändert, kann nur einen Kreis beschreiben. Eine Wertetabelle zeigt dies auch rechnerisch:

t	0	$\dfrac{\pi}{2}$	π	$\dfrac{3\pi}{2}$
$\mathfrak{z}(t)$	R	Rj	$-R$	$-Rj$

Abb. 177

Die t-Skala beginnt mit $t = 0$ auf der reellen Achse und verläuft linear im Gegenzeigersinn um den Kreis (Abb. 177).

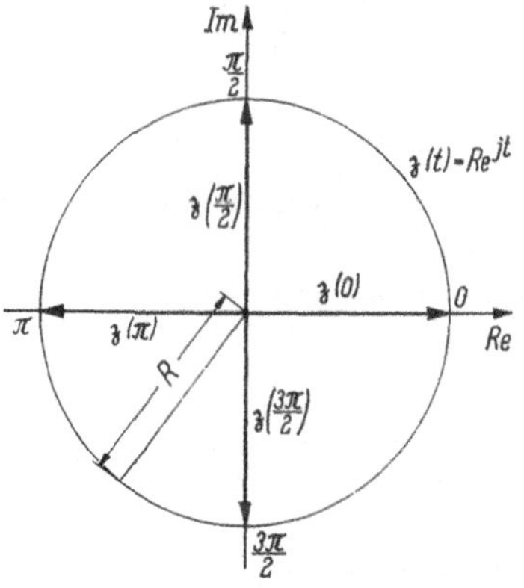

2. Vorgelegt sei die komplexe Funktion

$$\mathfrak{z}(t) = \mathfrak{M} + \mathfrak{R}\, e^{jt}$$
$$0 \leq t < 2\pi$$

mit den konstanten komplexen Vektoren

$$\mathfrak{M} = M e^{j\mu}, \quad \mathfrak{R} = R e^{j\varrho}.$$

Gesucht sind Gestalt und Lage der zugehörigen Ortskurve.

Lösung: Wir untersuchen zunächst $\mathfrak{z}'(t) = \mathfrak{R}\, e^{jt}$. Setzt man $\mathfrak{R} = R e^{j\varrho}$ ein, so ergibt sich

$$\mathfrak{z}'(t) = R e^{j\varrho}\, e^{jt} = R\, e^{(\varrho + t)j}.$$

Das ist nach dem 1. Beispiel ein Kreis um den Ursprung vom Radius R, doch liegt der Nullpunkt der Skala hier an der Spitze von $\mathfrak{R}$:

$$t = 0 \Rightarrow \mathfrak{z}'(0) = R e^{j\varrho} = \mathfrak{R}.$$

Die Addition des konstanten komplexen Vektors $\mathfrak{M}$ gemäß

$$\mathfrak{z}(t) = \mathfrak{z}'(t) + \mathfrak{M}$$

bedingt eine Verschiebung jedes Punktes der Ortskurve von $\mathfrak{z}'(t)$ um Länge und Richtung von $\mathfrak{M}$ und damit auch eine Verschiebung des Kreismittelpunktes von 0 nach der Spitze von $\mathfrak{M}$. Damit ist

$$\mathfrak{z}(t) = \mathfrak{M} + \mathfrak{R}\, e^{j\,t}$$

die *Funktionsgleichuug eines komplexen Kreises mit dem Radiusvektor $\mathfrak{R}$ und dem Mittelpunktsvektor $\mathfrak{M}$* (Abb. 178). Man beachte, wie sich jeder komplexe

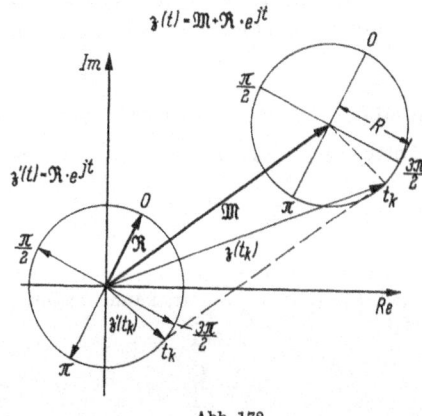

Vektor $\mathfrak{z}$ aus dem entsprechenden komplexen Vektor $\mathfrak{z}' = \mathfrak{R}\, e^{j\,t}$ und $\mathfrak{M}$ nach der Parallelogrammregel (s. S. 208) additiv zusammensetzt.

3. Man zeichne die Ortskurve der komplexen Funktion

$$\mathfrak{z}(t) = t\, e^{j\,\varphi_0}$$

$$-\infty < t < +\infty$$

Lösung: Es ist hier

$$r(t) = t, \quad \varphi(t) = \varphi_0 \text{ (konstant)},$$

Abb. 178

d. h. die Länge von $\mathfrak{z}(t)$ ändert sich linear mit t, während die Richtung konstant gleich φ_0 bleibt. Die Ortskurve ist demnach eine

Gerade durch den Ursprung, der Nullpunkt der Skala liegt wegen

$$\mathfrak{z}(0) = 0$$

im Ursprung (Abb. 179).

Wertetabelle:

t	-2	-1	0	$+1$	$+2$
$\mathfrak{z}(t)$	$-2e^{j\,\varphi_0}$	$-e^{j\,\varphi_0}$	0	$e^{j\,\varphi_0}$	$2\,e^{j\,\varphi_0}$

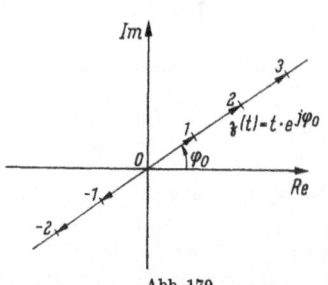

Abb. 179

4. Man diskutiere die komplexe Funktion

$$\mathfrak{z}(t) = R e^{\varrho\,t}\, e^{(\omega t + \varphi_0)j}, \quad -\infty < t < +\infty$$

bei welcher also

$$r(t) = R e^{\varrho\,t}, \quad \varphi(t) = \omega\, t + \varphi_0$$

bedeuten.

Lösung: Bei dieser Funktion ändert sich die Länge des komplexen Vektors $\mathfrak{z}(t)$ nach einer Exponentialfunktion, während sich der Winkel aufgrund des linearen Zusammenhanges mit t

gleichmäßig ändert. Eine gleichmäßige Drehung und gleichzeitige exponentielle Längenänderung führt zu einer Spirale als Ortskurve. Es ist

$$\mathfrak{z}(t) = R e^{\varrho\,t}\, e^{(\omega t + \varphi_0)j} = R e^{\varphi_0 j}\, e^{\varrho\,t}\, e^{\omega\,t\,j}\,.$$

Dabei ergibt sich für $t = 0$

$$\mathfrak{z}(0) = R e^{\varphi_0\,j}\,.$$

Wir lassen t zunächst von 0 bis $\dfrac{2\,\pi}{\omega}$ laufen und setzen

$$\omega > 0\,,\quad \varrho > 0$$

voraus. Dann dreht sich $\mathfrak{z}$ mit wachsendem t im Gegenuhrzeigersinn (also mathematisch positiv) und seine Länge nimmt exponentiell zu. Als Ortskurve ergibt sich die in Abb. 180 dargestellte Spirale, für die wir noch folgende Wertetabelle aufstellen:

t	$\mathfrak{z}(t)$
0	$R e^{\varphi_0 j}\,(+1)$
$\dfrac{\pi}{2\,\omega}$	$R e^{\varphi_0 j}\, e^{\varrho\frac{\pi}{2\,\omega}}\cdot j$
$\dfrac{\pi}{\omega}$	$R e^{\varphi_0 j}\, e^{\varrho\frac{\pi}{\omega}}\,(-1)$
$\dfrac{3\,\pi}{2\,\omega}$	$R e^{\varphi_0 j}\, e^{\varrho\frac{3\,\pi}{2\,\omega}}\,(-j)$
$\dfrac{2\,\pi}{\omega}$	$R e^{\varphi_0 j}\, e^{\varrho\frac{2\,\pi}{\omega}}\,(+1)$

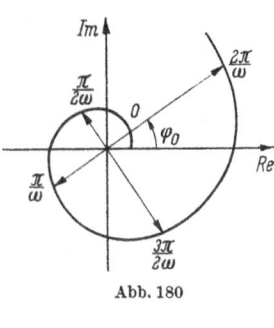

Abb. 180

Nimmt t über $\dfrac{2\,\pi}{\omega}$ hinaus zu, so wird die Spirale weiter in positiver Drehrichtung aufgerollt; läßt man t von 0 aus ins Negative gehen, so wird die Spirale in negativer Drehrichtung eingerollt; dem Nullpunkt kommt die Spirale dabei unbegrenzt näher, erreicht ihn jedoch nie, da für kein t der komplexe Vektor $\mathfrak{z} = 0$ wird: der Nullpunkt ist *asymptotischer Punkt*.
Setzt man

$$\omega < 0\,,\quad \varrho > 0$$

voraus, so ergibt sich eine Spirale. die mit wachsendem t in negativer Drehrichtung aufgerollt wird. Ist schließlich

$$\varrho < 0\,,$$

so erhält man eine Spirale, die mit wachsendem t für $\omega > 0$ in positiver, für $\omega < 0$ in negativer Drehrichtung eingerollt wird. Der Leser skizziere sich diese Spiralen zur Übung selbst.

5. Welche Ortskurve besitzt die komplexe Funktion

$$\mathfrak{z}(t) = A\cos t + j\,B\sin t\,,$$

falls A und B reelle Konstanten sind und t alle Werte von 0 (einschließlich) bis $2\,\pi$ (ausschließlich) durchläuft?

Aufgrund der Wertetabelle

t	0	$\dfrac{\pi}{2}$	π	$\dfrac{3\,\pi}{2}$	$\dfrac{\pi}{4}$	$\dfrac{3\,\pi}{4}$	$\dots$
$\mathfrak{z}(t)$	A	jB	$-A$	$-jB$	$0{,}71\,A + 0{,}71\,Bj$	$-0{,}71\,A + 0{,}71\,Bj$	$\dots$

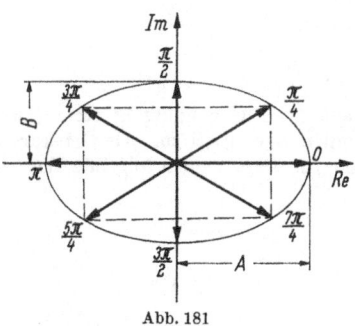

Abb. 181

findet man die in Abb. 181 dargestellte Ortskurve, von der man annimmt, daß sie eine Ellipse ist. Um diese Annahme zu bestätigen, betrachten wir Real- und Imaginärteil von $\mathfrak{z}(t)$:

$$\left. \begin{array}{l} \operatorname{Re} \mathfrak{z}(t) \equiv x(t) = A \cos t \\ \operatorname{Im} \mathfrak{z}(t) \equiv y(t) = B \sin t \,. \end{array} \right\}$$

Beide sind reelle Funktionen der reellen Veränderlichen t, stellen also zusammen eine Parameterdarstellung der (reellen) Funktion $y = y(x)$ dar (s. S. 112). Die Elimination von t ergibt

$$\left. \begin{array}{l} \dfrac{x}{A} = \cos t \Rightarrow \dfrac{x^2}{A^2} = \cos^2 t \\[2mm] \dfrac{y}{B} = \sin t \Rightarrow \dfrac{y^2}{B^2} = \sin^2 t \end{array} \right\} \Rightarrow \dfrac{x^2}{A^2} + \dfrac{y^2}{B^2} = \cos^2 t + \sin^2 t = 1 \,,$$

also nach 3.9 eine Ellipse mit den Halbachsen A und B. Sie hat in einem kartesischen Koordinatensystem dieselbe Lage und Gestalt wie die komplexe Ellipse in der komplexen Zahlenebene. Für $A = B$ ergibt sich speziell ein Kreis.

5.2 Zusammenhang zwischen reellen und komplexen Funktionen

Das letzte Beispiel zeigt, welcher Zusammenhang zwischen einer reellen Funktion und ihrer komplexen Darstellung besteht resp. wie man erforderlichenfalls von einer Ortskurve zur entsprechenden reellen Kurve und umgekehrt übergehen kann:

1. Ist $y = y(x)$ eine vorgelegte reelle Funktion (der reellen Veränderlichen x) und ist

$$\left. \begin{array}{l} x = x(t) \\ y = y(t) \end{array} \right\} \quad (t \text{ reell})$$

eine Parameterdarstellung derselben, so stellt

$$\boxed{\mathfrak{z}(t) = x(t) + j\, y(t)}$$

die Normalform der *zugehörigen komplexen Funktion* dar. Die (aus reellen Punkten bestehende) Bildkurve von $y = y(x)$ hat dieselbe Gestalt wie die (aus komplexen Punkten bestehende) Ortskurve von $\mathfrak{z} = \mathfrak{z}(t)$, jedoch ist letztere noch mit den t-Werten als Skala beziffert. Auf diese Weise kann man also jede reelle Funktion $y = y(x)$ komplex schreiben.

2. Ist umgekehrt

$$\mathfrak{z}(t) = x(t) + j\, y(t)$$

die Normalform einer komplexen Funktion, so gibt

$$\left.\begin{array}{l} x = x(t) \\ y = y(t) \end{array}\right\}$$

eine Parameterdarstellung der *entsprechenden reellen Funktion* $y = y(x)$ an. Ist die komplexe Funktion $\mathfrak{z} = \mathfrak{z}(t)$ in der trigonometrischen oder Exponentialform gegeben

$$\mathfrak{z}(t) = r(t) \left[\cos \varphi(t) + j \sin \varphi(t)\right] = r\,(t)\,e^{j\,\varphi(t)}\,,$$

so stellt

$$\left.\begin{array}{l} r = r(t) \\ \varphi = \varphi(t) \end{array}\right\}$$

eine Parameterdarstellung der zugehörigen reellen Funktion in Polarkoordinaten $r = r(\varphi)$ dar[1]. Es ist also möglich, auf diese Weise die Gestalt der Orstkurve mit der entsprechenden reellen Kurve zu untersuchen und die für diese bekannten analytischen Methoden einzusetzen.

Beispiel: Die quadratische Funktion im Reellen

$$y = a\,x^2 + b\,x + c$$

soll komplex geschrieben werden!

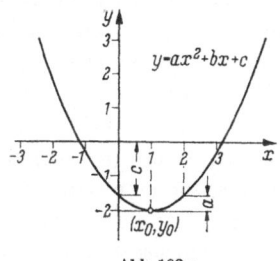

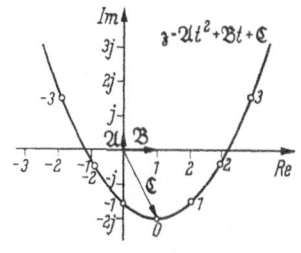

Abb. 182a   Abb. 182 b

Lösung: Nach 3.4 ist

$$\left.\begin{array}{l} x(t) = x_0 + t \\ y(t) = y_0 + a\,t^2 \end{array}\right\}$$

eine Parameterdarstellung von $y(x)$, wobei x_0 und y_0 die Koordinaten des Parabelscheitels bedeuten. Mit

$$\mathfrak{z}(t) = x(t) + j\,y(t)$$

bekommt man

$$\mathfrak{z}(t) = (x_0 + t) + j\,(y_0 + a\,t^2)$$
$$= x_0 + j\,y_0 + t + a\,j \cdot t^2$$
$$\Rightarrow \mathfrak{z}(t) = \mathfrak{A}\,t^2 + \mathfrak{B}\,t + \mathfrak{C}$$
$$\text{mit } \mathfrak{A} = a\,j,\ \mathfrak{B} = 1,\ \mathfrak{C} = x_0 + j\,y_0\,,$$

---

[1] Darstellung von Funktionen in Polarkoordinaten siehe Band II.

also eine komplexe Funktion, die quadratisch in t ist und deren Koeffizienten komplexe Vektoren sind. Ihre Ortskurve ist eine komplexe Parabel, deren Scheitel an der Spitze von $\mathfrak{C}$ liegt und deren Achse parallel zur imaginären Achse verläuft (Abb. 182a und 182b).

5.3 Die komplexe Gerade

Wir fragen nach der Funktionsgleichung der allgemeinen komplexen Geraden und ihrer Bezifferung (Skala). Wir behaupten sogleich den

Satz: *Jede lineare komplexe Funktion der Form*

$$\mathfrak{G}(t) = \mathfrak{A} + \mathfrak{B}\,t \quad (-\infty < t < +\infty)$$

in der $\mathfrak{A}$ und $\mathfrak{B} \neq 0$ konstante komplexe Vektoren bedeuten, hat als Ortskurve eine Gerade mit linearer Skala.

Beweis: Es seien t_1 und t_2 zwei *beliebige* Werte der reellen unabhängigen Veränderlichen t. Dann gilt

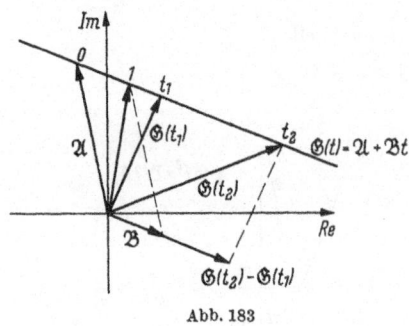

Abb. 183

$$\mathfrak{G}(t_1) = \mathfrak{A} + \mathfrak{B}\,t_1$$
$$\mathfrak{G}(t_2) = \mathfrak{A} + \mathfrak{B}\,t_2$$
$$\Rightarrow \mathfrak{G}(t_2) - \mathfrak{G}(t_1) = (t_2 - t_1)\,\mathfrak{B}\,.$$

Der komplexe Differenzenvektor, der nach 4.9 parallel zu der die Vektorspitzen von $\mathfrak{G}(t_1)$ und $\mathfrak{G}(t_2)$ verbindenden Strecke verläuft, hat demnach stets die Richtung von $\mathfrak{B}$, denn $(t_2 - t_1)\,\mathfrak{B}$ stellt geometrisch eine reine Streckung

von $\mathfrak{B}$ dar. Hat die Verbindungsstrecke irgend zweier Kurvenpunkte stets dieselbe Richtung, so kann die Kurve (vorausgesetzt, daß sie einen ununterbrochenen Verlauf hat) nur eine Gerade sein (Abb. 183). Sie verläuft dabei parallel zu $\mathfrak{B}$, und der Nullpunkt der Skala liegt wegen

$$\mathfrak{G}(0) = \mathfrak{A}$$

an der Spitze des komplexen Vektors $\mathfrak{A}$. Für $t = 1$ ist

$$\mathfrak{G}(1) = \mathfrak{A} + \mathfrak{B}\,,$$

so daß der Abstand der Skalenpunkte 0 und 1, also die Einheit der Skala, gleich der Länge des komplexen Vektors $\mathfrak{B}$ ist.

Die *Linearität der Skala* zeigen wir wie folgt: Sind $t_k + 1$ und t_k *irgend zwei* sich um 1 unterscheidende Skalenpunkte, so ist ihr Abstand nach dem oben Gesagten gleich dem Betrag des komplexen Differenzenvektors

$$\mathfrak{G}(t_k + 1) - \mathfrak{G}(t_k)$$

mit

$$\mathfrak{G}\,(t_k + 1) = \mathfrak{A} + (t_k + 1)\,\mathfrak{B}$$

$$\mathfrak{G}(t_k) \quad\; = \mathfrak{A} + t_k\,\mathfrak{B}\;.$$

Man erhält

$$\mathfrak{G}\,(t_k + 1) - \mathfrak{G}(t_k) = (t_k + 1)\,\mathfrak{B} - t_k\,\mathfrak{B} = \mathfrak{B}$$

und damit

$$|\mathfrak{G}(t_k + 1) - \mathfrak{G}(t_k)| = |\mathfrak{B}|\;,$$

also gleich der Einheit der Skala.

Nach diesem Beweis können wir den obigen Satz wie folgt präzisieren:

Satz: *Die Ortskurve der linearen komplexen Funktion* $\mathfrak{G}(t) = \mathfrak{A} + \mathfrak{B}\,t$ *ist eine Gerade, die parallel zu* $\mathfrak{B}$ *und durch die Spitze von* $\mathfrak{A}$ *verläuft. Der Nullpunkt der linearen Skala ist die Spitze von* $\mathfrak{A}$, *die Einheit derselben ist die Länge von* $\mathfrak{B}$.

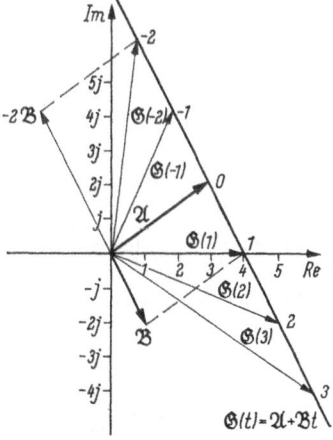

Abb. 184

Beispiele

1. Man zeichne die Ortskurve der Funktion

$$\mathfrak{G}(t) = \mathfrak{A} + \mathfrak{B}\,t$$

mit

$$\mathfrak{A} = 3 + 2\,j,\; \mathfrak{B} = 1 - 2\,j\;.$$

Lösung (Abb. 184): Man zeichne die komplexen Vektoren $\mathfrak{A}$ und $\mathfrak{B}$, die Gerade parallel zu $\mathfrak{B}$ durch die Spitze von $\mathfrak{A}$ und beziffere die Gerade, indem man die Einheit gleich $|\mathfrak{B}|$ macht. Man beachte auch hier, wie sich jeder komplexe Vektor $\mathfrak{G}(t)$ geometrisch-zeichnerisch aus $\mathfrak{A} + \mathfrak{B}\,t$ zusammensetzt, etwa für $t = -2$:

$$\mathfrak{G}(-2) = \mathfrak{A} - 2\,\mathfrak{B}$$

als Diagonalenvektor des aus $\mathfrak{A}$ und $-2\,\mathfrak{B}$ gebildeten Parallelogramms.

2. Man zeichne die komplexe Gerade mit der Gleichung

$$\mathfrak{G}(t) = 2 - 2\,j + (2 + 3\,j)\,t\,,$$

ermittle die komplexen Vektoren zu den Schnittpunkten mit reeller und imaginärer Achse und zeichne ferner die konjugiert komplexe Gerade $\overline{\mathfrak{G}}(t)$.

Lösung (Abb. 185): Zeichnung der Geraden $\mathfrak{G}(t)$ wie in Beispiel 1. Zur Berechnung der Achsenschnittpunkte schreibe man die Geradengleichung in der Normalform

$$\mathfrak{G}(t) = (2 + 2\,t) + (-2 + 3\,t)\,j\,.$$

Setzt man den Realteil gleich Null

$$\operatorname{Re}\{\mathfrak{G}(t)\} = 2 + 2\,t = 0\,,$$

so ergibt

$$t = -1$$

15*

den Skalenwert für den Schnittpunkt mit der imaginären Achse und

$$\mathfrak{G}(-1) = -5j$$

den zugehörigen komplexen Vektor. Entsprechend ergibt

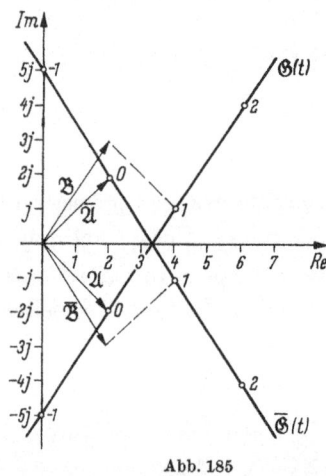

Abb. 185

$$\text{Im}\{\mathfrak{G}(t)\} = -2 + 3t = 0$$

$$\Rightarrow t = \frac{2}{3} = 0,67$$

$$\mathfrak{G}\left(\frac{2}{3}\right) = \frac{10}{3} = 3,33$$

den Schnittpunkt mit der reellen Achse.

Die zu $\mathfrak{G}(t) = \mathfrak{A} + \mathfrak{B}\,t$ konjugiert komplexe Gerade $\overline{\mathfrak{G}}(t)$ verläuft wegen

$$\overline{\mathfrak{G}(t)} = \overline{\mathfrak{A} + \mathfrak{B}\,t} = \overline{\mathfrak{A}} + \overline{\mathfrak{B}}\,t$$

(s. S. 194) symmetrisch bezüglich der reellen Achse zu $\mathfrak{G}(t)$.

3. Man schreibe die Bedingungen dafür an, daß eine komplexe Gerade $\mathfrak{G}(t) = \mathfrak{A} + \mathfrak{B}\,t$

a) parallel zur reellen Achse
b) parallel zur imaginären Achse
c) durch den Ursprung

verläuft.

Lösung: Da die komplexe Gerade $\mathfrak{G}(t) = \mathfrak{A} + \mathfrak{B}\,t$ stets parallel zu $\mathfrak{B}$ verläuft, gilt für

a) $\arg\mathfrak{B} = 0$ oder $= \pi$ (Im $\mathfrak{B} = 0$)

b) $\arg\mathfrak{B} = \dfrac{\pi}{2}$ oder $= -\dfrac{\pi}{2}$ (Re $\mathfrak{B} = 0$)

c) $\arg\mathfrak{B} = \arg\mathfrak{A}$ oder $= \arg(-\mathfrak{A})$ ($\mathfrak{B} = r\,\mathfrak{A}$ und r reell $\neq 0$) oder $\mathfrak{A} = 0$.

5.4 Nicht-lineare Geradengleichungen

Die Frage, ob auch jede komplexe Gerade durch eine lineare Gleichung der Form $\mathfrak{G}(t) = \mathfrak{A} + \mathfrak{B}\,t$ dargestellt werden kann, muß verneinend beantwortet werden. Ersetzt man in der obigen Gleichung t durch eine (reelle) Funktion von t, etwa $f(t)$, so hat

$$\boxed{\mathfrak{G}(t) = \mathfrak{A} + \mathfrak{B}\,f(t)}$$

ebenfalls eine Gerade als Ortskurve. Auch hier hat nämlich der komplexe Differenzenvektor

$$\mathfrak{G}(t_1) - \mathfrak{G}(t_2) = \mathfrak{B}\,[f(t_1) - f(t_2)]$$

die konstante Richtung von $\mathfrak{B}$. Anders sieht jetzt nur die Bezifferung aus, die von der Funktion $f(t)$ bestimmt wird. Ist $f(t)$ linear, so ist dies auch die Skala. In allen übrigen Fällen ist die Skala nicht linear. Dies mag an den folgenden zwei Beispielen erläutert werden.

Beispiele

1. Man zeichne die Ortskurve der Funktion

$$\mathfrak{G}(t) = \mathfrak{A} + \mathfrak{B}\,\frac{1}{t}$$

für

$$\mathfrak{A} = -1 + 2j,\ \mathfrak{B} = -4 - 2j.$$

Lösung: Die Gerade wird wie bisher parallel zu $\mathfrak{B}$ durch die Spitze von $\mathfrak{A}$ gezeichnet (Abb. 186). Die Bezifferung kann man sich an folgender Wertetabelle verdeutlichen:

t	$\dfrac{1}{2}$	1	2	4	-4	-2	-1	∞
$\mathfrak{G}(t)$	$-9-2j$	-5	$-3+j$	$-2+1{,}5j$	$2{,}5j$	$1+3j$	$3+4j$	$-1+2j$

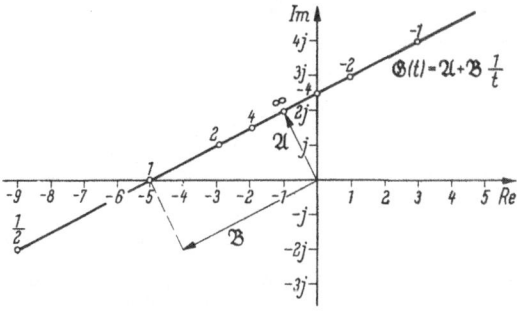

Abb. 186

Die sich hier ergebende projektive Skala wird abgeschlossen, indem man der Spitze von $\mathfrak{A}$ den uneigentlichen Wert ∞ zuordnet. Tatsächlich ist

$$\mathfrak{G}(t) = \mathfrak{A} + \mathfrak{B}\,\frac{1}{t} \to \mathfrak{A}\ \text{für}\ t \to \infty.$$

Andererseits fällt der Skalenwert $t = 0$ auf keinen im „Endlichen" gelegenen Punkt der Geraden. Indem man jedoch die GAUSSsche Zahlenebene durch Hinzunahme des uneigentlichen Punktes ∞ abschließt, kann man diesem den Skalenwert $t = 0$ zuordnen.

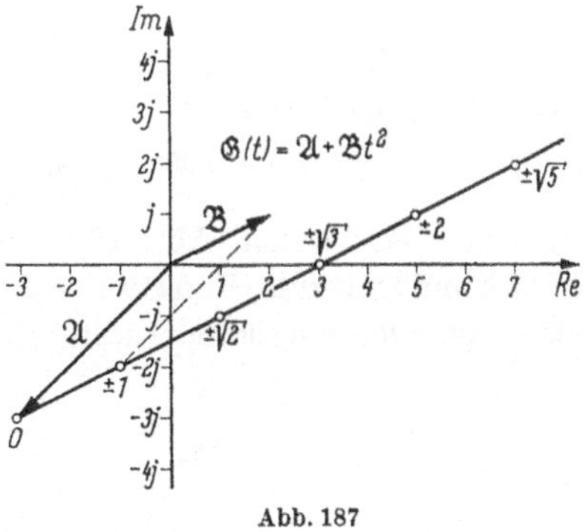

2. Man zeichne die Ortskurve der Funktion

$$\mathfrak{G}(t) = \mathfrak{A} + \mathfrak{B}\,t^2$$

mit

$$\mathfrak{A} = -3 - 3j,\ \mathfrak{B} = 2 + j.$$

Abb. 187

Lösung: Aufgrund der Wertetabelle

t	0	± 1	$\pm\sqrt{2}$	$\pm\sqrt{3}$	± 2	$\pm\sqrt{5}$
$\mathfrak{G}(t)$	$-3-3j$	$-1-2j$	$1-j$	3	$5+j$	$7+2j$

erhält man für die Ortskurve die in Abb. 187 dargestellte Gerade. Da t^2 keine negativen Werte annehmen kann, erhält man nur eine Halbgerade, die eine zweiwertige Skala trägt.

5.5 Die Inversion der Geraden

Definition: *Die komplexen Funktionen*

$$\mathfrak{z} = \mathfrak{z}(t) \ \ und \ \ \mathfrak{z}^* = \frac{1}{\mathfrak{z}(t)}$$

heißen zueinander invers; die Ortskurve der einen Funktion heißt jeweils die Inversion der Ortskurve der anderen Funktion.

Zwei zueinander inverse komplexe Funktionen gehen demnach durch Bildung des inversen oder reziproken Vektorwertes auseinander hervor. Wir fragen nach der Inversion einer nicht durch den Ursprung gehenden Geraden, also nach der Ortskurve der Funktion

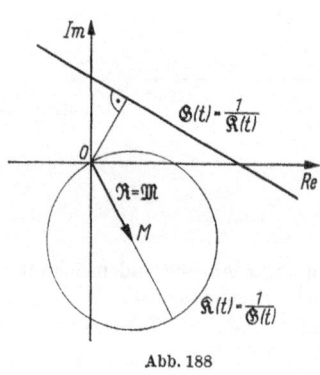

Abb. 188

$$\mathfrak{z}(t) = \frac{1}{\mathfrak{G}(t)} = \frac{1}{\mathfrak{A} + \mathfrak{B} t} \cdot \quad ^{1)}$$

Satz: *Die Inversion einer nicht durch den Ursprung gehenden Geraden ist ein Kreis durch den Ursprung.*

Beweis: Aufgrund der Symmetrie des Inversionsbegriffes ist es für den Beweis des Satzes belanglos, ob man von der Geraden ausgehend auf den Kreis schließt oder vom Kreis ausgeht und dessen Inversion als Gerade nachweist. Wir wollen den zweiten Weg wählen.

Die Gleichung eines durch den Ursprung gehenden Kreises kann nach 5.1. in der Form

$$\mathfrak{K}(t) = \mathfrak{M} + \mathfrak{M} \, e^{j\,\varphi(t)}\,{}^{2)}$$

angeschrieben werden (Abb. 188), wobei wir die für die Bezifferung des Kreises maßgebende Funktion $\varphi(t)$ später so wählen wollen, daß die Gerade eine lineare Skala erhält. Mit $\mathfrak{M} = M \, e^{j\,\mu}$ bekommt man

$$\frac{1}{\mathfrak{K}(t)} = \frac{1}{M} e^{-j\,\mu} \, \frac{1}{1 + e^{j\,\varphi(t)}} \cdot$$

---

[1]) $\mathfrak{B} \neq r \, \mathfrak{A}$ mit $r \neq 0$, $\mathfrak{A} \neq 0$ (r reell).

[2]) Dieser Ansatz ist keine Einschränkung der Allgemeinheit! Geht man von $\mathfrak{K}(t) = \mathfrak{M} + \mathfrak{R} \, e^{j\varphi(t)}$, $\mathfrak{R} \neq \mathfrak{M}$, aus, so führt mit $|\mathfrak{R}| = |\mathfrak{M}|$ die Beziehung $\mathfrak{R} = \mathfrak{M} \, e^{j\,\psi}$ auf $\mathfrak{K}(t) = \mathfrak{M} + \mathfrak{M} \, e^{j\,\varphi'(t)}$ mit $\varphi'(t) = \varphi(t) + \psi$ und damit auf die obige Form.

Wir bestimmen die Normalform des Bruches

$$\frac{1}{1 + e^{j\,\varphi(t)}} = \frac{1}{1 + \cos\varphi(t) + j\sin\varphi(t)} = \frac{1 + \cos\varphi(t) - j\cdot\sin\varphi(t)}{[1 + \cos\varphi(t)]^2 + \sin^2\varphi(t)}$$

$$= \frac{1}{2} - \frac{1}{2}\cdot\frac{\sin\varphi(t)}{1 + \cos\varphi(t)}\cdot j = \frac{1}{2} - \frac{1}{2}\tan\frac{\varphi(t)}{2}\cdot j .$$

Damit ergibt sich

$$\frac{1}{\Re(t)} = \frac{1}{2\,M} e^{-j\,\mu}\left(1 - \tan\frac{\varphi(t)}{2}\cdot j\right) = \frac{1}{2\,M} e^{-j\,\mu} - \frac{1}{2\,M} e^{-j\,\mu}\cdot j\cdot\tan\frac{\varphi(t)}{2} .$$

Das ist aber eine Gleichung der Form

$$\mathfrak{G}(t) = \mathfrak{A} + \mathfrak{B}\,f(t)$$

mit $\mathfrak{A} = \dfrac{1}{2\,M} e^{-j\,\mu}$ (konstant!), $\mathfrak{B} = \dfrac{1}{2\,M} e^{j\left(-\mu - \frac{\pi}{2}\right)}$ (konstant!) und

$f(t) = \tan\dfrac{\varphi(t)}{2}$, also die Gleichung einer Geraden und zwar, wegen
arg $\mathfrak{B} \neq$ arg $(+ \mathfrak{A})$ und $\mathfrak{A} \neq 0$, nicht durch den Ursprung. Um jetzt
eine *lineare* Skala auf der Geraden zu erhalten, wählen wir $\varphi(t)$ so, daß
die Geradengleichung

$$\mathfrak{G}(t) = \mathfrak{A} + \mathfrak{B}\,t$$

lautet, d. h.

$$\tan\frac{\varphi(t)}{2} = t$$

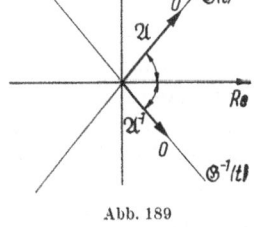

Abb. 189

wird. Dies gelingt mit

$$\varphi(t) = 2\,\text{Arc}\tan t ,$$

denn nach 3.12.1 gilt

$$\tan(\text{Arc}\tan t) \equiv t . -$$

Wesentlich leichter beweist man den

Satz: *Die Inversion einer Geraden durch den Ursprung ist wieder eine Gerade durch den Ursprung.*

Beweis: Eine Gerade durch den Ursprung kann durch die Gleichung

$$\mathfrak{G}(t) = \mathfrak{A} + \mathfrak{B}\,t \ \text{mit}\ \mathfrak{B} = r\,\mathfrak{A} \ (r \ \text{reell} \neq 0, \ \mathfrak{A} \neq 0)$$

beschrieben werden. Damit ergibt sich

$$\mathfrak{G}(t) = (1 + r\,t)\,\mathfrak{A}$$
$$\mathfrak{G}^{-1}(t) = \mathfrak{A}^{-1}(1 + r\,t)^{-1} = \mathfrak{B}'\,f(t)$$

mit

$$\mathfrak{B}' = \mathfrak{A}^{-1}, \ f(t) = (1 + r\,t)^{-1} .$$

Das ist aber wieder eine Gerade, die wegen des fehlenden Absolutgliedes
durch den Ursprung verläuft. Sie liegt zudem symmetrisch zu ihrer
Inversion, da offenbar

$$\text{arg } \mathfrak{B}' = \text{arg } \mathfrak{A}^{-1} = -\text{arg } \mathfrak{A}$$

gilt. Siehe dazu Abb. 189!

5.6 Konstruktion eines Kreises als invertierte Gerade

Vorgelegt sei die lineare Gleichung

$$\mathfrak{G}(t) = \mathfrak{A} + \mathfrak{B}\,t\,,$$

gesucht ist der Ortskreis

$$\mathfrak{K}(t) = \mathfrak{G}^{-1}(t) = \frac{1}{\mathfrak{A} + \mathfrak{B}\,t}\,.$$

Dabei soll also $\mathfrak{B} \neq r\,\mathfrak{A}$ ($r \neq 0$, reell, $\mathfrak{A} \neq 0$) sein.

Jeder Kreis ist bekanntlich durch drei seiner Punkte eindeutig bestimmt. Da der Ortskreis als invertierte Gerade stets durch den Ursprung verläuft, braucht man nur noch zwei Punkte, d. h. zwei komplexe Vektoren $\mathfrak{K}_0$ und $\mathfrak{K}_1$ zu berechnen. Jeder Kreisvektor ist der Kehrwert des zum gleichen t-Wert gehörenden Geradenvektors, hat also dessen reziproke Länge und entgegengesetzte Richtung: (vgl. Bsp. 3 auf S. 202)

$$\boxed{\begin{aligned} \mathfrak{K}_i &= \frac{1}{\mathfrak{G}_i} \Rightarrow |\mathfrak{K}_i| = \frac{1}{|\mathfrak{G}_i|}\,,\ \arg \mathfrak{K}_i = -\arg \mathfrak{G}_i\,. \\ &\qquad (i = 0,1)\,. \end{aligned}}$$

Hat man nach Festlegung eines Zeichenmaßstabes die komplexen Vektoren $\mathfrak{K}_0$ und $\mathfrak{K}_1$ gezeichnet, so liefert der Schnittpunkt der über ihnen errichteten Mittelsenkrechten den Kreismittelpunkt. Der durch diesen verlaufende Durchmesservektor geht übrigens als längster Kreisvektor aus dem kürzesten Geradenvektor, das ist der Lotvektor, hervor. Legt man deshalb die Lotrichtung um, so erhält man bereits eine Bestimmungslinie für den Kreismittelpunkt. Schließlich erfolgt die Bezifferung des Kreises, indem man die Skalenpunkte der *konjugierten* Geraden mit dem Ursprung verbindet; die Schnittpunkte mit dem Kreis ergeben dann die zugehörigen Skalenpunkte auf diesem. Man beachte, daß auf diese Weise die abgeschlossene (d. h. mit dem uneigentlichen Punkt ∞ versehene) Gerade umkehrbar eindeutig auf den Kreis abgebildet wird.

Beispiele

1. Vorgelegt sei die Funktion

$$\mathfrak{G}(t) = \mathfrak{A} + \mathfrak{B}\,t \quad \text{mit} \quad \mathfrak{A} = -3 + 2\,j,\ \mathfrak{B} = 5 + 2\,j\,.$$

Man konstruiere den Ortskreis

$$\mathfrak{K}(t) = \frac{1}{\mathfrak{G}(t)} = \frac{1}{\mathfrak{A} + \mathfrak{B}\,t}\,.$$

Lösung: Es ist

$$\mathfrak{G}(t) = (-3 + 5\,t) + (2 + 2\,t)\,j$$

die Normalform der Geradengleichung.

$$t = 0: \ \mathfrak{G}(0) = \mathfrak{G}_0 = -3 + 2j \Rightarrow |\mathfrak{G}_0| = \sqrt{13} = 3{,}61$$

$$|\mathfrak{K}_0| = \frac{1}{|\mathfrak{G}_0|} = \frac{1}{3{,}61} = 0{,}277$$

$$t = 1: \ \mathfrak{G}(1) = \mathfrak{G}_1 = 2 + 4j \Rightarrow |\mathfrak{G}_1| = \sqrt{20} = 4{,}47$$

$$|\mathfrak{K}_1| = \frac{1}{|\mathfrak{G}_1|} = \frac{1}{4{,}47} = 0{,}224 \ .$$

Für die Geraden- und Kreisvektoren legen wir je einen geeigneten Zeichenmaßstab fest, indem wir die Länge der Einheitsvektoren $\mathfrak{G}_E$ und $\mathfrak{K}_E$ angeben. Im vorliegenden Beispiel mag der Leser

$$|\mathfrak{G}_E| = 1 \ [\text{cm}], \quad |\mathfrak{K}_E| = 20 \ [\text{cm}]$$

wählen. Damit wird

$$|\mathfrak{G}_0| = 3{,}61 \ [\text{cm}], \quad |\mathfrak{G}_1| = 4{,}47 \ [\text{cm}] \ ,$$

$$|\mathfrak{K}_0| = 5{,}54 \ [\text{cm}], \quad |\mathfrak{K}_1| = 4{,}47 \ [\text{cm}] \ .$$

Die Richtung der Kreisvektoren ist die der konjugierten zugehörigen Geradenvektoren. Man erhält Abb. 190[1]). Zur Kontrolle der Zeichnung trägt man stets noch die Richtung des Durchmesservektors ein. Die weitere Bezifferung des Kreises erfolgt von der konjugierten Geraden $\overline{\mathfrak{G}}(t)$ aus, die man sich aus diesem Grunde mit einzeichnet.

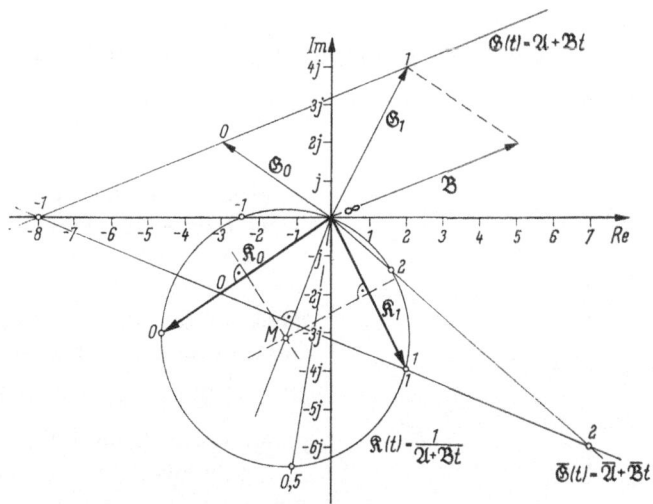

Abb. 190

2. Man zeichne die Inversion der komplexen Geraden

$$\mathfrak{G}(t) = \mathfrak{A} + \mathfrak{B} t$$

mit

$$\mathfrak{A} = 4, \ \mathfrak{B} = 2 j \ .$$

---

[1]) Diese wurde aus platztechnischen Gründen auf die Hälfte verkleinert.

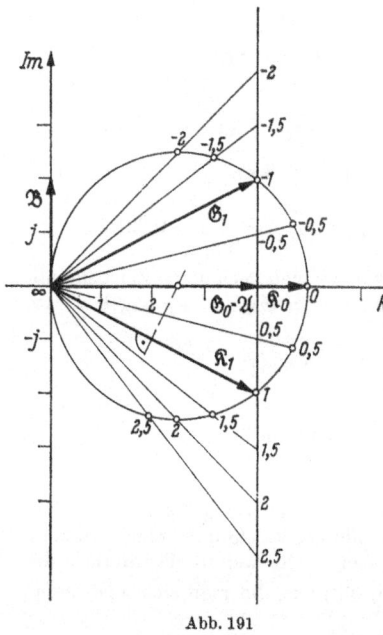

Abb. 191

Lösung: Die Gerade verläuft parallel zur imaginären Achse. Aus

$$\mathfrak{G}(t) = 4 + 2\,t\,j$$

ergibt sich

$$\mathfrak{G}_0 = 4, \quad |\mathfrak{G}_0| = 4; \quad |\mathfrak{R}_0| = 0{,}25$$

$$\mathfrak{G}_1 = 4 + 2\,j, \quad |\mathfrak{G}_1| = 4{,}47; \quad |\mathfrak{R}_1| = 0{,}224\,.$$

Wählt man die Länge der Einheitsvektoren

$$|\mathfrak{G}_E| = 1\,[\text{cm}], \quad |\mathfrak{R}_E| = 20\,[\text{cm}]\,,$$

so erhält man

$$|\mathfrak{G}_0| = 4\,[\text{cm}], \quad |\mathfrak{G}_1| = 4{,}47\,[\text{cm}]\,,$$

$$|\mathfrak{R}_0| = 5\,[\text{cm}], \quad |\mathfrak{R}_1| = 4{,}47\,[\text{cm}]\,.$$

Der gesuchte Ortskreis liegt mit seinem Mittelpunkt auf der reellen Achse; seine Bezifferung kann hier von der gegebenen Geraden aus erfolgen, da sie mit ihrer konjugierten zusammenfällt.[1] (Abb. 191.[2]))

5.7 Berechnung des komplexen Lot- und Durchmesservektors

Von einer komplexen Geraden, die in der Form

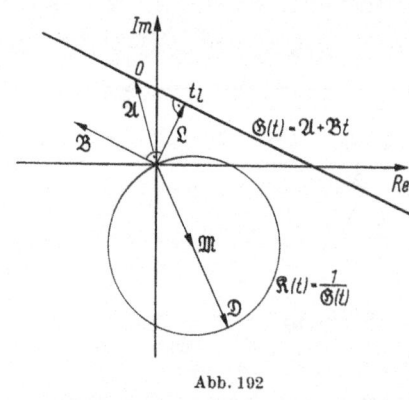

Abb. 192

$$\mathfrak{G}(t) = \mathfrak{A} + \mathfrak{B}\,t$$

gegeben sei, suchen wir die allgemeine Darstellung des Lotvektors $\mathfrak{L}$. Sie ist insofern von Bedeutung, als der Kehrwert $\mathfrak{L}^{-1} = \mathfrak{D}$ den Durchmesservektor des zur gegebenen Geraden inversen Kreises liefert, $\mathfrak{M} = \dfrac{1}{2}\mathfrak{D}$ ist ferner dessen Mittelpunktsvektor (Abb. 192).

$\mathfrak{L}$ geht aus $\mathfrak{B}$ durch eine Drehung um $\pm 90°$ — dies entspricht einer

---

[1] Man beachte aber, daß hier zwar die Ortsgeraden von $\mathfrak{G}(t)$ und $\overline{\mathfrak{G}}(t)$ zusammenfallen, dennoch aber $\mathfrak{G}(t) \neq \overline{\mathfrak{G}}(t)$ ist, da die zu gleichen Punkten gehörenden Skalenwerte verschieden sind (Vorzeichenverschiedenheit). In Abb. 191 ist die Skala von $\mathfrak{G}(t)$ eingetragen. Die Verschiedenheit von $\mathfrak{G}(t)$ und $\overline{\mathfrak{G}}(t)$ sieht man übrigens auch sofort an ihren Gleichungen: $\mathfrak{G}(t) = 4 + 2\,j\,t$, $\overline{\mathfrak{G}}(t) = 4 - 2\,j\,t$.

[2] Diese wurde aus platztechnischen Gründen auf sieben Zehntel verkleinert.

Multiplikation von $\mathfrak{B}$ mit $\pm\, j$ — und eine Streckung mit dem Faktor

$$k' = \frac{|\mathfrak{L}|}{|\mathfrak{B}|}$$

hervor. Es ist also

$$\mathfrak{L} = \pm\, k'\, j\, \mathfrak{B}\,.$$

Setzt man für $\pm\, k' = k$, so wird

$$\mathfrak{L} = k\, j\, \mathfrak{B}\,.$$

Nun zeigt aber die Spitze von $\mathfrak{L}$ auf einen Punkt der Geraden; geben wir diesem den Skalenwert t_l, so ist danach

$$\mathfrak{L} = \mathfrak{G}(t_l) = \mathfrak{A} + \mathfrak{B}\, t_l = k\, j\, \mathfrak{B}\,.$$

Dividiert man die letzte Gleichung durch $\mathfrak{B}$, so folgt

$$\frac{\mathfrak{A}}{\mathfrak{B}} = -\, t_l + k\, j\,.$$

Da die gesuchten Größen t_l und k reell sind, stellt diese Gleichung die *Normalform* von $\dfrac{\mathfrak{A}}{\mathfrak{B}}$ dar, so daß sich diese als

$$\left. \begin{aligned} t_l &= -\,\operatorname{Re}\frac{\mathfrak{A}}{\mathfrak{B}} \\[2mm] k &= \ \ \operatorname{Im}\frac{\mathfrak{A}}{\mathfrak{B}} \end{aligned} \right\}$$

eindeutig berechnen lassen:

$$\boxed{\ \mathfrak{L} = \mathfrak{A} - \mathfrak{B}\cdot\operatorname{Re}\frac{\mathfrak{A}}{\mathfrak{B}} = j\,\mathfrak{B}\cdot\operatorname{Im}\frac{\mathfrak{A}}{\mathfrak{B}}\,.\ }$$

Da ferner gilt

$$\operatorname{Im}\frac{\mathfrak{A}}{\mathfrak{B}} = \operatorname{Im}\frac{\mathfrak{A}\overline{\mathfrak{B}}}{\mathfrak{B}\overline{\mathfrak{B}}} = \frac{1}{\mathfrak{B}\overline{\mathfrak{B}}}\operatorname{Im}\mathfrak{A}\,\overline{\mathfrak{B}} \quad (\mathfrak{B}\,\overline{\mathfrak{B}}\ \text{reell!})\,,$$

so wird

$$\mathfrak{L} = j\,\mathfrak{B}\cdot\frac{1}{\mathfrak{B}\overline{\mathfrak{B}}}\operatorname{Im}\mathfrak{A}\,\overline{\mathfrak{B}} = \frac{j\operatorname{Im}\mathfrak{A}\overline{\mathfrak{B}}}{\overline{\mathfrak{B}}}\,.$$

Schließlich ergeben sich Durchmesser- und Mittelpunktsvektor des Ortskreises $\mathfrak{G}^{-1}(t)$ zu

$$\mathfrak{D} = \frac{1}{\mathfrak{L}} = \frac{\overline{\mathfrak{B}}}{j\operatorname{Im}\mathfrak{A}\overline{\mathfrak{B}}} = -\,\frac{j\,\overline{\mathfrak{B}}}{\operatorname{Im}\mathfrak{A}\overline{\mathfrak{B}}}$$

$$\boxed{\ \mathfrak{M} = -\,\frac{j\,\overline{\mathfrak{B}}}{2\operatorname{Im}\mathfrak{A}\overline{\mathfrak{B}}}\,.\ }$$

Beispiel: Man zeige, daß sich jede Geradengleichung der Gestalt

$$\mathfrak{G}(t) = \mathfrak{A} + \mathfrak{B}\,t$$

auf die Form

$$\mathfrak{G}(t) = \mathfrak{A}' + \mathfrak{B}'\,f(t)$$

bringen läßt, wobei gelten soll

$$|\mathfrak{A}'| = |\mathfrak{B}'|,\ \ \mathfrak{A}' \perp \mathfrak{B}',\ \ f(t)\ \text{linear}\,.$$

Lösung (Abb. 193): Es ist $\mathfrak{A}' = \mathfrak{L}$ der Lotvektor, also erhält man

$$\mathfrak{A}' = \mathfrak{A} - \mathfrak{B}\,\mathrm{Re}\,\frac{\mathfrak{A}}{\mathfrak{B}} = \mathfrak{A} - k\,\mathfrak{B}\ \ \left(k = \mathrm{Re}\,\frac{\mathfrak{A}}{\mathfrak{B}}\right).$$

Damit ergibt sich

$$\mathfrak{A} = \mathfrak{A}' + k\,\mathfrak{B} \Rightarrow \mathfrak{G}(t) = \mathfrak{A}' + \mathfrak{B}\,(k + t)\,.$$

Nun wird $\mathfrak{B}'$ so gewählt, daß entsprechend der Behauptung

$$|\mathfrak{B}'| = |\mathfrak{A}'|\ \text{und}\ \mathfrak{B}' = r\,\mathfrak{B}\ \ (r\ \text{reell, etwa}\ r > 0)$$

ist, womit folgt

$$|\mathfrak{B}'| = |\mathfrak{A}'| = r\,|\mathfrak{B}| \Rightarrow r = \frac{|\mathfrak{A}'|}{|\mathfrak{B}|} \Rightarrow \mathfrak{B}' = \frac{|\mathfrak{A}'|}{|\mathfrak{B}|}\,\mathfrak{B} \Rightarrow \mathfrak{B} = \frac{|\mathfrak{B}|}{|\mathfrak{A}'|}\,\mathfrak{B}'\,.$$

Setzt man dies in die gegebene Geradengleichung ein, so bekommt man

$$\mathfrak{G}(t) = \mathfrak{A}' + \frac{|\mathfrak{B}|}{|\mathfrak{A}'|}\,\mathfrak{B}' \cdot (k + t)$$

$$\Rightarrow \mathfrak{G}(t) = \mathfrak{A}' + \mathfrak{B}'\,f(t)$$

mit $f(t) = \dfrac{|\mathfrak{B}|}{|\mathfrak{A}'|} \cdot (k + t)$ als linearer Funktion.

Wir betrachten noch das Zahlenbeispiel

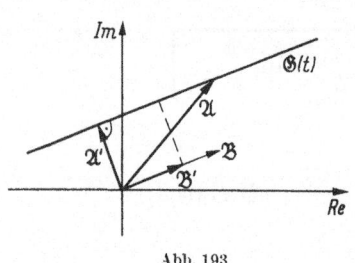

Abb. 193

mit

$$\mathfrak{G}(t) = \mathfrak{A} + \mathfrak{B}\,t$$

$$\mathfrak{A} = 1 + 3\,j,\ \mathfrak{B} = 2 + 2\,j\,.$$

Man erhält

$$k = 1$$
$$\mathfrak{A}' = -1 + j$$
$$\mathfrak{B}' = 1 + j$$
$$f(t) = 2\,t + 2$$

und damit

$$\mathfrak{G}(t) = -1 + j + (1 + j)\,(2\,t + 2)\,.$$

5.8 Der Allgemeine Kreis

Definition: *Als Allgemeinen Kreis bezeichnet man jede Ortskurve der gebrochen-rationalen komplexen Funktion*

$$\boxed{\ \mathfrak{K}(t) = \frac{\mathfrak{A} + \mathfrak{B}\,t}{\mathfrak{C} + \mathfrak{D}\,t}\,,\ }$$

in der $\mathfrak{A}$, $\mathfrak{B}$, $\mathfrak{C}$, $\mathfrak{D}$ beliebige (aber nicht zugleich verschwindende) konstante komplexe Vektoren bedeuten.

Wir nehmen zunächst alle Konstanten von Null (genauer: vom Null-vektor!) verschieden an.[1]) Führt man die Division $(\mathfrak{B}\,t + \mathfrak{A}) : (\mathfrak{D}t + \mathfrak{C})$ aus, so erhält man

$$\frac{\mathfrak{A} + \mathfrak{B}\,t}{\mathfrak{C} + \mathfrak{D}\,t} = \frac{\mathfrak{B}}{\mathfrak{D}} + \frac{\mathfrak{A} - \dfrac{\mathfrak{B}\mathfrak{C}}{\mathfrak{D}}}{\mathfrak{C} + \mathfrak{D}\,t}.$$

Aufgrund dieser Zerlegung kann man sich die Ortskurve der vorgelegten Funktion folgendermaßen entstanden denken:

1. $\dfrac{1}{\mathfrak{C} + \mathfrak{D}\,t} \equiv \mathfrak{K}'$ ist als Inversion einer Geraden (nicht durch den Ur-sprung) ein Kreis durch den Ursprung;

2. $\left(\mathfrak{A} - \dfrac{\mathfrak{B}\mathfrak{C}}{\mathfrak{D}}\right)\mathfrak{K}' \equiv \mathfrak{K}''$ ergibt eine Drehstreckung von $\mathfrak{K}'$, also wieder einen Kreis durch den Ursprung;

3. $\dfrac{\mathfrak{B}}{\mathfrak{D}} + \mathfrak{K}'' \equiv \mathfrak{K}$ bedeutet eine Verschiebung um den komplexen Vektor $\dfrac{\mathfrak{B}}{\mathfrak{D}}$ aus dem Ursprung an die Spitze von $\dfrac{\mathfrak{B}}{\mathfrak{D}}$.

Man erhält also einen Kreis durch die Spitze von $\dfrac{\mathfrak{B}}{\mathfrak{D}}$. Diesem Punkt wird der uneigentliche Skalenwert ∞ zugeordnet, denn

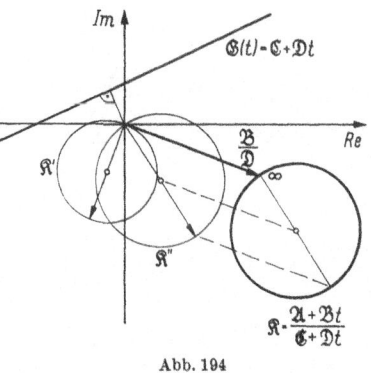

$$\frac{\mathfrak{A} + \mathfrak{B}\,t}{\mathfrak{C} + \mathfrak{D}\,t} = \frac{\dfrac{\mathfrak{A}}{t} + \mathfrak{B}}{\dfrac{\mathfrak{C}}{t} + \mathfrak{D}} \to \frac{\mathfrak{B}}{\mathfrak{D}} \text{ für } t \to \infty,$$

was durch die Schreibweise

$$\mathfrak{K}(\infty) = \mathfrak{K}_\infty = \frac{\mathfrak{B}}{\mathfrak{D}}$$

Abb. 194

ausgedrückt wird (Abb. 194). Für $\mathfrak{B} = 0$ wird $\mathfrak{K}_\infty = 0$, und wir er-halten einen durch den Ursprung gehenden Ortskreis, den man als Inversion einer Geraden (nicht durch 0) auffassen und konstruieren kann.

5.9 Konstruktion eines Ortskreises in beliebiger Lage

Ein durch die rationale Funktion

$$\mathfrak{K}(t) = \frac{\mathfrak{A} + \mathfrak{B}\,t}{\mathfrak{C} + \mathfrak{D}\,t}$$

gegebener Kreis kann gezeichnet werden, wenn man drei seiner Punkte resp. komplexen Vektoren berechnet hat. Man wählt hierzu gern die drei

---

[1]) Ferner sei $\mathfrak{D} \neq r\,\mathfrak{C}$ ($r \neq 0$, reell, $\mathfrak{C} \neq 0$) sowie $\mathfrak{A}\mathfrak{D} \neq \mathfrak{B}\mathfrak{C}$.

„Hauptpunkte" resp. „Hauptvektoren" $\Re_0 = \Re(0)$, $\Re_1 = \Re(1)$ und $\Re_\infty = \Re(\infty)$:

$$
\begin{aligned}
\Re(0) = \Re_0 &= \frac{\mathfrak{A}}{\mathfrak{C}} & : P_0 \\[2mm]
\Re(1) = \Re_1 &= \frac{\mathfrak{A} + \mathfrak{B}}{\mathfrak{C} + \mathfrak{D}} & : P_1 \\[2mm]
\Re(\infty) = \Re_\infty &= \frac{\mathfrak{B}}{\mathfrak{D}} & : P_\infty
\end{aligned}
$$

Die Mittelsenkrechten über den Sehnen $\overline{P_0 P_\infty}$ und $\overline{P_1 P_\infty}$ schneiden sich dann im Kreismittelpunkt M. Zur Bezifferung des Kreises genügt das

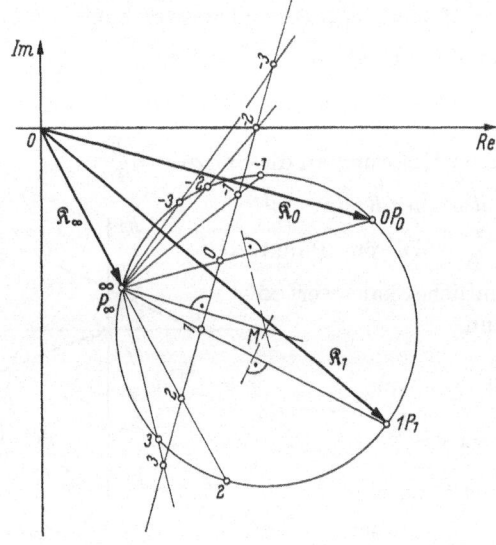

Abb. 195

Einzeichnen einer beliebigen Geraden senkrecht zu $\overline{P_\infty M}$. Die Sehnen $\overline{P_0 P_\infty}$ und $\overline{P_1 P_\infty}$ schneiden auf der Geraden die Einheit $\overline{01}$ ab. Nach Auftragen der damit festliegenden linearen Skala auf der Geraden kann man diese nach demselben Zuordnungsprinzip wie in 5.5 auf den Kreis übertragen (Abb. 195).

Die eingezeichnete Hilfsgerade, die also lediglich zur Bezifferung des Kreises dient, kann als eine Parallele zu *der* Geraden aufgefaßt werden, die konjugiert ist zu der durch Inversion des Kreises bezüglich des Punktes P_∞ als „Inversionszentrum" entstehenden Geraden.

Beispiel: Man zeichne den Ortskreis mit der Gleichung

$$
\Re(t) = \frac{1 + j - 4t}{2 + (-3 - 3j)t} \, .
$$

Lösung: Es ist hier

$$\mathfrak{A} = 1 + j, \ \mathfrak{B} = -4, \ \mathfrak{C} = 2, \ \mathfrak{D} = -3 - 3j$$

und damit

$$\mathfrak{K}_0 = \frac{\mathfrak{A}}{\mathfrak{C}} = \frac{1 + j}{2} = 0,5 + 0,5\,j$$

$$\mathfrak{K}_1 = \frac{\mathfrak{A} + \mathfrak{B}}{\mathfrak{C} + \mathfrak{D}} = \frac{-3 + j}{-1 - 3j} = \frac{(3 - j)\,(1 - 3j)}{10} = -j$$

$$\mathfrak{K}_\infty = \frac{\mathfrak{B}}{\mathfrak{D}} = \frac{-4}{-3 - 3j} = \frac{4\,(3 - 3j)}{18} = 0,667 - 0,667\,j \ .$$

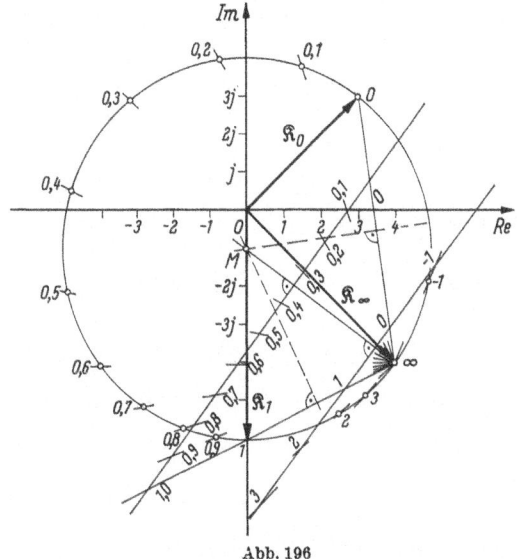

Abb. 196

Wählt man die Länge des komplexen Einheitsvektors zu $|\mathfrak{K}_E| = 6$ [cm], so erhält man

$$\mathfrak{K}_0 = (3 + 3j) \ [\text{cm}], \ \mathfrak{K}_1 = -6j \ [\text{cm}], \ K_\infty = (4,02 - 4,02\,j) \ [\text{cm}]$$

und den in Abb. 196 dargestellten Ortskreis[1]).

Will man einen Teil des Kreises feiner beziffern, etwa den Bereich von 0 bis 1, so legt man eine weitere Bezifferungsgerade senkrecht zu $\overline{P_\infty M}$ so, daß auf dieser die Einheit $\overline{01}$ hinreichend groß ist und überträgt dann die unterteilte Einheit auf den Kreis.

5.10 Diskussion und Inversion des Allgemeinen Kreises

Der Begriff des Allgemeinen Kreises

$$\mathfrak{K}(t) = \frac{\mathfrak{A} + \mathfrak{B}\,t}{\mathfrak{C} + \mathfrak{D}\,t}$$

---

[1]) Abb. 196 wurde aus platztechnischen Gründen auf die Hälfte verkleinert

umfaßt

 a) den (komplexen) Kreis im engeren Sinne
 b) die (komplexe) Gerade
 c) den (komplexen) Punkt.

Man kann in diesem Zusammenhang die Gerade als „Kreis mit unendlich großem Radius", den Punkt als „Kreis mit dem Radius Null" auffassen.

Der Fall a) war am Anfang dieses Abschnittes untersucht worden.

Eine Gerade (Fall b) ergibt sich, wenn man etwa $\mathfrak{D} = 0$ setzt:

$$\mathfrak{K}(t) = \frac{\mathfrak{A} + \mathfrak{B}\,t}{\mathfrak{C}} = \frac{\mathfrak{A}}{\mathfrak{C}} + \frac{\mathfrak{B}}{\mathfrak{C}}\,t\,.$$

Schließlich kann es vorkommen, daß die Funktion $\mathfrak{K}(t)$ nur einen einzigen Punkt in der komplexen Zahlenebene darstellt (Fall c). Dies tritt ein, wenn die Bedingung

$$\mathfrak{A}\,\mathfrak{D} = \mathfrak{B}\,\mathfrak{C}$$

erfüllt ist. Dann ist nämlich,

$$\text{falls } \mathfrak{B} = \mathfrak{D} = 0 \text{ ist: } \mathfrak{K}(t) = \frac{\mathfrak{A}}{\mathfrak{C}}\,,$$

$$\text{falls } \mathfrak{A} = \mathfrak{C} = 0 \text{ ist: } \mathfrak{K}(t) = \frac{\mathfrak{B}}{\mathfrak{D}}\,,$$

$$\text{falls } \mathfrak{A} = \mathfrak{B} = 0 \text{ ist: } \mathfrak{K}(t) = 0\,,$$

$$\text{falls } \mathfrak{C} = \mathfrak{D} = 0 \text{ ist: } \mathfrak{K}(t) = \infty^{1})\,,$$

$$\text{falls } \mathfrak{A}\,\mathfrak{D} \neq 0 \text{ ist: } \mathfrak{A} = n\,\mathfrak{B},\ \mathfrak{D} = \frac{1}{n}\,\mathfrak{C},\ \mathfrak{K}(t) = \frac{\mathfrak{B}}{\mathfrak{D}}\left(= \frac{\mathfrak{A}}{\mathfrak{C}}\right),$$

die Funktion $\mathfrak{K}(t)$ also jedesmal eine Konstante.

Der Grund, weshalb man drei so verschiedene Gebilde wie Punkt, Gerade und Kreis zu dem Oberbegriff Allgemeiner Kreis zusammenfaßt, liegt zunächst in der Tatsache begründet, daß man sie mit derselben Funktion

$$\mathfrak{K}(t) = \frac{\mathfrak{A} + \mathfrak{B}\,t}{\mathfrak{C} + \mathfrak{D}\,t}$$

beschreiben kann. Hinzu kommt jedoch noch eine abbildungstheoretische Eigenschaft, die der folgende Satz aussagt.

Satz: *Die Inversion des Allgemeinen Kreises ist wieder ein Allgemeiner Kreis.*

Beweis: Es ist mit

$$\mathfrak{K}(t) = \frac{\mathfrak{A} + \mathfrak{B}\,t}{\mathfrak{C} + \mathfrak{D}\,t}$$

---

¹) Man beachte, daß der Punkt ∞ der abgeschlossenen komplexen Zahlenebene angehört.

der Kehrwert

$$\mathfrak{K}^{-1}(t) = \frac{\mathfrak{C} + \mathfrak{D}\,t}{\mathfrak{A} + \mathfrak{B}\,t}$$

wieder eine gebrochen-rationale Funktion derselben Struktur wie $\mathfrak{K}(t)$.

Im einzelnen fassen wir noch einmal zusammen:

1. Die Inversion eines Kreises nicht durch 0 ist wieder ein Kreis nicht durch 0.

2. Die Inversion eines Kreises durch 0 ist eine Gerade nicht durch 0 (und umgekehrt).

3. Die Inversion einer Geraden durch 0 ist wieder eine Gerade durch 0.

4. Die Inversion eines Punktes ist wieder ein Punkt.

6 Gleichungen. Lineare Systeme

6.1 Allgemeine Sätze über algebraische Gleichungen

Definition: 1. *Unter einer algebraischen Gleichung n-ten Grades in x versteht man ein gleich Null gesetztes Polynom n-ten Grades in x*

$$A_n\,x^n + A_{n-1}\,x^{n-1} + \cdots + A_2\,x^2 + A_1\,x + A_0 = 0\,,$$

worin die Koeffizienten $A_0, A_1, \ldots, A_n$ bekannte reelle Zahlen und $A_n \neq 0$ sein sollen.

2. Eine Zahl x_1 heißt Lösung (Wurzel) der Gleichung, wenn sie diese identisch erfüllt:

$$A_n\,x_1^n + A_{n-1}\,x_1^{n-1} + \cdots + A_2\,x_1^2 + A_1\,x_1 + A_0 \equiv 0\,.$$

Das Zeichen = in einer Bestimmungsgleichung darf nicht als Symbol für eine bereits bestehende Gleichheit mißverstanden werden, sondern ist als *Aufforderung* zu verstehen, solche Zahlen zu suchen, die für x in die Gleichung eingesetzt, linke und rechte Seite in identische Übereinstimmung bringen.

Da man jede algebraische Gleichung durch den Koeffizienten der höchsten x-Potenz durchdividieren kann, ist es stets möglich, die *Normalform* der algebraischen Gleichung

$$x^n + a_{n-1}\,x^{n-1} + \cdots + a_2\,x^2 + a_1\,x + a_0 = 0$$

herzustellen und bedeutet es keine Einschränkung der Allgemeinheit, sämtliche Untersuchungen an ihr durchzuführen. Dabei können die über Polynome aufgestellten Sätze Verwendung finden, denn die Struktur der linken Seite einer algebraischen Gleichung ist die eines Polynoms. Insbesondere beachte man, daß die Nullstellen eines Polynoms gleich den Wurzeln der zugehörigen algebraischen Gleichung sind.

Die folgenden Sätze, die ohne Beweis angegeben werden, sind keine Lösungsanweisungen, sondern sagen etwas über die Eigenschaften der Lösungen und ihre Beziehungen zu den Koeffizienten der Gleichung aus. Die Möglichkeit, solche allgemein gültigen Sätze überhaupt zu formulieren, ist charakteristisch für die algebraischen Gleichungen. Für transzendente Gleichungen gibt es solche Sätze nicht.

Satz von Gauß: *Jede algebraische Gleichung n-ten Grades hat im Bereich der komplexen Zahlen genau n Wurzeln, vorausgesetzt, daß man jede k-fache Wurzel auch k-mal zählt.*

Entsprechend seiner Bedeutung heißt dieser Satz der *Fundamentalsatz der Algebra.* Er wurde erstmalig von Gauss in seiner Doktorarbeit 1799 bewiesen. Heißen die n-Lösungen $x_1, x_2, \ldots, x_n$, so kann man die Gleichung auf die *Produktform*

$$(x - x_1)(x - x_2)(x - x_3) \ldots (x - x_n) = 0$$

bringen. Aus ihr folgt sofort der

Satz: *Ist x_1 Lösung einer algebraischen Gleichung, so ist ihre linke Seite durch den Linearfaktor $x - x_1$ teilbar.*

Die Division selbst kann man bekanntlich mit dem Horner-Schema ausführen. Der praktische Wert dieses Satzes liegt in der Möglichkeit, bei Kenntnis einer Wurzel x_1 durch Division mit $x - x_1$ den Grad der Gleichung um 1 zu erniedrigen und die restlichen Wurzeln aus dieser Gleichung zu bestimmen. Daß die Division durch $x - x_1$ tatsächlich ohne Rest aufgeht, sieht man unmittelbar an der Produktform, die ja $x - x_1$ als Faktor enthält.

Beispiel: Von der kubischen Gleichung

$$x^3 - 6x^2 - 13x + 42 = 0$$

ist $x_1 = 7$ eine Lösung. Wie lauten die übrigen Lösungen?

Lösung: Division der linken Seite durch $x - x_1 = x - 7$ ergibt mit dem Horner-Schema

$$
\begin{array}{r|rrrr}
  & 1 & -6 & -13 & 42 \\
7 &   & 7 & 7 & -42 \\
\hline
  & 1 & 1 & -6 & 0
\end{array}
$$

$$\Rightarrow x^3 - 6x^2 - 13x + 42 = (x - 7)(x^2 + x - 6)$$

$$x^2 + x - 6 = 0 \Rightarrow x_2 = -3, \; x_3 = 2 .\,[1]$$

---

[1] Vgl. dazu nochmals 1.2.3 und 1.2.4

Produktdarstellung:

$$x^3 - 6\,x^2 - 13\,x + 42 = (x - 7)\,(x + 3)\,(x - 2) = 0\,.$$

Nach dem Fundamentalsatz gibt es keine weiteren Lösungen.

Setzt man von einer algebraischen Gleichung die Normalform gleich der Produktform und vergleicht die Koeffizienten gleicher x-Potenzen, so erhält man den

Satz von Vieta: *Die Wurzeln $x_1, x_2, \ldots, x_n$ einer algebraischen Gleichung n-ten Grades*

$$x^n + a_{n-1}\,x^{n-1} + \cdots + a_2\,x^2 + a_1\,x + a_0 = 0$$

stehen mit den Koeffizienten in folgenden Beziehungen[1])

$$
\begin{aligned}
x_1 + x_2 + x_3 + \cdots + x_{n-1} + x_n &= -a_{n-1} \\
x_1\,x_2 + x_2\,x_3 + x_3\,x_4 + \cdots + x_{n-1}\,x_n &= +a_{n-2} \\
x_1\,x_2\,x_3 + x_2\,x_3\,x_4 + \cdots + x_{n-2}\,x_{n-1}\,x_n &= -a_{n-3} \\
\vdots \qquad\qquad\qquad &\qquad \vdots \\
x_1\,x_2\,x_3 \cdot \ldots \cdot x_{n-1}\,x_n &= (-1)^n a_0\,.
\end{aligned}
$$

Satz: *Jede algebraische Gleichung*

$$x^n + a_{n-1}\,x^{n-1} + \cdots + a_2\,x^2 + a_1\,x + a_0 = 0$$

läßt sich durch den Ansatz

$$x = z - \frac{a_{n-1}}{n}$$

auf eine algebraische Gleichung der Form

$$z^n + b_{n-2}\,z^{n-2} + \cdots + b_2\,z^2 + b_1\,z + b_0 = 0\,,$$

die sogenannte reduzierte Form, bringen.

Charakteristisch für die reduzierte Form ist also das Fehlen der zweithöchsten Potenz. Schreibt man den Ansatz in der Gestalt

$$z = x + \frac{a_{n-1}}{n}\,,$$

so sieht man, daß die reduzierte Form nichts anderes als die nach Potenzen von $x + \frac{a_{n-1}}{n}$ umgeordnete Gleichung ist, deren Koeffizienten sich mit dem Vollständigen HORNER-Schema bestimmen lassen. Daß

---

[1]) Vgl. dazu nochmals 1.2.5

$b_{n-1} = 0$ ist, sieht man sofort, wenn man mit dem Ansatz in die gegebene Gleichung geht:

$$\left(z - \frac{a_{n-1}}{n}\right)^n + a_{n-1}\left(z - \frac{a_{n-1}}{n}\right)^{n-1} + \cdots + a_1\left(z - \frac{a_{n-1}}{n}\right) + a_0 = 0$$

$$\Rightarrow \left(z^n - n\frac{a_{n-1}}{n} z^{n-1} + - \cdots\right) + a_{n-1}(z^{n-1} - + \cdots) + \cdots$$

$$+ a_1\left(z - \frac{a_{n-1}}{n}\right) + a_0 = 0.$$

Die Potenz z^{n-1} steht dabei nur in der ersten Klammer mit dem Faktor $- a_{n-1}$ und in der zweiten mit dem Faktor $+ a_{n-1}$, hebt sich also auf.

Satz: *1. Ist der Grad einer algebraischen Gleichung ungerade, so hat sie mindestens eine reelle Lösung.*

2. Hat eine algebraische Gleichung die komplexe Lösung $x_1 = u + j\,v$, so hat sie auch die dazu konjugiert komplexe Zahl $x_2 = \bar{x}_1 = u - j\,v$ zur Lösung.

Komplexe Lösungen treten demnach stets paarweise auf. Für die algebraischen Gleichungen vom ersten bis fünften Grade ergeben sich aufgrund der beiden letzten Sätze folgende Möglichkeiten von Lösungen

Grad	Lösungen		Summe
	reell	komplex	
$n = 1$	1	0	1
$n = 2$	0	2	2
	2	0	2
$n = 3$	1	2	3
	3	0	3
$n = 4$	0	4	4
	2	2	4
	4	0	4
$n = 5$	1	4	5
	3	2	5
	5	0	5

Beispiel: Von der Gleichung

$$x^4 + 12\,x^3 + 52\,x^2 + 60\,x - 125 = 0$$

seien die Lösungen

$$x_1 = 1, \quad x_2 = -5$$

bekannt. Probe:

	1	12	52	60	−125		1	12	52	60	−125
1		1	13	65	125	−5		−5	−35	−85	+125
	1	13	65	125	0		1	7	17	−25	0

Zur Berechnung der übrigen Lösungen wird man durch $x - 1$ und $x + 5$ dividieren, wozu man die Schlußzeile etwa des rechts stehenden HORNER-Schemas benutzen kann:

$$
\begin{array}{r|rrrr}
 & 1 & 7 & 17 & -25 \\
1\ | & & 1 & 8 & 25 \\
\hline
 & 1 & 8 & 25 & 0,
\end{array}
$$

d. h. die bei Division durch $(x - x_1)(x - x_2)$ verbleibende quadratische Gleichung lautet

$$x^2 + 8x + 25 = 0 .$$

Ihre Lösungen sind

$$x_3 = -4 + 3j, \qquad x_4 = -4 - 3j ,$$

also konjugiert komplex. Nach dem Fundamentalsatz hat die Gleichung, da sie vom 4. Grade ist, nicht mehr als vier Lösungen, und es gilt für sie die Produktdarstellung

$$(x - 1)(x + 5)(x + 4 - 3j)(x + 4 + 3j) = 0 .$$

Nach dem Satz von VIETA gelten folgende vier Identitäten zwischen Lösungen und Koeffizienten, die wir als *Probe* benutzen

1. $x_1 + x_2 + x_3 + x_4 = -a_3 \ (n = 4; \ a_{n-1} = a_3)$

   $1 - 5 - 4 + 3j - 4 - 3j = -12 \equiv -12$

2. $x_1 x_2 + x_1 x_3 + x_1 x_4 + x_2 x_3 + x_2 x_4 + x_3 x_4 = +a_2 \ (a_{n-2} = a_2)$

   $-5 + 1(-8) - 5(-8) + 16 + 9 = 52 \equiv 52$

3. $x_1 x_2 x_3 + x_1 x_2 x_4 + x_1 x_3 x_4 + x_2 x_3 x_4 = -a_1 \ (a_{n-3} = a_1)$

   $-5(-8) + 25(-4) = +40 - 100 = -60 \equiv -60$

4. $x_1 x_2 x_3 x_4 = +a_0 \ (a_{n-4} = a_0)$

   $(-5)(+25) = -125 \equiv -125.$

Man beachte, daß zur vollständigen Probe stets *sämtliche* Gleichungen des VIETAschen Satzes nachgeprüft werden müssen. Allerdings ist dazu die Kenntnis aller Lösungen notwendig; will man die Richtigkeit oder Genauigkeit einer einzelnen reellen Lösung feststellen, kann man sich des HORNER-Schemas bedienen, denn das Einsetzen in die Gleichung ist doch nichts anderes als die Berechnung eines Polynomwertes.

6.2 Quadratische Gleichungen

Die Auflösung einer quadratischen Gleichung ist dem Studierenden schon vor seinem Eintritt in die Ingenieurschule bekannt. Dennoch sollen an dieser Stelle die wichtigsten Tatsachen zusammengestellt werden.

Rechnerische Lösung: In der Normalform der quadratischen Gleichung

$$\boxed{x^2 + ax + b = 0}$$

heißen

$$x^2 : \text{das quadratische Glied}$$
$$ax : \text{das lineare Glied}$$
$$b \ : \text{das absolute Glied.}$$

Ist $a = 0$, so liegt eine *rein-quadratische* Gleichung

$$\boxed{x^2 + b = 0}$$

vor. Ihre Lösungen sind

$$x_1 = + \sqrt{-b}, \qquad x_2 = - \sqrt{-b}.$$

Ist $b = 0$, so liegt eine *homogene quadratische* Gleichung vor

$$\boxed{x^2 + a x = 0}$$

und ihre Lösungen sind mit

$$x(x + a) = 0$$
$$x_1 = 0, \qquad x_2 = -a,$$

also stets reell, die eine stets Null.

Ist $a \neq 0$ und $b \neq 0$, so spricht man von einer *gemischt-quadratischen* Gleichung

$$x^2 + a x + b = 0.$$

Nach dem Reduktions-Satz (3) führt der Ansatz

$$x = z - \frac{a}{2}$$

auf die Gleichung

$$\left(z - \frac{a}{2}\right)^2 + a\left(z - \frac{a}{2}\right) + b = z^2 - \frac{a^2}{4} + b = 0,$$

die als rein-quadratische Gleichung die Lösungen

$$z_1 = \sqrt{\frac{a^2}{4} - b}, \qquad z_2 = - \sqrt{\frac{a^2}{4} - b}$$

hat. Somit lauten die Lösungen der gegebenen Gleichung

$$x_1 = - \frac{a}{2} + \sqrt{\frac{a^2}{4} - b}, \qquad x_2 = - \frac{a}{2} - \sqrt{\frac{a^2}{4} - b}$$

oder, zusammengefaßt

$$\boxed{x_{1,2} = - \frac{a}{2} \pm \sqrt{\frac{a^2}{4} - b}.}$$

Diese *Lösungsformel* pflegt man zu lernen, um mit ihr die Lösungen jeder quadratischen Gleichung — ohne Zwischenrechnung — sofort anschreiben zu können.

Je nachdem die Diskriminante $\frac{a^2}{4} - b$ positiv oder negativ ist, erhält man zwei reelle oder zwei konjugiert komplexe Lösungen. Falls $\frac{a^2}{4} - b = 0$ ist, spricht man von einer reellen Doppelwurzel.

Der Satz von VIETA lautet für die quadratische Gleichung

$$x^2 + a\,x + b = 0$$

$$\boxed{\begin{aligned} x_1 + x_2 &= -a \\ x_1\,x_2 &= b\,. \end{aligned}}$$

Außer zur Probe kann man ihn bei Gleichungen mit ganzzahligen Lösungen zum Erraten derselben benutzen. Jede ganzzahlige Lösung ist Teiler des Absolutgliedes b.

Beispiele

1. Von der quadratischen Gleichung

$$-\frac{2}{3}x^2 + \frac{4}{5}x + 4 = 0$$

gebe man die exakte und die mit dem Rechenstab ermittelte Näherungslösung an!

Lösung: Man stellt zunächst die Normalform her und wendet dann die Lösungsformel an:

$$x^2 - \frac{6}{5}x - 6 = 0$$

$$x_{1,2} = \frac{3}{5} \pm \frac{1}{5}\sqrt{159} \qquad \text{(exakte Lösung)}$$

$$x_{1,2} = 0{,}6 \pm 2{,}52$$

$$\left.\begin{aligned} x_1 &= 3{,}12 \\ x_2 &= -1{,}92 \end{aligned}\right\} \quad \text{(Näherungslösung)}$$

Probe nach VIETA mit der exakten Lösung:

$$x_1 + x_2 = \frac{3}{5} + \frac{1}{5}\sqrt{159} + \frac{3}{5} - \frac{1}{5}\sqrt{159} = \frac{6}{5} \equiv -\left(-\frac{6}{5}\right)$$

$$x_1 \cdot x_2 = \left(\frac{3}{5}\right)^2 - \left(\frac{1}{5}\sqrt{159}\right)^2 = \frac{9}{25} - \frac{159}{25} = -6 \equiv -6\,.$$

2. Man bestimme die Lösungen der Gleichung[1])

$$x^4 + 13\,x^2 + 40 = 0!$$

---

[1]) Gleichungen der Gestalt $x^4 + a\,x^2 + b = 0$ heißen auch biquadratisch (bi (lat.): zwei, doppelt).

Lösung: Dies ist eine algebraische Gleichung vierten Grades — sie muß also vier Lösungen haben —, die jedoch, da sie nur gerade Potenzen von x enthält, mit dem Ansatz

$$x^2 = u$$

sofort auf eine quadratische zurückgeführt werden kann:

$$u^2 + 13\,u + 40 = 0$$

$$u_1 = -8, \qquad u_2 = -5$$

$$x_{1,2}^2 = u_1 = -8 \Rightarrow x_1 = 2\,j\,\sqrt{2},\ x_2 = -2\,j\,\sqrt{2}$$

$$x_{3,4}^2 = u_2 = -5 \Rightarrow x_3 = j\,\sqrt{5},\ x_4 = -j\,\sqrt{5}.$$

Der Leser führe die Probe mit dem Satz von VIETA selbst durch!

Zeichnerische Lösung. Interpretiert man in der quadratischen Gleichung

$$x^2 + a\,x + b = 0$$

x als unabhängige Veränderliche, so stellt die linke Seite der Gleichung eine (quadratische) Funktion von x dar:

$$y = f(x) = x^2 + a\,x + b.$$

Wir suchen die reellen Nullstellen der Funktion, denn sie sind die reellen Lösungen der Gleichung. Beim Zeichnen der Funktion muß man also ihre Schnittpunkte mit der x-Achse bestimmen. Natürlich kann man auf diese Weise stets nur die reellen Lösungen, nicht die komplexen, ermitteln.

Praktischer als die eben beschriebene Standardmethode ist das folgende Verfahren: Man spaltet die Gleichung zuerst so auf, daß x^2 auf einer Seite für sich steht

$$x^2 = -a\,x - b.$$

Deutet man jetzt x als Variable, so steht rechts eine lineare Funktion, links die die Normalparabel als Bild besitzende quadratische Funktion:

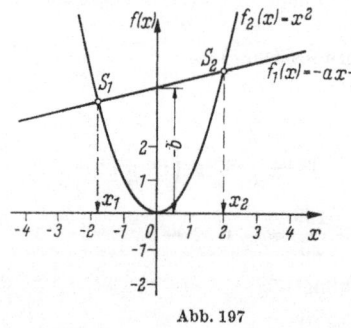

$$f_1(x) = -a\,x - b$$
$$f_2(x) = x^2.$$

Gesucht ist jeder Variablenwert x_1 mit der Eigenschaft, daß

$$x_1^2 \equiv -a\,x_1 - b,$$

d. h.

$$\boxed{f_1(x_1) \equiv f_2(x_1)}$$

Abb. 197

gilt. Geometrisch heißt das, man sucht die Abszissen der Schnittpunkte der Bildkurven von $f_1(x)$ und $f_2(x)$ (Abb. 197). Der Vorteil dieses Verfahrens besteht darin, daß man nur die Normalparabel mit einer Geraden zu schneiden braucht, von der noch der y-Achsenabschnitt $-b$ direkt aus der Funktionsgleichung abgelesen werden kann.

Zwei reelle Lösungen, eine (reelle) Doppellösung oder zwei konjugiert komplexe Lösungen besitzt die quadratische Gleichung jetzt genau dann, wenn die Gerade die Parabel schneidet, berührt oder meidet.

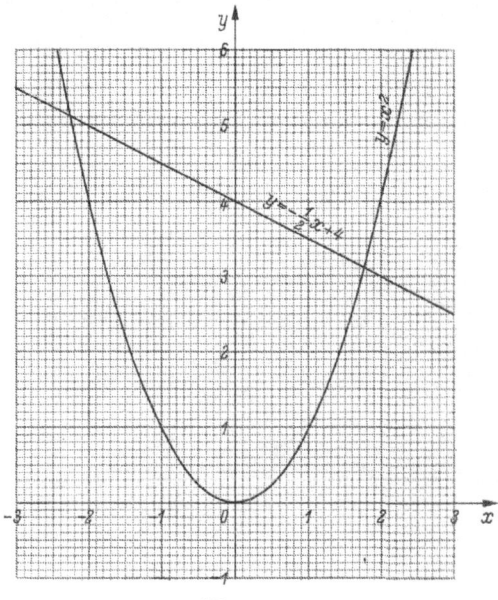

Abb. 198

Beispiele

1. Löse die Gleichung $2x^2 + x - 6 = 0$ auf zeichnerischem Wege! Es ist

$$x^2 + \frac{1}{2}x - 4 = 0$$

$$x^2 = -\frac{1}{2}x + 4 \, .$$

Aus der Zeichnung (Abb. 198) liest man ab

$$x_1 = -2{,}26; \quad x_2 = 1{,}76 \, .$$

2. Man ermittle die Lösungen der Gleichung

$$x^2 - 0{,}39\,x - 2{,}84 = 0$$

zeichnerisch! Die Aufspaltung der Gleichung ergibt

$$x^2 = 0{,}39\,x + 2{,}84 \, .$$

Für die Gerade berechnet man noch den Punkt

$$P\,(3\,;\,4{,}01)\, .$$

Als Lösungen liest man ab (Abb. 199)

$$x_1 = -1,50 ; \qquad x_2 = 1,89 .$$

Der Fehler in der zweiten Dezimalen wird im allgemeinen aufgrund von Zeichen- und Ablesefehlern ein bis zwei Einheiten betragen.

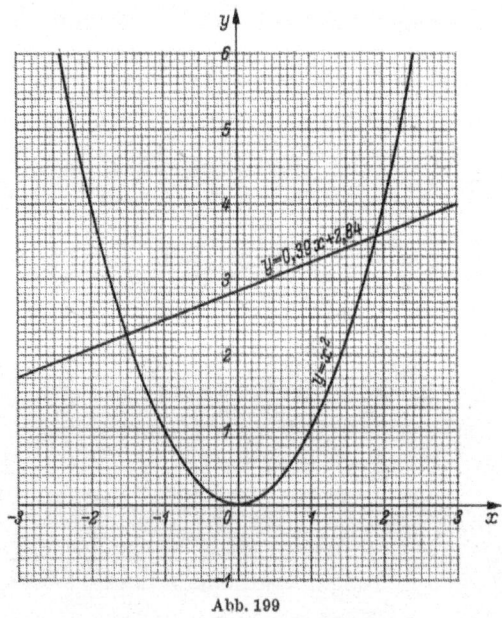

Abb. 199

6.3 Kubische Gleichungen

Von der allgemeinen kubischen Gleichung in der *Normalform*

$$\boxed{x^3 + a\,x^2 + b\,x + c = 0}$$

wollen wir zunächst einige Sonderfälle studieren.

Für $a = b = 0$ stellt

$$\boxed{x^3 + c = 0}$$

eine *rein-kubische* Gleichung dar. Ihre reelle Lösung ist

$$x_1 = \sqrt[3]{-c} ,$$

die beiden übrigen Lösungen sind konjugiert-komplex und können aus der quadratischen Gleichung gewonnen werden, die bei Division der kubischen Gleichung durch $x - x_1$ entsteht.

Der Spezialfall $c = 0$ führt mit

$$x^3 + a\,x^2 + b\,x = 0$$

auf die *homogene kubische* Gleichung. Man klammert x aus[1]) und erhält aus

$$x\,(x^2 + a\,x + b) = 0$$

$$x_1 = 0\,, \qquad x_2 = -\frac{a}{2} + \sqrt{\frac{a^2}{4} - b}\,, \qquad x_3 = -\frac{a}{2} - \sqrt{\frac{a^2}{4} - b}\,.$$

Fehlt das quadratische Glied $a\,x^2$, so stellt

$$x^3 + b\,x + c = 0$$

die *reduzierte kubische* Gleichung dar. Von ihr gehen die meisten Lösungsmethoden aus. Nach dem Reduktions-Satz (s. S. 243) kann man *jede* kubische Gleichung auf diese reduzierte Form bringen, indem man mit dem Ansatz

$$x = z - \frac{a}{3}$$

in die kubische Gleichung

$$x^3 + a\,x^2 + b\,x + c = 0$$

eingeht. Man erhält

$$\left(z - \frac{a}{3}\right)^3 + a\left(z - \frac{a}{3}\right)^2 + b\left(z - \frac{a}{3}\right) + c = 0$$

$$z^3 - 3\,z^2 \cdot \frac{a}{3} + 3\,z \cdot \frac{a^2}{9} - \frac{a^3}{27} + a\,z^2 - 2\,a \cdot z \cdot \frac{a}{3} + \frac{a^3}{9}$$

$$+\, b\,z - b \cdot \frac{a}{3} + c = 0\,.$$

Das ist aber eine Gleichung der Form

$$z^3 + p\,z + q = 0$$

mit

$$p = -\frac{a^2}{3} + b\,, \qquad q = \frac{2\,a^3}{27} - \frac{a\,b}{3} + c\,.$$

Bei jeder speziellen kubischen Gleichung mit zahlenmäßig gegebenen Koeffizienten wird man die Herstellung der reduzierten Form selbst-

---

[1]) Auf keinen Fall darf man durch die Unbekannte x dividieren, da sonst die Lösung $x = 0$ verloren geht!

verständlich mit dem Vollständigen HORNER-Schema (s. S. 20) durch-
führen. Denn mit

$$x = z - \frac{a}{3} \Rightarrow z = x + \frac{a}{3}$$

stellt die linke Seite der reduzierten Form

$$\left(x + \frac{a}{3}\right)^3 + p\left(x + \frac{a}{3}\right) + q$$

das nach Potenzen von $x + \frac{a}{3}$ umgeordnete kubische Polynom der linken Seite der Ausgangsgleichung dar; also können die Koeffizienten p
und q aus den Schlußzeilen des Vollständigen HORNER-Schemas genommen werden. Man beachte, daß man hierzu wegen

$$x + \frac{a}{3} \equiv x - \left(-\frac{a}{3}\right)$$

das Schema für $-\frac{a}{3}$ zu entwickeln hat.

Beispiele

1. Berechne sämtliche Lösungen der rein-kubischen Gleichung

$$x^3 + 8 = 0!$$

Man erhält sofort

$$x^3 = -8 \qquad x_1 = \sqrt[3]{-8} = -2.$$

Die Division durch $x - x_1 = x + 2$ ergibt mit dem HORNER-Schema

	1	0	0	8
-2		-2	4	-8
	1	-2	4	0

$$(x^3 + 8) : (x + 2) = x^2 - 2x + 4,$$

so daß die beiden übrigen Lösungen aus

$$x^2 - 2x + 4 = 0$$

folgen zu

$$x_{2,3} = 1 \pm \sqrt{-3}$$
$$x_2 = 1 + j\sqrt{3}, \qquad x_3 = 1 - j\sqrt{3}.$$

2. Welche Lösungen hat die Gleichung

$$x^3 - 9x^2 - 36x = 0?$$

Klammert man x aus, so wird

$$x(x^2 - 9x - 36) = 0,$$
$$\Rightarrow x_1 = 0, \; x_2 = 12, \; x_3 = -3.$$

3. Von der kubischen Gleichung

$$x^3 - 12\,x^2 + 5\,x - 7 = 0$$

stelle man die reduzierte Form her!

Für $a = -12$, $-\dfrac{a}{3} = 4$ ergibt sich mit dem Vollständigen HORNER-Schema

	1	-12	$+5$	-7
4		4	-32	-108
	1	-8	-27	$-115 = q$
4		4	-16	
	1	-4	$-43 = p$	

Die beiden letzten Zeilen braucht man nicht zu berechnen, da man bereits weiß, daß der Koeffizient des quadratischen Gliedes gleich Null, der des kubischen Gliedes gleich 1 ist.

Die reduzierte Form lautet also

$$z^3 - 43\,z - 115 = 0\,.$$

Zeichnerische Lösung. Von der gegebenen kubischen Gleichung

$$x^3 + a\,x^2 + b\,x + c = 0$$

wird zuerst die reduzierte Form

$$z^3 + p\,z + q = 0$$

$$\left(x = z - \frac{a}{3}\right)$$

hergestellt und diese so aufgespalten, daß das kubische Glied isoliert ist:

$$z^3 = -\,p\,z - q\,.$$

Interpretiert man z als Veränderliche, so stellen beide Seiten der Gleichung Funktionen von z dar:

$$\boxed{\begin{aligned} f_1(z) &= -\,p\,z - q \\ f_2(z) &= z^3\,. \end{aligned}}$$

Gesucht ist jeder Variablenwert z_1 mit der Eigenschaft

$$\boxed{f_1(z_1) \equiv f_2(z_1)\,,}$$

denn für diesen gilt

$$z_1^3 \equiv -\,p\,z_1 - q$$

$$\Rightarrow z_1^3 + p\,z_1 + q \equiv 0\,.$$

Geometrisch: Man bestimmt die Abszissen der Schnittpunkte der kubischen Parabel $f_2(z) = z^3$ mit der Geraden $f_1(z) = -\,p\,z - q$. Hierzu fertigt man sich am besten eine Schablone für die kubische Parabel an, wobei man aus zeichentechnischen Gründen die Einheit auf der Abszissenachse zehnmal so groß als die Einheit auf der Ordinatenachse wählt.

Beispiele

1. Bestimme zeichnerisch die Lösungen der Gleichung

$$x^3 + 6\,x^2 - 2\,x - 35 = 0!$$

Herstellung der reduzierten Form:

	1	6	-2	-35
$-\dfrac{a}{3} = -2$		-2	-8	$+20$
	1	4	-10	$\overline{-15 = q}$
-2		-2	-4	
	1	2	$\overline{-14 = p}$	

$$\Rightarrow z^3 - 14\,z - 15 = 0; \quad x = z - 2\,.$$

Zu zeichnen ist demnach

$$f_1(z) = 14\,z + 15$$
$$f_2(x) = z^3\,.$$

Für die Gerade ermittelt man noch einen Punkt, etwa

$$z = 3 : f_1(3) = 42 + 15 = 57\,.$$

Aus Abb. 200 liest man ab

$$z_1 = -3{,}0; \quad z_2 = -1{,}2; \quad z_3 = 4{,}2\,,$$

woraus mit

$$x = z - 2$$
$$x_1 = -5{,}0; \quad x_2 = -3{,}2; \quad x_3 = 2{,}2$$

folgen.

2. Welche reellen Lösungen hat die Gleichung

$$x^3 - \frac{9}{2}\,x^2 + 2\,x - 9 = 0\,?$$

Wir bekommen die reduzierte Form mit

$$x = z - \frac{a}{3} = z + \frac{3}{2}$$

	1	$-\dfrac{9}{2}$	2	-9
$\dfrac{3}{2}$		$\dfrac{3}{2}$	$-\dfrac{9}{2}$	$-\dfrac{15}{4}$
	1	-3	$-\dfrac{5}{2}$	$\overline{-\dfrac{51}{4} = q}$
$\dfrac{3}{2}$		$\dfrac{3}{2}$	$-\dfrac{9}{4}$	
	1	$-\dfrac{3}{2}$	$\overline{-\dfrac{19}{4} = p}$	

$$\Rightarrow z^3 - \frac{19}{4}\,z - \frac{51}{4} = 0$$
$$z^3 - 4{,}75\,z - 12{,}75 = 0$$
$$z^3 = 4{,}75\,z + 12{,}75\,.$$

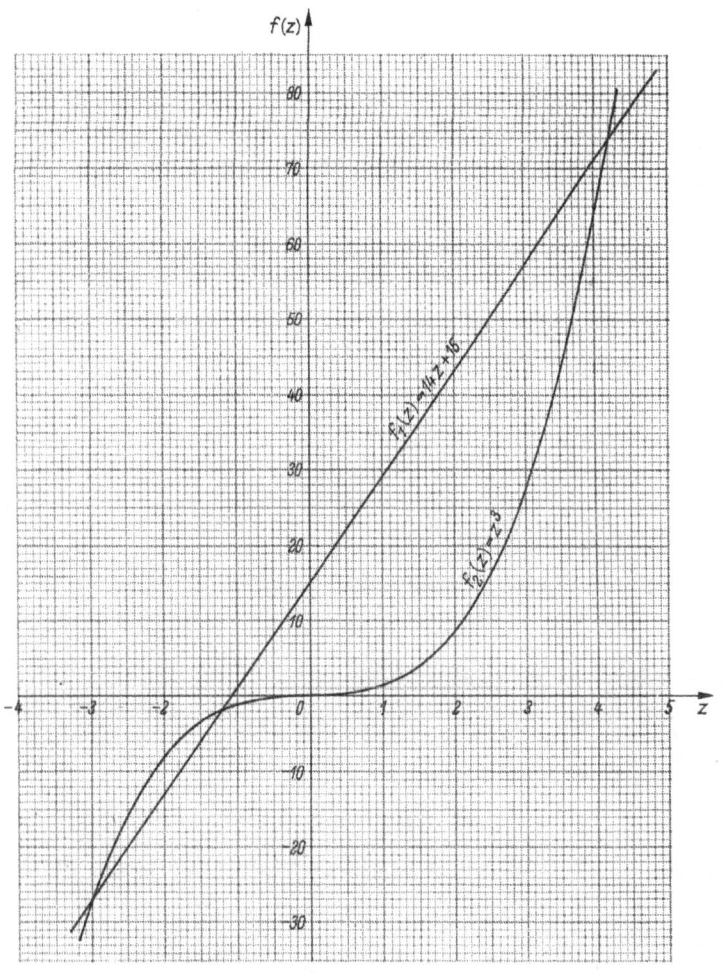

Abb. 200

Aus Abb. 201 liest man $z_1 = 3,0$
ab, also ist $x_1 = 4,5$.

Dies ist sicher die einzige reelle Lösung, da die Gerade die kubische Parabel hier kein weiteres Mal schneidet. Dividiert man durch $x - x_1$, so erhält man

$$x^2 + 2 = 0$$

als verbleibende quadratische Gleichung[1]). Die beiden übrigen Lösungen sind demnach

$$x_2 = j\sqrt{2}\,, \quad x_3 = -j\sqrt{2}\,.$$

---

[1]) Man beachte, daß die Division durch $x - x_1$ dann nicht genau aufgeht, wenn x_1 eine (mit einem gewissen Fehler behaftete) Näherungslösung ist. Der Rest wird in diesem Falle vernachlässigt.

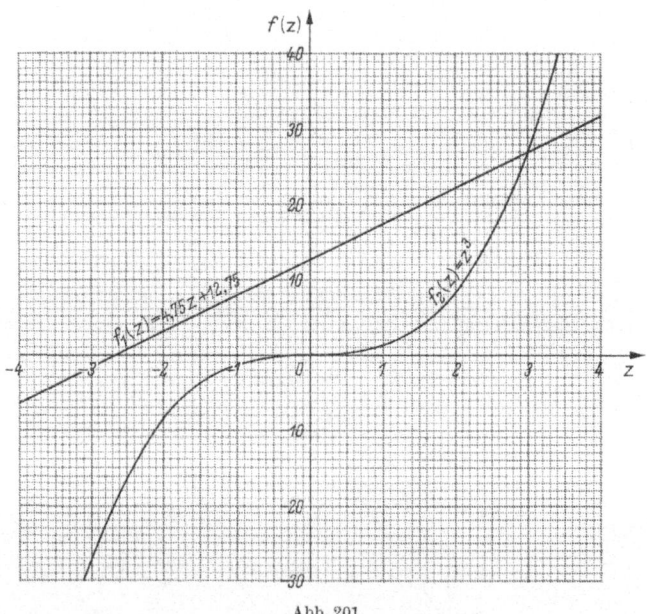

Abb. 201

Rechenstab-Verfahren. Auch bei dieser Methode wird die kubische Gleichung

$$x^3 + a\,x^2 + b\,x + c = 0$$

zunächst in die reduzierte Form

$$z^3 + p\,z + q = 0$$

umgewandelt. Diese dividiert man durch z*) und isoliert das neue Absolutglied

$$z^2 + \frac{q}{z} = -\,p\;.$$

Dies sei die *Rechenstab-Form* der kubischen Gleichung. Beide Ausdrücke der linken Seite kann man mit *einer* Einstellung auf dem Rechenstab ablesen! Man stellt den Betrag von q auf der Grundskala D ein und schiebt darüber einen Anfang der Zunge. Schiebt man jetzt z mit dem Läufer auf der D-Skala ein, so steht z^2 auf der A-Skala und $\frac{q}{z}$ auf der CI-Skala unter dem Läuferstrich. Je nach dem Vorzeichen von q hat man die beiden abgelesenen Werte zu addieren oder subtrahieren und

---

*) Sehr nahe an Null gelegene Lösungen z wird man mit dieser Methode nicht berechnen.

mit dem rechter Hand stehenden Wert $- p$ zu vergleichen. Beginnen wird man mit einem Schätzwert, den man anschließend so lange verbessert, bis die Genauigkeit des Rechenstabes erschöpft ist.

Beispiele

1. Man ermittle die Lösungen der Gleichung

$$x^3 - 6 x^2 - 10 x + 4 = 0$$

mit dem Rechenstab!

Herstellung der reduzierten Gleichung mit

$$a = -6 \Rightarrow -\frac{a}{3} = +2$$

	1	-6	-10	4
2		2	-8	-36
	1	-4	-18	$-32 = q$
2		2	-4	
	1	-2	$-22 = p$	

$$\Rightarrow z^3 - 22z - 32 = 0$$

$$z^2 - \frac{32}{z} = 22 \ .$$

Wir legen uns das folgende Rechenschema an

z	5	5,20	5,30	5,29
z^2	25	27,04	28,09	28,0
$\dfrac{32}{z}$	6,4	6,16	6,04	6,05
$z^2 - \dfrac{32}{z}$	18,6	20,88	22,05	21,95

Der exakte Wert wird also zwischen 5,30 und 5,29 liegen; wir vermerken

$$z_1 = 5,30 \ ,$$

also

$$x_1 = 7,30 \ .$$

Da man im allgemeinen nicht weiß, ob die beiden übrigen Lösungen reell oder konjugiert-komplex sind, empfiehlt es sich, die gegebene Gleichung durch $x - x_1$ zu dividieren — oder, was etwas einfacher ist, die reduzierte Gleichung durch $z - z_1$ zu teilen. Dies kann nach 1.2.3 mit dem HORNER-Schema erfolgen; die Elemente der Schlußzeile geben die Koeffizienten der verbleibenden quadratischen Gleichung, die rechts-außen stehende Zahl stellt als der Polynomwert an

der betreffenden Stelle eine Kontrolle für die Richtigkeit resp. bei Näherungslösungen ein Maß für die Genauigkeit dar:

$$
\begin{array}{c|cccc}
 & 1 & 0 & -22 & -32 \\
5{,}30 & & 5{,}30 & 28{,}09 & 32{,}28 \\
\hline
 & 1 & 5{,}30 & 6{,}09 & \underline{\;0{,}28}
\end{array}
$$

$$\Rightarrow z^2 + 5{,}30\,z + 6{,}09 = 0$$

$$z_{2,\,3} = -\,2{,}65 \pm \sqrt{7{,}02 - 6{,}09}$$

$$= -\,2{,}65 \pm \sqrt{0{,}93}$$

$$= -\,2{,}65 \pm 0{,}96$$

$$z_2 = -\,1{,}69; \qquad z_3 = -\,3{,}61$$

$$\Rightarrow x_2 = \quad 0{,}31; \quad \Rightarrow x_3 = -\,1{,}61\;.$$

2. Man verbessere die in Beispiel 1 (s. S. 254) zeichnerisch gefundenen Lösungen der Gleichung

$$x^3 + 6\,x^2 - 2\,x - 35 = 0$$

mit der Rechenstab-Methode!

Die Lösungen der reduzierten Gleichung

$$z^3 - 14\,z - 15 = 0 \quad (x = z - 2)$$

waren zu

$$z_1 = -\,3{,}0; \quad z_2 = -\,1{,}2; \quad z_3 = 4{,}2$$

abgelesen worden. Hierbei ist $z_1 = -\,3$ exakt, kann also nicht verbessert werden.
Für z_2 erhält man gemäß der Rechenstab-Form

$$\left|\; z^2 - \frac{15}{z} = 14 \right.$$

z	$-\,1{,}20$	$-\,1{,}190$	$-\,1{,}192$
z^2	$1{,}44$	$1{,}416$	$1{,}421$
$\dfrac{15}{z}$	$-12{,}50$	$-12{,}61$	$-12{,}58$
$z^2 - \dfrac{15}{z}$	$13{,}94$	$14{,}026$	$14{,}001$

$$\Rightarrow z_2 = -\,1{,}192$$

Für z_3 bekommt man

z	$4{,}20$	$4{,}19$
z^2	$17{,}64$	$17{,}56$
$\dfrac{15}{z}$	$3{,}57$	$3{,}58$
$z^2 - \dfrac{15}{z}$	$14{,}07$	$13{,}98$

$$\Rightarrow z_3 = 4{,}19$$

Damit lauten die verbesserten, sicher auf 2 Dezimalen richtigen Lösungen

$$x_1 = -\,5 \text{ (exakt)}; \quad x_2 = -\,3{,}192; \quad x_3 = 2{,}19\;.$$

6.4 Newton-Hornersche Wurzelverbesserung

Vorgelegt sei jetzt eine algebraische Gleichung beliebigen Grades, deren reelle Lösungen wir bestimmen wollen. Dabei heißt „bestimmen" nicht etwa darstellen der Lösungen in geschlossener Form, sondern numerische Berechnung derselben bis zu einer beliebigen vorgeschriebenen Genauigkeit.

Die Aufgabe zerfällt in zwei Abschnitte: Zuerst muß man sich von jeder Lösung eine grobe Näherung verschaffen, anschließend werden die Näherungslösungen verbessert.

Den ersten Teil der Aufgabe greifen wir wie folgt an: Wir ermitteln eine obere und untere Schranke für die reellen Lösungen. In dem von diesen beiden Schranken abgesteckten Intervall müssen sämtliche reellen Lösungen liegen. Mit dem Horner-Schema kann man dann schnell eine Reihe von Funktionswerten ermitteln; zeigen zwei aufeinanderfolgende Funktionswerte einen Vorzeichenwechsel, so liegt zwischen den zugehörigen x-Werten sicher mindestens eine Lösung. Zur Ermittlung der Schranken geben wir folgende zwei Sätze ohne Beweis an.

Satz: *Vorgelegt sei die algebraische Gleichung*

$$f(x) \equiv x^n + a_{n-1}\, x^{n-1} + a_{n-2}\, x^{n-2} + \cdots + a_1 x + a_0 = 0 \,.$$

Ist dann μ die Anzahl der negativen Koeffizienten a_{n-k} $(1 \leqq k \leqq n)$, so ist die größte der Zahlen

$$\boxed{\sqrt[k]{\mu |a_{n-k}|} \qquad (a_{n-k} < 0)}$$

eine obere Schranke x_0 für die Wurzeln der Gleichung.

Ist μ' die Anzahl der negativen Koeffizienten a'_{n-k} $(1 \leqq k \leqq n)$ der auf die Normalform gebrachten Gleichung

$$f(-x) \equiv (-x)^n + a_{n-1}\,(-x)^{n-1} + a_{n-2}\,(-x)^{n-2} + \cdots$$
$$+ a_1(-x) + a_0 = 0 \,,$$

so ist die größte der Zahlen

$$\boxed{\sqrt[k]{\mu' |a'_{n-k}|} \qquad (a'_{n-k} < 0)}$$

versehen mit negativem Vorzeichen, eine untere Schranke x_u für die Wurzeln der Gleichung[1]*.*

Beispiele

1. Man bestimme obere und untere Schranke für die reellen Wurzeln der algebraischen Gleichung

$$f(x) \equiv x^3 + 2\,x^2 - 5\,x - 6 = 0\,!$$

---

[1]) Es gilt also für alle Koeffizienten $a'_{n-k} = (-1)^{n-k}(-1)^n a_{n-k}$.

Lösung: Für die obere Schranke x_0 erhält man mit

$$\mu = 2:\ a_1 = -5\ (k=2),\ a_0 = -6\ (k=3)$$

als größte der Zahlen

$$\sqrt{2 \cdot 5} = 3{,}16;\quad \sqrt[3]{2 \cdot 6} = 2{,}29$$

den Wert

$$x_0 = 3{,}16\ .$$

Ausgehend von der Normalform von $f(-x)$

$$f(-x) = -x^3 + 2\,x^2 + 5\,x - 6 = 0\ ,$$

nämlich

$$x^3 - 2\,x^2 - 5\,x + 6 = 0\ ,$$

wird mit

$$\mu' = 2:a_2' = -2\ (k=1),\quad a_1' = -5\ (k=2)$$

als größte der Zahlen

$$\sqrt[1]{2 \cdot 2} = 4;\quad \sqrt{2 \cdot 5} = 3{,}16$$

$$x_u = -4$$

eine untere Schranke für die Wurzeln von $f(x) = 0$. Diese liegen also sämtlich im Intervall

$$\underline{\left|\ -4 \leqq x \leqq 3{,}16\ \right.}$$

2. Man ermittle eine obere und untere Schranke für die Wurzeln der Gleichung

$$f(x) \equiv x^4 + 5\,x^3 + 6\,x^2 + 10\,x + 8 = 0\ .$$

Lösung: Mit $\mu = 0$ folgt sofort $x_0 = 0$, d. h. die Gleichung hat keine positiven Wurzeln. Aus

$$f(-x) \equiv x^4 - 5\,x^3 + 6\,x^2 - 10\,x + 8 = 0$$

folgt mit $\mu' = 2$, $a_3' = -5$, $a_1' = -10$

$$\underline{\left|\ x_u = -10\ \right.}$$

als untere Schranke.

Sofern man weiß, daß eine algebraische Gleichung *ausschließlich reelle* Wurzeln hat, bekommt man mit dem folgenden Satz wesentlich bessere Schranken.

Satz von Laguerre. *Hat die algebraische Gleichung*

$$x^n + a_{n-1}\,x^{n-1} + a_{n-2}\,x^{n-2} + \cdots + a_1\,x + a_0 = 0$$

lauter reelle Wurzeln, so liegen diese in dem von den Lösungen der quadratischen Gleichung

$$\boxed{n\,x^2 + 2\,a_{n-1}\,x + [2\,(n-1)\,a_{n-2} - (n-2)\,a_{n-1}^2] = 0}$$

abgesteckten Intervall.

Beispiel: Die kubische Gleichung

$$x^3 + 2\,x^2 - 5\,x + 6 = 0$$

läßt sich auf die Produktform

$$(x + 1)\,(x + 3)\,(x - 2) = 0$$

bringen und besitzt demnach mit $x_1 = 2$, $x_2 = -1$, $x_3 = -3$ lauter reelle Wurzeln. Der Satz von Laguerre liefert über die quadratische Gleichung ($a_{n-1} = 2$, $a_{n-2} = -5$; $n = 3$)

$$3\,x^2 + 4\,x - 24 = 0$$

als deren Lösungen

$$x_u = -3{,}57; \quad x_o = 2{,}23$$

eine recht gute untere und obere Schranke. Man vergleiche dazu Beispiel 1 desselben Abschnittes.

Verbesserung der Wurzeln

Wir wenden uns nun dem zweiten Teil der Aufgabe, nämlich der *Wurzelverbesserung* zu. Ist

$$f(x) \equiv x^n + a_{n-1}\,x^{n-1} + a_{n-2}\,x^{n-2} + \cdots + a_1\,x + a_0 = 0$$

die vorgelegte algebraische Gleichung, x_1 eine Näherungslösung für die exakte Lösung $\bar{x}_1$, so wollen wir das Polynom $f(x)$ zunächst nach Potenzen von $x - x_1$ umordnen

$$f(x) \equiv g\,(x - x_1) \equiv (x - x_1)^n + b_{n-1}\,(x - x_1)^{n-1}$$
$$+ b_{n-2}\,(x - x_1)^{n-2} + \cdots + b_1\,(x - x_1) + b_0 = 0$$

und jetzt $x = \bar{x}_1$ setzen; damit entsteht die Identität

$$f(\bar{x}_1) \equiv g\,(\bar{x}_1 - x_1) \equiv (\bar{x}_1 - x_1)^n + b_{n-1}\,(\bar{x}_1 - x_1)^{n-1}$$
$$+ b_{n-2}\,(\bar{x}_1 - x_1)^{n-2} + \cdots + b_1\,(\bar{x}_1 - x_1) + b_0 \equiv 0 \,.$$

Die Differenz $\bar{x}_1 - x_1$ wird hierin je nach Güte der Näherungslösung x_1 eine kleine Zahl sein, so daß erst recht die höheren Potenzen von $\bar{x}_1 - x_1$ klein werden. Vernachlässigen wir ihre Summe, linearisieren also die Gleichung in $\bar{x}_1 - x_1$, so erhalten wir

$$b_1\,(\bar{x}_1 - x_1) + b_0 \approx 0$$

und daraus

$$x_1 - \frac{b_0}{b_1} \approx \bar{x}_1 \,.$$

Setzt man noch

$$x_1 - \frac{b_0}{b_1} = x_1' \,,$$

so ergibt sich mit

$$x_1' = x_1 - \frac{b_0}{b_1} \approx \bar{x}_1$$

eine verbesserte Näherungslösung[1]). Hat diese noch nicht die geforderte Genauigkeit, so kann man das Verfahren wiederholen, indem man die linke Seite der Gleichung nach Potenzen von $x - x_1'$ umordnet und eine wiederum bessere Lösung x_1'' gemäß

$$x_1'' = x_1' - \frac{b_0'}{b_1'}$$

bestimmt usw. Zusammenfassend gilt damit der

Satz: *Ist x_1 eine (hinreichend gute) Näherungslösung der algebraischen Gleichung*

$$f(x) \equiv x^n + a_{n-1} x^{n-1} + \cdots + a_2 x^2 + a_1 x + a_0 = 0 ,$$

so liefert

$$\boxed{x_1' = x_1 - \frac{b_0}{b_1}}$$

eine bessere Näherungslösung. Hierbei sind b_0 und b_1 die beiden ersten Schlußelemente des für x_1 entwickelten Vollständigen Horner-Schemas, in dessen Anfangszeile die Koeffizienten der gegebenen Gleichung stehen.

Dieses von HORNER angegebene Verfahren ist der Sonderfall eines von NEWTON stammenden Iterationsverfahrens[2]) und soll deshalb NEWTON-HORNERsches Verfahren zur Wurzelverbesserung algebraischer Gleichungen genannt werden. Für die Verbesserung gilt die Regel, daß jeder berechnete Wert auf doppelt so viele Stellen richtig wird, als der eingegebene Wert richtig war.

Das im Abschnitt 1.4.4 (s. S. 45 ff) erläuterte Iterationsverfahren zur numerischen Bestimmung von Wurzeln ist als Sonderfall im NEWTON-HORNERschen Verfahren enthalten, falls man die Berechnung von $\sqrt[n]{a}$ als Berechnung der positiven Lösung der binomischen Gleichung

$$x^n - a = 0$$

vornimmt $(a, n > 0; n$ ganz$)$. Ist x_i eine Näherungslösung, so ergeben sich die Koeffizienten b_0 und b_1 für die erforderliche Korrektur aus den beiden ersten Zeilen des Vollständigen HORNER-Schemas wie folgt

	1	0	0	$\cdots$	0	$-a$
x_i		x_i	x_i^2	$\cdots$	x_i^{n-1}	x_i^n
	1	x_i	x_i^2	$\cdots$	x_i^{n-1}	$-a + x_i^n = b_0$
x_i		x_i	$2\,x_i^2$	$\cdots$	$(n-1)\,x_i^{n-1}$	
	1	$2\,x_i$	$3\,x_i^2$	$\cdots$	$n\,x_i^{n-1} = b_1$,	

[1]) Konvergenzbetrachtungen sollen an dieser Stelle nicht vorgenommen werden.

[2]) Dieses wird ausführlich im II. Band behandelt.

so daß sich also die nächste Näherungslösung x_i' ergibt zu

$$x_i' = x_i - \frac{-a + x_i^n}{n\, x_i^{n-1}} = x_i + \frac{a - x_i^n}{n\, x_i^{n-1}}$$

in Übereinstimmung mit der auf Seite 47 gefundenen Iterationsformel.

Beispiele

1. Man bestimme die Lösungen der Gleichung

$$f(x) \equiv x^4 - 4\,x^3 - 7\,x^2 + 34\,x - 23 = 0\,,$$

die dem Betrage nach größte reelle Wurzel dabei auf sechs Dezimalen genau.

Lösung: Zunächst sieht man am Absolutglied der Gleichung, daß diese mindestens eine (und damit mindestens zwei) reelle Wurzeln hat. Nach dem Satz von Vieta gilt nämlich für die vier Wurzeln x_1, x_2, x_3, x_4 die Beziehung

$$x_1 x_2 x_3 x_4 = (-1)^4 a_0 = a_0 = -23;$$

wären sie sämtlich komplex, so wäre ihr Produkt positiv, da das Produkt je zweier konjugiert komplexen Zahlen stets positiv ist.

Eine obere Schranke x_0 bekommt man in den Bezeichnungen dieses Abschnittes mit

$$\mu = 3; \quad a_3 = -4 \ (k = 1), \quad a_2 = -7 \ (k = 2), \quad a_0 = -23 \ (k = 4)$$

als größte der Zahlen

$$\sqrt[1]{3 \cdot 4} = 12; \quad \sqrt[2]{3 \cdot 7} = 4{,}58; \quad \sqrt[4]{3 \cdot 23} = 2{,}88;$$

also

$$x_0 = 12;$$

eine untere Schranke x_u ergibt sich aus

$$f(-x) \equiv x^4 + 4\,x^3 - 7\,x^2 - 34\,x - 23 = 0$$

mit

$$\mu' = 3, \quad a_2 = -7 \ (k = 2), \quad a_1 = -34 \ (k = 3), \quad a_0 = -23 \ (k = 4)$$

als größte der Zahlen

$$\sqrt[2]{3 \cdot 7} = 4{,}58; \quad \sqrt[3]{3 \cdot 34} = 4{,}67; \quad \sqrt[4]{3 \cdot 23} = 2{,}88,$$

versehen mit negativem Vorzeichen:

$$x_u = -4{,}67\,.$$

Die reellen Wurzeln x_i der Gleichung liegen also sicher im Intervall

$$\boxed{-5 < x_i < 12}\,.$$

Mit dem Horner-Schema ermittelt man folgende Wertetabelle

x	12	8	5	4	3	2	1	0	-1	-2	-3
$f(x)$	13201	1849	97	1	-11	1	1	-23	-59	-71	$+1$

Demnach hat die Gleichung *vier* reelle Wurzeln, denn $f(x)$ macht *vier* Vorzeichen-wechsel durch:

$$4 > x_1 > 3; \text{ erster Näherungswert } x_1 = 4$$
$$3 > x_2 > 2; \text{ erster Näherungswert } x_2 = 2$$
$$1 > x_3 > 0; \text{ erster Näherungswert } x_3 = 1$$
$$-2 > x_4 > -3; \text{ erster Näherungswert } x_4 = -3 .$$

Mit $x_1 = 4$ berechnen wir b_0 und b_1 aus dem Vollständigen HORNER-Schema:

	1	−4	−7	34	−23
4		4	0	−28	24
	1	0	−7	6	$1 = b_0$
4		4	16	36	
	1	4	9	$42 = b_1$	

$$\Rightarrow x_1' = x_1 - \frac{b_0}{b_1} = 4 - \frac{1}{42} = 4 - 0{,}024 = 3{,}976 .$$

Um sich zu vergewissern, wie viele der angeschriebenen Dezimalen richtig sind, berechnen wir noch eine weitere Näherung, indem wir mit x_1' den Rechnungsgang wiederholen:

	1	−4	−7	34	−23
3,976		3,976	−0,095424	−28,211406	23,015450
	1	−0,024	−7,095424	5,788594	$0{,}015450 = b_0'$
3,976		3,976	15,713152	34,264087	
	1	3,952	8,617728	$40{,}052681 = b_1'$	

$$x_1'' = x_1' - \frac{b_0'}{b_1'} = 3{,}976 - \frac{154{,}50}{40{,}052681} \cdot 10^{-4} = 3{,}976 - 0{,}0003857$$

$$\Rightarrow \boxed{x_1'' = 3{,}975614} .$$

Es war demnach $x_1' = 3{,}976$ bereits auf 3 Dezimalen richtig; x_1'' wird also sicher auf 6 Dezimalen richtig sein. Zur Kontrolle beobachte man stets das Schluß-element der ersten Zeile, den Polynomwert $f(x_1)$, d. h. den Wert, den man bei Einsetzen der jeweiligen Näherungslösung in die Gleichung bekommt. Im vor-liegenden Beispiel ist

$$f(x_1) = 1; \quad f(x_1') = 0{,}015; \quad f(x_1'') = 0{,}00005 .$$

2. Von der kubischen Gleichung

$$x^3 + 6 x^2 - 2 x - 35 = 0$$

wurde die auf zwei Dezimalen richtige Lösung

$$x_3 = 2{,}19$$

ermittelt (s. S. 258). Es soll diese Lösung auf fünf Dezimalen verbessert werden.

Lösung: Es genügt *ein* Iterationsschritt, wenn man das Vollständige HORNER-Schema für 2,19 anlegt:

	1	6	−2	−35
2,19		2,19	17,9361	34,9001
	1	8,19	15,9361	$-0{,}0999 = b_0$
2,19		2,19	22,7322	
	1	10,38	$38{,}6683 = b_1$	

$$\Rightarrow \boxed{x_3' = x_3 - \frac{b_0}{b_1} = 2{,}19 + 0{,}00258 = 2{,}19258} .$$

Man sieht, daß x_3 auf drei Stellen richtig war, denn diese werden von x_3' bestätigt, also ist x_3' auf die angegebenen sechs Stellen richtig.

3. Die algebraische Gleichung

$$f(x) \equiv x^4 - 2{,}0504\,x^3 - 11{,}3512\,x^2 + 15{,}8030\,x + 18{,}5536 = 0$$

besitzt vier reelle Lösungen. Man gebe für jede eine obere und untere Schranke an und berechne die betragsmäßig kleinste so genau, daß der beim Einsetzen in die Gleichung entstehende Fehler kleiner als eine halbe Einheit der vierten Dezimale wird.

Lösung: Eine obere und untere Schranke für sämtliche Wurzeln x_i ($i = 1, 2, 3, 4$) erhält man in diesem Fall mit dem Satz von Laguerre als Lösungen der quadratischen Gleichung

$$4\,x^2 - 4{,}1008\,x - 76{,}5155 = 0 :$$

$$x_u = -3{,}8910 \qquad x_o = 4{,}9162\,,$$

so daß also sicher für jede Wurzel

$$\underline{\,-4 < x_i < 5\,}$$

gilt. Aus der mit dem einfachen Horner-Schema ermittelten Wertetabelle

x	5	4	3	2	1	0	-1	-2	-3
$f(x)$	182,4886	24,9208	$-10{,}5590$	4,3516	21,9550	18,5536	$-5{,}5502$	$-3{,}7502$	5,3446

Jeder Vorzeichenwechsel in $f(x)$ gibt ein Intervall für eine Wurzel an:

$$4 > x_1 > 3$$
$$3 > x_2 > 2$$
$$0 > x_3 > -1$$
$$-2 > x_4 > -3\,.$$

Für die im Betrage nach kleinste Wurzel x_3 nehmen wir[1]

$$x_3 = -0{,}8$$

als ersten Näherungswert und erhalten

$-0{,}8$	1	$-2{,}0504$	$-11{,}3512$	15,8030	18,5536
		$-0{,}8$	$+2{,}2803$	$+7{,}2567$	$-18{,}4478$
$-0{,}8$	1	$-2{,}8504$	$-9{,}0709$	23,0597	$0{,}1058 = b_0$
		$-0{,}8$	$2{,}9203$	$+4{,}9205$	
	1	$-3{,}6504$	$-6{,}1506$	$27{,}9802 = b_1.$	

Damit ergibt sich als erste Verbesserung

$$x_3' = -0{,}8 - \frac{0{,}1058}{27{,}9802} = -0{,}8 - 0{,}00378$$

$$\underline{\,x_3' = -0{,}80378\,}\,.$$

Mit diesem Wert bekommen wir beim Einsetzen in die Gleichung

$-0{,}80378$	1	$-2{,}0504$	$-11{,}3512$	15,8030	18,5536
		$-0{,}80378$	$+2{,}29413$	$7{,}27989$	$-18{,}55357$
	1	$-2{,}85418$	$-9{,}05707$	23,08289	$0{,}00003 = b_0'$

[1] aufgrund einer linearen Interpolation der Wertetabelle oder einer groben Skizzierung der Bildkurve (als Gerade) zwischen $x = 0$ und $x = 1$.

d. h. es wird

$$f(-0{,}80378) = 0{,}00003 < \frac{1}{2} \cdot 10^{-4} \,,$$

so daß damit die verlangte Genauigkeit bereits erreicht ist.

6.5 Formal lösbare transzendente Gleichungen

Definition: *Jede nicht-algebraische Gleichung heißt transzendent.*
Für transzendente Gleichungen gibt es weder eine einheitliche Form noch
irgendwelche allgemein-gültigen Sätze. Diese waren der Vorzug der
algebraischen Gleichungen. Bestimmte Typen von transzendenten
Gleichungen lassen sich indes auf algebraische Gleichungen zurückführen und werden damit formalen Lösungsmethoden zugängig. Hierbei
ist darauf zu achten, daß die Lösungsmannigfaltigkeit (d. i. die Menge
aller Lösungen) der entstehenden algebraischen Gleichung nicht notwendig übereinstimmen muß mit derjenigen der ursprünglichen transzendenten Gleichung. Man muß deshalb stets die Probe durch Einsetzen eines
errechneten Wertes in die *gegebene* Gleichung machen.

1. Gruppe: Bruchgleichungen. Die Unbekannte x ist nur durch rationale Rechenoperationen mit den Koeffizienten verknüpft. Gleichungen
dieser Art lassen sich stets auf algebraische zurückführen, indem man
sie mit dem Hauptnenner durchmultipliziert.

Beispiele

1. Die Bruchgleichung

$$\frac{4\,x + 1}{2\,x - 4} - \frac{3\,x - 2}{3\,x + 15} - \frac{x^2 - x + 1}{x^2 + 3\,x - 10} = 0$$

wird auf die algebraische Gleichung

$$85\,x + 1 = 0$$

zurückgeführt, deren Lösung

$$x = -\frac{1}{85}$$

auch Lösung der gegebenen Gleichung ist.

2. Die Bruchgleichung

$$\frac{5\,x - 2}{x^2 - 1} - \frac{x + 4}{x + 1} + \frac{x - 3}{x - 1} = 0$$

führt bei Multiplikation mit dem Hauptnenner $x^2 - 1$ auf

$$-1 = 0 \,.$$

Sie enthält also einen Widerspruch und besitzt folglich keine Lösung.

3. Die Bruchgleichung

$$\frac{x+1}{x+3} - \frac{x+4}{x-2} = \frac{1-3x}{x^2+x-6}$$

wird auf die algebraische Gleichung

$$5x + 15 = 0$$

zurückgeführt, deren Lösung

$$x = -3$$

die gegebene Gleichung jedoch *nicht* erfüllt. Die gegebene Gleichung besitzt demnach keine Lösung.

2. Gruppe: Wurzelgleichungen. Bei Wurzelgleichungen wird die Unbekannte mit den Koeffizienten außer durch rationale Operationen mindestens einmal durch Radizierung verknüpft. Diese Gleichungen kann man ebenfalls stets auf algebraische Gleichungen zurückführen, wenn man die Wurzeln nacheinander isoliert und dann durch Potenzieren beseitigt. Da wir nur nach reellen Lösungen fragen, verstehen wir unter jeder Wurzel den in 1.4 definierten positiven Wert (Hauptwert).

Beispiele

1. Die Wurzelgleichung

$$\sqrt{3x+10} - \sqrt{x-1} - \sqrt{5x-1} = 0$$

führt nach Isolation der ersten Wurzel und anschließendem Quadrieren zunächst auf

$$2\sqrt{5x^2 - 6x + 1} = -3x + 12$$

und durch nochmaliges Quadrieren auf die algebraische Gleichung

$$11x^2 + 48x = 140,$$

von deren Lösungen

$$x_1 = 2; \quad x_2 = -\frac{70}{11}$$

jedoch nur die erste die vorgelegte Gleichung identisch erfüllt und deshalb Lösung der Wurzelgleichung ist; x_2 ist keine Lösung derselben.

2. Die Wurzelgleichung

$$\sqrt[3]{\sqrt{x} - \sqrt{2x-3}} + 1 = 0$$

führt auf die quadratische Gleichung

$$x^2 - 12x + 16 = 0,$$

von deren Lösungen

$$x_1 = 6 + \sqrt{20} = 10{,}472; \quad x_2 = 6 - \sqrt{20} = 1{,}528$$

lediglich die erste zugleich Lösung der Wurzelgleichung ist, da x_2 beim Einsetzen auf den Widerspruch $2 = 0$ führt.

3. Gruppe: Trigonometrische Gleichungen. Das sind Gleichungen, in denen die Unbekannte als Argument von wenigstens einer der vier Kreisfunktionen auftritt. Nur in speziellen Fällen lassen sich diese Gleichungen auf algebraische zurückführen. Bei Umformungen mit Hilfe goniometrischer Formeln lasse man sich davon leiten, daß nur noch eine der vier Kreisfunktionen auftritt und das Argument einheitlich wird.

Beispiele

1. Die trigonometrische Gleichung

$$\sin x + \cos x = 1$$

führt mit $\cos x = \sqrt{1 - \sin^2 x}$ auf die Wurzelgleichung für $\sin x$

$$\sin x + \sqrt{1 - \sin^2 x} = 1$$

und diese durch Isolieren und Quadrieren auf die in $\sin x$ homogen-quadratische Gleichung

$$\sin^2 x - \sin x = 0$$

mit den Lösungen $(0 \leqq x_i < 2\pi)$

$$x_1 = 0; \quad x_2 = \pi; \quad x_3 = \frac{\pi}{2}.$$

Die Probe zeigt, daß x_1 und x_3 Lösungen der vorgelegten Gleichung sind, während x_2 keine Identität herbeiführt.

2. Die trigonometrische Gleichung

$$\tan x + \cot x - \frac{1}{2}\sin 2x = 0$$

führt nach einigen Umformungen auf

$$\frac{2}{\sin 2x} - \frac{1}{2}\sin 2x = \frac{4 - \sin^2 2x}{\sin 2x} = 0$$

und damit auf die unerfüllbare Forderung

$$\sin 2x = \pm 2,$$

denn für alle x ist $|\sin 2x| \leqq 1$. Die Gleichung hat demnach keine Lösung.

4. Gruppe: Exponentialgleichungen. Bei diesen tritt die Unbekannte mindestens einmal im Exponenten einer Potenz auf. Nur in Sonderfällen ist die Rückführung auf algebraische Gleichungen möglich.

Beispiele

1. Die Exponentialgleichung

$$10^{3+2x} = 7^{1-x}$$

wird durch Logarithmieren etwa zur Basis 10 auf die lineare Gleichung

$$3 + 2x = \lg 7 - x \lg 7$$

zurückgeführt. Ihre Lösung

$$x = \frac{-3 + \lg 7}{2 + \lg 7} = -0,75741$$

ist auch Lösung der Exponentialgleichung.

2. Die Exponentialgleichung

$$\sqrt[x+3]{2^{x+11}} = \sqrt[x+5]{2^{2x+1}}$$

führt zunächst auf die Bruchgleichung

$$\frac{x + 11}{x + 3} = \frac{2x + 1}{x + 5}$$

und diese auf die quadratische Gleichung

$$x^2 - 9x - 52 = 0 .$$

Ihre Lösungen

$$x_1 = 13, \quad x_2 = -4 .$$

erfüllen auch die gegebene Gleichung identisch.

6.6 Allgemeine transzendente Gleichungen

Es sei mit Nachdruck darauf hingewiesen, daß die in der Praxis auftretenden transzendenten Gleichungen in den wenigsten Fällen auf algebraische Gleichungen zurückgeführt werden können. Den im vorigen Abschnitt behandelten speziellen Typen kommt deshalb kaum mehr als eine pädagogische Bedeutung zu.

Die Eigenschaft der meisten transzendenten Gleichungen, nicht mit den üblichen exakten Methoden behandelt werden zu können, darf nicht zu der Auffassung führen, daß ihre Lösungen nicht korrekt bestimmbar sind. Die in diesen Fällen angewandten Methoden liefern die Lösungen in numerischer Form, d. h. als Dezimalzahl, und zwar bis zu jeder vorgeschriebenen Genauigkeit. Auf exakte Lösungen in „geschlossener" Form kommt es praktisch nicht an.

Wir unterscheiden wieder

1. *Methoden, mit denen man eine erste (grobe) Näherungslösung erhält*
2. *Methoden, mit denen man Näherungslösungen verbessern kann.*

Erläuterung zweier Methoden (1)

a) Man bringt alle Glieder der Gleichung auf die linke Seite, stellt also die Form

$$f(x) = 0$$

her. Interpretiert man x als Veränderliche, so stellt die linke Seite der Gleichung eine Funktion von x dar

$$y = f(x) ,$$

und gesucht sind deren Nullstellen. Man zeichnet die Funktion und bestimmt die Schnittpunkte der Bildkurve mit der x-Achse (Abb. 202).

b) Man verteilt die Glieder der Gleichung so auf die beiden Seiten, daß man jede — als Funktion von x aufgefaßt — gut zeichnen kann:

$$F(x) = G(x) .$$

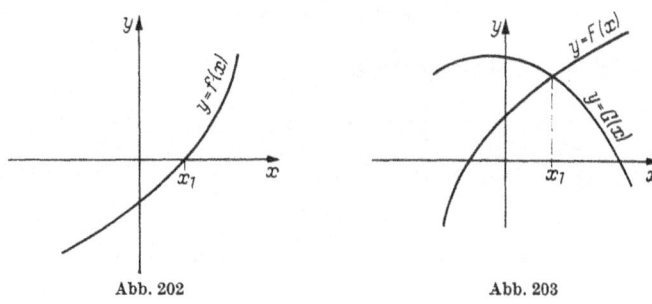

Abb. 202   Abb. 203

Ermittelt werden die Schnittpunkte beider Kurven; die *Abzissen der Schnittpunkte* sind dann erste Näherungslösungen (Abb. 203).

Erläuterung einer Methode (2) : Die regula falsi

Ausgehend von der Gleichung

$$f(x) = 0$$

— sie kann transzendent oder algebraisch sein — ermittelt man zwei Näherungswerte x_1 und x_2, deren Funktionswerte $f(x_1)$ und $f(x_2)$ verschiedenes Vorzeichen[1] haben:

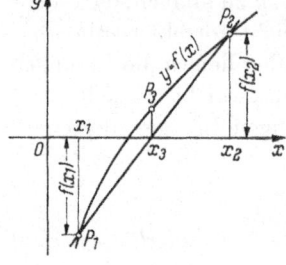

Abb. 204

$$\operatorname{sgn} f(x_1) \neq \operatorname{sgn} f(x_2) .$$

Nach Abb. 204 hat man damit zwei auf verschiedenen Seiten der x-Achse gelegene Punkte

$$P_1(x_1, f(x_1)) , \qquad P_2(x_2, f(x_2))$$

ermittelt. Der Schnittpunkt x_3 der Sehne $\overline{P_1 P_2}$ mit der x-Achse wird dann eine bessere Näherungslösung darstellen. Mit dem Strahlensatz der Geometrie erhält man aus Abb. 204

$$f(x_2) : (x_2 - x_3) = |f(x_1)| : (x_3 - x_1)$$

und daraus wegen

$$|f(x_1)| = - f(x_1)$$

---

[1] Man kann die regula falsi auch extrapolierend benutzen (die Formel ist die gleiche), also auf die Vorzeichenverschiedenheit verzichten, doch ist dies weniger empfehlenswert.

durch Auflösen nach x_3

$$x_3 = \frac{x_1 \cdot f(x_2) - x_2 \cdot f(x_1)}{f(x_2) - f(x_1)} .$$

Diese Formel heißt „regula falsi"[1]), das Verfahren, die Kurve zwischen zwei Punkten durch die Sehne, also eine lineare Funktion zu ersetzen, ist das der linearen Interpolation (s. S. 49).

Man beachte, daß die Formel symmetrisch in x_1 und x_2 ist, d. h. sie bleibt sich gleich, wenn man x_1 mit x_2 und umgekehrt vertauscht. Falls man x_3 noch weiter verbessern will, kann man das Verfahren wiederholen. Dabei kann man sich des Punktes $P_3(x_3, f(x_3))$ und des auf der anderen Seite der x-Achse liegenden Punktes (in Abb. 204 P_1) bedienen.

Beispiele

1. Bestimme x aus der Gleichung

$$x + \sin x - 1 = 0!$$

Lösung: Man spaltet wie folgt auf

$$\sin x = -x + 1,$$

denn die Funktionen

$$y = \sin x, \quad y = -x + 1$$

lassen sich beide mit Schablone zeichnen (Abb. 205). Man liest ab:

$$x_1 = 0,51$$

$$\Rightarrow f(x_1) = \sin 29,2^\circ + 0,51 - 1$$

$$= 0,488 - 0,490 = -0,002 .$$

Damit ist die Lösung eigentlich schon recht genau bestimmt. Dennoch wollen wir sie verbessern und schätzen zu diesem Zweck einen x_2-Wert so, daß $f(x_2) > 0$ ausfällt[2]), etwa

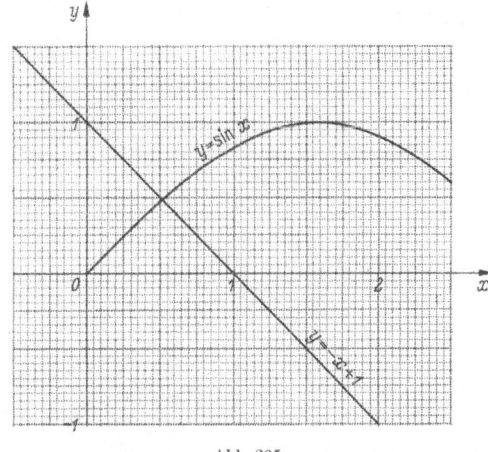

Abb. 205

$$x_2 = 0,52$$

$$\Rightarrow f(x_2) = 0,497 + 0,52 - 1 = +0,017 .$$

Damit liefert die regula falsi

$$x_3 = \frac{0,51 \cdot 0,017 + 0,52 \cdot 0,002}{0,017 + 0,002}$$

$$x_3 = 0,511 .$$

[1]) regula falsi (lat.): Regel des falschen Ansatzes.
[2]) Diese Schätzung von x_2 muß man u. U. mehrere Male vornehmen, bis nämlich $f(x_2)$ das gewünschte Vorzeichen hat!

Für diesen verbesserten Wert erhält man im Rahmen der Rechenstabgenauigkeit

$$f(x_3) = 0,489 + 0,511 - 1 = 0,000 .$$

2. Man bestimme die positive Lösung der Gleichung

$$e^{x/4} - x^2 + 2\,x + 3 = 0 .$$

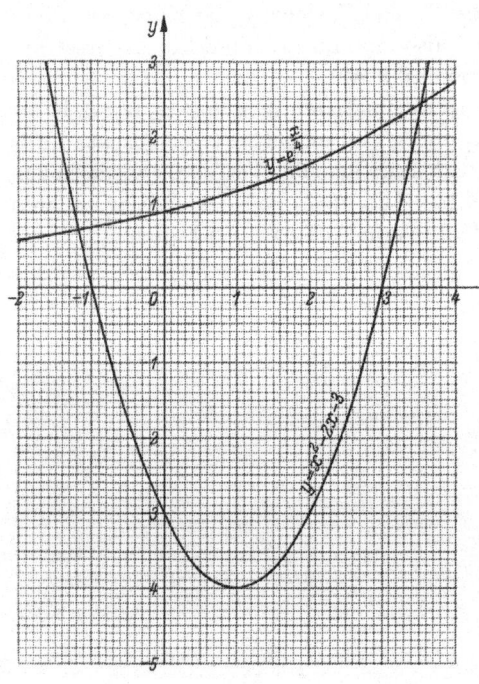

Abb. 206

Lösung: Es wird gemäß

$$e^{x/4} = x^2 - 2\,x - 3$$

die Exponentialfunktion

$$y = e^{x/4}$$

und die quadratische Funktion

$$y = x^2 - 2\,x - 3$$

gezeichnet (Abb. 206). Letztere ist wegen

$$x^2 - 2\,x - 3 = (x - 1)^2 - 4$$

eine nach oben geöffnete Normalparabel, die ihren Scheitel im Punkte $S(1;\ -4)$ hat (s. S. 138).

Als Schnittpunktsabszisse x_1 liest man ab

$$x_1 = 3,53$$
$$\Rightarrow f(x_1) = +\,0,017 .$$

Für x_2 schätzt man

$$x_2 = 3,54$$
$$\Rightarrow f(x_2) = -\,0,027.$$

Mit diesen Werten liefert die regula falsi

$$x_3 = \frac{-\,3,53 \cdot 0,027 - 3,54 \cdot 0,017}{-\,0,027 - 0,017}$$

$$\underline{\quad x_3 = 3,534 \quad}$$
$$\Rightarrow f(x_3) = -\,0,002 .$$

3. Vorgelegt sei die Wurzelgleichung

$$\sqrt{x - 3} - \sqrt[3]{x - 1} + 1 = 0 .$$

Man ermittle zeichnerisch eine erste Näherungslösung und verbessere diese mit der regula falsi[1]).

Lösung: Spaltet man die Gleichung gemäß

$$\sqrt{x - 3} = \sqrt[3]{x - 1} - 1$$

---

[1]) Mit der Methode des Potenzierens (vgl. 6.5; 2. Gruppe) würde man im vorliegenden Beispiel auf eine algebraische Gleichung 6. Grades geführt!

auf, so erhält man die in Abb. 207 dargestellten Kurvenzüge ($y = \sqrt{x - 3}$ dabei mit der Normalparabel-Schablone).

Man liest ab

$$x_1 = 3{,}1$$
$$\Rightarrow f(x_1) = 0{,}035\,.$$

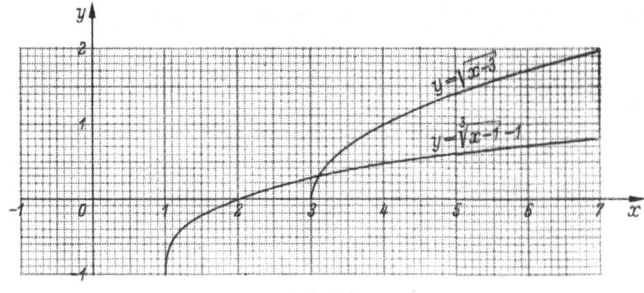

Abb. 207

Geschätzt wird

$$x_2 = 3{,}05$$
$$\Rightarrow f(x_2) = -\,0{,}046\,.$$

Setzt man diese Werte in die regula falsi ein, so bekommt man

$$\boxed{x_3 = 3{,}08}$$

und als Probe

$$f(x_3) = 0{,}0063\,.$$

4. Von der transzendenten Gleichung

$$2\,x^x + 3\,x - 6 = 0$$

bestimme man zeichnerisch eine Näherungslösung und verbessere diese mit der regula falsi.

Lösung: Man spaltet die Gleichung auf

$$x^x = -\frac{3}{2}\,x + 3$$

und zeichnet[1]) die Funktionen

$$y = x^x, \quad y = -\frac{3}{2}\,x + 3\,.$$

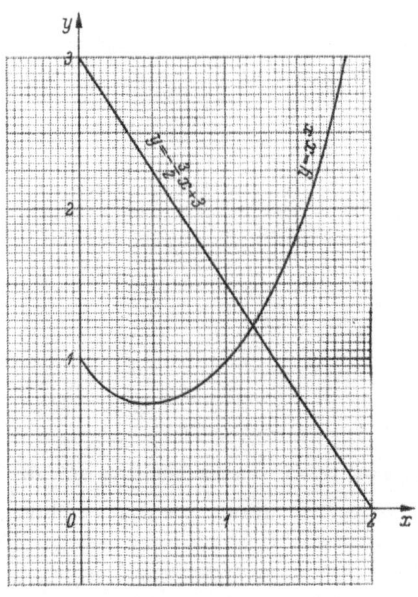

Abb. 208

---

[1]) Das Berechnen einzelner Punkte für $y = x^x$ ist eine reizvolle Anwendung der LL-Skalen des Rechenstabes. Man beachte hierbei $x^x \to 1$ für $x \to 0 +$; für $x \leqq 0$ ist diese Funktion nicht erklärt.

Aufgrund der Zeichnung (Abb. 208) liegt die einzige (reelle) Lösung der Gleichung sicher zwischen 1,20 und 1,15:

$$x_1 = 1,20 \;\Rightarrow\; f(x_1) = 1,2445 + 1,8 - 3 = 0,0445$$
$$x_2 = 1,15 \;\Rightarrow\; f(x_2) = 1,1744 + 1,725 - 3 = -0,1006$$
$$\underline{|\; x_3 = 1,185}\;.$$

Setzt man zur Probe x_3 in die Gleichung ein, so erhält man

$$f(x_3) = -0,0002\;.$$

5. Man ermittle x aus der Gleichung

$$1 - \sqrt{x} + \tan x - \frac{1}{x} = 0$$

Lösung: Man spaltet wie folgt auf

$$1 + \tan x = \sqrt{x} + \frac{1}{x}\;,$$

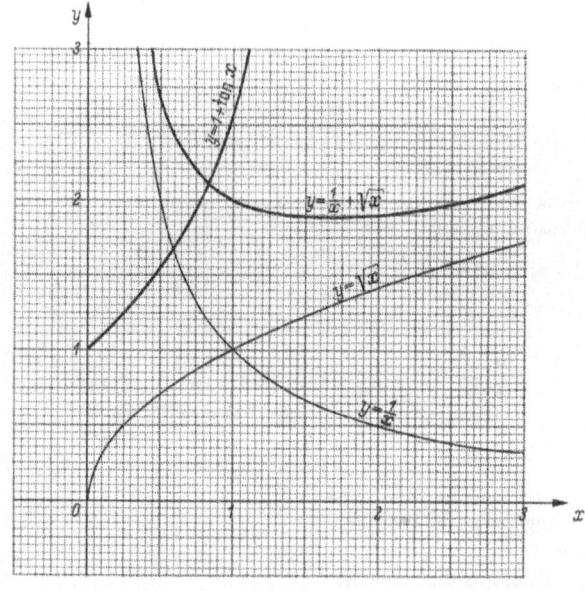

Abb. 209

denn $y = 1 + \tan x$ läßt sich mit der Schablone für $\tan x$ und $y = \sqrt{x} + \dfrac{1}{x}$ durch Überlagerung (Ordinatenaddition) leicht zeichnen (Abb. 209). Man findet

$$0,8 < x < 0,9$$
$$x_1 = 0,8 \;\Rightarrow\; f(x_1) = -0,115$$
$$x_2 = 0,9 \;\Rightarrow\; f(x_2) = +0,200\;.$$

Die regula falsi liefert damit

$$\underline{|\; x_3 = 0,8365}\;.$$

Zur Kontrolle hat man $f(x_3) = -0,002.$

6.7 Determinanten

6.7.1 Zweireihige Determinanten

Definition: *Eine zweireihige Determinante ist ein quadratisches Zahlenschema der folgenden Bedeutung*

$$\begin{vmatrix} a_{11} & a_{12} \\ a_{21} & a_{22} \end{vmatrix} = a_{11}\, a_{22} - a_{21}\, a_{12}\,.$$

Erläuterungen:

1. Folgende Bezeichnungen sind üblich

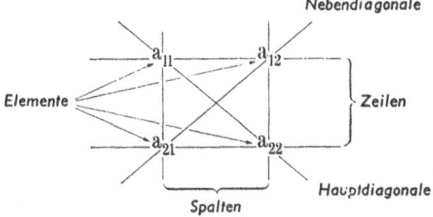

2. Die Doppelindizes sind einzeln zu lesen (also eins–eins, eins–zwei usw.) und sind so gesetzt, daß der erste Index stets die *Zeilennummer*, der zweite die *Spaltennummer* angibt. Man spricht deshalb auch vom Zeilen- und Spaltenindex. Zeilen und Spalten heißen gemeinsam *Reihen*.

3. Jede Determinante kann „berechnet" werden, indem man die Elemente nach obiger Definition miteinander verknüpft. Die Berechnungsregel lautet in Worten:

Eine zweireihige Determinante ist gleich dem Produkt der Elemente der Hauptdiagonalen minus dem Produkt der Elemente der Nebendiagonalen.

Beispiele

1. $\begin{vmatrix} 4 & 3 \\ 1 & 2 \end{vmatrix} = 4 \cdot 2 - 1 \cdot 3 = 5$

2. $\begin{vmatrix} -5 & 9 \\ 0 & 7 \end{vmatrix} = -5 \cdot 7 - 0 \cdot 9 = -35$

3. $\begin{vmatrix} 0,7 & -1 \\ 5,4 & -9,1 \end{vmatrix} = 0,7\,(-9,1) - 5,4\,(-1) = -6,37 + 5,4 = -0,97$

4. $\begin{vmatrix} \cos\alpha & \sin\alpha \\ \sin\beta & \cos\beta \end{vmatrix} = \cos\alpha \cdot \cos\beta - \sin\beta \cdot \sin\alpha = \cos(\alpha + \beta)$

5. $\begin{vmatrix} 1 & j \\ -j & 1 \end{vmatrix} = 1 - (-j)j = 1 + j^2 = 1 - 1 = 0\,.$

Für das Rechnen mit Determinanten gelten eine Reihe von Regeln, die wir in den folgenden Sätzen zusammenfassen.

Satz (1): *Der Wert einer Determinante bleibt ungeändert, wenn man sie an der Hauptdiagonalen spiegelt („Stürzen" der Determinante).*

Beweis:

Vor der Spiegelung: $\quad \begin{vmatrix} a_{11} & a_{12} \\ a_{21} & a_{22} \end{vmatrix} = a_{11} a_{22} - a_{21} a_{12}$.

Nach der Spiegelung: $\quad \begin{vmatrix} a_{11} & a_{21} \\ a_{12} & a_{22} \end{vmatrix} = a_{11} a_{22} - a_{21} a_{12}$.

Man beachte, daß bei dieser Spiegelung jede Zeile in die entsprechende Spalte (und umgekehrt) übergeht.

Satz (2): *Eine Determinante wird mit einem Faktor multipliziert, indem man die Elemente (irgend) einer Zeile oder Spalte mit ihm multipliziert.*

Umgekehrt kann ein Faktor, der allen Elementen einer Zeile oder Spalte gemeinsam ist, vor die Determinante gezogen werden.

Beweis:

$$k \cdot \begin{vmatrix} a_{11} & a_{12} \\ a_{21} & a_{22} \end{vmatrix} = k\,(a_{11} a_{22} - a_{21} a_{12}) = k\,a_{11} a_{22} - k a_{21} a_{12} \,.$$

Multipliziert man etwa die Elemente der 1. Zeile mit k, so ist

$$\begin{vmatrix} k\,a_{11} & k\,a_{12} \\ a_{21} & a_{22} \end{vmatrix} = k\,a_{11} a_{22} - a_{21}\,k\,a_{12} = k\,a_{11} a_{22} - k\,a_{21} a_{12} \,.$$

Entsprechend ergibt sich der Beweis, wenn man k in die 2. Zeile multipliziert. Für die Spalten bedarf es keines besonderen Beweises, da diese bei Spiegelung an der Hauptdiagonalen die Rolle der Zeilen übernehmen (Satz (1)).

Beispiel

$$\begin{vmatrix} 84 & 27 \\ 60 & 135 \end{vmatrix} = 12 \begin{vmatrix} 7 & 27 \\ 5 & 135 \end{vmatrix} = 12 \cdot 27 \begin{vmatrix} 7 & 1 \\ 5 & 5 \end{vmatrix} = 324 \cdot 30 = 9\,720 \,.$$

Satz (3): *Der Wert einer Determinante bleibt ungeändert, wenn man zu einer Zeile (Spalte) ein beliebiges Vielfaches einer anderen Zeile (Spalte) addiert.*

Beweis:

Addiert man in

$$\begin{vmatrix} a_{11} & a_{12} \\ a_{21} & a_{22} \end{vmatrix} = a_{11} a_{22} - a_{21} a_{12}$$

zur 1. Zeile das t-fache (t eine beliebige Zahl) der 2. Zeile, so ergibt sich

$$\begin{vmatrix} a_{11} + t\,a_{21} & a_{12} + t\,a_{22} \\ a_{21} & a_{22} \end{vmatrix} = (a_{11} + t\,a_{21})\,a_{22} - a_{21}\,(a_{21} + t\,a_{22}) = a_{11} a_{22} - a_{21} a_{12}$$

Beispiel: In der Determinante

$$\begin{vmatrix} 22 & 17 \\ 90 & 68 \end{vmatrix}$$

erzeuge man durch Anwendung von Satz (3) eine Null und berechne sie dann!
Man sieht in der 2. Spalte 17 und $68 = 4 \cdot 17$ stehen. Also wird man das
Vierfache der 1. Zeile von der 2. Zeile subtrahieren und bekommt

$$\begin{vmatrix} 22 & 17 \\ 90 & 68 \end{vmatrix} = \begin{vmatrix} 22 & 17 \\ 2 & 0 \end{vmatrix} = -34 .$$

Satz (4): *Der Wert einer Determinante ist gleich Null, wenn eine Zeile
(Spalte) ein Vielfaches einer anderen Zeile (Spalte) ist.*

Speziell verschwindet also eine Determinante, wenn eine Zeile oder
Spalte nur aus Nullen besteht.

Beweis:

Ist etwa die 2. Zeile das k-fache der ersten, so wird

$$\begin{vmatrix} a_{11} & a_{12} \\ k\,a_{11} & k\,a_{12} \end{vmatrix} = a_{11}\,k\,a_{12} - k\,a_{11}\,a_{12} = 0 .$$

Dies gilt speziell für $k = 0$.

Satz (5): *Vertauscht man in einer Determinante zwei Zeilen (Spalten)
miteinander, so ändert ihr Wert nur das Vorzeichen.*

Beweis:

Vor dem Vertauschen: $\begin{vmatrix} a_{11} & a_{12} \\ a_{21} & a_{22} \end{vmatrix} = a_{11}\,a_{22} - a_{21}\,a_{12} .$

Nach dem Vertauschen: $\begin{vmatrix} a_{21} & a_{22} \\ a_{11} & a_{12} \end{vmatrix} = a_{21}\,a_{12} - a_{11}\,a_{22} .$
(der Zeilen)

6.7.2 Dreireihige Determinanten

Definition: *Eine dreireihige Determinante ist ein quadratisches Schema
aus 9 Elementen der folgenden Bedeutung*

$$\begin{vmatrix} a_{11} & a_{12} & a_{13} \\ a_{21} & a_{22} & a_{23} \\ a_{31} & a_{32} & a_{33} \end{vmatrix} = \left\{ \begin{array}{l} a_{11}\,a_{22}\,a_{33} + a_{12}\,a_{31}\,a_{23} + a_{13}\,a_{21}\,a_{32} \\ - a_{11}\,a_{32}\,a_{23} - a_{12}\,a_{21}\,a_{33} - a_{13}\,a_{31}\,a_{22} . \end{array} \right.$$

Jedes Element der Determinante ist wieder mit einem Doppelindex
versehen, der dessen Stellung nach Zeile und Spalte eindeutig angibt.
Im übrigen gelten dieselben Bezeichnungen wie bei zweireihigen Determinanten.

Die obige Definition ist in der angegebenen Form schwer zu über-
sehen. Wir geben deshalb zwei Sätze an, die die Berechnung einer drei-

reihigen Determinante auf einem leicht einprägsamen Wege ermöglichen, nämlich die Regel von SARRUS[1]) und den Entwicklungssatz.

Regel von Sarrus: *Schreibt man die beiden ersten Spalten rechts neben die Determinante, so erhält man ein rechteckiges Zahlenschema, aus dem sich die Determinante in der angegebenen Weise berechnet:*

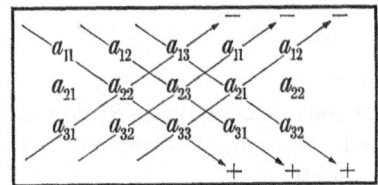

Den Beweis für die Richtigkeit dieser Regel erbringt man, indem man die Elemente in der angegebenen Weise multipliziert:

$$a_{11} a_{22} a_{33} + a_{12} a_{23} a_{31} + a_{13} a_{21} a_{32} - a_{31} a_{22} a_{13} - a_{32} a_{23} a_{11} - a_{33} a_{21} a_{12}$$

und mit der Definition vergleicht.

Beispiel: Man berechne den Wert der Determinante

$$D = \begin{vmatrix} 3 & -1 & 5 \\ -7 & 4 & -6 \\ 0 & 2 & -8 \end{vmatrix}$$

mit der Regel von SARRUS! — Das Zahlenschema lautet

$$\left. \begin{array}{rrrrr} 3 & -1 & 5 & 3 & -1 \\ -7 & 4 & -6 & -7 & 4 \\ 0 & 2 & -8 & 0 & 2 \end{array} \right\} \Rightarrow D = -96 + 0 - 70 + 0 + 36 + 56 = -74 \, .$$

Bei aller Einfachheit und Übersichtlichkeit besitzt die Regel von SARRUS dennoch zwei Nachteile: sie gilt nur für dreireihige Determinanten (läßt sich also auf höherreihige Determinanten nicht verallgemeinern!) und sie berücksichtigt keine spezielle Struktur der Determinante.

Beide Nachteile besitzt der gleich zu erläuternde Entwicklungssatz nicht. Wir benötigen für ihn jedoch zuvor den Begriff der *Unterdeterminante*. Streicht man die Zeile und Spalte, in der ein bestimmtes Element a_{ik} steht, heraus, so verbleiben nur mehr 4 Elemente, die in der vorhandenen Anordnung eine zweireihige Determinante bilden, welche die zum Element a_{ik} zugehörige „Unterdeterminante" genannt wird. Versieht man diese noch mit dem sich aus $(-1)^{i+k}$ ergebenden Vorzeichen — falls die i-te Zeile und k-te Spalte gestrichen würden — so erhält man das dem betreffenden Element zugeordnete „*algebraische*

[1]) PIERRE SARRUS (1798 ... 1861), französischer Mathematiker.

Komplement" A_{ik}. Da sich jedem Element a_{ik} ein solches Komplement A_{ik} zuordnen läßt, gibt es also bei einer dreireihigen Determinante insgesamt 9 solche Komplemente:

$$\begin{vmatrix} a_{11} & a_{12} & a_{13} \\ a_{21} & a_{22} & a_{23} \\ a_{31} & a_{32} & a_{33} \end{vmatrix}$$

$$\boxed{a_{ik} \to A_{ik}}$$

$$A_{11} = + \begin{vmatrix} a_{22} & a_{23} \\ a_{32} & a_{33} \end{vmatrix}, \quad A_{12} = - \begin{vmatrix} a_{21} & a_{23} \\ a_{31} & a_{33} \end{vmatrix}, \quad A_{13} = + \begin{vmatrix} a_{21} & a_{22} \\ a_{31} & a_{32} \end{vmatrix}$$

$$A_{21} = - \begin{vmatrix} a_{12} & a_{13} \\ a_{32} & a_{33} \end{vmatrix}, \quad A_{22} = + \begin{vmatrix} a_{11} & a_{13} \\ a_{31} & a_{33} \end{vmatrix}, \quad A_{23} = - \begin{vmatrix} a_{11} & a_{12} \\ a_{31} & a_{32} \end{vmatrix}$$

$$A_{31} = + \begin{vmatrix} a_{12} & a_{13} \\ a_{22} & a_{23} \end{vmatrix}, \quad A_{32} = - \begin{vmatrix} a_{11} & a_{13} \\ a_{21} & a_{23} \end{vmatrix}, \quad A_{33} = + \begin{vmatrix} a_{11} & a_{12} \\ a_{21} & a_{22} \end{vmatrix}$$

Damit lautet der

Entwicklungssatz: *Man erhält den Wert einer Determinante, wenn man die Elemente einer Zeile oder Spalte mit den zugehörigen algebraischen Komplementen multipliziert und die drei Produkte addiert.*

Der Beweis mag für die Entwicklung nach den Elementen der ersten Zeile durchgeführt werden:

$$D = a_{11} A_{11} + a_{12} A_{12} + a_{13} A_{13}$$

$$= a_{11} \begin{vmatrix} a_{22} & a_{23} \\ a_{32} & a_{33} \end{vmatrix} - a_{12} \begin{vmatrix} a_{21} & a_{23} \\ a_{31} & a_{33} \end{vmatrix} + a_{13} \begin{vmatrix} a_{21} & a_{22} \\ a_{31} & a_{32} \end{vmatrix}$$

$$= a_{11} a_{22} a_{33} - a_{11} a_{32} a_{23} - a_{12} a_{21} a_{33} + a_{12} a_{31} a_{23} + a_{13} a_{21} a_{32}$$
$$- a_{13} a_{31} a_{22} .$$

Vergleicht man das Ergebnis mit der Definition, so stellt man Übereinstimmung fest. Dem Leser wird empfohlen, die Entwicklung nach den Elementen einer anderen Zeile oder Spalte vorzunehmen. Ebenso möge der Beweis des folgenden Satzes für dreireihige Determinanten vom Leser selbst durchgeführt werden:

Satz: *Alle für zweireihige Determinanten aufgestellten Sätze gelten auch für drei- (und höher-)reihige Determinanten.*

Beispiele

Man berechne die folgenden Determinanten nach dem Entwicklungssatz und unter besonderer Beachtung der Sätze (3) und (4) aus 6.7.1

1. $D = \begin{vmatrix} 4 & 3 & -6 \\ 2 & -1 & 4 \\ 0 & 3 & 0 \end{vmatrix}$ Da in der dritten Zeile bereits zwei Nullen stehen, entwickle man die Determinante nach den Elementen dieser Zeile:

$$D = -3 \cdot \begin{vmatrix} 4 & -6 \\ 2 & 4 \end{vmatrix} = -3(16 + 12) = -84.$$

2. $D = \begin{vmatrix} 1 & 2 & -8 \\ 5 & -3 & 12 \\ 7 & 4 & -5 \end{vmatrix}$ Man addiere das Vierfache der zweiten Spalte zur dritten und entwickle dann nach deren Elementen

$$D = \begin{vmatrix} 1 & 2 & 0 \\ 5 & -3 & 0 \\ 7 & 4 & 11 \end{vmatrix} = 11 \cdot \begin{vmatrix} 1 & 2 \\ 5 & -3 \end{vmatrix} = 11(-3 - 10) = -143$$

3. $D = \begin{vmatrix} -6 & 9 & 1 \\ 4 & -6 & 5 \\ -2 & 3 & 11 \end{vmatrix} = 0,$ denn die erste Spalte ist das $-\dfrac{2}{3}$ fache der zweiten!

4. $D = \begin{vmatrix} 6 & 1 & -5 \\ 4 & 3 & 2 \\ 1 & 0 & 1 \end{vmatrix} = \begin{vmatrix} 6 & 1 & -5 \\ -14 & 0 & 17 \\ 1 & 0 & 1 \end{vmatrix} = -1 \cdot \begin{vmatrix} -14 & 17 \\ 1 & 1 \end{vmatrix} = +31.$

Eine unmittelbare Folge des Entwicklungssatzes ist der folgende **Satz:** *Hat eine Determinante oberhalb (oder unterhalb) der Hauptdiagonalen lauter Nullen, so ist ihr Wert gleich dem Produkt der Diagonalenelemente*

$$\begin{vmatrix} a_{11} & 0 & 0 \\ * & a_{22} & 0 \\ * & * & a_{33} \end{vmatrix} = a_{11}\, a_{22}\, a_{33}.$$

Die *-Zeichen sollen zum Ausdruck bringen, daß es völlig gleichgültig ist, was dort steht, denn der Wert der Determinante ist bei dieser Struktur nur von den Elementen der Hauptdiagonalen abhängig. Das Produkt $a_{11}\, a_{22}\, a_{33}$ erhält man, wenn man etwa nach den Elementen der ersten Zeile entwickelt.

Man kann diese Eigenschaft benutzen, um die Determinante zu berechnen. Zu diesem Zweck erzeugt man nach Satz (3) in 6.7.1 durch geeignetes Addieren von Zeilen und Spalten etwa rechts oberhalb der Hauptdiagonalen lauter Nullen und bildet danach das Produkt der Hauptdiagonalenelemente.

Beispiel

$$\begin{vmatrix} 2 & 4 & -2 \\ 6 & -1 & 5 \\ 3 & -2 & 6 \end{vmatrix} \overset{(a)}{=} \begin{vmatrix} 2 & 0 & -2 \\ 6 & 9 & 5 \\ 3 & 10 & 6 \end{vmatrix} \overset{(b)}{=} \begin{vmatrix} 2 & 0 & 0 \\ 6 & 9 & 11 \\ 3 & 10 & 9 \end{vmatrix} \overset{(c)}{=} \begin{vmatrix} 2 & 0 & 0 \\ * & -\dfrac{29}{9} & 0 \\ * & * & 9 \end{vmatrix} = -58 \ .$$

(a): das Doppelte der Spalte 3 addiert zu Spalte 2

(b): Spalte 1 addiert zu Spalte 3

(c): $-\dfrac{11}{9}$ der Zeile 3 addiert zu Zeile 2.

Anwendung: **Die Determinantenbedingung für Dreiersysteme**
In einem auf drei Grundgrößenarten beruhenden Größenartensystem
(Dreiersystem) besteht für die Wahl der als Grundgrößenarten verwendbaren Größenarten weitgehende Freiheit bis auf die folgende, durch
eine dreireihige Determinante ausdrückbare Bedingung. Sie lautet:
*Sind g_1, g_2, g_3 drei Grundgrößenarten, a, b, c drei beliebige Größenarten
mit der Darstellung*

$$a = g_1^{\alpha_1} g_2^{\alpha_2} g_3^{\alpha_3}$$

$$b = g_1^{\beta_1} g_2^{\beta_2} g_3^{\beta_3}$$

$$c = g_1^{\gamma_1} g_2^{\gamma_2} g_3^{\gamma_3} \ ,$$

*so können diese als Grundgrößenarten genommen werden, falls die aus
den Exponenten gebildete dreireihige Determinante*

$$\begin{vmatrix} \alpha_1 & \alpha_2 & \alpha_3 \\ \beta_1 & \beta_2 & \beta_3 \\ \gamma_1 & \gamma_2 & \gamma_3 \end{vmatrix} = \pm 1$$

ist.

Als Beispiel betrachten wir die Mechanik. Wir benutzen das aus den
Grundgrößenarten Länge l, Zeit t und Kraft k gebildete Dreiersystem,
das bekanntlich dem Technischen Maßsystem[1]) zugrunde liegt, und
zeigen zunächst, daß auch Länge l, Zeit t und Masse m („Physikalisches
Maßsystem") als Grundgrößenarten fungieren können. Mit der Darstellung

$$l = l = l^1 t^0 k^0, \quad t = t = l^0 t^1 k^0, \quad m = l^{-1} t^2 k^1$$

folgt als Determinante

$$\begin{vmatrix} 1 & 0 & 0 \\ 0 & 1 & 0 \\ -1 & 2 & 1 \end{vmatrix} = 1 \ ,$$

die Determinantenbedingung ist also erfüllt.

---

[1]) Für „Maßsysteme" sagt man neuerdings „Einheitensysteme".

Für die drei Größenarten Arbeit a, Zeit t und Geschwindigkeit v bekommt man mit

$$a = l^1 t^0 k^1, \quad t = l^0 t^1 k^0, \quad v = l^1 t^{-1} k^0$$

$$\begin{vmatrix} 1 & 0 & 1 \\ 0 & 1 & 0 \\ 1 & -1 & 0 \end{vmatrix} = -1 \,,$$

so daß also auch diese drei Größenarten eine Basis bilden können (was eben nur nicht üblich ist!).

Dagegen erhält man für Länge l, Leistung n und Beschleunigung b

$$l = l^1 t^0 k^0, \quad n = l^1 t^{-1} k^1, \quad b = l^1 t^{-2} k^0$$

$$\begin{vmatrix} 1 & 0 & 0 \\ 1 & -1 & 1 \\ 1 & -2 & 0 \end{vmatrix} = +2 \,,$$

d. h. diese drei Größenarten können *nicht* als Grundgrößenarten gewählt werden. Weitere Beispiele mag der Leser selbst bilden. Man beachte, daß das doppelte Vorzeichen in der Bedingung „Det $= \pm 1$" bedingt ist durch die willkürliche Reihenfolge der Größenarten a, b, c. Vertauschen zweier Zeilen der Determinante führt zu einem Vorzeichenwechsel.

Es sei noch darauf hingewiesen, daß in anderen Gebieten der Physik (Wärmelehre, Elektromagnetismus usw.) nicht drei sondern vier Grundgrößenarten für eine Basis genommen werden müssen (Vierersystem). Die früher auch in der Elektrotechnik gebräuchlich gewesenen Dreiersysteme sind heute nicht mehr üblich.

6.7.3 Determinanten n-ter Ordnung

Definition: *Die aus n Zeilen und n Spalten bestehende Determinante*

$$D = \begin{vmatrix} a_{11} & a_{12} & \cdots & a_{1n} \\ a_{21} & a_{22} & \cdots & a_{2n} \\ \vdots & \vdots & & \vdots \\ a_{n1} & a_{n2} & \cdots & a_{nn} \end{vmatrix}$$

heißt n-reihige Determinante oder auch Determinante n-ter Ordnung und ist erklärt mittels

$$D = \sum_{k=1}^{n} a_{ik} A_{ik} \quad \text{für jedes ganze } i \text{ mit } 1 \leq i \leq n$$

bzw.

$$D = \sum_{i=1}^{n} a_{ik} A_{ik} \quad \text{für jedes ganze } k \text{ mit } 1 \leq k \leq n.$$

Die erste Formel bedeutet die Entwicklung der Determinante nach der i-ten Zeile, die zweite ihre Entwicklung nach der k-ten Spalte. Beide zusammen stellen die Verallgemeinerung des Entwicklungssatzes für n-reihige Determinanten dar.

Jedes A_{ik} ist dabei das dem Element a_{ik} zugeordnete algebraische Komplement, d. h. die mit dem Faktor $(-1)^{i+k}$ versehene Unterdeterminante, die durch Streichen der i-ten Zeile und k-ten Spalte entsteht. Ohne Beweis vermerken wir den

Satz: *Alle Determinantengesetze bleiben gültig.*

Sollte man eine vier- oder höherreihige Determinante berechnen müssen, so sei besonders auf Satz (3) in 6.7.1. verwiesen. Man wird also durch geeignete Zeilen- und Spaltenkombinationen zunächst so viel als möglich Nullen erzeugen und dann erst entwickeln.

Beispiel

$$\begin{vmatrix} 2 & 1 & -3 & 4 \\ -4 & 3 & 2 & 6 \\ 5 & 0 & 1 & -2 \\ 1 & 2 & 1 & -1 \end{vmatrix} \overset{(a)}{=} \begin{vmatrix} 17 & 1 & -3 & 4 \\ -14 & 3 & 2 & 6 \\ 0 & 0 & 1 & -2 \\ -4 & 2 & 1 & -1 \end{vmatrix} \overset{(b)}{=} \begin{vmatrix} 17 & 1 & -3 & -2 \\ -14 & 3 & 2 & 10 \\ 0 & 0 & 1 & 0 \\ -4 & 2 & 1 & 1 \end{vmatrix}$$

$$\overset{(c)}{=} 1 \begin{vmatrix} 17 & 1 & -2 \\ -14 & 3 & 10 \\ -4 & 2 & 1 \end{vmatrix} \overset{(d)}{=} \begin{vmatrix} 9 & 5 & 0 \\ -14 & 3 & 10 \\ -4 & 2 & 1 \end{vmatrix} \overset{(e)}{=} \begin{vmatrix} 9 & 5 & 0 \\ 26 & -17 & 0 \\ -4 & 2 & 1 \end{vmatrix} \overset{(f)}{=} 1 \cdot (-153 - 130) = -283$$

(a): das 5fache der 3. Spalte subtrahiert von der 1. Spalte
(b): das 2fache der 3. Spalte addiert zur 4. Spalte
(c): Entwicklung nach den Elementen der 3. Zeile
(d): das 2fache der 3. Zeile addiert zur 1. Zeile
(e): das 10fache der 3. Zeile subtrahiert von der 2. Zeile
(f): Entwicklung nach der 3. Spalte.

6.8 Lineare Systeme

Definition: *Ein System von n linearen Gleichungen mit n Unbekannten $x_1, x_2, \ldots, x_n$, kurz lineares System genannt, hat die Gestalt*

$$\begin{aligned} a_{11} x_1 + a_{12} x_2 + \cdots + a_{1n} x_n &= k_1 \\ a_{21} x_1 + a_{22} x_2 + \cdots + a_{2n} x_n &= k_2 \\ \vdots \qquad\qquad \vdots \qquad\qquad\quad \vdots \qquad &\ \ \vdots \\ a_{n1} x_1 + a_{n2} x_2 + \cdots + a_{nn} x_n &= k_n. \end{aligned}$$

Das System heißt homogen, wenn $k_1 = k_2 = \cdots = k_n = 0$ *ist, andernfalls inhomogen. Die* a_{ik} $(i, k = 1, \ldots, n)$ *heißen die Koeffizienten des Systems.*

Die einfachsten Verfahren zur Lösung linearer Systeme (Additionsmethode, Substitutionsmethode, Gleichsetzungsmethode) werden bereits in der Unterstufe erklärt und dürfen als bekannt vorausgesetzt werden. Mit Hilfe der Determinanten wollen wir jetzt ein weiteres Lösungsverfahren kennenlernen.

6.8.1 Zwei lineare Gleichungen mit zwei Unbekannten

Inhomogenes System. Vorgelegt sei das System

$$
\begin{aligned}
a_{11}\, x_1 + a_{12}\, x_2 &= k_1 \Big| \cdot \quad a_{22} \Big| \cdot - a_{21} \\
a_{21}\, x_1 + a_{22}\, x_2 &= k_2 \Big| \cdot - a_{12} \Big| \cdot \quad a_{11}\,,
\end{aligned}
$$

wobei k_1 und k_2 also nicht beide gleich Null sein sollen.

Wir stellen nach dem „Additionsverfahren" die allgemeine Lösung her: Zur Elimination von x_2 multiplizieren wir die erste Gleichung mit a_{22}, die zweite mit $-a_{12}$ und addieren

$$(a_{11}\, a_{22} - a_{21}\, a_{12})\, x_1 = k_1\, a_{22} - k_2\, a_{12}$$

$$\Rightarrow x_1 = \frac{k_1\, a_{22} - k_2\, a_{12}}{a_{11}\, a_{22} - a_{21}\, a_{12}},$$

vorausgesetzt, daß $a_{11}\, a_{22} - a_{21}\, a_{12}$ von Null verschieden ist.

Entsprechend werden wir zur Elimination von x_1 die erste Gleichung mit $-a_{21}$, die zweite mit a_{11} multiplizieren und beide addieren

$$(a_{11}\, a_{22} - a_{21}\, a_{12})\, x_2 = a_{11}\, k_2 - a_{21}\, k_1$$

$$\Rightarrow x_2 = \frac{a_{11}\, k_2 - a_{21}\, k_1}{a_{11}\, a_{22} - a_{21}\, a_{12}},$$

falls wieder $a_{11}\, a_{22} - a_{21}\, a_{12} \neq 0$ erfüllt ist.

Zähler und Nenner bei x_1 und x_2 stellen eine Differenz zweier Produkte dar, müssen sich also durch Determinanten ausdrücken lassen; man bekommt

$$
x_1 = \frac{\begin{vmatrix} k_1 & a_{12} \\ k_2 & a_{22} \end{vmatrix}}{\begin{vmatrix} a_{11} & a_{12} \\ a_{21} & a_{22} \end{vmatrix}} \;;\quad
x_2 = \frac{\begin{vmatrix} a_{11} & k_1 \\ a_{21} & k_2 \end{vmatrix}}{\begin{vmatrix} a_{11} & a_{12} \\ a_{21} & a_{22} \end{vmatrix}},
$$

was man sofort durch Ausrechnen bestätigt.

Die Determinanten zeigen eine charakteristische Struktur, die — und das ist das Wesentliche — allgemeine Gültigkeit hat. So erkennt man sofort, daß die im Nenner stehende Determinante die Koeffizienten a_{ik} in genau der gleichen Anordnung enthält, wie sie im Gleichungssystem stehen, man nennt sie danach die Koeffizienten(System-)determinante. In den Zählerdeterminanten ist bei x_1 die erste Spalte, bei x_2 die zweite Spalte durch die Spalte der absoluten Glieder ersetzt. Dies gilt allgemein und ist der Inhalt des folgenden Satzes

Cramersche Regel[1]): *Jede Lösung eines inhomogenen linearen Systems stellt sich dar als Quotient zweier Determinanten. Im Nenner steht jedesmal die Koeffizientendeterminante. Die Zählerdeterminanten gehen aus den Koeffizientendeterminanten hervor, indem man die zur jeweiligen Unbekannten gehörende Koeffizientenspalte durch die Spalte der absoluten Glieder ersetzt.*

Diskussion der Lösungen

1. Das inhomogene lineare System

$$a_{11}\,x_1 + a_{12}\,x_2 = k_1$$
$$a_{21}\,x_1 + a_{22}\,x_2 = k_2$$

hat eine eindeutige Lösung (x_1, x_2) dann und nur dann, wenn die Koeffizientendeterminante

$$\boxed{\begin{vmatrix} a_{11} & a_{12} \\ a_{21} & a_{22} \end{vmatrix} \neq 0}$$

ist. Nur in diesem Fall sind x_1 und x_2 in der oben angeschriebenen Weise nach der Cramerschen Regel berechenbar.

Man wird also bei der praktischen Auflösung von Systemen stets zuerst diese Determinantenbedingung nachprüfen!

2. Verschwindet die Koeffizientendeterminante und sind die Zählerdeterminanten ungleich Null,

$$\begin{vmatrix} a_{11} & a_{12} \\ a_{21} & a_{22} \end{vmatrix} = 0 , \quad \begin{vmatrix} k_1 & a_{12} \\ k_2 & a_{22} \end{vmatrix} \neq 0 \Rightarrow \begin{vmatrix} a_{11} & k_1 \\ a_{21} & k_2 \end{vmatrix} \neq 0$$

so besitzt das System keine Lösung, denn es enthält einen *Widerspruch.*[2])

---

[1]) G. Cramer (1704...1752), schweizer Mathematiker. Der Satz war jedoch bereits Leibniz (1646...1716) bekannt, dem auch die Entdeckung der Determinanten zuzuschreiben ist.

[2]) Der Widerspruch entsteht folgendermaßen:

$$\begin{vmatrix} a_{11} & a_{12} \\ a_{21} & a_{22} \end{vmatrix} = 0 \Rightarrow \begin{cases} a_{11} = t\,a_{21} \\ a_{12} = t\,a_{22} \end{cases} \Rightarrow \begin{cases} t\,(a_{21}\,x_1 + a_{22}\,x_2) = k_1 \\ a_{21}\,x_1 + a_{22}\,x_2 = k_2 \end{cases} \Rightarrow \frac{k_1}{k_2} = t = \frac{a_{11}}{a_{21}} \cdot$$

Andererseits folgt aus

$$\begin{vmatrix} a_{11} & k_1 \\ a_{21} & k_2 \end{vmatrix} \neq 0 \Rightarrow \frac{a_{11}}{a_{21}} \neq \frac{k_1}{k_2} \cdot$$

3. Verschwinden sämtliche Determinanten

$$\begin{vmatrix} a_{11} & a_{12} \\ a_{21} & a_{22} \end{vmatrix} = \begin{vmatrix} k_1 & a_{12} \\ k_2 & a_{22} \end{vmatrix} = \begin{vmatrix} a_{11} & k_1 \\ a_{21} & k_2 \end{vmatrix} = 0,$$

so besitzt das System unendlich viele Lösungen.[1]) In diesem Fall geht jede Gleichung aus der anderen durch Multiplikation mit einem konstanten Faktor hervor; man sagt, die Gleichungen sind *linear abhängig*.

Beispiele

1. $2\,x_1 - 5\,x_2 = 4$

$\qquad x_1 + 4\,x_2 = 1$

Koeffizientendeterminante: $\begin{vmatrix} 2 & -5 \\ 1 & 4 \end{vmatrix} = 13 \neq 0$.

$$\Rightarrow x_1 = \frac{1}{13} \begin{vmatrix} 4 & -5 \\ 1 & 4 \end{vmatrix} = \frac{1}{13}\,(16 + 5) = \frac{21}{13}$$

$$x_2 = \frac{1}{13} \begin{vmatrix} 2 & 4 \\ 1 & 1 \end{vmatrix} = \frac{1}{13}\,(2 - 4) = -\frac{2}{13}.$$

Die Probe ist stets mit *beiden* Gleichungen vorzunehmen:

$$\text{I} \quad \frac{42}{13} + \frac{10}{13} = \frac{52}{13} \equiv 4, \quad \text{II} \quad \frac{21}{13} - \frac{8}{13} = \frac{13}{13} \equiv 1,$$

2. $7\,x - 3\,y + 1 = 2\,x + y - 4$

$\qquad 3\,x + 4\,y + 5 = -\,x + 2\,y - 1$

Zunächst Herstellung der Normalform

$$5\,x - 4\,y = -\,5$$
$$4\,x + 2\,y = -\,6$$

Koeffizientendeterminante: $\begin{vmatrix} 5 & -4 \\ 4 & 2 \end{vmatrix} = 10 + 16 = 26 \neq 0!$

$$\Rightarrow x = \frac{1}{26} \begin{vmatrix} -5 & -4 \\ -6 & 2 \end{vmatrix} = \frac{1}{26}\,(-10 - 24) = -\frac{17}{13}$$

$$y = \frac{1}{26} \begin{vmatrix} 5 & -5 \\ 4 & -6 \end{vmatrix} = \frac{1}{26}\,(-30 + 20) = -\frac{5}{13}.$$

3. $\quad 6\,x - 9\,y = 2$

$\qquad -\,2\,x + 3\,y = -\,1$

Koeffizientendeterminante: $\begin{vmatrix} 6 & -9 \\ -2 & 3 \end{vmatrix} = 18 - 18 = 0!$

Zählerdeterminante: $\begin{vmatrix} 2 & -9 \\ -1 & 3 \end{vmatrix} = 6 - 9 = -3 \neq 0$.

Die Gleichungen enthalten einen Widerspruch, es existiert keine Lösung!

---

[1]) Das bedeutet *nicht*, daß jedes Wertepaar $(x_1; x_2)$ das Gleichungssystem erfüllt. Wohl aber kann man x_1 *beliebig* wählen und x_2 dann aus einer der Gleichungen berechnen. Jedes auf diese Weise ermittelte Wertepaar $(x_1; x_2)$ erfüllt das System.

4. $6\,x - 9\,y = 3$
         $-2\,x + 3\,y = -1$

Koeffizientendeterminanten: $\begin{vmatrix} 6 & -9 \\ -2 & 3 \end{vmatrix} = -3$ $\begin{vmatrix} -2 & 3 \\ -2 & 3 \end{vmatrix} = 0,$

Zählerdeterminanten: $\begin{vmatrix} 3 & -9 \\ -1 & 3 \end{vmatrix} = \begin{vmatrix} 6 & 3 \\ -2 & -1 \end{vmatrix} = 0.$

Die Gleichungen sind voneinander abhängig (etwa die erste das -3fache der zweiten), es gibt unendlich viele Lösungen: Setzt man x etwa der Reihe nach $1, 2, 3, 4, \ldots$, so folgt für y gemäß $y = \dfrac{1}{3}\,(2\,x - 1)$: $\dfrac{1}{3}$, 1, $\dfrac{5}{3}$, $\dfrac{7}{3}$, und damit die Lösungen

$$\left(1; \frac{1}{3}\right),\ (2;\,1),\ \left(3; \frac{5}{3}\right),\ \left(4; \frac{7}{3}\right),\ (5;\,3),\ \ldots$$

Homogenes System. Das homogene System hat für zwei lineare Gleichungen mit zwei Unbekannten die Gestalt

$$\boxed{\begin{aligned} a_{11}\,x_1 + a_{12}\,x_2 &= 0 \\ a_{21}\,x_1 + a_{22}\,x_2 &= 0. \end{aligned}}$$

Man sieht sofort, daß

$$x_1 = x_2 = 0$$

Lösung ist. Man nennt $(0;\,0)$ die *triviale*[1]) Lösung des (homogenen) Systems; da sie *stets* vorhanden ist, interessiert man sich für sie im allgemeinen nicht, sondern fragt nach den Bedingungen, unter denen *nicht-triviale* Lösungen $(x_1;\,x_2) \ne (0;\,0)$ existieren. Hierzu denke man sich $(x_1;\,x_2) \ne (0;\,0)$ in das System eingesetzt; ist etwa $x_1 \ne 0$, so folgt dann

$$\frac{a_{11}}{a_{12}} = -\frac{x_2}{x_1}\ ;\quad \frac{a_{21}}{a_{22}} = -\frac{x_2}{x_1}$$

$$\Rightarrow \frac{a_{11}}{a_{12}} = \frac{a_{21}}{a_{22}},\quad a_{11}\,a_{22} - a_{12}\,a_{21} = 0$$

$$\Rightarrow \boxed{\begin{vmatrix} a_{11} & a_{12} \\ a_{21} & a_{22} \end{vmatrix} = 0 }.$$

Der Schluß gilt offenbar auch in umgekehrter Richtung und für beliebige homogene Systeme mit gleichviel Unbekannten wie Gleichungen.

Satz: *Ein homogenes lineares Gleichungssystem besitzt die triviale Lösung stets. Nicht-triviale Lösungen existieren dann und nur dann, wenn die Koeffizientendeterminante gleich Null ist.*

---

[1]) trivial: alltäglich, abgedroschen.

Bei zwei Gleichungen sind im Falle verschwindender Koeffizienten-determinante die Unbekannten nur bis auf ihr Verhältnis bestimmt, es gibt also unendlich viele Lösungen $(x_1; x_2) \neq (0; 0)$, für die aber $x_1 : x_2$ den gleichen konstanten Wert hat.

Indem man eine Unbekannte beliebig wählt, ist die andere eindeutig bestimmt.

Beispiel: Das homogene lineare System

$$4\,x_1 - 6\,x_2 = 0$$
$$-10\,x_1 + 15\,x_2 = 0$$

hat wegen

$$\begin{vmatrix} 4 & -6 \\ -10 & 15 \end{vmatrix} = 0$$

nicht-triviale Lösungen. Das Verhältnis derselben ist mit

$$\frac{x_2}{x_1} = \frac{2}{3}$$

eindeutig bestimmt. Für jedes x_1 folgt demnach x_2 zu

$$x_2 = \frac{2\,x_1}{3},$$

und jedes solches Paar $(x_1; x_2)$ ist Lösung des Systems, z. B.

$$\left(1; \frac{2}{3}\right), \quad \left(2; \frac{4}{3}\right), \quad (3; 2), \quad (-3; -2), \quad (6; 4) \text{ usw.}$$

allgemein

$$(x_1; x_2) = \left(p; \frac{2}{3}\,p\right), \quad p \text{ beliebig.}$$

6.8.2 Drei lineare Gleichungen mit drei Unbekannten

Das lineare System für drei Unbekannte

$$\begin{aligned}
a_{11}\,x_1 + a_{12}\,x_2 + a_{13}\,x_3 &= k_1 \\
a_{21}\,x_1 + a_{22}\,x_2 + a_{23}\,x_3 &= k_2 \\
a_{31}\,x_1 + a_{32}\,x_2 + a_{33}\,x_3 &= k_3
\end{aligned}$$

wird ebenfalls getrennt für den inhomogenen und homogenen Fall untersucht.

a) Im inhomogenen Fall

$$(k_1; k_2; k_3) \neq (0; 0; 0)$$

existiert eine eindeutige Lösung $(x_1; x_2; x_3)$ dann und nur dann, wenn die Koeffizientendeterminante

$$D = \begin{vmatrix} a_{11} & a_{12} & a_{13} \\ a_{21} & a_{22} & a_{23} \\ a_{31} & a_{32} & a_{33} \end{vmatrix} \neq 0$$

ist. Die Lösung $(x_1; x_2; x_3)$ kann in diesem Fall nach der CRAMERschen Regel ermittelt werden:

$$x_1 = \frac{1}{D}\begin{vmatrix} k_1 & a_{12} & a_{13} \\ k_2 & a_{22} & a_{23} \\ k_3 & a_{32} & a_{33} \end{vmatrix}, \quad x_2 = \frac{1}{D}\begin{vmatrix} a_{11} & k_1 & a_{13} \\ a_{21} & k_2 & a_{23} \\ a_{31} & k_3 & a_{33} \end{vmatrix}, \quad x_3 = \frac{1}{D}\begin{vmatrix} a_{11} & a_{12} & k_1 \\ a_{21} & a_{22} & k_2 \\ a_{31} & a_{32} & k_3 \end{vmatrix}.$$

Bei verschwindender Koeffizientendeterminante $D = 0$ sind die Gleichungen voneinander abhängig oder (und) widersprechen sich.

b) Im homogenen Fall

$$k_1 = k_2 = k_3 = 0$$

gibt es unendlich viele nicht-triviale Lösungen $(x_1; x_2; x_3) \neq (0;0;0)$ dann und nur dann, wenn die Koeffizientendeterminante $D = 0$ ist. Die triviale Lösung $(0;0;0)$ existiert stets. Man beachte, daß sich die Gleichungen eines homogenen Systems niemals widersprechen können.

Beispiele

1. Man löse das inhomogene System

$$2x_1 + x_2 - x_3 = -2$$
$$x_1 - 3x_2 - 2x_3 = -5$$
$$-x_1 - 4x_2 + x_3 = 7!$$

Die Koeffizientendeterminante D ergibt

$$D = \begin{vmatrix} 2 & 1 & -1 \\ 1 & -3 & -2 \\ -1 & -4 & 1 \end{vmatrix}^{1)} = \begin{vmatrix} 0 & -7 & 1 \\ 0 & -7 & -1 \\ -1 & -4 & 1 \end{vmatrix} = -14 \neq 0.$$

Das System hat also eine eindeutige Lösung $(x_1; x_2; x_3)$, die sich nach der CRAMERschen Regel wie folgt bestimmt:

$$x_1 = -\frac{1}{14}\begin{vmatrix} -2 & 1 & -1 \\ -5 & -3 & -2 \\ 7 & -4 & 1 \end{vmatrix} = -\frac{1}{14}\begin{vmatrix} 5 & -3 & 0 \\ 9 & -11 & 0 \\ 7 & -4 & 1 \end{vmatrix} = -\frac{1}{14}(-55 + 27) = +2$$

$$x_2 = -\frac{1}{14}\begin{vmatrix} 2 & -2 & -1 \\ 1 & -5 & -2 \\ -1 & 7 & 1 \end{vmatrix} = -\frac{1}{14}\begin{vmatrix} 0 & 12 & 1 \\ 0 & 2 & -1 \\ -1 & 7 & 1 \end{vmatrix} = +\frac{1}{14}(-12 - 2) = -1$$

$$x_3 = -\frac{1}{14}\begin{vmatrix} 2 & 1 & -2 \\ 1 & -3 & -5 \\ -1 & -4 & 7 \end{vmatrix} = -\frac{1}{14}\begin{vmatrix} 0 & -7 & 12 \\ 0 & -7 & 2 \\ -1 & -4 & 7 \end{vmatrix} = +\frac{1}{14}(-14 + 84) = +5$$

---

1) Die 3. Zeile zur zweiten und gleichzeitig das Doppelte der 3. Zeile zur ersten addiert. Durch solche „Nullenerzeugung" nach Satz (3) von 6.7.1 berechnet sich eine dreireihige Determinante im allgemeinen am schnellsten.

Probe: 1. Gleichung: $+4 - 1 - 5 = -2 \equiv -2$
                  2. Gleichung: $2 + 3 - 10 = -5 \equiv -5$
                  3. Gleichung: $-2 + 4 + 5 = +7 \equiv 7$

Die Lösung des vorgelegten Systems ist also $(x_1; x_2; x_3) = (2; -1; 5)$.

     2. Man bestimme das System

$$x_1 + x_2 - x_3 = 2$$
$$2\,x_1 - x_2 + 3\,x_3 = 1$$
$$x_1 + 4\,x_2 - 6\,x_3 = 5!$$

Die Koeffizientendeterminante D ergibt

$$D = \begin{vmatrix} 1 & 1 & -1 \\ 2 & -1 & 3 \\ 1 & 4 & -6 \end{vmatrix} = \begin{vmatrix} 0 & 0 & -1 \\ 5 & 2 & 3 \\ -5 & -2 & -6 \end{vmatrix} = 0.$$

Die Gleichungen sind voneinander abhängig: Multipliziert man die erste Gleichung mit 3 und subtrahiert davon die zweite, so ergibt sich die dritte Gleichung[1]). Setzt man für $x_3 = p$, worin p eine *beliebige* Zahl ist, so erhält man x_1 und x_2 — etwa aus den beiden ersten Gleichungen — in Abhängigkeit von p in der folgenden Gestalt

$$x_1 = 1 - \frac{2}{3}\,p, \quad x_2 = 1 + \frac{5}{3}\,p, \quad x_3 = p \text{ (bel.).}$$

Damit ist jedes der unendlich vielen Zahlentripel

$$\left(1 - \frac{2}{3}\,p; \;\; 1 + \frac{5}{3}\,p; p\right)$$

mit beliebigem p eine Lösung des vorliegenden Systems.

     3. Man untersuche das homogene System

$$3\,x_1 + 5\,x_2 - 2\,x_3 = 0$$
$$-\,x_1 + 4\,x_2 + 6\,x_3 = 0$$
$$x_1 - 2\,x_2 - 4\,x_3 = 0$$

auf Lösungen.

Die Entscheidung gibt die Koeffizientendeterminante:

$$\begin{vmatrix} 3 & 5 & -2 \\ -1 & 4 & 6 \\ 1 & -2 & -4 \end{vmatrix} = \begin{vmatrix} 0 & 11 & 10 \\ 0 & 2 & 2 \\ 1 & -2 & -4 \end{vmatrix} = 1 \cdot (22 - 20) = 2 \neq 0.$$

Das System besitzt also nur die triviale Lösung

$$(x_1; x_2; x_3) = (0; 0; 0).$$

---

[1]) Allgemein heißen die Gleichungen des linearen Systems

$$l_i \equiv a_{i1}\,x_1 + a_{i2}\,x_2 + \cdots + a_{in}\,x_n - k_i = 0 \quad (i = 1, 2, \ldots, n)$$

voneinander (linear) abhängig, wenn sich n Zahlen $t_1, t_2, \ldots, t_n$, nicht alle gleich Null, so bestimmen lassen, daß die Beziehung $\sum\limits_{i=1}^{n} t_i\,l_i = 0$ gilt. Im vorliegenden Beispiel ist mit $n = 3$ für $t_1 = 3$, $t_2 = -1$, $t_3 = -1$ die Bedingung erfüllt.

4. Das homogene System

$$x_1 - 2\,x_2 + x_3 = 0$$
$$4\,x_1 + x_2 - 3\,x_3 = 0$$
$$-2\,x_1 - 5\,x_2 + 5\,x_3 = 0$$

besitzt wegen

$$\begin{vmatrix} 1 & -2 & 1 \\ 4 & 1 & -3 \\ -2 & -5 & 5 \end{vmatrix} = \begin{vmatrix} 1 & 0 & 0 \\ 4 & 9 & -7 \\ -2 & -9 & 7 \end{vmatrix} = 0$$

nicht-triviale Lösungen. Man findet sie, indem man etwa $x_3 = p$ (beliebig) setzt[1]) und aus zwei Gleichungen x_1 und x_2 in Abhängigkeit von p berechnet:

$$\left.\begin{aligned} x_1 - 2\,x_2 &= -p \\ 4\,x_1 + x_2 &= 3\,p \end{aligned}\right\} \Rightarrow x_1 = \frac{5}{9}\,p;\quad x_2 = \frac{7}{9}\,p\,.$$

Jedes Zahlentripel

$$(x_1;\,x_2;\,x_3) = \left(\frac{5}{9}\,p;\ \frac{7}{9}\,p;\ p\right)$$

ist Lösung des Systems, für $p = 0$ ist darin auch das triviale Tripel enthalten.

---

[1]) Man könnte natürlich ebenso x_1 oder x_2 willkürlich wählen ($= p$ setzen) und jeweils die beiden anderen Unbekannten in Abhängigkeit von p angeben; doch hat man darauf zu achten, daß das zur Bestimmung der beiden übrigen Unbekannten benutzte inhomogene System eine *nicht verschwindende Koeffizientendeterminante* hat. Ist dies auf keine Weise zu erreichen, so kann man zwei Unbekannte willkürlich wählen.

Namen- und Sachverzeichnis

The manufacturer's authorised representative in the EU is Springer
Nature Customer Service Centre GmbH, Europaplatz 3, 69115 Heidelberg,
Germany. If you have any concerns regarding our products, please
contact ProductSafety@springernature.com

Printed and bound by CPI Group (UK) Ltd, Croydon, CR0 4YY
28/04/2026
02098512-0003